民航特色专业系列教材

民用运输类飞机适航性验证技术

吴海桥　王华伟　编著

科学出版社
北　京

内 容 简 介

本书总结归纳适航性验证技术的范围与分类，简述国内外运输类飞机相关适航审定规章及FAA咨询通告体系；依据我国现行运输类飞机适航标准(CCAR-25-R4)，讲述总体性能、结构强度、机载系统等专业适航验证所需的部分典型分析计算与试验技术，以及安全性评估技术。

本书可作为高等院校飞行器适航技术、飞行器设计与工程及相关专业本科生、研究生的教材或参考书，也可供适航审定人员、民用飞机研制人员及对适航感兴趣的读者阅读和参考。

图书在版编目(CIP)数据

民用运输类飞机适航性验证技术/吴海桥，王华伟编著. —北京：科学出版社，2017.1

民航特色专业系列教材

ISBN 978-7-03-051006-8

Ⅰ. ①民… Ⅱ. ①吴… ②王… Ⅲ. ①民用飞机–适航性–高等学校–教材 Ⅳ. ①V271

中国版本图书馆CIP数据核字(2016)第301600号

责任编辑：余 江 张丽花/责任校对：郭瑞芝

责任印制：赵 博/封面设计：迷底书装

科学出版社 出版

北京东黄城根北街16号

邮政编码：100717

http://www.sciencep.com

北京中石油彩色印刷有限责任公司印刷

科学出版社发行 各地新华书店经销

*

2017年1月第 一 版 开本：787×1092 1/16

2025年7月第四次印刷 印张：24

字数：566 000

定价：88.00元

(如有印装质量问题，我社负责调换)

前　言

民用运输类飞机是指座位设置（不包括驾驶员）9 座或以上，最大审定起飞重量 5700kg（12500lb）以上的飞机。运输类飞机是研制难度最大、技术水平最高的一类民用航空器，我国正在研制的大飞机 C919 即属此类。运输类飞机的研制是一个国家科技水平、制造能力、经济基础和综合国力的集中体现，被誉为“现代工业的皇冠”，是衡量一个国家制造业先进水平的重要标志。

取得适航当局颁发的型号合格证是运输类飞机设计成功的重要标志，也为进入市场获得商业成功的前提。型号设计满足适航标准的要求，是适航当局颁发型号合格证的主要依据。适航验证技术系指符合性验证方法所应用的技术，即设计部门在飞机型号合格审定过程中，用于表明型号设计符合适用适航条款要求所用的技术，在民用运输类飞机设计中占据重要地位。目前，在 ARJ21-700 成功实践的基础上，急需进行更深入的研究与实践，以助力 C919 及后续型号的适航取证。

民用运输类飞机适航验证技术涉及空气动力学、飞行力学、结构力学、断裂力学、飞行试验、机载系统设计、系统安全工程等诸多领域，内容广泛，专业性强。本书从分析计算、试验、安全性评估 3 个方面，对部分典型验证技术进行了系统阐述，主要内容如下：

第 1 章介绍适航性的含义、适航的航空器以及适航性责任，总结适航验证技术的内涵与分类。

第 2 章介绍开展适航验证的依据，简述我国运输类飞机相关适航审定规章，说明我国规章与美国、欧洲及俄罗斯等国外主流规章的对应关系；以受到广泛认可的 FAA 咨询通告体系为例，列出运输类飞机相关的咨询通告。

第 3～7 章以国产大型客机 C919 的研制为背景，针对单通道、翼吊双涡轮风扇发动机、150 座级、前三点式常规布局的机型，依据现行运输类飞机适航标准（CCAR-25-R4），讲述总体性能、结构强度、机载系统等设计专业适航验证所需的部分典型分析计算与试验技术。

第 8 章专门介绍适航验证所需的安全性评估技术。

本书编写过程中，中国商用飞机有限责任公司与中国直升机设计研究所的适航专家提出了宝贵意见；南京航空航天大学丁运亮审校全书，硕士研究生宗茜茜和王琳完成了图形绘制；同时参考了大量国内外资料，在此一并深表谢意。

适航验证技术浩如烟海，加上编者水平所限，本书难免存在疏漏与不足之处，敬请读者不吝赐教。

编　者

2016 年 7 月

目　录

第1章 绪 论

1.1 适航性的含义

适航性是航空器一种属性的专用词，英文单词是“Airworthiness”，通常简称为适航。

目前，适航当局尚未发布关于“适航”的权威定义。例如，国际民航组织(ICAO)“国际民用航空公约”附件 8“航空器的适航性”中未明确说明适航的定义，我国以及美国与欧洲的民用航空规章也均未明确给出适航的定义。

获得国内外适航当局与民用航空工业界广泛认可的工业标准 SAE ARP4754A “Guidelines for Development of Civil Aircraft and Systems”将适航定义为“The condition of an aircraft, aircraft system, or component in which it operates in a safe manner to accomplish its intended function”(飞机、飞机系统或部件以安全的方式实现其预定功能的状态)；另一工业标准 SAE ARP4761“Guidelines and Methods for Conducting the Safety Assessment Process on Civil Airborne Systems and Equipment”将适航定义为“The condition of an item (aircraft, aircraft system, or part) in which that item operates in a safe manner to accomplish its intended function”[产品(飞机、飞机系统或部件)以安全的方式完成其预期功能的状态]。

国内较为统一的说法是，“航空器包括其部件及子系统整体性能和操纵特性在预期运行环境和使用限制下的安全性和物理完整性的一种品质。这种品质要求航空器应始终处于保持符合其型号设计和始终处于安全运行状态。”

尽管上述列举的适航定义不尽相同，但有如下共同点。

(1) 均以在实际飞行中所应具有的安全性为归宿。

(2) 强调了综合因素，是抽象的集合概念，是航空器中每一涉及安全的部件和子系统，以及整体性能和操纵特性等安全品质的综合反映。

(3) 强调了适航是以预期运行环境中航空器的使用限制为界定条件(预期运行环境包括大气、机场、航路、空中交通管制等。使用限制包括速度、高度、重心、重量以及发动机与其他设备的运行限制)。

(4) 涵盖设计、制造、使用与维修的全寿命周期。

1.2 适航的航空器

什么样的航空器才算是“适航的”航空器？国际上比较普遍的看法是，倘若航空器同时满足下述各点，便是适航的航空器。

(1) 航空器的型号设计符合相应的适航标准并获得适航当局的批准。

(2) 航空器由取得适航当局批准的单位制造，并经过检查确认符合型号设计。

(3) 航空器由持有合格证件的人员按照适航当局批准的大纲进行维修，贯彻执行了适航当局颁发的相关适航指令。

(4)航空器在上述检查、维修中没有发现重大故障，不需进行大的修理或调整。

以上四个方面是互相联系而不是孤立存在的。以(1)和(4)的关系为例说明，对于(1)，如果适航标准不充分，则航空器的设计也不会充分。例如，关于航空器抗疲劳的要求，在20世纪50年代之前，疲劳还未暴露为一个问题，当时的适航标准还没有关于抗疲劳的要求。按照当时适航标准进行审定的某些型号，如“鸽子”“彗星”“马丁202”等，尽管当时都认为是适航的，但随后却发生了灾难性事故。对于(4)，可以用存在缺陷的航空器为例来说明。有的航空器虽然长时间存在某些缺陷，但由于没有相应的维修大纲要求，未能及时发现这种缺陷。例如，1974年在布鲁塞尔有一架“先锋”型飞机，其后部隔框由于腐蚀而损坏，发生了严重事故，原因就是维修大纲没有提出对这些部位进行检查的要求，而且该飞机在设计上也没有为这种检查提供条件(如可达性)。

因此，要使航空器成为“适航的”航空器，至少要做到两点：一是适航标准和维修大纲要及时跟踪科学技术的发展，不断吸取事故教训，加以完善；二是上述4点的每一个方面，都应能补充其他各个方面的不足之处，都要为其他各个方面尽量提供条件。例如，适航标准只有在维修大纲对其进行了某些补充之后才能充分，维修大纲则需要适航标准为之提供了必要条件之后才能适用。

在设计—制造—维修链条中，最重要的环节是设计。对于航空器及其系统与设备的种种构思，都密切地影响甚至决定着制造和维修这两个环节。例如，只有在航空器结构设计时努力排除可能隐藏在任何部位的缺陷，或者为维修检查提供必要的接近通道或窗口，才能使维修符合规定的要求。尽管如此，一架精心设计的、符合适航标准的航空器，如果脱离开其他两个环节同样精心的工作，也不可能成为适航的航空器。所以，航空器是否适航，取决于链条的整体。

航空器的适航性不仅取决于对链条中每个环节的重视程度和每个环节的有效工作，而且取决于对各个环节之间相互关系的深入研究与正确协调。特别是在航空器复杂程度日益增加的情况下，环节与环节之间的“边界”问题也会增加，更需要精心处理。为了做好每个环节的工作并协调好各环节之间的相互关系，必须采取一套科学而又切实的办法，或者说采用一套适当的程序，国际上把这种程序称为适航管理系统。

1.3 适航性责任

对适航的航空器需满足的条件进行分析可知，完善的设计、优质的制造、良好的使用和有效的维修，是保持航空器适航性的重要因素，因此对航空器适航性负有责任的部门如下。

航空器的设计和制造单位，从设计图纸、原材料的选用到试验制造、组装生产，直至取得型号合格批准和生产许可，对航空器的初始适航性负主要责任。

航空器的使用单位(如航空公司)和维修单位(包括所属的各类航空人员——飞行人员、维修人员、检验人员等)，要保证其使用和维修的航空器始终处于安全运行状态，对航空器的持续适航性负主要责任。

适航管理部门作为国家的政府部门，则是在制定各种最低安全标准的基础上，对航空器的设计、制造、使用和维修等环节进行科学统一的审定、监督和管理。适航主管部门负责对航空器的适航性进行技术鉴定和监督检查，负责对航空器适航性负有责任的单位及其人员的监督检查，并客观地进行控制和评估。一句话，适航管理部门及其成员要对其影响适航性的所有工作负责。

1.4　适航验证技术

1.4.1　符合性验证

航空器的适航性首先是设计赋予的，为了表明航空器设计满足适航标准的要求，申请人需要运用各种技术进行符合性验证。

符合性验证是民用飞机在研制和适航取证过程中所使用的专有名词，意指型号合格审查过程中，申请人(通常是设计方)采用不同验证方法，以获取的验证结果证明所验证对象是否满足适航标准的要求，评估验证对象与适用适航标准条款的符合程度。

前述验证方法统称为符合性验证方法(简称符合性方法)。适航当局为了统一审查双方的认识，以便信息交流，通常将符合性方法分类。我国适航当局的分类如表 1-1 所示。在使用时，需根据适航条款的具体要求选取其中的一种或多种的组合来满足条款的要求。

表 1-1　符合性方法

代码	名称	使用说明
MC0	符合性声明	通常在符合性记录文件中直接给出
MC1	说明性文件	如技术说明、安装图纸、计算方法、技术方案、航空器飞行手册……
MC2	分析计算	如载荷、静强度和疲劳强度，性能，统计数据分析，与以往型号的相似性……
MC3	安全评估	如功能危害性评估(FHA)、系统安全性分析(SSA)等用于确定安全目标或演示已经达到这些安全目标的评估过程
MC4	试验室试验	如静力和疲劳试验、铁鸟试验……试验可能在零部件、分组件和完整组件上进行
MC5	地面试验	如环境试验、应急撤离演示……
MC6	飞行试验	规章明确要求时或用其他方法无法完全演示符合性时采用
MC7	航空器检查	如系统的隔离检查、维修规定的检查……
MC8	模拟器试验	如评估潜在危险的失效情况、驾驶舱评估……
MC9	设备合格性	设备的鉴定是一种过程，它可能包含上述所有的符合性方法

1.4.2　适航验证技术

概括地说，适航验证技术就是指符合性方法所应用的技术，即设计部门在航空器型号合格审定过程中，用于表明型号设计符合适用适航标准条款所用的技术。为了明确适航验证技术的内容，首先对表 1-1 所列符合性方法进行分析如下。

1. 符合性方法分析

1)符合性声明(MC0)

多用于“总则”一类的条款，通过引用型号设计文件，定性地说明型号设计符合适用的适航标准条款要求。

例如，为了在应急情况下确保机上所有乘员都能在规定的时间内撤离飞机，CCAR-25-R4在第25.809条(a)规定：“每个应急出口，包括飞行机组应急出口在内，必须是机身外壁上能提供通向外部的无障碍开口的活动舱门或带盖舱口。”在验证型号设计对该条款的符合性时，可选择MC0方法，利用飞机的总体布置图、座舱布置图及相应图纸来说明该型飞机应急出口的设计满足要求。

2)说明性文件(MC1)

通过向适航当局提交有关型号设计资料，由局方组织技术专家，以工程评审的形式确认有关设计是否符合适用的适航标准条款要求。

例如，CCAR-25-R4在第25.903条(e)(1)规定：“必须有飞行中再启动任何一台发动机的手段。”对该条款可理解为“在发动机发生空中停车故障时，能恢复发动机的工作。”在验证型号设计对于该条款的符合性时，可选择MC1方法，向局方提交发动机启动和操纵系统原理图、安装图以及飞行中发动机再点火操作说明等资料，由局方组织工程评审来确认飞机具有飞行中再启动每台发动机的设备和能力。

3)分析计算(MC2)

此类方法应用分析计算来表明相关设计符合适用的适航标准条款要求。

例如，为了使得机组成员在值勤时不致过度疲劳和不适，CCAR-25-R4在第25.831条(a)规定：“通常情况下通风系统至少应能向每一乘员提供每分钟250克(0.55磅)的新鲜空气。”在验证型号设计对该条款的符合性时，可选择MC2方法，利用飞机空调系统的图纸、说明书等设计资料，通过分析计算来表明能够提供适航条款所规定的新鲜空气量。

4)安全评估(MC3)

此类方法应用FTA、FMEA等安全性分析方法，经过FHA、PSSA、SSA流程对飞机系统设计的安全性进行评估，表明对于相应适航标准条款的符合性。

例如，CCAR-25-R4在第25.1309条(b)(1)规定：“飞机系统与有关部件的设计，在单独考虑以及与其他系统一同考虑的情况下，发生任何妨碍飞机继续安全飞行与着陆的失效状态的概率为极不可能。”在验证型号设计对该条款的符合性时，可选择MC3方法，根据飞机系统的设计资料、零部件失效数据、相似机型的服役经验等，参照相关工业标准(如SAE ARP4761)，利用FTA、FMEA完成安全性评估以证明设计满足要求。

5)试验室试验(MC4)

此类方法是通过试验室试验，验证有关设计对于适用适航标准条款的符合性，试验可在零部件、分组件和完整件上进行。

例如，CCAR-25-R4在第25.723条(b)规定：“起落架在演示其储备能量吸收能力的试验中不得损坏。”在验证型号设计对该条款的符合性时，可选择MC4方法，利用完整的起落架、模拟飞机上的安装情况和着陆姿态，在落振试验台上进行试验，试验后检查起落架是否损坏。

6) 地面试验(MC5)

此类方法在飞机停放于地面的状态下进行试验来表明有关设计对于适用适航标准条款要求的符合性。

例如，为防止由于燃油热膨胀造成燃油溢出燃油箱或损坏燃油箱结构，CCAR-25-R4 第 25.969 条要求“每个燃油箱都必须具有不小于 2%油箱容积的膨胀空间”。在验证型号设计对该条款的符合性时，可选择 MC5 方法，在地面利用重力加油口加油，到达加油口油面后，再利用油箱通气管(其他方法)加油至油箱充满油，后面所加的油的体积即为燃油箱的膨胀空间，根据试验结果评定其是否符合要求。

7) 飞行试验(MC6)

此类方法通过在飞机飞行中进行的试验，验证有关设计对于适用适航要求的符合性。在规章明确要求时，或用其他方法无法完全演示符合性时采用。

例如，在验证型号设计对 CCAR-25-R4 在第 25.103 条“失速速度”的符合性时，可选择 MC6 方法。因为失速速度是边界飞行速度，此时飞机处于大迎角状态，作用在飞机上的气动力和飞机的运动情况都比较复杂，难以利用解析计算求解，唯一可靠的验证方法是飞行试验。

8) 航空器检查(MC7)

通过局方专家在样机或飞机上进行检查的方式，验证有关设计对于适用适航要求的符合性。

例如，CCAR-25-R4 在第 25.812 条(d)规定对于“各主过道和出口之间通向与地板齐平的旅客应急出口的通道”的应急照明要求。在验证型号设计对该条款的符合性时，可由适航审定人员在样机或飞机上按本款规定进行检查，验证其是否符合要求。

9) 模拟器试验(MC8)

此类方法是通过在工程模拟器上进行模拟试验来验证有关设计对于适用适航要求的符合性。一般不单独使用，而是配合其他方法一起使用。

例如，在借助飞行试验来验证 CCAR-25-R4 在第 25.672 条(b)对于增稳系统或任何其他自动或带动力的操纵系统发生故障时飞机的可操纵性之前，可先进行模拟器试验演示，演示通过后再进行试飞，以尽量保证飞行安全。

10) 设备合格性(MC9)

该方法通过向局方提交航空设备(包括材料)的合格证明文件的方式，来表明对于相应适航要求的符合性，一般用于装机设备(或材料)的符合性验证。

例如，CCAR-25-R4 在第 25.731 条“机轮”的验证，表明型号设计对该条款的符合性时，可选择 MC9 方法，由型号合格证申请人编制机轮选择符合性说明报告并与机轮的产品合格证一起提交适航部门审批。

2. 适航验证技术的分类

通过对前述符合性方法的分析可知，符合性声明(MC0)、说明性文件(MC1)、航空器检查(MC7)、设备合格性(MC9)多以工程评审或检查的方式完成，一般不需要专门的验证技术；而其余的 6 种方法所需的验证技术分类如下。

(1) 分析计算类，用于满足分析计算(MC2)的需要，如性能计算、载荷计算、强度计算、疲劳分析、与以往型号的相似性分析等。

(2) 试验类，用于满足试验室试验(MC4)、地面试验(MC5)、飞行试验(MC6)、模拟器试验(MC8)的需要，如起落架减震试验、风洞试验、全机静力试验、全机疲劳试验、性能试飞、操纵性与稳定性试飞、飞机系统试飞等。

(3) 安全性分析类，用于满足安全评估(MC3)的需要，如 FTA、FMEA、CCA 等。

思 考 题

1-1 适航性的含义是什么？

1-2 什么是适航的航空器？

1-3 符合性验证的定义是什么？

1-4 简述各类符合性方法的适用性，并举例说明。

1-5 适航验证技术可分为几类？并举例说明。

第 2 章　运输类飞机适航验证的依据

根据国际民用航空公约的规定，缔约国应制定用于型号合格审定的适航规章，申请人或设计单位必须按照适用的规章开展设计，并利用相应方式向适航当局表明其设计满足适用规章的要求。因此，适航审定规章是航空器开展适航验证的首要依据。

适航当局颁发的咨询通告(Advisory Circular，AC)可视为，针对规章要求开展符合性验证的建议性和解释性资料。尽管局方一再申明，咨询通告提出的符合性方法并不具有强制性或者排他性；但是，型号合格证申请人通常采用咨询通告提出的方法来表明符合性，采用其他方法往往意味着需要局方事先认可以及验证成本更高等问题。因此，咨询通告是具备操作性的验证依据。

2.1　中国运输类飞机适航审定规章

我国规定，适航审定规章是适航管理部门(中国民用航空局)根据民用航空工业的发展水平及航空产品的类别而制定的最低安全标准，其根本目的是，确保航空器适航性的实现。现行规章，是国内外长期运营经验和历次飞行事故教训的总结与提升。随着科技发展及民用航空器生产、使用的国际化，适航标准还将不断发展，且日趋国际化。

本节将对我国与运输类飞机直接相关的适航标准进行简要介绍。

2.1.1　运输类飞机适航标准(CCAR-25)

CCAR-25 是用于颁发和更改运输类飞机型号合格证的适航标准。根据 CCAR-21“民用航空产品和零部件合格审定规定”的规定，申请或更改运输类飞机型号合格证的申请人，必须表明符合 CCAR-25 中适用的要求。

运输类飞机通常指座位设置(不包括飞行员)为 9 座或以上，最大审定起飞重量为 5700kg(12500lb)以上的飞机。

作为我国发布的第一部适航标准，CCAR-25 最初于 1985 年 12 月 31 日发布，1990 年 7 月 18 日进行了第一次修订，1993 年 12 月 28 日进行了第二次修订，2001 年 5 月 14 日进行了第三次修订。现行有效的版本是 2011 年 11 月 7 日发布的第四次修订版，即 CCAR-25-R4，该版本参考了 FAR PART 25“美国联邦航空条例第 25 部”第 25-101 至 25-125 修正案(Amdt25-101～Amdt25-125)。CCAR-25-R4 包括 8 个分部以及 14 个附录，分别如下。

A 分部　总则

B 分部　飞行

C 分部　结构

D 分部　设计与构造

E 分部　动力装置

F分部 设备
G分部 使用限制和资料
H分部 电气线路互联系统(EWIS)
附录A 图解
附录B 图解
附录C 结冰问题
附录D 确定最小飞行机组的准则
附录E 助推动力问题
附录F 表明符合25.853条或25.855条的防火试验准则和程序
附录G 连续突风设计准则
附录H 持续适航文件
附录I 起飞推力自动控制系统(ATTCS)的安装
附录J 应急撤离演示
附录K 延程运行(ETOPS)
附录L HIRF环境和HIRF设备测试水平
附录M 燃油箱系统降低可燃性的措施
附录N 燃油箱可燃性暴露和可靠性分析

2.1.2 航空发动机适航规定(CCAR-33)

CCAR-33规定了颁发和更改航空发动机型号合格证使用的适航标准。根据CCAR-21“民用航空产品和零部件合格审定规定”的规定，申请航空发动机型号合格证或申请对该合格证进行更改的法人，必须表明符合CCAR-33中适用的要求，并且必须表明符合中国民用航空规章CCAR-34“涡轮发动机飞机燃油排泄和排气排出物规定”。

作为航空发动机的适航标准，CCAR-33最初于1988年2月9日发布，2002年4月19日进行了第一次修订。现行有效的版本是2011年1月30日发布的第二次修订版，即CCAR-33-R2。该版本参考了FAR PART 33“美国联邦航空条例第33部”第33-21至33-30修正案(Amdt33-21～Amdt33-30)。CCAR-33-R2包括8章以及2个附件，分别如下。

A章 总则
B章 设计与构造
C章 设计与构造：活塞式航空发动机
D章 台架试验：活塞式航空发动机
E章 设计与构造：航空涡轮发动机
F章 台架试验：航空涡轮发动机
G章 专用要求：航空涡轮发动机
H章 附则
附件A 持续适航文件
附件B 合格审定标准大气降雨和冰雹的浓度

2.1.3　涡轮发动机飞机燃油排泄和排气排出物规定（CCAR-34）

按 CCAR-21“民用航空产品和零部件合格审定规定”中第 2 章和第 3 章的规定，申请航空燃气涡轮发动机型号合格证、补充型号合格证、型号认可证或申请对该合格证进行更改的法人，必须表明符合 CCAR-34 中适用的要求。正在使用的航空燃气涡轮发动机也要符合本规定的适用要求。

作为航空发动机排放的适航标准，CCAR-34 于 2002 年 3 月 20 日发布，参考了 FAR PART 34 “美国联邦航空条例第 34 部”第 34-1 至 34-30 修正案（Amdt34-1～Amdt34-30）和 ICAO 国际民用航空公约“附件 16 第Ⅱ卷航空发动机排出物”的相关要求。CCAR-34 包括 8 章，分别如下。

A 章　总则

B 章　发动机燃油排泄

C 章　新的航空燃气涡轮发动机的排气排出物

D 章　在用的航空燃气涡轮发动机的排气排出物

E 章　备用

F 章　备用

G 章　发动机排气中气态排出物的测试程序（航空器和航空燃气涡轮发动机）

H 章　发动机烟雾排放的测试程序（航空燃气涡轮发动机）

2.1.4　螺旋桨适航标准（CCAR-35）

按照 CCAR-21“民用航空产品和零部件合格审定规定”的规定，申请或更改螺旋桨型号合格证的法人，必须表明符合 CCAR-35 中适用的要求。

作为螺旋桨的适航标准，CCAR-35 于 1987 年 12 月 17 日发布，参考了 FAR PART 35 “美国联邦航空条例第 35 部”第 35-1 至 35-11 修正案（Amdt35-1～Amdt35-11）。CCAR-35 包括 3 个分部和 1 个附录，分别如下。

A 分部　总则

B 分部　设计和构造

C 分部　试验和检查

附录 A　持续适航文件

2.1.5　航空器型号和适航合格审定噪声规定（CCAR-36）

为减少民用航空活动所产生的噪声对周边环境的影响，规范航空器噪声的划分标准，CCAR-36 于 2002 年 3 月 29 日发布，2007 年 4 月 15 日进行了第一次修订，主要参考了国际民用航空公约“附件 16”第 4 到 7 修正案以及 FAR PART 36“美国联邦航空条例第 36 部”第 36-23 至 36-28 修正案（Amdt36-23～Amdt36-28）。CCAR-36 规定了不同类型航空器的分级方法，以及分级时所依据的噪声标准和测量方法。CCAR-36-R1 包括 15 章（实际使用 5 个，备用 10 个）以及 10 个附件（实际使用 6 个，备用 4 个），分别如下。

A 章　总则

B 章　运输类大飞机和喷气式飞机

C～E 章　备用

F 章　螺旋桨小飞机和螺旋桨通勤类飞机

G 章　备用

H 章　直升机

I～N 章　备用

O 章　文件、使用限制和资料

附件 A　根据第 36.101 条航空器噪声的测量和评定

附件 B　根据第 36.103 条运输类和喷气式飞机的噪声级

附件 C～E　备用

附件 F　对在 1988 年 11 月 17 日以前进行合格审定试验的螺旋桨小飞机和螺旋桨通勤类飞机的飞越噪声要求

附件 G　对在 1988 年 11 月 17 日或之后进行合格审定试验的螺旋桨小飞机和螺旋桨通勤类飞机的起飞噪声要求

附件 H　根据 H 章的直升机噪声要求

附件 J　最大审定起飞重量不大于 3175kg(7000lb)的直升机根据 H 章的直升机噪声合格审定的替代程序

2.1.6　民用航空材料、零部件和机载设备技术标准规定(CCAR-37)

为了规范民用航空材料、零部件和机载设备(以下统称产品)的制造，保证产品在规定的条件下，满足工作的需要或完成预定目的，确保产品及航空器的适航性，CCAR-37 于 1992 年 4 月 1 日发布并实施。规章主体包括 3 章，分别如下。

第一章　总则

第二章　中国技术标准规定

第三章　附则

2.2　国外运输类飞机适航审定规章

2.2.1　美国适航审定规章

美国联邦航空局(Federal Aviation Administration，FAA)运输类飞机相关适航审定规章见表 2-1。

表 2-1　美国航空器适航审定规章

编　号	标　题
PART 25	Airworthiness Standards: Transport Category Airplanes
PART 33	Airworthiness Standards: Aircraft Engines
PART 34	Fuel Venting and Exhaust Emission Requirements for Turbine Engine Powered Airplanes
PART 35	Airworthiness Standards: Propellers
PART 36	Noise Standards Aircraft Type and Airworthiness Certification

2.2.2 欧洲适航审定规章

欧洲航空安全局(European Aviation Safety Agency，EASA)运输类飞机相关适航审定规章见表2-2。

表2-2 欧洲航空器适航审定规章

编号	标题
CS-25	Large Aeroplanes
CS-34	Aircraft Engine Emissions and Fuel Venting
CS-36	Aircraft Noise
CS-APU	Auxiliary Power Units
CS-E	Engines
CS-ETSO	European Technical Standard Orders
CS-P	Propellers

2.2.3 俄罗斯适航审定规章

俄罗斯联邦航空委员会(Interstate Aviation Committee，IAC)运输类飞机相关适航审定规章见表2-3。

表2-3 俄罗斯航空器适航审定规章

编号	标题
AP-25	Airworthiness Standards for Transport Category Airplanes
AP-33	Airworthiness Standards for Engines
AP-VD	Airworthiness Standards for APU
AP-34	Emission Requirements
AP-35	Airworthiness Standards for Propellers
AP-36	Noise Standards

2.3 运输类飞机适航审定相关咨询通告

本节以得到世界广泛认可的FAA咨询通告体系为例，简要介绍其颁布的、现行有效的与运输类飞机适航验证相关的咨询通告。

2.3.1 通用性咨询通告

通用性咨询通告见表2-4。

表 2-4 通用性咨询通告汇总

编 号	标 题	颁布日期
20-150B	Airworthiness Approval of Satellite Voice (SATVOICE) Equipment Supporting Air Traffic Service (ATS) Communication	12-23-2014
20-147A	Turbojet, Turboprop, Turboshaft, and Turbofan Engine Induction System Icing and Ice Ingestion	10-22-2014
20-158A	The Certification of Aircraft Electrical and Electronic Systems for Operation in the High-Intensity Radiated Fields (HIRF) Environment	05-30-2014
20-181	Airworthiness Approval of Attitude Heading Reference System (AHRS) Equipment	04-07-2014
20-138D	Airworthiness Approval of Positioning and Navigation Systems (Including Change 1)	03-28-2014
20-151B	Airworthiness Approval of Traffic Alert and Collision Avoidance Systems (TCAS II), Versions 7.0 & 7.1 and Associated Mode S Transponders	03-18-2014
20-149A	Installation Guidance for Domestic Flight Information Services – Broadcast	09-23-2013
20-115C	Airborne Software Assurance	07-19-2013
20-155A	Industry Documents to Support Aircraft Lightning Protection Certification	07-16-2013
20-180	Approved Model List Supplemental Type Certificate (AML-STC)	05-14-2013
20-165A	Airworthiness Approval of Automatic Dependent Surveillance – Broadcast (ADS-B) Out Systems	11-07-2012
20-140B	Guidelines for Design Approval of Aircraft Data Link Communication Systems Supporting Air Traffic Services (ATS)	09-27-2012
20-178	Flammability Testing of Aircraft Cabin Interior Panels after Alterations	06-04-2012
20-175	Controls for Flight Deck Systems	12-08-2011
20-174	Development of Civil Aircraft and Systems	09-30-2011
20-173	Installation of Electronic Flight Bag Components	09-27-2011
20-66B	Propeller Vibration and Fatigue	03-24-2011
20-171	Alternatives to RTCA/DO-178B for Software in Airborne Systems and Equipment	01-19-2011
20-42D	Hand Fire Extinguishers for Use in Aircraft	01-14-2011
20-62E	Eligibility, Quality, & Identification of Aeronautical Replacement Parts	12-23-2010
20-170	Integrated Modular Avionics Development. Verification, Integration and Approval using RTCA/DO-297 and Technical Standard Order C153	10-28-2010
20-141B	Airworthiness and Operational Approval of Digital Flight Data Recorder Systems	08-17-2010
20-168	Certification Guidance for Installation of Non-Essential, Non-Required Aircraft Cabin Systems & Equipment (CS&E)	07-21-2010
20-167	Airworthiness Approval of Enhanced Vision System, Synthetic Vision System, Combined Vision System, and Enhanced Flight Vision System Equipment	06-22-2010
20-164	Designing and Demonstrating Aircraft Tolerance to Portable Electronic Devices	03-15-2010
20-107B	Composite Aircraft Structure	09-08-2009
20-163	Displaying Geometric Altitude Relative to Mean Sea Level	07-09-2009
20-162	Airworthiness Approval and Operational Allowance of RFID Systems	09-22-2008
20-161	Aircraft Onboard Weight and Balance Systems	04-11-2008
20-160	Onboard Recording of Controller Pilot Data Link Communication in Crash Survivable Memory	02-21-2008

续表

编 号	标 题	颁布日期
20-159	Obtaining Design and Production Approval of Airport Moving Map Display Applications Intended for Electronic Flight Bag Systems	04-30-2007
20-94A	Digital Clock Installation in Aircraft	04-13-2007
20-157	How to Prepare Reliability Assessment Plans for Aircraft Systems and Equipment	01-19-2007
20-73A	Aircraft Ice Protection	08-16-2006
20-156	Aviation Databus Assurance	06-05-2006
20-152	RTCA, Inc., Document RTCA/DO-254, Design Assurance Guidance for Airborne Electronic Hardware	07-05-2005
20-146	Methodology for Dynamic Seat Certification by Analysis for Use in Part 23, 25, 27, and 29 Airplanes and Rotorcraft	05-19-2003
20-53B	Protection of Aircraft Fuel Systems Against Fuel Vapor Ignition Caused by Lightning	06-15-1998
20-125	Water in Aviation Fuels	08-12-1997
20-128A	Design Considerations for Minimizing Hazards caused by Uncontained Turbine Engine and Auxiliary Power Unit Rotor Failure	03-25-1997
20-122A	Anti-misfueling Devices: Their Availability and Use	01-29-1991
20-134	Test Procedures for Maximum Allowable Airspeed Indicators	02-14-1990
20-135	Powerplant Installation and Propulsion System Component Fire Protection Test Methods, Standards and Criteria	02-06-1990
20-133	Cockpit Noise and Speech Interference Between Crewmember	03-22-1989
20-127	Use of Society of Automotive Engineers (SAE) Class H11 Bolts	07-08-1987
20-67B	Airborne VHF Communication Equipment Installations	01-16-1986
20-124	Water Ingestion Testing for Turbine Powered Airplanes	09-30-1985
20-120	Nondirectional Beacon Frequency Congestion	06-18-1984
20-119	Fuel Drain Valves	02-07-1983
20-30B	Aircraft Position Light and Anticollision Light Installations	07-20-1981
20-111	Communication Interference Caused by Unintentional Keyed Microphones	10-10-1980
20-34D	Prevention of Retractable Landing Gear Failures	08-08-1980
20-104	Revised Powerplant Engineering Report No. 3A Standard Fire Test Apparatus and Procedure (for Flexible Hose Assemblies)	07-19-1978
20-100	General Guidelines for Measuring Fire-Extinguishing Agent Concentrations in Powerplant Compartments	09-21-1977
20-99	Antiskid and Associated Systems	05-27-1977
20-56A	Marking of TSO-C72b Individual Flotation Devices	04-01-1975
20-32B	Carbon Monoxide (CO) Contamination in Aircraft Detection and Prevention	11-24-1972
20-74	Aircraft Position and Anticollision Light Measurements	07-29-1971
20-71	Dual Locking Devices on Fasteners	12-08-1970
20-69	Conspicuity of Aircraft Instrument Malfunction Indicators	05-14-1970
20-18A	Qualification Testing of Turbo-jet Engine Thrust Reversers	03-16-1966
20-38A	Measurement of Cabin Interior Emergency Illumination in Transport Airplanes	02-08-1966

2.3.2 25部相关咨询通告

25部相关咨询通告见表2-5。

表2-5 25部相关咨询通告汇总

编　号	标　题	颁布日期
25-25A	Performance and Handling Characteristics in the Icing Conditions	10-27-2014
25-28	Compliance of Transport Category Airplanes with Certification Requirements for Flight in Icing Conditions	10-27-2014
25.1329-1C	Approval of Flight Guidance Systems	10-27-2014
25.629-1B	Aeroelastic Stability Substantiation of Transport Category Airplanes	10-27-2014
25-11B	Electronic Flight Displays	10-07-2014
25.1302-1	Installed Systems and Equipment for Use by the Flightcrew	05-03-2013
25-7C	Flight Test Guide for Certification of Transport Category Airplanes	10-16-2012
25.803-1A	Emergency Evacuation Demonstrations	03-12-2012
25-19A	Certification Maintenance Requirements	10-03-2011
25.571-1D	Damage Tolerance and Fatigue Evaluation of Structure	01-13-2011
25.1322-1	Flightcrew Alerting	12-13-2010
25.1419-2	Compliance with the Ice Protection Requirements of §25.1419(e), (f), (g), and (h)	10-27-2009
25-17A	Transport Airplane Cabin Interiors Crashworthiness Handbook	05-18-2009
25.795-1A	Flight Deck Intrusion Resistance	10-24-2008
25.795-2A	Flight Deck Penetration Resistance	10-24-2008
25.795-3	Flightdeck Protection (Smoke and Fumes)	10-24-2008
25.795-4	Passenger Cabin Smoke Protection	10-24-2008
25.795-5	Cargo Compartment Fire Suppression	10-24-2008
25.795-6	Least Risk Bomb Location	10-24-2008
25.795-7	Survivability of Systems	10-24-2008
25.795-8	Interior Design to Facillitate Searches	10-24-2008
25.981-1C	Fuel Tank Ignition Source Prevention Guidelines	09-19-2008
25.981-2A	Fuel Tank Flammability	09-19-2008
25.856-2A	Installation of Thermal/Acoustic Insulation for Burnthrough Proctection	07-29-2008
25.1701-1	Certification of Electrical Wiring Interconnection Systems on Transport Category Airplanes	12-04-2007
25.1365-1	Electrical Appliances, Motors, and Transformers	11-27-2007
25.1529-1A	Instructions for Continued Airworthiness of Structural Repairs on Transport Airplanes	11-20-2007
25-26	Development of Standard Wiring practices Documentation	11-14-2007
25-869.1A	Fire Protection Systems	10-22-2007
25.1353-1A	Electrical Equipment and Installations	10-22-2007
25.1357-1A	Circuit Protective Devices	10-22-2007
25.1360-1	Protection Against Injury	10-22-2007

续表

编号	标题	颁布日期
25.1362-1	Electrical Supplies for Emergency Conditions	10-22 2007
25.899-1	Electrical Bonding and Protection against Static Electricity	10-22 2007
25.562-1B	Dynamic Evaluation of Seat Restraint Systems and Occupant Protection on Transport Airplanes	01-10 2006
25.856-1	Thermal/Acoustic Insulation Flame Propagation Test Method Details	06-24 2005
25.783-1A	Fuselage Doors and Hatches	04-25 2005
25.1419-1A	Certification of Transport Category Airplanes for Flight in Icing Conditions	05-07 2004
25.613-1	Material Strength Properties and Material Design Values	08-06 2003
25.775-1	Windows and Windshields	01-17 2003
25.735-1	Brakes and Braking Systems Certification Tests and Analysis	04-10 2002
25.723-1	Shock Absorption Tests	05-25 2001
25.1435-1	Hydraulic System Certification Tests and Analysis	05-21 2001
25.491-1	Taxi, Takeoff and Landing Roll Design Loads	10-20 2000
25.335-1A	Design Dive Speed	09-29 2000
25.905-1	Minimizing the Hazards from Propeller Blade and Hub Failures	09-27 2000
25-24	Sustained Engine Imbalance	08-02 2000
25-23	Airworthiness Criteria for the Installation Approval of a Terrain Awareness and Warning System (TAWS) for Part 25 Airplanes	05-22 2000
25-22	Certification of Transport Airplane Mechanical Systems	03-14 2000
25-21	Certification of Transport Airplane Structure	09-01-1999
25.812-2	Floor Proximity Emergency Escape Path Marking Systems Incorporating Photoluminescent Elements	07-24 1997
25.1581-1	Airplane Flight Manual	07-14 1997
25-20	Pressurization, Ventilation and Oxygen Systems Assessment for Subsonic Flight including High Altitude Operation	09-10 1996
25-9A	Smoke Detection, Penetration, and Evacuation Tests and Related Flight Manual Emergency Procedures	01-06 1994
25-18	Transport Category Airplanes Modified for Cargo Service	01-06 1994
25.703-1	Takeoff Configuration Warning Systems	03-17 1993
25.1523-1	Minimum Flightcrew	02-02 1993
25.773-1	Pilot Compartment View Design Considerations	01-08 1993
25.963-1	Fuel Tank Access Covers	07-29 1992
25.807-1	Uniform Distribution of Exits	08-13 1990
25-15	Approval of Flight Management Systems in Transport Category Airplanes	11-20-1989
25.812-1A	Floor Proximity Emergency Escape Path Marking	05-22 1989
25.1309-1A	System Design and Analysis	06-21 1988
25-13	Reduced and Derated Takeoff Thrust (Power) Procedures	05-04 1988

续表

编　号	标　题	颁布日期
25-12	Airworthiness Criteria for the Approval of Airborne Windshear Warning Systems in Transport Category	11-02-1987
25-16	Electrical Fault and Fire Prevention and Protection	09-25-1987
25.853-1	Flammability Requirements for Aircraft Seat Cushions	09-17-1986
25.994-1	Design Considerations to Protect Fuel Systems during a Wheels-Up Landing	07-24-1986
25-8	Auxiliary Fuel Systems Installations	05-02-1986
25.939-1	Evaluating Turbine Engine Operating Characteristics	03-19-1986
25.1455-1	Waste Water/Potable Water Drain System Certification Testing	03-11-1985
25.672-1	Active Flight Controls	11-15-1983
25.253-1A	High-Speed Characteristics	12-27-1976
25-5	Installation Approval on Transport Category Airplanes of Cargo Unit Load Devices Approved as Meeting the Criteria in NAS 3610	06-03-1970
25.1457-1A	Cockpit Voice Recorder Installations	11-03-1969

2.3.3 33部相关咨询通告

33部相关咨询通告见表2-6。

表2-6　33部相关咨询通告汇总

编　号	标　题	颁布日期
33.87-1A	Engine Overtorque Test, Calibration Test, Endurance Test, and Teardown Inspection for Turbine Engine Certification（§§ 33.84, 33.85, 33.87, 33.93）	03-09-2015
33-11	Oxidation, Hot Corrosion, Thermal Fatigue, and Erosion Characteristics Testing to Support 14 CFR, Part 33, § 33.15, Compliance for Turbine Engines	09-23-2014
33-10	Statistical Analysis Considerations for Comparative Test and Analysis Based Compliance Findings for Turbine Engine and Auxiliary Power Unit Replacement, Redesign and Repaired Parts	08-28-2014
33-2C	General Type Certification Guidelines for Turbine Engines	06-25-2013
33-9	Developing Data for Major Repairs of Turbine Engine Parts	04-30-2010
33.83-1	Comparative Method to Show Equivalent Vibratory Stresses and High Cycle Fatigue Capability for Parts Manufacturer Approval of Turbine Engine and Auxiliary Power Unit Parts	09-08-2009
33.70-2	Damage Tolerance of Hole Features in High-Energy Turbine	08-28-2009
33-8	Guidance for Parts Manufacturer Approval of Turbine Engine and Auxiliary Power Unit Parts under Test and Computation	08-19-2009
33.76-1A	Bird Ingestion Certification Standards	08-07-2009
33.17-1A	Engine Fire Protection	08-03-2009
33.70-1	Guidance Material for Aircraft Engine Life-Limited Parts Requirements	07-31-2009
33.87-2	Comparative Endurance Test Method to Show Durability for Parts Manufacturer Approval of Turbine Engine and Auxiliary Power Unit Parts	06-25-2009

续表

编　号	标　题	颁布日期
33.75-1A	Guidance Material For 14 CFR 33.75, Safety Analysis	09-26-2007
33.63-1	Turbine Engine Vibration	07-25-2007
33.7-3A	FAA Certification Policy for Turbine Engine Lubricating Oils Qualified to AS5780	04-20-2007
33-83A	Turbine Engine Vibration Test	09-29-2006
33.4-3	Instructions for Continued Airworthiness, Aircraft Engine High Intensity Radiated Fields (HIRF) and Lightning Protection Features	09-16-2005
33.90-1	Initial Maintenance Inspection (IMI), 14 CFR §33.90, Test for Turbine Engines	03-05-2004
33.74-92-1A	Turbine Engine Continued Rotation and Rotor Locking	07-23-2003
33.28-1	Compliance Criteria for 14 CFR §33.28, Aircraft Engines, Electrical and Electronic Engine Control Systems	06-29-2001
33.4-2	Instructions for Continued Airworthiness: In-Service Inspection of Safety Critical Turbine Engine Parts at Piece-Part Opportunity	03-08-2001
33.14-1	Damage Tolerance for High Energy Turbine Engine Rotors	01-08-2001
33.78-1	Turbine Engine Power-Loss and Instability in Extreme Conditions of Rain and Hail	02-08-2000
33.15-1	Manufacturing Process of Premium Quality Titanium Alloy Rotating Engine Components	09-22-1998
33-5	Turbine Engine Rotor Blade Containment/Durability	06-18-1990
33.65-1	Surge and Stall Characteristics of Aircraft Turbine Engines	12-06-1985
33-4	Design Considerations Concerning the Use of Titanium in Aircraft Turbine Engines	07-28-1983
33-1B	Turbine Engine Foreign Object Ingestion and Rotor Blade Containment Type Certification Procedures	04-22-1970
33-3	Turbine and Compressor Rotors Type Certification Substantiation Procedures	09-09-1968

2.3.4 34 部相关咨询通告

34 部相关咨询通告见表 2-7。

表 2-7　34 部相关咨询通告

编　号	标　题	颁布日期
34-1B	Fuel Venting and Exhaust Emission Requirements for Turbine Engine Powered Airplanes	06-27-2003

2.3.5 35 部相关咨询通告

35 部相关咨询通告见表 2-8。

表 2-8　35 部相关咨询通告汇总

编　号	标　题	颁布日期
35.16-1	Propeller Critical Parts	01-17-2013
35.23-1	Guidance Material for 14 CFR § 35.23, Propeller Control System	10-21-2011
35.37-1B	Propeller Fatigue Limits and Evaluation	03-24-2011

2.3.6 36 部相关咨询通告

36 部相关咨询通告见表 2-9。

表 2-9 36 部相关咨询通告汇总

编 号	标 题	颁布日期
36-4C	Noise Standards: Aircraft Type and Airworthiness Certification	07-15-2003
36-3H	Estimated Airplane Noise Levels in A-Weighted Decibels	04-25-2002
36-1H	Noise Levels for U.S. Certificated and Foreign Aircraft	11-15-2001
36-2C	Measured or Estimated（Uncertificated）Airplane Noise Levels	02-12-1986

思 考 题

2-1 运输类飞机的定义是什么？

2-2 我国运输类飞机适航审定的相关规章有哪些？

2-3 咨询通告有什么用途？

2-4 运输类飞机适航审定涉及哪些类别的咨询通告？

第3章　总体性能的典型分析计算

本章以单通道、翼吊双涡轮风扇发动机、150 座级、前三点式常规布局的机型为例，讲述 CCAR-25-R4“运输类飞机适航标准”总体性能相关的部分条款验证所需的典型分析计算技术。虽然目前型号研制中，性能计算通常借助专用软件完成，但了解其原理仍十分重要。

在研究飞机飞行性能时，所作的一个重要假设是把飞机视为一个可操纵的质点，只要建立描述质心运动的力方程，就可以确定飞机的基本飞行性能及飞行轨迹；另一个重要假设是飞机的力矩是瞬时平衡的，即性能计算中所用的升力、阻力曲线必须是配平的，动力对力矩的影响也是经过配平的。研究飞行性能采用航迹坐标系，可使运动方程形式简便，便于进行飞行性能计算。

3.1　基本飞行性能

飞机基本飞行性能计算的主要任务是，研究飞机在空中定常运动和准定常运动时的运动特性。

前述两个重要假设不仅用于全发动机(简称全发)工作状态，也用于临界发动机不工作状态。单发动机(简称单发)停车的配平升力和阻力曲线必须考虑临界发动机不工作引起的方向舵、副翼甚至升降舵配平影响，停车发动机风车阻力的影响等。单发停车的配平不是唯一的，通常按“最小配平阻力”原则来处理。

基本飞行性能与飞机构型、重量、发动机工作状态和大气条件有关。

3.1.1　基本方程

1. *动力学方程*

飞机性能计算，将飞机视为一个质点，按航迹坐标系写出飞机质点动力学方程。

在本节所讨论的基本飞行性能中，只涉及飞机在垂直平面内无侧滑飞行。作用在飞机的力如图 3-1 所示。其动力学方程如下：

$$m\mathrm{d}V/\mathrm{d}t = T\cos(\alpha+\varphi_T) - D - G\sin\theta \tag{3-1}$$

$$mV\mathrm{d}\theta/\mathrm{d}t = T\sin(\alpha+\varphi_T) + L - G\cos\theta \tag{3-2}$$

式中，α 为迎角；V 为飞行速度；T 为推力；D 为阻力；L 为升力；φ_T 为推力作用线与飞机迎角基准线之间的夹角；θ 为航迹倾斜角。$m=G/g$ 为质量(kg)；G 为重力(N)；g 为重力加速度($\mathrm{m/s^2}$)。

1) 水平直线飞行

当飞机作水平直线飞行时，$\theta=0$，$\mathrm{d}\theta/\mathrm{d}t=0$，式(3-1)和式(3-2)可简化为

$$m\mathrm{d}V/\mathrm{d}t = T\cos(\alpha+\varphi_T) - D \tag{3-3}$$

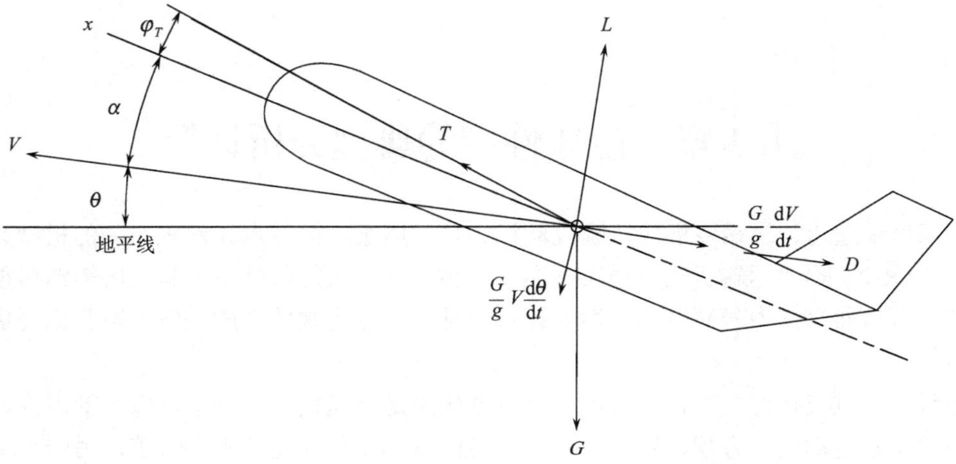

图 3-1 垂直平面内无侧滑飞行作用在飞机上的力

$$T\sin(\alpha+\varphi_T)+L=G \tag{3-4}$$

联立求解式(3-3)和式(3-4)可用于水平加减速性能计算。

若飞机作等速水平直线飞行，则 $dV/dt=0$，式(3-3)可进一步简化为

$$T\cos(\alpha+\varphi_T)=D \tag{3-5}$$

式(3-4)和式(3-5)常用于计算等速平飞性能，如最大平飞速度、最小平飞速度和巡航段的续航性能等。

2) 爬升飞行

通常，爬升航迹接近于直线，即 $d\theta/dt=0$，那么式(3-2)可简化为

$$T\sin(\alpha+\varphi_T)+L=G\cos\theta \tag{3-6}$$

式(3-1)和式(3-6)可用于非定常直线爬升，非定常直线下降、俯冲和跃升的直线段等性能计算。

当飞机在垂直平面内作等速直线爬升时，$dV/dt=0$，式(3-1)又可简化为

$$T\cos(\alpha+\varphi_T)=D+G\sin\theta \tag{3-7}$$

式(3-6)和式(3-7)可用于爬升率、升限等有关等速爬升的性能计算。

2. 运动学方程

计算飞机的飞行性能时，还需要使用运动学方程。在垂直平面内飞行时，运动学方程为

$$dx/dt=V\cos\theta \tag{3-8}$$

$$dH/dt=V\sin\theta \tag{3-9}$$

若作水平直线飞行，则 $\theta=0$，式(3-8)和式(3-9)可简化为

$$dx/dt=V \tag{3-10}$$

$$dH/dt=0 \tag{3-11}$$

3. 重量变化和燃料消耗量方程

飞机飞行时，随着燃料的消耗飞机重量将减轻，其关系式为

$$\frac{\mathrm{d}m}{\mathrm{d}t}=-\frac{\mathrm{d}m_f}{\mathrm{d}t}=-\frac{q_h}{3600} \tag{3-12}$$

燃料消耗量的计算公式为

$$m_f=\frac{1}{3600}\int_0^t q_h\mathrm{d}t \tag{3-13}$$

式中，q_h 为每小时燃料消耗量(kg / h)。

3.1.2　性能计算原始数据

飞机飞行性能计算是根据作用在飞机上的外力，确定其质心在空中或地面的运动规律。通常除了起降性能是在地面运动，作用在飞机上的外力主要是空气动力、发动机推力及地心对飞机的引力。众所周知，这些外力不仅直接与飞机飞行性能参数有关，同时还取决于飞机的构型和重量(装载)、大气条件、发动机油门位置和燃料消耗规律以及舵面操纵规律等。为此，首先给出基本性能计算时所需原始数据。

1. 飞机的升阻特性

飞机的升阻特性，通常以升力系数和阻力系数及其增量的形式给出。这些数据取决于飞机的构型和飞行状态，一般应通过风洞试验和飞行试验得到。在飞机设计初始阶段，通常用工程估算结果，并经过经验修正后确定。

飞机飞行性能计算，要使用经配平后的升阻特性。为了保持全机力矩的平衡，需要操纵面偏转，必须计及由此产生的附加升力和阻力，图 3-2 表示了典型的配平极曲线。

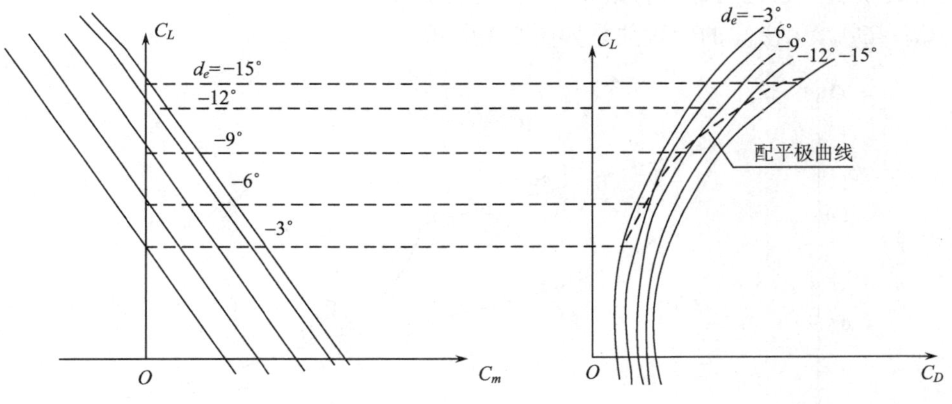

图 3-2　配平极曲线修正

1) 飞机常用构型

根据目前风洞试验方法和程序，在原始数据处理上，常把它归纳为飞机的基本构型以及在基本构型上加或减去各种装置引起的气动力增量。

(1) 基本构型。

A. 干净构型。

飞机在飞行过程中最经常出现的气动外形，即增升装置、起落架、减速板等都在收上位置，正常装载，动力装置的操纵机构处于飞行状态且与发动机工作状态相适应的位置。

B. 起降构型。

在风洞试验或试飞测定气动力特性数据时，按整机处理数据的飞机构型。例如，放下襟翼、放下起落架、带地面效应的放起落架和襟翼等构型。

(2) 非基本构型。

在飞行中除了基本构型，还出现各种非基本构型。例如，着陆时放扰流片、减速板；多发动机飞机若干个发动机故障等。通常把有别于基本构型引起的气动力变化视为增量，可叠加在相应的基本构型的气动力数据上。

2) 升力特性

按照重心配平所需的升力特性数据包括以下三方面。

(1) 在正常迎角范围内的升力特性。

升力系数与迎角是线性关系

$$C_L = C_{L\alpha}(\alpha - \alpha_0)$$

式中，$C_{L\alpha}$为升力线斜率，$C_{L\alpha} = f(M, \text{Conf})$，Conf 为构型缩写；$\alpha$ 为迎角；α_0 为零升迎角，$\alpha_0 = f(M, \text{Conf})$。

(2) 在大迎角下的升力特性。

这些特性数据用于确定性能边界，主要包括以下三个系数。

A. 最大升力系数 $C_{L\max} = f(M, \text{Conf})$，它们反映了飞机的失速特性。

B. 抖动升力系数 $C_{Lbu} = f(M, \text{Conf})$，常常是亚声速飞行速度包线的左边界。

C. 受操纵面最大偏角限制的升力系数 $C_{L\delta\max}$，为保证飞机平衡所需要的平尾或升降舵极限偏角的限制，它随飞行马赫数(M)的增加而减小。

$C_{L\max}$、C_{Lbu}、$C_{L\delta\max}$ 的一般关系如图 3-3 所示。

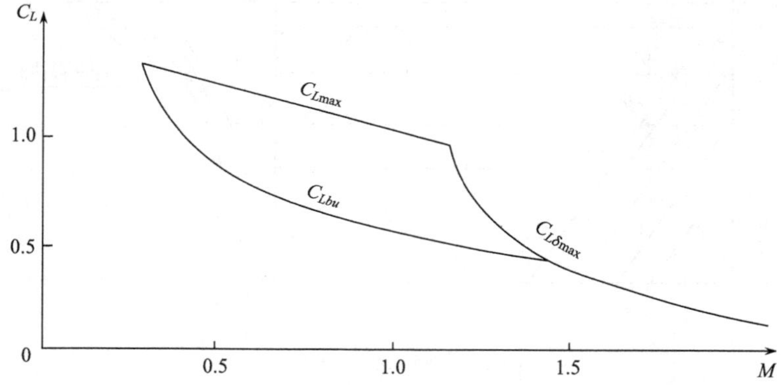

图 3-3 $C_{L\max}$、C_{Lbu}、$C_{L\delta\max}$ 随 M 的变化曲线

(3) 附加升力系数增量(如扰流片)。

3) 阻力特性

(1) 特定高度上基本构型的阻力特性。

A. 全机配平极曲线是航迹坐标系下的配平极曲线 $C_{Dtr} = f(C_L, M, \text{Conf})$。

B. 解析表达式 $C_D = C_{D0} + C_{Di}$。

式中，C_{D0} 为零升阻力系数；C_{Di} 为诱导阻力系数，其解析式为 $C_{Di} = AC_L^2$，A 为诱导因子，

$A=f(M)$。

(2) 极曲线的高度修正。

极曲线通常是对某一特定基准高度给出的，在计算其他高度的阻力系数时，需要考虑高度修正项，它一般由下式给出：

$$\Delta C_{DH}=\Delta C_{D(Re,\ M=0)}\eta_M$$

式中，$\Delta C_{D(Re,\ M=0)}$为不可压缩时的高度修正量，根据不同高度的 Re 数查变 Re 数试验曲线得到；η_M为压缩性影响修正系数。

(3) 附加阻力增量。

附加阻力指非基本构型中附加构型变化引起的阻力。大多数附加阻力项可视为只随 M 数变化，即 $\Delta C_{D\times\times}=f(M)$。

进气道溢流引起的阻力增量随飞行高度 H、马赫数 M 及发动机工作状态等因素变化而变化。

单发停车引起的阻力增量与飞机构型、发动机工作状态、M 数等因素有关。

2. 发动机特性

涡轮风扇发动机的工作状态一般分为起飞状态、连续状态、巡航状态、慢车状态。

1) 几个常用的工作状态

(1) 起飞（或最大）工作状态，指发动机产生的最大推力状态，通常限制使用时间。

(2) 连续（或额定）工作状态，指发动机能较长时间连续工作的状态，一般用于爬升。

(3) 巡航工作状态，指转速或推力比额定状态小，燃料消耗最小，连续工作时间不限制的工作状态，一般用于巡航。

(4) 慢车工作状态，指发动机能稳定工作的最小转速工作状态。

(5) 其他工作状态，如反推力工作状态。

2) 发动机特性

发动机的推力和燃料油消耗率随发动机工作状态、速度（或 M 数）、高度和环境温度而变化。发动机推力还必须作装机修正（对于涡轮风扇发动机是进排气修正）和引气与功率提取修正。

(1) 速度、高度特性。

在发动机转速保持不变（即给定发动机工作状态）的条件下，发动机特性随飞行速度、高度的变化而变化。通常以下述形式给出：

转速 $n=$ 常数时，推力 $T=f(H,M)$；每小时耗油量 $q_h=f(H,M)$。

(2) 节流特性。

节流特性又称油门特性或转速特性，主要研究发动机性能随转速的变化规律。通常以下述形式给出：

H=常数时，燃油消耗率：$C_j=f(T,M,\bar{n})$，$\bar{n}=n/n_{\max}$（相对转速）。

3. 飞行重量数据

飞机飞行性能计算需要飞机及其装载的重量作为原始数据。

1) 飞机重量

空机重量：飞机结构、动力装置、通用和专用设备等所构成的重量。

基本重量：空机重量加固定装载重量。

飞行重量：基本重量加有效装载和燃油的重量，此时的燃油是指飞行中不断变化的燃油量。

平均飞行重量：飞机携带50%机内燃油时的飞行性能计算重量。

2)装载与燃油

固定装载：包括空勤人员、不可用燃油、滑油、氧气等与任务无直接关系的装载。

有效装载：包括人员(除空勤之外)、货物等与任务直接有关的装载。

燃油重量。

以上重量单位使用千克(kg)，与发动机推力和气动力的单位(N、kN)不同。

3.1.3 爬升梯度计算

爬升高度和前进的水平距离的比值反映了飞机的越障能力。越障能力事关飞行安全，适航标准利用爬升梯度对飞机的爬升性能提出了要求，涉及航路飞行及起飞与着陆。起降阶段的要求习惯上划入起飞着陆性能研究，本节仅介绍航路飞行阶段。

1. 适航要求

CCAR-25-R4在第25.123条“航路飞行航迹”中规定*：

(a)对于航路形态，必须在为该飞机制定的使用限制范围内的每一重量、高度和周围温度下确定本节(b)及(c)规定的飞行航迹。在计算中可计及由于发动机工作逐渐消耗燃油和滑油而造成的沿飞行航迹的重量变化。必须按下列条件以不小于V_{FTO}的速度确定飞行航迹：

(1)重心在最不利位置；

(2)临界发动机不工作；

(3)其余发动机处于可用的最大连续功率(推力)状态；

(4)发动机冷却空气供应的控制装置处于在热天条件下提供足够冷却的位置。

(b)单发停车净飞行航迹数据必须为真实爬升性能数据减去一定数值的爬升梯度，所减去的爬升梯度，对于双发飞机为1.1%：

(1)在非结冰条件下；

(2)在结冰条件下，带有附录C定义的飞行途中冰积聚，如果：

(i)航路上结冰条件下$1.18V_{SRO}$超过非结冰条件下航路速度3节校正空速或3%的V_{SR}较大者，或者；

(ii)爬升梯度的降低超过本条(b)部分中所规定的可用净起飞飞行航迹减量的一半。

2. 计算方法

本条规定了一台或两台发动机失效后的航路形态的净爬升梯度与净飞行航迹的要求。

在求解爬升梯度时，通常假定是垂直平面内的等真速直线爬升，即$dV/dt=0$、$d\theta/dt=0$，根据式(3-6)和式(3-7)，可得爬升梯度的表达式如下：

$$\tan\theta_{cl}=\frac{T\cos(\alpha+\varphi_T)-D}{T\cos(\alpha+\varphi_T)+L} \tag{3-14}$$

* 书中摘录了很多规定，均用仿宋排版。由于是摘录，序号可能不连续，特此说明，下同。

式中，$\tan\theta_{cl}$ 为爬升角的正切，即爬升梯度；T 为推力；α 为迎角；φ_T 为推力作用线与飞机迎角基准线之间的夹角；D 为阻力；L 为升力。

3.1.4　单发停车升限

1. 适航要求

根据 CCAR-25-R4 第 25.123 条要求，双发飞机的单发停车升限定义如下：重心在最不利位置(如前重心)，临界发动机不工作，其余发动机处于可用的最大连续功率(推力)状态，发动机冷却空气供应的控制装置处于在热天条件下提供足够冷却的位置，对于双发飞机达到 1.1%爬升梯度所对应的高度。

2. 计算方法

计算升限可用图解法或解析法，本节以解析法为例进行说明。

已知：升力 $L=\frac{1}{2}\rho V^2 SC_L$，压力 $P=\rho RT$，声速 $a=\sqrt{kRT}$。

式中，T 为热力学温度(K)；R 为空气的气体常数；k 为绝热指标，对空气，k=1.4。

代入式(3-6)可得

$$P=\frac{G\cos\theta-T\sin\left(\alpha+\varphi_T\right)}{0.7M^2SC_L} \tag{3-15}$$

阻力系数 C_D 的计算公式如下：

$$C_D=C_T\cos\left(\alpha+\varphi_T\right)-\frac{G}{qS}\frac{R_{cl}}{V} \tag{3-16}$$

式中，R_{cl} 为爬升率，表示单位时间内飞机上升的高度即飞行速度的垂直分量，$R_{cl}=\mathrm{d}H/\mathrm{d}t=V\sin\theta$；$C_T$ 为推力系数，$C_T=T/(qS)$。

确定升限的步骤如下。

(1) 根据设计飞机所需升限，先确定该升限相应的 R_{cl} 值，并假定一个升限 H_i 值。

(2) 计算阻力系数 C_D。

在给定高度上。

A. 假设一系列速度，由给定发动机工作状态查发动机可用推力曲线得到一系列 T 值，并换算成推力系数 C_T;

B. 由简化运动方程，$L=G$，可得升力系数初值 $C_{Li}=G/q_iS$。对给定的一系列 V 可计算出 C_{Li}，并由它查全机配平升力曲线得相应的迎角 α_i。

C. 将 A 中确定的 R_{cl} 及 α_i 代入式(3-16)计算出对应的阻力系数 C_{Di}。

(3) 计算升力系数 C_L、迎角 α、航迹角 θ。

由步骤(2)得到的 C_{Di} 查全机配平极曲线得到一系列升力系数 C_{Li+1}，再由 C_{Li+1} 查全机配平升力曲线得到 α_{i+1}。用所要求升限对应的 R_{cl}[即(1)确定的]计算出一系列航迹倾斜角 θ:

$$\theta=\arcsin\left(\frac{R_{cl}}{V}\right)$$

(4) 由式(3-15)计算不同速度 V 与升力系数 C_L、α 对应的一系列压力值 P，查标准大气表得到对应的一系列高度 H 值。

(5) 采用逐步近似法，使得到的一系列高度值中的最大值 H_{max} 与假设的升限 H_i 之差满足一定精度要求，则 H_{max} 为根据 R_{cl} 要求的升限。

3. 计算升限的基准重量

在考核升限时，由于所用的飞机重量没有明确，升限指标无法比较，故提出下述建议。

单发停车升限的基准重量以满足起飞限重要求的起飞重量起飞(或以短程飞行所需起飞重量起飞)，爬升至 5000m(干线机)或 3000m(支线机)时的重量为基准(称为“爬升终点重量”)。

3.2 起飞着陆性能

3.2.1 计算原始数据

性能计算的原始数据已在 3.1.2 节作了说明，对于飞机起飞和着陆性能，还需要作以下补充。

1. 气动力数据

(1) 各种起降构型下配平极曲线和配平升力曲线，构型包括各种起飞襟翼下，收、放起落架；各种着陆襟翼下，放起落架。

需要计及地面效应对气动特性的影响。

对于民用飞机，应该配平在前重心。

(2) 起飞和着陆构型下的失速速度 V_S、空中最小操纵速度 V_{MCA}、地面最小操纵速度 V_{MCG}。

(3) 空气动力减速装置(如扰流板)、机轮刹车等从启动到全效能的时间曲线，收襟翼和起落架所需时间。应注意，全发工作与单发停车收放襟翼和起落架所需的时间可能不同。

(4) 抬前轮和着陆拉平的角速度。

2. 发动机数据

除了 3.1.2 节的说明，对起飞和着陆性能还需要计及发动机停车、加速和减速时推力随时间的变化。例如，单发停车时推力随时间的变化；单发停车时工作发动机具有自动增加起飞推力功能的，应给出推力增加的时间历程。

3. 几何数据

除了基本的几何数据，如机翼面积 S、翼展 b，还应提供：机身尾部擦地角 α_{TG}、地面滑跑时的飞机迎角 α_G、机翼平均气动弦四分之一弦点的离地高度 H_G。其中 α_G 和 α_{TG} 与起落架缓冲支柱压缩量有关，初步设计时 α_G 可取为飞机的停机角，α_{TG} 按照主起落架缓冲支柱处于地面静止压缩状态来处理。

4. 地面滑跑摩擦系数

1) 滚动摩擦系数 μ

滚动摩擦系数即松刹车的情况，它基本上是表面状态、轮胎压力和地速的函数。民用飞机的常用值为 0.02。

2) 刹车摩擦系数 μ_B

μ_B 是滑动比(轮胎相对于地面的速度)的函数。最大摩擦对应于最佳滑动比。通常飞行员不能保持最佳滑动比，只能得到最大摩擦的 30%～50%。带防滑装置时 μ_B 可以改善，自适应刹车压力控制系统可较大地提高刹车性能。各种动态因素、舒适性考虑和刹车吸热能力等可能影响或限制刹车性能。初步设计可用 $\mu_B = 0.3$。

5. 风速

运输类飞机(CCAR-25)要求考虑沿航迹的风速分量，并作保守修正。机场报告的沿航迹的风速首先应换算到飞机机翼平均气动弦高度处(通常指机翼平均气动弦四分之一弦点离地高度)。假设报告风速的测量高度为 H_1(H_1 通常为 10m)，报告的风速为 V_{w1}，那么机翼平均气动弦离地高度 H_2 处的风速 V_{w2} 可按下式求出：

$$V_{w2} = V_{w1}\ (H_2 / H_1)^{1/7}$$

CCAR-25-R4 在第 25.105 条(d)(1)与第 25.125 条(f)中规定的风速保守修正要求如下：逆风分量乘以修正系数 0.5，顺风分量乘以修正因子 1.5。

当本书后面的计算中出现风速 V_w 时，一律视为已作了上述修正。

6. 起降重量

飞机、装载和燃油的重量都已在 3.1.2 节作了说明，对于起飞性能计算还需要补充如下。

1) 起飞重量

飞机携带为完成任务所需的燃油和有效装载，在起飞滑跑开始时的总重量。起飞重量包括正常起飞重量、任务起飞重量和最大起飞重量。

2) 着陆重量

飞机按规定构型、装载和剩余燃油着陆时的重量。着陆重量包括正常着陆重量、任务着陆重量和最大着陆重量。

7. 机场条件

起落性能计算，还需要机场环境的数据。

(1) 外界大气温度 T，℃；

(2) 机场压力高度 H_p；

(3) 机场跑道坡度 Φ。

3.2.2 起飞性能的适航要求

CCAR-25-R4 起飞性能相关的条款如下。

第 25.101 条 (性能)总则；

第 25.105 条 起飞；

第 25.107 条 起飞速度；

第 25.109 条 加速-停止距离；

第 25.111 条 起飞航迹；

第 25.113 条 起飞距离和起飞滑跑距离；

第 25.115 条 起飞飞行航迹。

总结以上条款，得出具体要求如下。

1. 起飞速度

为了保证飞机安全离地和起飞，与起飞有关的各种速度及其相互关系必须满足一定的要求，保证飞机有充分的机动裕度、离地后有充足的爬升能力，以及一旦单发失效时有足够的操纵能力。CCAR-25-R4 中与起飞有关的速度及要求参见图 3-4。

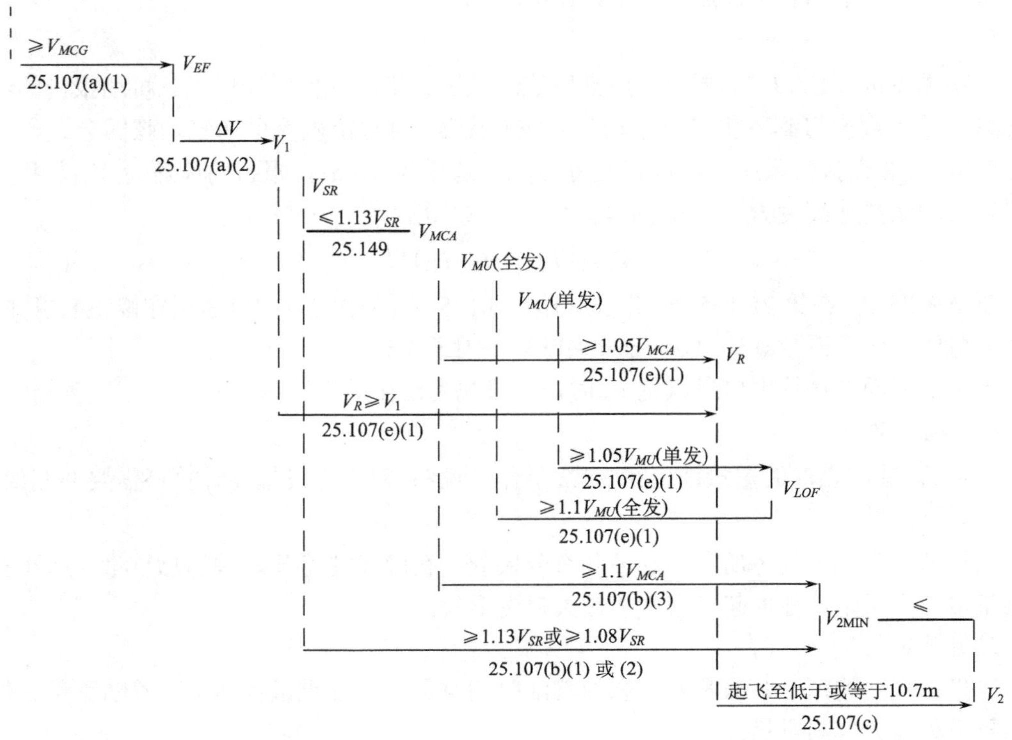

图 3-4　CCAR-25-R4 飞机起飞速度关系简图

CCAR-25-R4 对图 3-4 中各种速度的要求如下。

1) 基准失速速度 V_{SR}

参见第 25.103 条“失速速度”。

2) 地面最小操纵速度 V_{MCG}

V_{MCG}是起飞滑跑期间的校正空速。第 25.149 条(e)要求，在该速度，当临界发动机突然停车时，能仅使用操纵力限制在 667N(68kg·f；150lb·f)的方向舵操纵(不使用前轮转向)和使用机翼保持水平的横向操纵来保持对飞机的操纵，使得采用正常驾驶技巧就能安全地继续起飞。计算方法见 3.3.6 节。

3) 临界发动机失效速度 V_{EF}

V_{EF}是假定临界发动机失效时的校正空速。第 25.107 条(a)(1)规定，V_{EF}必须由申请人选定，但不得小于按第 25.149 条(e)确定的 V_{MCG}。

4) 起飞决断速度 V_1

第 25.107 条(a)(2)规定，V_1 是申请人选定的起飞决断速度，以校正空速表示。但 V_1 不得小于 V_{EF} 加上在下述时间间隔内临界发动机不工作时该飞机的速度增量，此时间间隔指从临界发动机失效瞬间至驾驶员意识到该发动机失效并作出反应的瞬间，后一瞬间以驾驶员在加速-停止试验中采取最初的减速措施(例如，施加刹车，减少推力，打开减速装置)

为准，即

$$V_1 \geqslant V_{EF}+\Delta V$$

式中，ΔV 是从 V_{EF} 到飞行员意识到发动机失效并作出反应时间间隔内的速度增量。

5) 空中最小操纵速度 V_{MCA}

第 25.149 条(b)规定，V_{MCA} 是校正空速。在该速度，当临界发动机突然停车时，能在该发动机继续停车情况下保持对飞机的操纵，并维持坡度不大于 5°的直线飞行。计算方法见 3.3.6 节。

6) 最小离地速度 V_{MU}

第 25.107 条(d)规定，V_{MU} 为校正空速。在等于和高于该速度时，飞机可以安全离地并继续起飞。V_{MU} 必须在申请审定的整个推重比范围内由申请人选定。这些速度可根据自由大气数据制定，条件是这些数据为地面起飞试验所证实。

7) 起飞抬前轮速度 V_R

以校正空速表示，必须按照第 25.107 条(e)(1)至(4)的条件选定：

(1) V_R 不得小于下列任一速度:

(i) V_1;

(ii) 105%V_{MCA};

(iii) 使飞机在高于起飞表面 10.7 米(35 英尺)以前速度能达到 V_2 的某一速度(按第 25.111 条(c)(2)确定);

(iv) 某一速度，如果飞机在该速度以实际可行的最大抬头率抬头，得到的 V_{LOF} 将不小于全发工作 V_{MU} 的 110%，且不小于按单发停车推重比确定的 V_{MU} 的 105%;

(2) 对于任何一组给定的条件(例如重量、形态和温度)，必须用根据本款确定的同一个 V_R 值来表明符合单发停车和全发工作两种起飞规定;

(3) 必须表明，当采用比按第 25.107 条(e)(1)和(2)制定的 V_R 低 5 节的抬头速度时，单发停车起飞距离不超过与采用所制定的 V_R 对应的单发停车起飞距离，起飞距离必须按第 25.113 条(a)(1)确定;

(4) 服役中可合理预期的对于所制定飞机起飞操作程序的偏差(如飞机抬头过度及失配平状况)，不得造成不安全的飞行特性，或使按第 25.113 条(a)制定的预定起飞距离显著增加。

8) 起飞离地速度 V_{LOF}

第 25.107 条(f)规定，V_{LOF} 是飞机开始腾空时的速度。在 V_{MU} 时，飞机的全部重量由升力和推力支持，但起落架仍可能触及跑道，在 V_{LOF} 时，飞机开始不触及跑道。

9) 最小安全起飞速度 V_{2MIN}

第 25.107 条(b)规定，以校正空速表示，不得小于；

(1) 1.13V_{SR}，用于无措施使一台发动机不工作带动力失速速度显著降低的涡轮喷气飞机;

(2) 1.08 V_{SR}，用于有措施使一台发动机不工作带动力失速速度显著降低的涡轮喷气飞机;

(3) 1.10V_{MCA}，V_{MCA} 按第 25.149 条确定。

10) 安全起飞速度 V_2

第 25.107 条(c)规定，以校正空速表示，必须由申请人选定，以提供至少为第 25.121 条(b)所要求的爬升梯度。但 V_2 不得小于：

(1) V_{2MIN}；

(2) V_R 加上在达到高于起飞表面 10.7 米(35 英尺)高度时所获得的速度增量(按照第 25.111 条(c)(2))；和

(3) 提供第 25.143 条(h)规定的机动能力的速度。

11) 最后起飞速度 V_{FTO}

第 25.107 条(g)规定，以校正空速表示，必须由申请人选定用来提供至少第 25.121 条(c)要求的爬升梯度，但不得小于：

(1) $1.18V_{SR}$；和

(2) 提供第 25.143 条(h)规定的机动能力的速度。

综上所述，在计算起飞性能之前，应该先确定出 V_{SR}、V_{MCG}、V_{MCA}、V_{MU} 和 V_{2MIN}，这些速度取决于飞机的构型，是起飞性能限制条件。其余速度应在起飞计算中确定。

2. 起飞场长

CCAR-25-R4 要求的起飞场长包括加速-停止距离、起飞距离和起飞滑跑距离。下面分别叙述这些场长的定义。

1) 加速-停止距离 L_{AS}

CCAR-25-R4 在第 25.109 条“加速-停止距离”中规定：

(a) 干跑道上的加速-停止距离是下述两种距离中的大者：

(1) 完成下述过程所需距离之和：

(i) 全发工作情况下，飞机从滑跑始点加速到 V_{EF}；

(ii) 假定临界发动机在 V_{EF} 失效和飞行员在 V_1 采取中断起飞的第一个减速措施，允许飞机从 V_{EF} 加速到中断起飞期间所达到的最大速度；和

(iii) 从本条(a)(1)(ii)规定达到的速度到完全停止；加上

(iv) 相当于以 V_1 滑跑 2 秒钟的距离。

(2) 完成下列过程所需距离之和：

(i) 全发工作情况下，假定飞行员在 V_1 采取中断起飞的第一个减速措施，飞机从滑跑始点加速至中断起飞期间的最大速度；和

(ii) 全发仍工作情况下，从本条(a)(2)(i)规定达到的速度到完全停止；加上

(iii) 相当于以 V_1 滑跑 2 秒钟的距离。

2) 起飞距离 L_{TO}

CCAR-25-R4 在第 25.113 条“起飞距离和起飞滑跑距离”中规定：

(a) 干跑道的起飞距离是下述距离中的大者：

(1) 沿着按第 25.111 条“起飞航迹”确定的起飞航迹，从起飞始点到飞机高于起飞表面 10.7 米(35 英尺)一点所经过的水平距离；

(2) 全发工作，沿着由其余与第 25.111 条“起飞航迹”一致的程序确定的起飞航迹，从起飞始点到飞机高于起飞表面 10.7 米(35 英尺)的一点所经过水平距离的 115%。

3) 起飞滑跑距离 L_{TOR}

CCAR-25-R4 在第 25.113 条“起飞距离和起飞滑跑距离”中规定：

(c) 对于起飞距离不包含净空道情况，起飞滑跑距离等于起飞距离。对于起飞距离含有

净空道情况:

(1) 干跑道的起飞滑跑距离是下述距离中的大者:

(i) 沿着按第 25.111 条“起飞航迹”确定的起飞航迹，从起飞始点到下列两点的中点所经过的水平距离，在一点速度达到 V_{LOF}，在另一点飞机高于起飞表面 10.7 米(35 英尺)。

(ii) 全发工作，沿着由其余与第 25.111 条“起飞航迹”一致的程序确定的起飞航迹，从起飞始点到下列两点的中点所经过水平距离的 115%，在一点速度达到 V_{LOF}，在另一点飞机高于起飞表面 10.7 米(35 英尺)。

3. 起飞航迹与起飞飞行航迹

1) 起飞航迹

CCAR-25-R4 在第 25.111 条“起飞航迹”中规定:

(a) 起飞航迹从静止点起延伸至下列两点中较高者: 飞机起飞过程中高于起飞表面 450 米(1500 英尺)，或完成从起飞到航路形态的转变并达到 V_{FTO} 的一点。此外:

(1) 起飞航迹必须基于第 25.101 条“性能(总则)”(f) 规定的程序;

(2) 飞机必须在地面加速到 V_{EF}，临界发动机必须在该点停车，并在起飞的其余过程中保持停车;

(3) 在达到 V_{EF} 后，飞机必须加速到 V_2。

(b) 在加速到 V_2 过程中，前轮可在不小于 V_R 的速度抬起离地。但在飞机腾空之前，不得开始收起落架。

(c) 在按本条 (a) 和 (b) 确定起飞航迹的过程中:

(1) 起飞航迹空中部分的斜率在每一点上都必须是正的;

(2) 飞机在达到高于起飞表面 10.7 米(35 英尺) 前必须达到 V_2，并且必须以尽可能接近但不小于 V_2 的速度继续起飞，直到飞机高于起飞表面 120 米(400 英尺) 为止;

(3) 从飞机高于起飞表面 120 米(400 英尺) 的一点开始，沿起飞航迹每一点的可用爬升梯度，对于双发飞机不得小于 1.2%。

2) 起飞飞行航迹

CCAR-25-R4 在第 25.115 条“起飞飞行航迹”中规定:

(a) 起飞飞行航迹，依据适当的道面情况，从按第 25.113 条“起飞距离和起飞滑跑距离”(a) 或 (b) 确定的起飞距离末端处高于起飞表面 10.7 米(35 英尺) 的一点计起。

(b) 净起飞飞行航迹数据必须为真实起飞飞行航迹(按第 25.111 条“起飞航迹”及本条 (a) 确定) 在每一点，对于双发飞机减去 0.8%的爬升梯度。

(c) 沿起飞飞行航迹飞机水平加速部分的加速度减少量，可使用上述规定的爬升梯度减量的当量值。

3.2.3　起飞性能计算基本方程

飞机从静止到起飞安全高度的起飞过程可认为由三部分组成: 地面滑跑、抬前轮和拉起到安全高度。起飞性能的确定还必须考虑起飞后的离地爬升，即起飞飞行航迹。中断起飞是减速地面滑跑问题。下面分别讨论解决上述问题所需的基本方程。

1. 地面滑跑

飞机从地面静止状态开始滑跑，直至某一速度 V_x，所经过的地面滑跑距离 L_{ox} 和时间 t_{ox} 可用下式表示：

$$L_{ox} = \int_{V_w}^{V_x} \frac{(V - V_w)}{a} \mathrm{d}V \tag{3-17}$$

$$t_{ox} = \int_{V_w}^{V_x} \frac{1}{a} \mathrm{d}V \tag{3-18}$$

式中，V_w 为风速沿航迹的分量，假定逆风为正；a 为飞机滑跑时的加速度。

加速度 a 与飞机地面滑跑时作用在飞机上的推力 T、阻力 D、升力 L、重力 G 及摩擦力 $\mu(G-L)$ 有关，可写出下述一般表达式：

$$\begin{aligned} a &= \frac{g}{G}\left[T\cos(\alpha+\varphi_T) - D - \mu(G-L) - G\Phi\right] \\ &= \frac{g}{G}\left[T\cos(\alpha+\varphi_T) - \mu G - (C_D - \mu C_L)\frac{\rho S V^2}{2} - G\Phi\right] \end{aligned} \tag{3-19}$$

式中，Φ 为跑道坡度，假定上坡为正；φ_T 为推力作用线与飞机迎角基准线的夹角；μ 为滚动摩擦系数。

因跑道坡度 Φ 很小，作用在道面上的飞机重力分量 $G\sin\Phi$ 用 $G\Phi$ 来代替，这些简化在工程上是可接受的。

将式(3-19)代入式(3-17)和式(3-18)可得到起飞地面滑跑距离和时间的通用方程

$$L_{ox} = \int_{V_w}^{V_x} \frac{G(V - V_w)}{g\left[T\cos(\alpha+\varphi_T) - \mu G - (C_D - \mu C_L)\frac{\rho S V^2}{2} - G\Phi\right]} \mathrm{d}V \tag{3-20}$$

$$t_{ox} = \int_{V_w}^{V_x} \frac{G}{g\left[T\cos(\alpha+\varphi_T) - \mu G - (C_D - \mu C_L)\frac{\rho S V^2}{2} - G\Phi\right]} \mathrm{d}V \tag{3-21}$$

对全发工作或单发停车起飞加速地面滑跑作详细分析时，可用数值积分法求解上述两式。在计算中假定 G 为常数，因为耗油量相对飞机重量是一个较小的量。对于前三点式起落架飞机，在地面滑跑状态下可以假定飞机迎角 α 等于停机角 α_G，因此 C_L 和 C_D 保持常数，忽略起落架缓冲支柱压缩量的变化。

2. 抬前轮

抬前轮的时间很短，用下述简化方法求算是可行的：给定平均抬前轮速率 $(\mathrm{d}\theta/\mathrm{d}t)_R$[对于大型运输机可取 3°/s～4°/s]，开始抬前轮时的迎角为三点滑跑时的迎角 α_G，离地速度 V_{LOF} 的迎角 α_{LOF} 可由近地时的升力曲线 $(C_L\text{–}\alpha)$ 数据中求出，则从开始抬前轮至离地的时间 t_R 为

$$t_R = \frac{\alpha_{LOF} - \alpha_G}{(\mathrm{d}\theta/\mathrm{d}t)_R} \tag{3-22}$$

抬前轮段所经过的水平距离 L_R 近似为

$$L_R = \frac{1}{2}(V_R + V_{LOF})t_R \tag{3-23}$$

保守地假设在抬前轮段沿跑道的平均加速度等于离地速度 V_{LOF} 时的加速度 a_{LOF}，该加速度可由式(3-19)求出，则从 V_R 到 V_{LOF} 所增加的速度 ΔV_2 为

$$\Delta V_2 = a_{LOF} \cdot t_R \tag{3-24}$$

起飞抬前轮速度为

$$V_R = V_{LOF} - \Delta V_2 \tag{3-25}$$

3. 拉起到安全高度

飞机离地后的起飞爬升，可以假设是无侧滑、无倾斜飞行。作用在飞机上的力如图 3-5 所示。

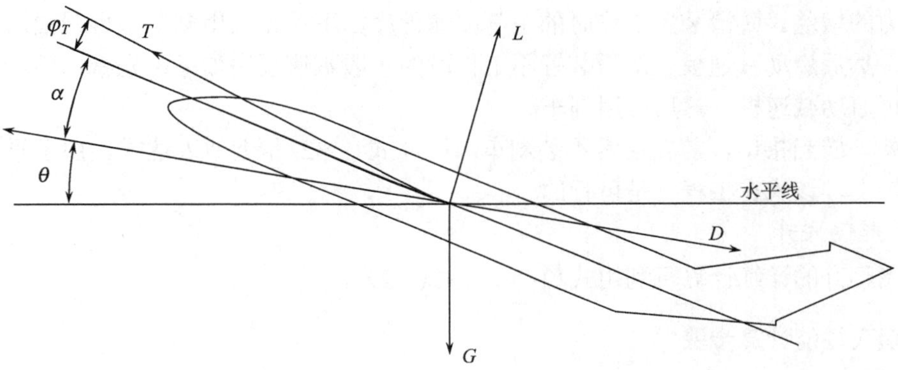

图 3-5　在飞机垂直平面内作用在飞机上的力

在垂直平面内可写出下述动力学方程

$$\frac{G}{g}\frac{\mathrm{d}V}{\mathrm{d}t} = T\cos(\alpha + \varphi_T) - D - G\sin\theta \tag{3-26}$$

$$\frac{G}{g}V\frac{\mathrm{d}\theta}{\mathrm{d}t} = T\sin(\alpha + \varphi_T) + L - G\cos\theta \tag{3-27}$$

描述飞行轨迹的运动学方程如下

$$\frac{\mathrm{d}x}{\mathrm{d}t} = V\cos\theta \tag{3-28}$$

$$\frac{\mathrm{d}H}{\mathrm{d}t} = V\sin\theta \tag{3-29}$$

求解上述方程组，还需要确定出飞行员的操作规律，在起飞空中段，飞行员将进行拉杆操作和收起落架。

4. 中断起飞

从 $V=V_x$ 时采取减速措施，至飞机完全停住的停止距离 L_{stop} 和停止时间 t_{stop} 分别为

$$L_{stop} = \int_{V_x}^{V_w} \frac{(V - V_w)}{a}\mathrm{d}V \tag{3-30}$$

$$t_{\mathrm{stop}}=\int_{V_x}^{V_w}\frac{\mathrm{d}V}{a} \tag{3-31}$$

式中，加速度 a 用下式表示：

$$a=\frac{g}{G}\left[T\cos\left(\alpha+\varphi_T\right)-\mu_B G-\left(C_D-\mu_B C_L\right)\frac{\rho S V^2}{2}-G\Phi\right] \tag{3-32}$$

上述方程在形式上与本节中描述地面加速滑跑的式(3-17)～式(3-19)相同，但在应用时应注意到下述不同之处。

首先，式中的 V_x 对运输类飞机而言，可假设为 V_1 之后2s时的速度。

其次，式中的 T、C_L、C_D 和 μ_B 根据相关适航要求可考虑下述假设条件：每一减速措施之间要考虑不少于1s的时间滞后，每一减速措施要考虑从启动到全效能的响应时间，不考虑反推力的增益。防滑装置工作时的正常减速程序如下：先应用刹车，再减油门到地面慢车位置，然后启动减速板。防滑装置不工作时的一般减速程序如下：先减油门至地面慢车位置，再启动减速板，然后应用刹车。

此外，应当指出，前轮通常不装刹车，因此式(3-32)是近似表达式。由于重力载荷主要在主轮上，该式在工程上是可行的。

5. 起飞爬升

起飞爬升的详细计算可利用式(3-26)～式(3-29)。

3.2.4 起飞性能计算步骤

本节给出起飞性能计算适用的一种基本程序。该程序不仅可计算出各种起飞距离和场长，而且能计算出满足适航要求的各种起飞速度。该程序采用“倒序法”分段计算，各分段的说明见图3-6。

假定计算所需的原始数据均已知。对于某一组计算状态(机场压力高度、环境温度、跑道坡度、风速、襟翼位置和飞行重量等)，按下述程序计算。

(1)根据飞行重量和襟翼位置，计算基准失速速度 V_{SR} 和最小安全起飞速度 $V_{2\mathrm{MIN}}$。

(2)检查 $V=V_{2\mathrm{MIN}}$ 时，起飞第二段爬升梯度是否满足要求。如不满足，增加空速直至满足要求。如果增至最大，爬升梯度所对应的速度仍不满足，则减小重量，或减小襟翼偏度(如果适用)，直至满足要求。减小重量或减小襟翼偏度后，必须重新执行(1)的计算。本步骤的目的是，确定出满足适航要求的安全起飞速度 V_2 和起飞重量。

(3)计算单发停车时的离地速度 V_{LOF} 和相应的空中段距离和时间，单发停车条件下的空中段即为图3-6中的 A 段。

(4)检查 $V=V_{LOF}$ 时，起飞第一段爬升梯度是否满足要求。如果不满足，则增加 V_2，或减小襟翼偏度(如果适用)，直至满足。此时，计算程序要重新开始。

(5)计算单发停车时抬前轮段的速度增量、水平距离和时间，并得出抬前轮速度 V_R。如果 V_R 不满足 $V_R\geqslant 1.05V_{MCA}$ 要求，则应调整平均抬前轮速率，将 V_R 增加到 $1.05V_{MCA}$。单发停车条件下的抬前轮段即为图3-6中的 B 段。

(6)对于全发工作和单发停车两种情况，以最大实际可行的抬前轮速率[取自操稳特性分析，若无该数据，可假设$\left(\frac{d\theta}{dt}\right)_R = 6°/s \sim 7°/s$]，分析抬前轮段。分析方法如下：以最大抬前轮速率求出t_R，然后确定出V_R到V_{LOF}的速度增量(ΔV_2)；以(5)得到的V_R抬前轮，计算在最大抬前轮速率条件下的离地速度$V_{LOF} = V_R + \Delta V_2$；检查$V_{LOF}$是否满足下述要求：$V_{LOF} \geqslant 1.1V_{MU}$(最小离地速度)(全发工作，当几何受限制时为$1.08V_{MU}$)，$V_{LOF} \geqslant 1.05V_{MU}$(单发停车)。$V_{MU}$的计算见下式。至此，已最终确定出了$V_R$。

$$V_{MU} = \sqrt{\frac{2\left[G - T\sin\left(\alpha_{MU} + \varphi_T\right)\right]}{\rho S C_{LMU}}}$$

式中，C_{LMU}和α_{MU}分别为最小离地速度所对应的升力系数和迎角。

(7)按照最终确定的V_R和前述公式，计算出抬前轮段(用正常抬前轮速率)和空中段的距离与时间及V_2。

(8)在V_{MCG}和V_R之间选择若干个起飞决断速度V_1(如以$90\%V_R$、$95\%V_R$和$100\%V_R$等为预选的V_1)。对每个V_1，求出该速度时单发停车条件下的加速度a，则相应的发动机停车速度$V_{EF} = V_1 - a\times 1s$($V_1$的单位为 m/s，$a$的单位为 m/s^2)。所预选的$V_1$必须使得$V_{EF} \geqslant V_{MCG}$。

(9)针对每个V_1，利用前述公式计算V_{EF}至V_R的单发停车加速段，此段即为图 3-6 中的C段。并计算由地面静态至V_{EF}的全发工作加速段，此段即为图 3-6 中的D段。在V_{EF}时单发停车条件下的起飞距离$L_{TO(N-1)}$和起飞滑跑距离$L_{TOR(N-1)}$分别为

$$L_{TO(N-1)} = A + B + C + D \tag{3-33}$$

$$L_{TOR(N-1)} = B + C + D \tag{3-34}$$

(10)计算每个V_1、V_{EF}之后的惯性加速段$L_{E3} = V_{EF}\times 3$(或V_1)，此段即为图 3-6 中的E段。惯性加速段后的停止距离按前述公式计算，该段即为图 3-6 中的F段。于是，在V_{EF}时单发停车条件下的加速-停止距离$L_{AS(N-1)}$为

$$L_{AS(N-1)} = D + E + F \tag{3-35}$$

(11)对于(8)设定的每个V_1确定出全发工作加速-停止距离$L_{AS,N}$。$L_{AS,N}$分三段计算：第一段为地面静态至V_1的全发工作地面加速滑跑段，按前述公式计算；第二段是以速度V_1滑跑 2s 的距离；第三段是从V_1采取减速措施至完全停住的停止距离，按前述公式计算。将$L_{AS,N}$与(10)得出的单发停止加速-停止距离$L_{AS(N-1)}$进行比较，其大者即为适航要求的加速-停止距离。

(12)根据前述公式计算出(6)确定的V_R速度抬前轮条件下的全发工作抬前轮段的距离，以及相应的离地速度V_{LOF}。从V_R至V_{LOF}的速度增量可按全发工作条件下V_R时的加速度来求取。此段即为图 3-6 中的G段。

(13)由(6)确定的V_{LOF}拉起到安全高度的全发工作空中段，按照前述公式计算。应注意到，此时V_{LOF}是确定的，全发工作条件下的V_2由V_{LOF}和下式得到的速度增量来确定。此段即为图 3-6 中的H段。

$$L_A = \frac{1}{\Delta T_{av}}\left[\frac{G}{2g}\left(V_2^2 - V_{LOF}^2\right) + GH_{\text{saf}}\right] \tag{3-36}$$

式中，H_{saf}为安全高度；ΔT_{av}为近似取$V = (V_2 + V_{LOF})/2$所对应的剩余推力。

(14)根据(6)确定的 V_R 和前一节的公式，计算地面静态至 V_R 的全发工作地面滑跑段，此段即为图 3-6 中的 I 段，则全发工作条件下的起飞距离 $L_{TO,N}$ 和起飞滑跑距离 $L_{TOR,N}$ 分别为

$$L_{TO,N} = I + G + H \tag{3-37}$$

$$L_{TOR,N} = I + G \tag{3-38}$$

(15)比较 $L_{TO(N-1)}$ 和 $1.15L_{TO,N}$，其大者即为适航要求的起飞距离。

(16)比较 $(B + C + D + 0.5A)$ 和 $1.15(I + G + 0.5H)$，其大者即为适航要求的起飞滑跑距离。

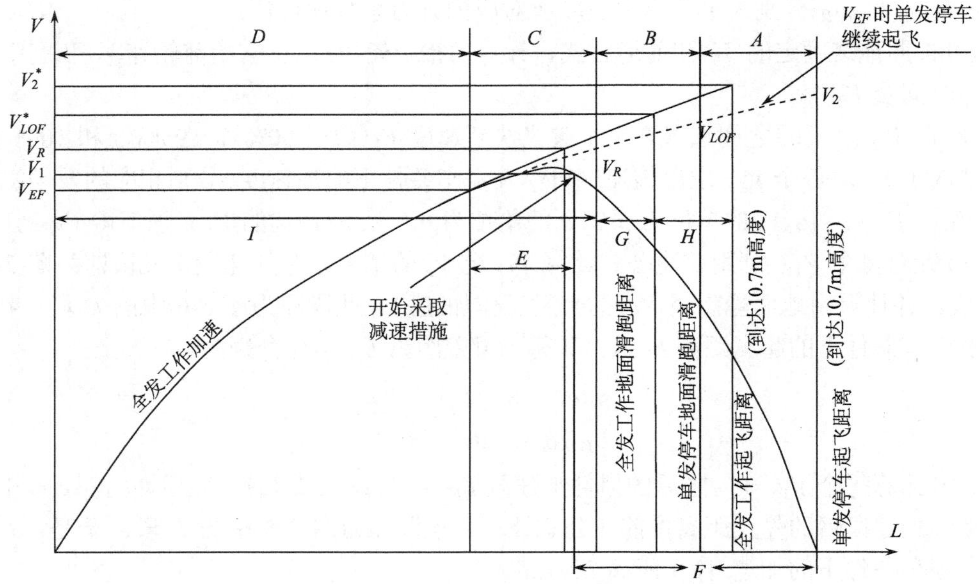

*当用相同的 V_R 抬前轮时，全发工作时的 V_{LOF} 和 V_2 稍高于单发停车时的 V_{LOF} 和 V_2

图 3-6 CCAR-25-R4 起飞性能计算分段示意图

起飞限重、起飞航迹和越障高度等性能，可根据前述公式和适航标准的定义进行计算，这里不再进行详述。

3.2.5 着陆性能的适航要求

着陆性能相关的 CCAR-25-R4 条款如下。

第 25.101 条 (性能)总则

第 25.119 条 着陆爬升：全发工作

第 25.121 条 爬升：单发停车

第 25.125 条 着陆

总结以上条款，得出具体要求如下。

1. 着陆速度

CCAR-25-R4 在第 25.125 条(b)(2)中对最终进场速度 V_{APP} 规定：

以不小于 V_{REF} 的校正空速稳定进场到 15 米(50 英尺)的高度。

(i) 在非结冰条件下，V_{REF} 不得小于:

(A) 1.23V_{SRO};

(B) 按第 25.149 条“最小操纵速度”(f) 确定 V_{MCL};

(C) 提供第 25.143 条“操纵性和机动性(总则)”(h) 规定的机动能力的速度;

(ii) 在结冰条件下，V_{REF} 不得少于:

(A) (i) 所规定的速度;

(B) 在附录 C 所规定的着陆冰积聚条件下，如果 1.23V_{SRO} 大于非结冰条件下的 V_{REF} 5 节以上则取 1.23V_{SRO}; 和

(C) 在附录 C 所规定的着陆冰积聚条件下，能保证第 25.143 条“操纵性和机动性(总则)”(h) 规定的机动能力的速度。

2. 着陆场长

CCAR-25-R4 在第 25.125 条中规定:

(a) 必须按下列条件确定(按标准温度，在申请人为该飞机制定的飞机使用范围内每一重量、高度和风的条件下) 从高于着陆表面 15 米(50 英尺) 到飞机着陆至完全停止所需的水平距离:

(1) 在非结冰条件下;

(2) 在结冰条件下，带有附录 C 定义的着陆冰积聚，如果结冰条件下的 V_{REF} 超过非结冰条件下的最大着陆重量所对应的 V_{REF} 5 节以上,

(b) 确定本条 (a) 的距离时:

(1) 飞机必须处于着陆形态;

(2) 以不小于 V_{REF} 的校正空速稳定进场到 15 米(50 英尺) 的高度。

3. 进场爬升与着陆爬升

1) 单发停车进场爬升

CCAR-25-R4 在第 25.121 条 (d) 中规定:

(d) 进场 在下列条件下，以相应于正常全发工作操作程序的进场形态，此形态的 V_{SR} 不超过对应着陆形态 V_{SR} 的 110%:

(1) 定常爬升梯度，对于双发飞机不得小于 2.1%:

(i) 临界发动机停车，其余发动机处于复飞设置可用功率(推力) 状态;

(ii) 最大着陆重量;

(iii) 按正常着陆程序制定的爬升速度，但不大于 1.4V_{SR};

(iv) 起落架收起。

(2) 本条 (d) (1) 段要求如下:

(i) 在非结冰条件下;

(ii) 在结冰条件下，如果带有附录 C 定义的进场冰积聚，按照本条 (d) (1) (iii) 中计算出的结冰条件下的爬升速度不超过非结冰条件下的爬升速度 3 节校正空速或 3%的较大者，则可以采用非结冰条件下的爬升速度。

2) 全发工作着陆爬升

CCAR-25-R4 在第 25.119 条中规定:

当发动机功率(推力)是将油门操纵杆从最小飞行慢车位置开始移向复飞设置位置后 8 秒钟时的可用功率(推力)，着陆形态的定常爬升梯度不得小于 3.2%:

(a)在非结冰条件下，爬升速度 V_{REF} 由第 25.125 条“着陆”(b)(2)(i)确定;

(b)在结冰条件下，带有附录 C 定义的着陆冰积聚，爬升速度 V_{REF} 由第 25.125 条“着陆”(b)(2)(ii)确定。

3.2.6 着陆性能计算基本方程

着陆距离和时间可分为两段来计算：空中段和着陆滑跑段。下面分别叙述这两段的计算方程。进场爬升和着陆爬升的计算方法，与起飞爬升的计算方法相同。

1. 着陆空中段

着陆空中段的详细计算，可利用式(3-26)～式(3-29)。在计算中，假设在 $H = 15\text{m}$ 处的初始速度为 V_{APP}，发动机为空中慢车推力(功率)。假设不同的拉平高度和不同的拉平操作规律[$d\theta / dt$ 通常可取 1(°)/s。但要考虑抖振升力系数的限制，应由操稳特性计算给出]，可得到不同的接地速度和下沉率，以及空中段距离和时间。一般来说，应给出某一符合安全和舒适性要求的下沉率(如 1.5～2m/s)，以及俯仰速率 $d\theta/dt$，确定出拉平高度、接地速度和空中段距离及时间。

2. 着陆滑跑段

在着陆距离中，从主轮接地到飞机完全停止的距离为着陆滑跑距离 L_{LR}。

从着陆接地速度 V_T 至飞机完全停止的着陆滑跑距离 L_{LR} 和时间 t_{LR} 的计算公式同式(3-30)～式(3-32)。

3.2.7 着陆性能计算一般步骤

(1)根据起飞爬升的计算公式和适航标准中进场爬升梯度要求，确定出着陆限重和对应的最大襟翼位置。

(2)按照适航标准的要求，确定出最终进场速度 V_{APP}。

(3)按照前述方法计算空中段距离 L_A 和着陆滑跑距离 L_{LR}，着陆距离 $L_L = L_A + L_{LR}$。

3.3 操纵性与稳定性

3.3.1 纵向平衡特性

1. 适航要求

CCAR-25-R 在第 25.173 条“纵向静稳定性”中规定：

在第 25.175 条“纵向静稳定性的演示”中规定的条件下，升降舵操纵力(包括摩擦力)必须有如下的特性:

(a)为获得并维持低于所规定的配平速度的速度，必须用拉力，为获得并维持高于所规定的配平速度的速度，必须用推力。该特性必须在能够获得的任何速度予以证实，但速度不必超过对应于该形态的最大限制速度：起落架放下形态时不超过起落架收放限制速度，襟翼放下形态时不超过襟翼收放限制速度，光洁形态时不超过 V_{FC}/M_{FC}，并不必低于定常不失速飞行的最小速度。

(b) 当从本条 (a) 规定范围内的任何速度缓慢地松除操纵力时，空速必须回复到初始配平速度，对第 25.175 条 (a)、(c)、(d) 中所规定的爬升、进场和着陆状态，速度允差为 10%，对第 25.175 条 (b) 中所规定的巡航状态，速度允差为 7.5%。

(c) 杆力 - 速度曲线的稳定的平均斜率不得低于 1 牛每 1.3 节（1 公斤每 13.2 节；1 磅每 6 节）。

(d) 在本条 (b) 所规定的自由回复速度带内，如果不要求飞行员特别注意，就能回复到并维持所希望的配平速度和高度，则允许飞机不加操纵力而稳定在高于或低于所希望的配平速度的速度。

2.　纵向平衡舵偏角

1) 基本方程

飞机作对称定常直线飞行时，作用于其上的力有重力、升力、阻力和发动机推力，此外还有进气道唇口的法向力。由这些力所构成的合力和合力矩等于零的条件，可以得出下述平衡方程：

$$\begin{cases} q_\infty SC_L(\alpha,\varphi_H,\delta_e,\delta_t) - G\cos\gamma + T\sin(\varphi_T+\alpha) = 0 \\ q_\infty SC_D(\alpha,\varphi_H,\delta_e,\delta_t) + G\sin\gamma - T\cos(\varphi_T+\alpha) = 0 \\ q_\infty Sc_A C_m(\alpha,\varphi_H,\delta_e,\delta_t) + Tz_T + N_{je}x_{je} = 0 \end{cases} \tag{3-39}$$

式中，q_∞为动压；S 为机翼面积；C_L 为升力系数；α 为迎角；φ_H 为水平安定面可调整偏角；δ_e 为升降舵偏角，全动平尾时取为 φ_H；δ_t 为升降舵调整片偏角；G 为重力（$G=mg$，m 为飞机质量，g 为重力加速度）；γ 为爬升角；T 为发动机推力；φ_T 为发动机安装角（推力线与机体轴系纵轴在对称面内的夹角，向上为正）；C_D 为阻力系数；c_A 为机翼平均气动弦长；C_m 为俯仰力矩系数；z_T 为发动机推力线到飞机重心的垂直距离，推力线在重心之下为正；N_{je} 为进气道唇口法向力；x_{je} 为 N_{je} 的作用线到飞机重心的纵向距离，重心之前为正。

方程组 (3-39) 用于对称定常直线飞行 ($\gamma=0$) 的平衡舵偏角计算，求得整个飞行包线内不同高度平飞时所需的升降舵平衡偏角对速度或马赫数的曲线（平衡曲线）。小角度爬升和下降，当高度和速度变化率不大时，可视为准定常状态，在给定计算高度、速度和爬升（或下滑）角条件下可近似应用。工程计算中通常略去 δ_t 对 C_L 和 C_D 的影响，δ_t 及 N_{je} 对 C_m 的影响，在初步计算时通常亦可略去。此时飞机的受力状况参见图 3-7。

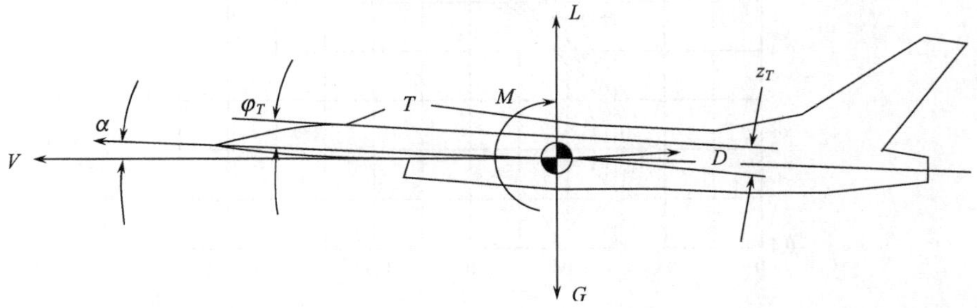

图 3-7　对称定常水平直线飞行时作用于飞机上的力和力矩

式(3-39)简化为

$$\begin{cases} q_\infty SC_L\left(\alpha,\varphi_H,\delta_e\right)-G+T\sin\left(\varphi_T+\alpha\right)=0 \\ q_\infty SC_D\left(\alpha,\varphi_H,\delta_e\right)-T\cos\left(\varphi_T+\alpha\right)=0 \\ q_\infty Sc_A C_m\left(\alpha,\varphi_H,\delta_e\right)+Tz_T=0 \end{cases} \tag{3-40}$$

已知的条件是 C_L、C_D 和 C_m 随 M、α(或 C_L)、φ_H 和 δ_e 的变化数据，给定的条件是 H、M、φ_H，飞行重量和重心位置。未知数为 α、δ_e 和 T，故解是唯一存在的。

计算所需的原始曲线一般为给定 M、φ_H 和重心位置的不同 δ_e 下的 C_L 对 α 曲线和 C_D、C_m 对 C_L 曲线，参见图 3-8～图 3-10。通常 C_L 随 α 近似线性变化，C_D 和 C_m 则不同程度地随 C_L 呈非线性变化。因此，如要求较精确的平衡曲线，宜采用迭代法求解。注意 C_m 对 C_L 曲线应换算至计算重心位置(增量 $\Delta C_m=\Delta hC_L$，Δh 为计算重心的纵向相对坐标减去参考重心的纵向相对坐标的差值)。

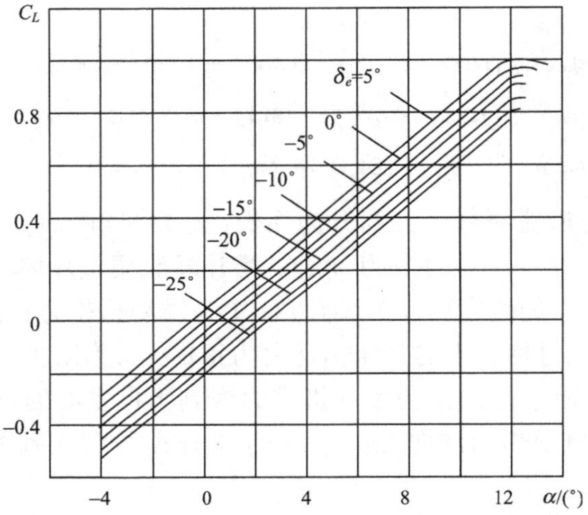

图 3-8　不同升降舵偏角时飞机的升力系数随迎角变化曲线

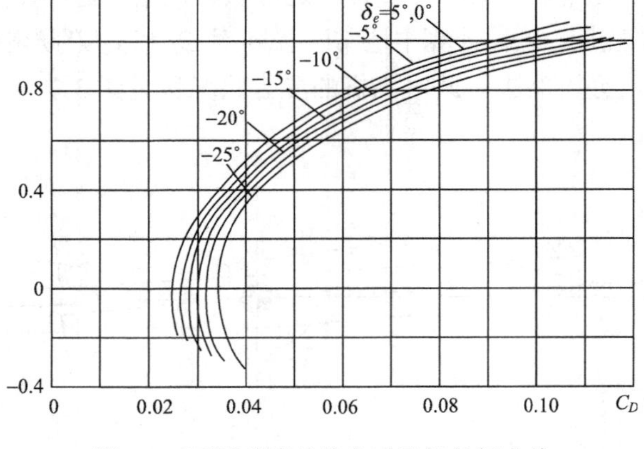

图 3-9　不同升降舵偏角时飞机的极曲线

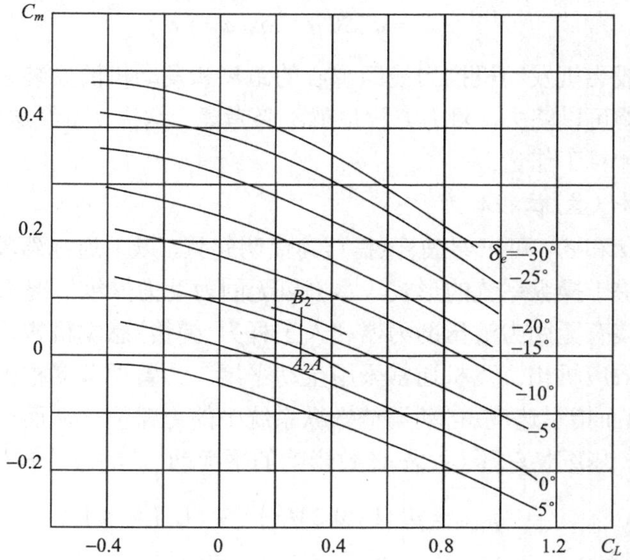

图 3-10　不同升降舵偏角时飞机的俯仰力矩系数随升力系数变化曲线

2) 计算方法

定常直线飞行的迎角和平衡舵偏角一般不是很大，可以认为 C_L 和 C_m 随 α 和 δ_e 线性变化，但 C_D 的非线性则不可忽略；此外，φ_T 通常很小。下面介绍一种解析法与迭代法相混合的方法。其计算步骤如下。

(1) 将式(3-40)的第一式和第三式写成如下线性方程：

$$\begin{cases}\left[C_{L\alpha}+T/\left(q_\infty S\right)\right]\alpha+C_{L\delta e}\delta_e=C_{LB}\\ C_{m\alpha}\alpha+C_{m\delta e}\delta_e=C_{mB}\end{cases}\tag{3-41}$$

式中，C_{LB} 和 C_{mB} 的定义为

$$C_{LB}=\left(G-T_{\varphi_T}\right)/\left(q_\infty S\right)+C_{L\alpha}\alpha_0$$

$$C_{mB}=-Tz_T/\left(q_\infty Sc_A\right)-C'_{m0}$$

式中，C'_{m0} 为 $\alpha=0$，$\delta_e=0$ 时的全机力矩系数。

如果水平安定面具有给定的安装角 φ_H，则式(3-41)右端需要各分别增加一项$-C_{L\alpha H}\varphi_H$ 和$-C_{m\alpha H}\varphi_H$($C_{L\alpha H}$ 和 $C_{m\alpha H}$ 分别为全机升力线斜率和力矩曲线斜率对平尾安装角的导数)。

第一次迭代计算可令 $T=0$ 或更接近实际的值，求解方程(3-41)，可得 α 和 δ_e 的第一次近似值为

$$\begin{cases}\alpha=\left(C_{LB}C_{m\delta e}-C_{mB}C_{L\delta e}\right)/\varDelta\\ \delta_e=\left\{\left[C_{L\alpha}+T/\left(q_\infty S\right)\right]C_{mB}-C_{LB}C_{m\alpha}\right\}/\varDelta\\ \varDelta=\left[C_{L\alpha}+T/\left(q_\infty S\right)\right]C_{m\delta e}-C_{L\delta e}C_{m\alpha}\end{cases}\tag{3-42}$$

(2) 根据已得的 α 和 δ_e 值由图 3-8 可插值求得 C_L 值，再由图 3-9 可插值求得 C_D 值，再按式(3-43)求出推力 T 的第一次近似值。然后代回式(3-42)，可求得 α 和 δ_e 的第二次近似值。如此重复迭代下去，直到得到满意解。通常，重复一次就足够了。

$$T = q_\infty S C_D / \cos(\varphi_T + \alpha) \tag{3-43}$$

实际上，一般飞机发动机推力线距重心的距离和发动机的安装角都很小，故推力项对升力和力矩的影响可以略去，阻力方程也就不必考虑。这样，不经迭代就可得出满意结果，可以极大地减少计算工作量。

3. 纵向平衡杆(盘)位移和力

已知平衡的 α 和 δ_e，可求驾驶杆(盘)(为简明起见，以下通称驾驶杆)位移和驾驶杆力。杆位移和杆力取决于操纵系统的形式，本书以无回力助力操纵情况为例，进行讲述。

操纵系统中装有无回力液压助力器和人工杆力(弹簧)感觉机构，一般还装有力臂自动调节器和调整片效应机构。飞机通常采用全动平尾。力臂调节器根据空速管感受的压缩性动压(或转换为地面指示速度)自动调节操纵系统中的力臂值，从而改变舵面和人感机构到驾驶杆的传动比。压缩性动压(考虑 M 数影响的平衡动压)的表达式如下：

$$\begin{aligned} q_{\text{com}} &= p\left[\left(1+0.2M^2\right)^{3.5} - 1\right] \quad (M \leqslant 1) \\ q_{\text{com}} &= p\left[\frac{166.92M^7}{\left(7M^2-1\right)^{2.5}} - 1\right] \quad (M \leqslant 1) \end{aligned} \tag{3-44}$$

力臂调节器臂值 R 随 q_{com} 变化示意图见图 3-11，不同力臂值的升降舵偏角对驾驶杆位移曲线见图 3-12，调效机构位于中立位置时驾驶杆力对驾驶杆位移曲线见图 3-13。根据给定的飞行高度和飞行马赫数，按图 3-11 可确定臂值 R，按前述的方法求得升降舵偏角，然后查图 3-12 对应臂值的杆位移曲线，可求得驾驶杆位移；再由图 3-13 可确定驾驶杆力。

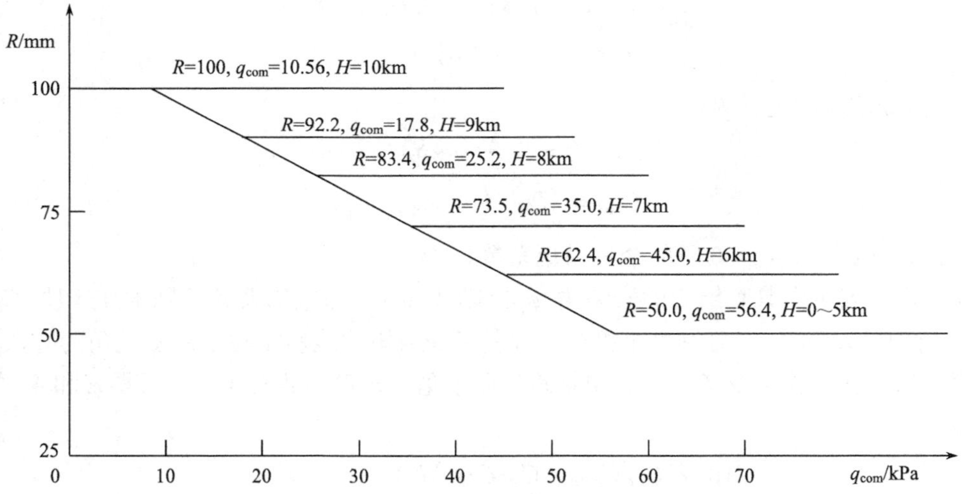

图 3-11 力臂调节器臂值随压缩性动压变化曲线

4. 配平能力检查

为配平杆力，对无回力助力操纵系统多采用调整片效应机构。上述平衡驾驶杆力计算的条件是配平调整片效应机构处于中立位置。在任意飞行高度和速度下作定常平衡飞行时，如果要配平杆力，则需要按杆力为零的条件求调效机构的位移(化为对应的杆位移)。此种

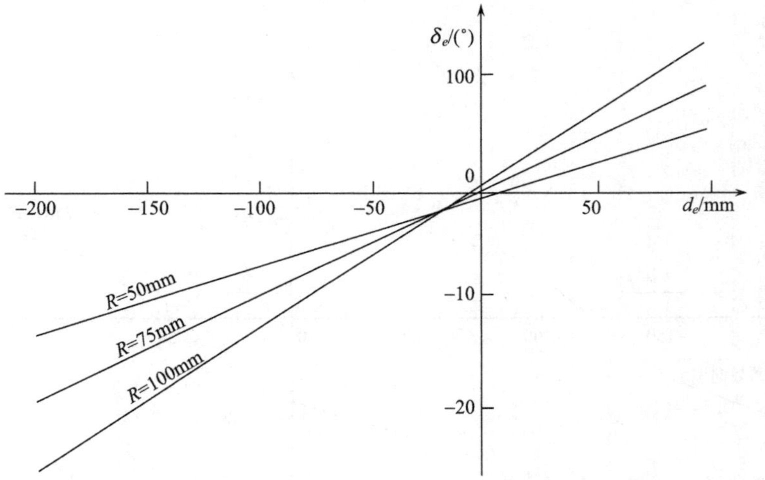

图 3-12 力臂调节器不同臂值时升降舵偏角随驾驶杆位移变化曲线

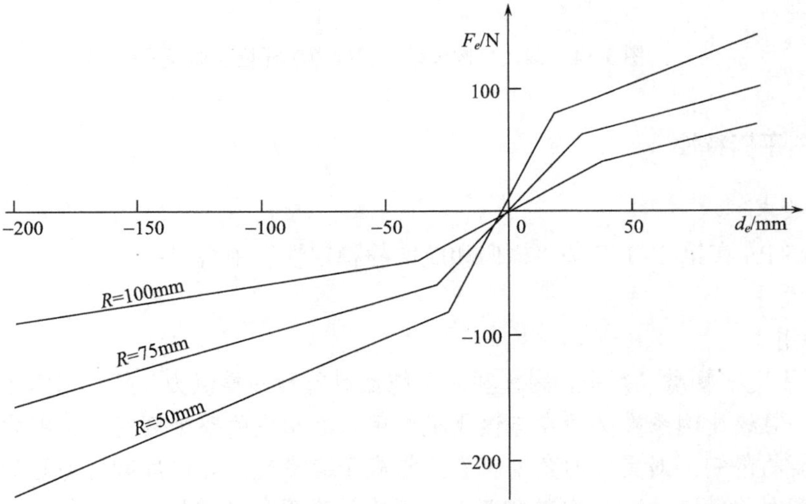

图 3-13 力臂调节器不同臂值时驾驶杆力随驾驶杆位移变化曲线

计算可以检查配平调整片的配平能力，如果调整片的极限偏角或调效机构的极限位移不足以配平杆力，则用该极限代入杆力公式，可以求出剩余杆力。

对于无回力助力器的情况，画出不同力臂值下调整片效应机构处于极限位置的驾驶杆力对杆位移曲线，见图 3-14。当杆位移处在图中 $d_{e,\min}\sim d_{e,\max}$ 时，可以将杆力配平为零；超过此极限后，由杆位移查极限杆力曲线，即可求得剩余杆力。

5. 按速度的稳定性

为检查按速度的纵向稳定性，一般取重心后限条件计算平衡杆力和杆位移。检查条件规定为，飞行高度不变，飞行轨迹的法向加速度为 1g，配平机构和油门杆不偏离配平位置。为此，必须按上述条件计算杆位移和杆力，在要求检查的速度下配平杆力，画出杆力对当量空速（$V_{\text{eq}}=V/\sqrt{\rho/\rho_0}$）的曲线，直接检查杆力、杆位移曲线对空速的斜率。按要求，在配平速度附近或给定的空速范围内曲线应光滑且斜率为正值。实际上，按速度的纵向稳定性分为握杆和松杆两种情况。杆位移对速度的梯度对应于握杆情况，杆力对速度的梯度对应于松杆情况。

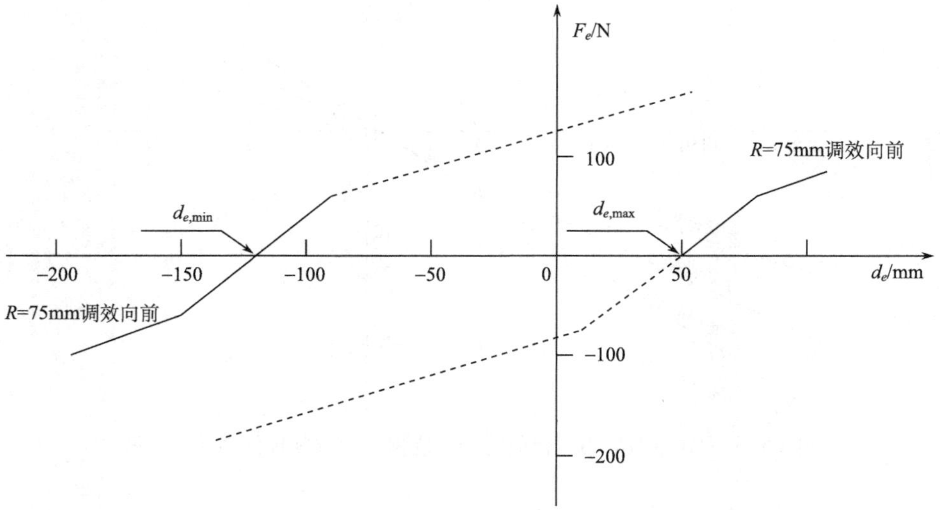

图 3-14 调效机构极限位置杆力对杆位移曲线

3.3.2 横航向平衡特性

1. 适航要求

CCAR-25-R4 在第 25.177 条“横向和航向静稳定性”中规定：

(a) [备用]

(b) [备用]

(c) 在直线定常侧滑飞行中，副翼和方向舵操纵行程和操纵力，必须基本上稳定地正比于侧滑角，并且该比例系数必须在与该飞机使用状态相应的整个侧滑角范围内，不超出安全运行所必需的限制。对更大的角度，直到相应于蹬满舵或方向舵脚蹬力达到 800 牛(82 公斤，180 磅)的角度为止，方向舵脚蹬力不得有反逆现象，增加方向舵偏度必须使侧滑角增加。对于本款的符合性，必须根据适用情况，按所有起落架位置和襟翼位置以及对称动力状态，以 $1.13V_{SR1}$ 至 V_{FE}、V_{LE} 或 V_{FC}/M_{FC} 的速度进行演示验证。

(d) 在速度 V_{MO}/M_{MO} 和 V_{FC}/M_{FC} 之间的方向舵梯度必须满足(c)款的要求，但只要发散是逐渐的且易于为飞行员识别和控制，则(副翼偏度与相应的方向舵输入相反的)上反效应可以是负的。

2. 直线定常侧滑平衡舵偏角

飞机侧滑飞行会引起阻力增大，正常情况下不大采用。但在某些场合，如侧风着陆或不对称动力飞行时，可能需要采用。

1) 基本方程及解

线性气动力条件下定常直线侧滑平衡方程如下：

$$\begin{cases} C_{Y\beta}\beta + C_{Y\delta a}\delta_a + C_{Y\delta r}\delta_r = -C_{Ltr}\sin\varphi \\ C_{l\beta}\beta + C_{l\delta a}\delta_a + C_{l\delta r}\delta_r = 0 \\ C_{n\beta}\beta + C_{n\delta a}\delta_a + C_{n\delta r}\delta_r = 0 \end{cases} \tag{3-45}$$

式中，β 为侧滑角；$C_{Y\beta}$ 为横向力系数对 β 的导数；δ_a 为副翼偏角；δ_r 为方向舵偏角；φ 为滚转角；C_{Ltr} 为飞机平飞平衡升力系数；$C_{l\beta}$ 为滚转力矩系数对侧滑角 β 的导数(横向静稳定导数$\partial C_l/\partial\beta$)；$C_{n\beta}$ 为偏航力矩系数对侧滑角 β 的导数(航向静稳定导数$\partial C_n/\partial\beta$)。

注意：$C_{Y\beta}$、$C_{l\beta}$、$C_{n\beta}$ 应考虑因侧滑带来的进气道唇口侧向力的影响。

方程有四个未知数 β、δ_a、δ_r、φ，一般给定 φ 值，可求出其余三个。

$$\begin{cases}\beta=\Delta_1/\Delta\\ \delta_a=\Delta_2/\Delta\\ \delta_r=\Delta_3/\Delta\end{cases}\tag{3-46}$$

式中，Δ 为方程组(3-45)左端系数行列式；Δ_1、Δ_2、Δ_3 为方程组(3-45)右端分别取代 Δ 第一、第二、第三列形成的行列式。

2)定常侧滑范围

对于大多数飞机(非单发螺旋桨)，定常直线侧滑的极限侧滑角 $\beta_{\max}$ 应根据副翼或方向舵的最大使用偏角所能平衡的侧滑角 β_1 和 β_2 中之小者来确定。为此将 $\delta_{a,\max}$ 代入方程(3-45)第二、第三式，并将对应项作为已知数移至右端，联立解两式可得

$$\beta_1=\left[\left(C_{l\delta a}C_{n\delta r}-C_{l\delta r}C_{n\delta a}\right)/\left(C_{l\delta r}C_{n\beta}-C_{l\beta}C_{n\delta r}\right)\right]\delta_{a,\max}$$

同理将 $\delta_{r,\max}$ 代入，可得

$$\beta_2=\left[\left(C_{l\delta a}C_{n\delta r}-C_{l\delta r}C_{n\delta a}\right)/\left(C_{l\beta}C_{n\delta a}-C_{l\delta a}C_{n\beta}\right)\right]\delta_{r,\max}$$

最后取

$$\beta_{\max}=\min\left\{|\beta_1|,|\beta_2|\right\}\tag{3-47}$$

3)方向舵和副翼的偏角与滚转角

联立解式(3-45)，可求得方向舵偏角与它能平衡的定常侧滑角之比为

$$\delta_r/\beta=\left(C_{l\beta}C_{n\delta a}-C_{l\delta a}C_{n\beta}\right)/\left(C_{l\delta a}C_{n\delta r}-C_{l\delta r}C_{n\delta a}\right)\tag{3-48}$$

联立解式(3-45)，可求得副翼偏角与它能平衡的定常侧滑角之比为

$$\delta_a/\beta=\left(C_{l\delta r}C_{n\beta}-C_{l\beta}C_{n\delta r}\right)/\left(C_{l\delta a}C_{n\delta r}-C_{l\delta r}C_{n\delta a}\right)\tag{3-49}$$

定常侧滑时的滚转角一般不大，可近似取 $\sin\varphi=\varphi$，代入式(3-45)并联立求解，可求得定常侧滑时的滚转角与侧滑角之比为

$$\varphi/\beta=\Delta/C_{Ltr}\left(C_{l\delta r}C_{n\delta a}-C_{l\delta a}C_{n\delta r}\right)\tag{3-50}$$

3. 定常转弯舵偏角

1)定常协调转弯的基本方程及解

在定常协调转弯中，飞机保持侧滑角 $\beta=0$。采用稳定轴系，有滚转角速度 $p=0$。近似认为导数 $C_{Y\delta a}\approx 0$，$C_{Yp}\approx 0$，$C_{Yr}\approx 0$，横航向无量纲小扰动运动方程如下：

$$\begin{cases}\overline{m}_2\overline{r}-C_{Y\delta r}\delta_r=C_{Ltr}\sin\varphi\\ C_{lr}\overline{r}+C_{l\delta a}\delta_a+C_{l\delta r}\delta_r=0\\ C_{nr}\overline{r}+C_{n\delta a}\delta_a+C_{n\delta r}\delta_r=0\end{cases}\tag{3-51}$$

式中，$\overline{m}_2$ 为飞机无量纲质量，$\overline{m}_2=4m/(\rho Sb)$；$\overline{r}$ 为无量纲偏航角速度 $rb/(2V)$；$C_{Y\delta r}$ 为

方向舵横向力效率；δ_r 为方向舵偏角；C_{Ltr} 为飞机平飞平衡升力系数；φ 为滚转角；C_{lr} 为滚转力矩系数对无量纲偏航角速度的导数（$\partial C_l/\partial\bar{r}$）；$C_{l\delta a}$ 为滚转力矩系数对副翼偏角的导数（$\partial C_l/\partial\delta_a$）；$\delta_a$ 为副翼偏角；$C_{l\delta r}$ 为滚转力矩系数对方向舵偏角的导数（$\partial C_l/\partial\delta_r$）；$\delta_r$ 为方向舵偏角；C_{nr} 为偏航力矩系数对无量纲偏航角速度的导数（$\partial C_n/\partial\bar{r}$）；$C_{n\delta a}$ 为偏航力矩系数对副翼偏角的导数（$\partial C_n/\partial\delta_a$）；$C_{n\delta r}$ 为偏航力矩系数对方向舵偏角的导数（$\partial C_n/\partial\delta_r$）。

注意：方程中的气动导数应转换成稳定轴系导数。给定后，联立解方程(3-51)，可得到保持协调转弯所需的副翼和方向舵偏角为

$$\begin{cases}\delta_a = C_{Ltr}\sin\varphi\left(C_{l\delta r}C_{nr} - C_{lr}C_{n\delta r}\right)/\varDelta \\ \delta_r = C_{Ltr}\sin\varphi\left(C_{l\delta a}C_{nr} - C_{lr}C_{n\delta a}\right)/\varDelta \\ \varDelta = \overline{m}_2\left(C_{l\delta a}C_{n\delta r} - C_{l\delta r}C_{n\delta a}\right) - C_{Y\delta r}\left(C_{lr}C_{n\delta a} - C_{l\delta a}C_{nr}\right)\end{cases} \tag{3-52}$$

2) 定常侧滑转弯的基本方程及解

按适航标准要求，在此状态下脚蹬松浮。假定飞机为不可逆助力操纵，则 $\delta_r = 0$，且 $\beta \neq 0$，其余假设同 1)。运动方程如下：

$$\begin{cases}C_{Y\beta}\beta - \overline{m}_2\bar{r} = -C_{Ltr}\sin\varphi \\ C_{l\beta}\beta + C_{lr}\bar{r} + C_{l\delta a}\delta_a = 0 \\ C_{n\beta}\beta - C_{nr}\bar{r} + C_{n\delta a}\delta_a = 0\end{cases} \tag{3-53}$$

式中，$C_{Y\beta}$ 为横向力系数对 β 的导数；β 为侧滑角；$\overline{m}_2$ 为飞机无量纲质量，$\overline{m}_2 = 4m/(\rho Sb)$；$\bar{r}$ 为无量纲偏航角速度 $rb/(2V)$；C_{Ltr} 为飞机平飞平衡升力系数；φ 为滚转角；$C_{l\beta}$ 为滚转力矩系数对侧滑角的导数（横向静稳定导数 $\partial C_l/\partial\beta$）；$C_{lr}$ 为滚转力矩系数对无量纲偏航角速度的导数（$\partial C_l/\partial\bar{r}$）；$C_{l\delta a}$ 为滚转力矩系数对副翼偏角的导数（$\partial C_l/\partial\delta_a$）；$\delta_a$ 为副翼偏角；$C_{n\beta}$ 为偏航力矩系数对侧滑角 β 的导数（航向静稳定导数 $\partial C_n/\partial\beta$）。$C_{nr}$ 为偏航力矩系数对无量纲偏航角速度的导数（$\partial C_n/\partial\bar{r}$）；$C_{n\delta a}$ 为偏航力矩系数对副翼偏角的导数（$\partial C_n/\partial\delta_a$）。

注意：公式中的 $C_{n\beta}$ 应用松杆导数 $C_{n\beta} - C_{n\delta r}C_{hr\beta}/C_{hr\delta r}$ 代替，同理 $C_{Y\beta}$ 用 $C_{Y\beta} - C_{Y\delta r}C_{hr\beta}/C_{hr\delta r}$ 代替。当给定值后，联立解方程(3-53)，可求得保持定常侧滑转弯所需的副翼偏角为

$$\begin{cases}\delta_a = C_{Ltr}\sin\varphi\left(C_{lr}C_{n\beta} - C_{l\beta}C_{nr}\right)/\varDelta \\ \varDelta = \overline{m}_2\left(C_{l\beta}C_{n\delta a} - C_{l\delta a}C_{n\beta}\right) + C_{Y\beta}\left(C_{lr}C_{n\delta a} - C_{l\delta a}C_{nr}\right)\end{cases} \tag{3-54}$$

4. 定常飞行的杆、脚蹬位移和力

已知定常飞行的副翼和方向舵偏角，可计算对应的杆行程和脚蹬行程，因其与操纵系统的形式密切相关，本节不再详述。

3.3.3 等速机动飞行中的纵向操纵

典型的纵向等速机动飞行是“定常拉升”和“对称定常盘旋”。两者都是用不变的速度和过载使飞机进行机动，前者是在铅垂平面内(采用准定常假设，忽略高度的变化)，后者是在水平面内。当过载在合理的范围内时，飞机阻力可由发动机的可用推力平衡，即可维持此种定常或准定常的机动。

1. 适航要求

CCAR-25-R4 在第 25.145 条“纵向操纵”中规定：

(a) 在第 25.103 条“失速速度”(b)(6) 中规定的配平速度和失速标志(按第 25.201 条“失速演示”(d)所定义的)之间的任一速度下，必须有可能使机头下沉，以便很快加速到这一所选定的配平速度，飞机状态如下：

(1) 在第 25.103 条(b)(6) 中规定的配平速度配平；

(2) 起落架在放下位置；

(3) 襟翼分别在：

(i) 收起位置；

(ii) 放下位置。

(4) 发动机分别处于：

(i) 无动力；

(ii) 最大连续功率(推力)状态。

(b) 起落架在放下位置，在下述机动中不需要改变配平操纵，并且不需要施加超过 222 牛(23 公斤；50 磅)的操纵力(即用一只手易于施加的最大短时作用力)：

(1) 发动机无动力，襟翼在收起位置，飞机在 $1.3V_{SR1}$ 配平，尽快放下襟翼，同时，在整个机动过程中维持空速比每一瞬间具有的失速速度高 30%左右；

(2) 重复(b)(1)，但先放下襟翼然后尽快收起；

(3) 重复(b)(2)，但发动机处于复飞设置功率(推力)状态；

(4) 发动机无动力，襟翼在收起位置，飞机在 $1.3V_{SR1}$ 配平，迅速施加复飞设置功率(推力)，同时维持空速不变；

(5) 重复(b)(4)，但襟翼在放下位置；

(6) 发动机无动力，襟翼在放下位置，飞机在 $1.3V_{SR1}$ 配平，获得并维持在 V_{SW} 至 $1.6V_{SR1}$ 或 V_{FE}(取小者)之间的空速。

(c) 在空速为 1.13 V_{SR1}(对于涡轮喷气飞机)的定常直线水平飞行中，当增升装置从任一位置开始完全收起时，必须在下列条件下无需特殊的驾驶技巧就可能防止掉高度：

(1) 同时施加复飞设置功率(推力)状态；

(2) 起落架在放下位置；

(3) 着陆重量和高度的临界组合。

2. 定常机动飞行的升降舵偏角

在上述假定条件下，飞机的俯仰力矩平衡方程如下：

$$C_m\left(C_L,\delta_e\right)+C_{mq}qc_A/V=0 \tag{3-55}$$

$$\begin{cases} q=\left(n_z-1\right)g/V & \text{(定常拉升时)} \\ q=\left(n_z-1/n_z\right)g/V & \text{(定常盘旋时)} \\ n_z=C_L/C_{Ltr} \end{cases} \tag{3-56}$$

式中，C_m 为俯仰力矩系数，$M/(\rho V^2Sc_A/2)$，M 为俯仰力矩；C_L 为升力系数，$L/(\rho V^2S/2)$，L 为升力；δ_e 为升降舵偏角；C_{mq} 为俯仰力矩系数对无量纲俯仰角速度的导数($\partial C_m/\partial\overline{q}$)，$\overline{q}$ 为无量纲俯仰角速度 $qc_A/(2V)$；c_A 为机翼平均气动弦长；V 为飞行速度；C_{Ltr} 为 $n_z=1$ 时

的飞机平衡升力系数；q 为俯仰角速度。

1) 图解法

当俯仰力矩系数随升力系数非线性变化时，已知机动飞行的过载，求所需的升降舵偏角 δ_e，可采用图解法，步骤如下。

(1) 作如图 3-10 所示的俯仰力矩曲线族 $C_m = f(C_L, \delta_e)$。该曲线族未计及发动机力矩和阻尼力矩。

(2) 忽略发动机推力分量的贡献，计算平飞时的升力系数 $C_{Ltr} = 2mg/(\rho V^2 S)$。在图 3-10 的横轴上 $(C_m = 0)$ 标出 C_{Ltr} 所对应的 A 点，用插值法求出对应的升降舵偏角 $\delta_{e,n=1}$ 值。如果要考虑发动机推力对俯仰力矩的贡献，则可仿照 3.3.1 节的方法迭代。

(3) 根据给定的 n_z 值按式 (3-56) 计算 q，并计算阻尼力矩系数 $C_m(q) = C_{mq}qc_A/V$。

(4) 按机动飞行升力系数 $C_L = n_z C_{Ltr}$ 的值，在图 3-10 横轴上 $(C_m = 0)$ 确定 C_L 所对应的点，由该点往上方距离为 $-C_m(q)$ 之处确定一点［如果要考虑发动机的贡献，则可再增加 $-C_m(T)$ 值的距离］。用插值法求出这一点对应的升降舵偏角 δ_e 值，即是过载为 n_z 时机动飞行所需的升降舵偏角。相对于平飞的机动飞行附加升降舵偏角为

$$\Delta\delta_e = \delta_e - \delta_{e,n=1} \tag{3-57}$$

对一系列 n_z 值重复上述步骤 (3) 和 (4)，就可求得一条 $\delta_e = f(n_z)$ 或 $\Delta\delta_e = f(\Delta n_z)$ 的曲线。在 $n_z = 1$ 或 $\Delta\delta_e = 0$ 的曲线点上取斜率，就可得到机动飞行时单位过载的升降舵偏角 $\Delta\delta_e/\Delta n_z$ 值。

2) 解析法

在俯仰力矩系数随升力系数线性变化的范围内，可采用解析法。这里仅以“定常拉升”情况为例予以讲解，方程 (3-55) 可简化为

$$C_{m\alpha}\Delta\alpha + C_{m\delta e}\Delta\delta_e + C_{mq}qc_A/V = 0 \tag{3-58}$$

或

$$(\partial C_m/\partial C_L)\Delta C_L + (C_{m\delta e})_{CL=C}\Delta\delta_e + C_{mq}qc_A/V = 0 \tag{3-59}$$

$$\Delta n_z = \Delta C_L/C_{Ltr} = \Delta C_L \rho V^2 S/(2mg) \tag{3-60}$$

$$q = \Delta n_z g/V \tag{3-61}$$

联立求解式 (3-59) ～式 (3-61)，引入无量纲质量

$$\overline{m} = 4m/(\rho S c_A) \tag{3-62}$$

得到升降舵偏角对过载的梯度

$$\Delta\delta_e/\Delta n_z = -\left[\partial C_m/\partial C_L + C_{mq}/(2\overline{m})\right]C_{Ltr}/(C_{m\delta e})_{CL=C} \tag{3-63}$$

式 (3-63) 可改写为

$$\partial\delta_e/\partial n_z = -(\partial\delta_e/\partial h)K_{ms} \tag{3-64}$$

$$\partial\delta_e/\partial h = -C_{Ltr}/(C_{m\delta e})_{CL=C}$$

$$K_{ms} = -(h - h_{ms}) = -\left[\partial C_m/\partial C_L + C_{mq}/(2\overline{m})\right]$$

式中，h 为飞机重心的无量纲坐标；h_{ms} 为握杆机动点无量纲坐标；K_{ms} 为握杆机动裕度。

3. 定常机动飞行的杆位移和杆力梯度

杆位移和杆力与操纵系统的形式密切相关，本处仍以无回力助力操纵情况为例，进行讲述。

1) 图解法

按前述方法求出给定过载 n_z 所需的升降舵偏角 δ_e 后，参考 3.3.1 节的方法，即可求出对应的杆位移和杆力。当操纵系统中有力臂调节器时，按当时力臂值的 d_e - δ_e 曲线（图 3-12）由 δ_e 查出 d_e，再由同一臂值的 F_e-d_e 曲线（图 3-13）由 d_e 查出 F_e。

给定一系列 n_z 值，通过以上步骤，可以求出一系列 d_e 和 F_e 值，作出 d_e 和 F_e 随 n_z 变化的曲线，在 n_z=1 或给定过载处求斜率，即可得到单位过载的杆位移 $\partial d_e/\partial n_z$ 和单位过载的杆力 $\partial F_e/\partial n_z$ 值。

2) 解析法

在较小的 n_z 范围内，迎角和升降舵偏角不大，铰链力矩系数呈线性变化，可近似采用解析法。杆位移梯度和杆力梯度为

$$\partial d_e / \partial n_z = \left(\partial d_e / \partial \delta_e\right)\left(\partial \delta_e / \partial n_z\right) \tag{3-65}$$

$$\partial F_e / \partial n_z = \left(\partial F_e / \partial \delta_e\right)\left(\partial \delta_e / \partial n_z\right) \tag{3-66}$$

式中，$\partial d_e / \partial \delta_e$ 为当时臂值 R 下杆位移对升降舵偏角曲线的当地斜率；$\partial F_e / \partial d_e$ 为当时臂值 R 下杆力对杆位移曲线的当地斜率。

3.3.4　速度和高度急剧变化时的纵向操纵特性

1. 适航要求

第 25.145 条“纵向操纵”，参见 3.3.3 节。

2. 计算方法

飞机作一般的空间机动飞行如俯冲、跃升、上升转弯、8 字时，飞行速度、高度和航迹角都会发生急剧的变化，要求同时使用三个方向的操纵，多需用六自由度运动方程在计算机上解算。

当飞机限于在铅垂面内作对称机动时，如果忽略发动机陀螺力矩，则可用纵向三自由度方程求解。俯冲作为速度和高度急剧变化的对称机动的典型例子，可分为进入段、直线段和改出段。进入段当俯冲角不大时可采用推杆直线进入，本书以此为例，讲解用纵向三自由度方程求解对称俯冲的方法。

航迹-机体轴系纵向三自由度运动方程如下：

$$\begin{aligned}
&\mathrm{d}V / \mathrm{d}t = \left[T\cos\left(\varphi_T + \alpha\right) - D\right] / m - g\sin\gamma \\
&\mathrm{d}\gamma / \mathrm{d}t = g\left(n_z - \cos\gamma\right) / V \\
&\mathrm{d}q / \mathrm{d}t = M / I_y \\
&\mathrm{d}a / \mathrm{d}t = q - \mathrm{d}\gamma / \mathrm{d}t \\
&\mathrm{d}H / \mathrm{d}t = V\sin\gamma \\
&\mathrm{d}x_g / \mathrm{d}t = V\cos\gamma \\
&n_z = \left[L + T\sin\left(\varphi_T + \alpha\right)\right] / (mg)
\end{aligned} \tag{3-67}$$

式中，n_z 为航迹轴系的法向过载；I_y 为绕机体 y 轴的惯性矩；x_g 为飞机质心在牵连地面坐标系中的 x 坐标。

假定飞机初始在某一定高度上作配平等速对称直线飞行，给定初始高度、速度，用平衡方程算出平衡迎角、升降舵偏角和推力(参见 3.3.1 节)。给定俯冲角 γ_0，保持或给定发动机推力，给定进入过载，利用方程(3-67)的最后一式，用迭代法求出满足进入过载 n_z 的迎角和 C_L 值，由相应的极曲线求出阻力系数 C_D 及阻力 D，利用式(3-67)的第三式求出进入的初始升降舵偏角，用数值法积分方程组(3-67)，由此求得俯冲进入段运动参数的时间历程。需要经过试算，或编写、运行某种目标函数程序，使进入段的过载满足给定要求，并使升降舵提前收回到保持给定俯冲角所需的偏角，并使飞机达到给定俯冲角时 $\mathrm{d}\gamma / \mathrm{d}t$ 正好等于零，以转入稳定直线俯冲段。

直线俯冲段的推力给定，有 $\mathrm{d}\gamma / \mathrm{d}t = 0$，$\gamma_0 = 0$，$\mathrm{d}q / \mathrm{d}t \approx 0$，每积分(第一式)一步，用方程组(3-67)的第二、第三式和最后一式求解出迎角和所需的升降舵偏角，从而反映出纵向操纵随速度和高度的急剧变化。杆力和杆位移的计算参见 3.3.1 节。

俯冲改出段往往有一定的要求，如规定终了的速度、高度和速度均有规定、规定改出过载、要求选择开始改出的时机。给定发动机推力由式(3-67)的最后一式用迭代法求得满足 n_z 的 α 值和 C_L 值，由极曲线求阻力，用第三式求改出初始时刻的升降舵偏角。积分方程组(3-67)，求得改出段运动参数的时间历程。为满足规定的终了条件，需要经过反复试算，或编写、运行某种目标函数程序。

杆力和杆位移的计算同上，参见 3.3.1 节。

本节的方法，原则上可推广到任何其他对称机动飞行。

3.3.5 滚转操纵特性

1. 适航要求

CCAR-25-R4 在第 25.147 条“航向和横向操纵”中规定：

(c) 横向操纵：总则　必须在下列条件下能从速度等于 $1.3V_{SR1}$ 的定常飞行中，分别向停车发动机一侧和相反方向作 20° 坡度的转弯：

(1) 临界发动机停车；

(2) 其余发动机处于最大连续功率(推力)状态；

(3) 重心在最不利的位置；

(4) 起落架分别在：

(i) 收起位置；

(ii) 放下位置；

(5) 襟翼在最有利的爬升位置；

(6) 最大起飞重量。

(d) 横向操纵：滚转能力　临界发动机不工作时滚转响应必须使飞机能作正常机动。在一发不工作时很有可能使用的速度下，必须有足够的横向操纵，以提供安全所需的滚转率，而不需要过度的操纵力或操纵行程。

(f) 全发工作的横向操纵　全发工作时滚转响应必须使飞机能作正常机动(例如从突风

造成的颠倾中恢复和开始作规避机动)。在侧滑(直到正常运行中有可能需要的侧滑角为止)中必须有足够的横向操纵余量，以能作有限量的机动和突风修正。在直到 V_{FC}/M_{FC} 的任一速度下，必须有足够的横向操纵，以提供安全所需的滚转率峰值，而不需要过度的操纵力或操纵行程。

2. 计算方法

滚转机动主要通过滚转操纵机构实现，并通过方向舵进行“协调”操纵，同时用纵向操纵保持飞机既定的航迹，因此需用六自由度或五自由度运动方程求解。求解的目标有两种，一种是给定最大可用副翼操纵偏角和规定的滚转角，求达到该滚转角的时间；另一种是求“稳定”滚转时单位副翼偏角所对应的滚转角速度。

飞机滚转机动过程中，速度、迎角等各运动参数均会发生变化并产生相互耦合影响，六自由度运动方程能全面精确地反映其特性。但一般情况下，滚转运动相对于飞机的速度变化要快得多，因此，可视速度为不变，略去速度方程，用五自由度运动方程通过数值法在计算机上求解。该方程组如下：

$$\left\{\begin{aligned}
\frac{\mathrm{d}\alpha}{\mathrm{d}t} &= q-\beta p-\left(\overline{L}_0+\overline{L}_\alpha\alpha+\overline{L}_{\delta e}\delta_e\right)\cos\alpha-\overline{D}\left(\alpha,\beta,\delta_a,\delta_r,\delta_e\right)\sin\alpha+\frac{g}{V}\cos\theta\cos\varphi \\
\frac{\mathrm{d}\beta}{\mathrm{d}t} &= -r+ap+\overline{Y}_\beta\beta+\overline{Y}_{\delta r}\delta_r+\overline{Y}_{\delta a}\delta_a+\frac{g}{V}\cos\theta\sin\varphi \\
\frac{\mathrm{d}p}{\mathrm{d}t} &= -B_z qr-B_{zx}pq+\overline{L}_\beta\beta+\overline{L}_p p+\overline{L}_r r+\overline{L}_{\delta a}\delta_a+\overline{L}_{\delta r}\delta_r+\frac{I_{zx}H_p}{I_z I_x\Lambda}q \\
\frac{\mathrm{d}r}{\mathrm{d}t} &= B_{zx}qr+B_x pq+\overline{N}_\beta\beta+\overline{N}_p p-\overline{N}_r r+\overline{N}_{\delta a}\delta_a-\overline{N}_{\delta r}\delta_r+\frac{H_p}{I_z\Lambda}q \\
\frac{\mathrm{d}q}{\mathrm{d}t} &= -\frac{I_x-I_z}{I_y}pr-\frac{I_{zx}}{I_y}\left(p^2-r^2\right)+\overline{M}_0+\overline{M}_\alpha\alpha+\overline{M}_{\delta e}\delta_e+\overline{M}_q q+\overline{M}_{\dot\alpha}\dot\alpha-\frac{H_p}{I_y}r \\
\frac{\mathrm{d}\varphi}{\mathrm{d}t} &= p+\mathrm{tg}\,\theta\left(r\cos\varphi+p\sin\varphi\right) \\
\frac{\mathrm{d}\theta}{\mathrm{d}t} &= -r\sin\varphi+q\cos\varphi
\end{aligned}\right. \tag{3-68}$$

式中，L 和 D 是气流轴系给出的，Y 是按机体轴系给出的；$\overline{D}=D/(mV)$ (这里 D 代表阻力)；

$$B_x=\frac{I_x^2-I_xI_y+I_{zx}^2}{I_xI_z-I_{zx}^2},\quad B_z=\frac{I_y^2-I_yI_z+I_{zx}^2}{I_xI_z-I_{zx}^2}$$

$$B_{zx}=\frac{I_{zx}(I_y-I_x-I_z)}{I_xI_z-I_{zx}^2},\quad \Lambda=1-\frac{I_{zx}^2}{I_zI_x}$$

给定飞机的初始飞行条件(如定高定速水平对称直线平飞)，由平衡方程解出初始运动参数。输入副翼偏角随时间变化的规律，用解常微分方程组的合适方法，就可积分求出飞机各运动参数随时间的变化历程。如果副翼偏角为最大可用偏角(所谓最大可用偏角，是考虑了飞行员操纵力的限制、操纵系统各种因素的限制、助力器功率的限制，以及气动弹性变形影响等，取其中的最小者为“最大”偏角值)，则可检查飞机达到规定滚转角的时间。当时间延长至滚转角速度近似不变时，亦可由最大滚转角速度除以最大可用偏角(或除以对应杆力)，近似求得单位滚转操纵面偏角(单位杆力)对应的滚转角速度。

3.3.6 最小操纵速度

本节主要介绍装有多台发动机的民用飞机在发动机发生故障时最小操纵速度的计算。在适航标准中，最小操纵速度是一项重要的检查条款，分为空中最小操纵速度、地面最小操纵速度和着陆进场最小操纵速度，对每一种都规定了明确的飞行条件和要求达到的品质参数。就计算方法而言，着陆进场最小操纵速度和空中最小操纵速度的计算方法是一样的，仅计算原始参数不同。

1. 适航要求

CCAR-25-R4 在第 25.149 条“最小操纵速度”中规定：

(a) 在制定本条要求的最小操纵速度时，用以模拟临界发动机失效的方法，必须体现在服役中预期对操纵性最临界的动力装置失效模式。

(b) V_{MCA}，空中最小操纵速度 V_{MCA} 是校正空速，在该速度，当临界发动机突然停车时，能在该发动机继续停车情况下保持对飞机的操纵，并维持坡度不大于 5° 的直线飞行。

(c) 在下列条件下，V_{MCA} 不得超过 $1.13V_{SR}$:

(1) 发动机处于最大可用起飞功率(推力)状态;

(2) 重心在最不利的位置;

(3) 飞机按起飞状态配平;

(4) 海平面最大起飞重量(或验证 V_{MCA} 所需的任何较小的重量);

(5) 飞机处于腾空后沿飞行航迹最临界的起飞形态，但起落架在收起位置;

(6) 飞机已腾空，地面效应可忽略不计。

(d) 在速度 V_{MCA}，为维持操纵所需的方向舵脚蹬力不得超过 667 牛(68 公斤；150 磅)，也不得要求减少工作发动机的功率(推力)，在纠偏过程中，为防止航向改变超过 20°，飞机不得出现任何危险的姿态，或要求特殊的驾驶技巧、机敏或体力。

(e) V_{MCG}，地面最小操纵速度是起飞滑跑期间的校正空速，在该速度，当临界发动机突然停车时，能仅使用操纵力限制在 667 牛(68 公斤; 150 磅)的方向舵操纵(不使用前轮转向)和使用机翼保持水平的横向操纵来保持对飞机的操纵，使得采用正常驾驶技巧就能安全地继续起飞。在确定 V_{MCG} 时，假定全发工作时飞机加速的航迹沿着跑道中心线，从临界发动机停车点到航向完全恢复至平行于该中心线的一点的航迹上任何点偏离该中心线的横向距离不得大于 9 米(30 英尺)。V_{MCG} 必须按下列条件制定:

(1) 飞机处于每一种起飞形态，或者按申请人的选择，处于最临界的起飞形态;

(2) 工作发动机处于最大可用起飞功率(推力)状态;

(3) 重心在最不利的位置;

(4) 飞机按起飞状态配平;

(5) 起飞重量范围内的最不利重量。

(f) V_{MCL}，全发工作着陆进场期间的最小操纵速度 V_{MCL} 是校正空速，在此速度，当临界发动机突然停车时，能在该发动机继续停车的情况下保持对飞机的操纵，并维持坡度不大于 5° 的直线飞行。V_{MCL} 必须按下列条件制定:

(1) 飞机处于全发工作进场和着陆的最临界形态，或申请人如有选择则为所选取的每一形态；

(2) 重心在最不利的位置；

(3) 飞机按全发工作的进场状态配平；

(4) 最不利重量，或申请人如有选择作为重量的函数；

(6) 工作发动机在复飞设置功率(推力)状态。

2. 空中最小操纵速度

按照 CCAR-25-R4 的定义，空中最小操纵速度是当飞机最关键的发动机突然停车并保持停车，飞机可恢复操纵，保持零偏航和小滚转角($\varphi \leqslant 5°$)的直线飞行时所对应的最小校正空速。此外，定义还对飞机构型及飞行条件作了明确的规定。要精确计算飞机对发动机突然停车及随后飞行员纠正操纵的反应，应采用六自由度运动方程用数值法求解。解得飞机的反应能满足规定要求时的最小速度即为最小操纵速度。

1) 飞机六自由度运动方程

体-体轴系六自由度动力学方程如下：

$$\begin{bmatrix} \mathrm{d}u_k/\mathrm{d}t \\ \mathrm{d}v_k/\mathrm{d}t \\ \mathrm{d}w_k/\mathrm{d}t \end{bmatrix} = \begin{bmatrix} rv_k - qw_k \\ pw_k - ru_k \\ qu_k - pv_k \end{bmatrix} + \frac{1}{m}\left[\begin{bmatrix} T_{xb} \\ T_{yb} \\ T_{zb} \end{bmatrix} + \boldsymbol{L}_{ba}\begin{bmatrix} -D \\ C \\ -L \end{bmatrix}\right] + \boldsymbol{L}_{bg}\begin{bmatrix} 0 \\ 0 \\ g \end{bmatrix} \tag{3-69}$$

$$\begin{bmatrix} \mathrm{d}p/\mathrm{d}t \\ \mathrm{d}q/\mathrm{d}t \\ \mathrm{d}r/\mathrm{d}t \end{bmatrix} = \begin{bmatrix} \left[I_{zx}\left(I_x - I_y + I_z\right)pq + \left(I_yI_z - I_z^2I_{zx}^2\right)qr + I_z\left(L_T + L\right) + I_{zx}\left(N_T + N\right)\right]/\left(I_xI_z - I_{zx}^2\right) \\ \left[\left(I_z - I_x\right)pr - I_{zx}\left(p^2 - r^2\right) + M_T + M\right]/I_y \\ \left[\left(I_x^2 - I_xI_y + I_{zx}^2\right)pq + I_{zx}\left(I_y - I_x - I_z\right)qr + I_{zx}\left(L_T + L\right) + I_x\left(N_T + N\right)\right]/\left(I_xI_z - I_{zx}^2\right) \end{bmatrix} \tag{3-70}$$

运动学方程为

$$\begin{bmatrix} \mathrm{d}x_g/\mathrm{d}t \\ \mathrm{d}y_g/\mathrm{d}t \\ \mathrm{d}z_g/\mathrm{d}t \end{bmatrix} = \boldsymbol{L}_{gb}\begin{bmatrix} u_k \\ v_k \\ w_k \end{bmatrix} \tag{3-71}$$

$$\begin{bmatrix} \mathrm{d}\varphi/\mathrm{d}t \\ \mathrm{d}\theta/\mathrm{d}t \\ \mathrm{d}\psi/\mathrm{d}t \end{bmatrix} = \begin{bmatrix} p + \tan\theta\left(q\sin\varphi + r\cos\varphi\right) \\ q\cos\varphi - r\sin\varphi \\ \left(q\sin\varphi + r\cos\varphi\right)/\cos\theta \end{bmatrix} \tag{3-72}$$

空速、航迹速度与风速的关系式为

$$\begin{bmatrix} u \\ v \\ w \end{bmatrix} = \begin{bmatrix} u_k \\ v_k \\ w_k \end{bmatrix} - \boldsymbol{L}_{bg}\begin{bmatrix} u_{wg} \\ v_{wg} \\ w_{wg} \end{bmatrix} \tag{3-73}$$

空速标量、侧滑角、迎角公式为

$$\begin{aligned} &V = \left(u^2 + v^2 + w^2\right)^{1/2} \\ &\sin\beta = v/V \\ &\tan\alpha = w/u \end{aligned} \tag{3-74}$$

式中，u_k、v_k、w_k 为飞机质心航迹(对地)速度的机体轴分量；u、v、w 为飞机质心对空气速度的机体轴分量；u_{wg}、v_{wg}、w_{wg} 为风速在地面坐标轴系中的分量；T_{xb}、T_{yb}、T_{zb} 为发动机直接力(推力)与间接力的机体轴分量；L_T、M_T、N_T 为发动机直接力(推力)与间接力产生的力矩的机体轴分量；$\boldsymbol{L}_{bg}$、$\boldsymbol{L}_{ba}$ 为坐标变换矩阵。

2) 发动机故障情况的不对称力和力矩

假设飞机装有多台发动机。为了使发动机的力和力矩的表达式适用于任何一台发动机发生故障的情况，用发动机故障系数 K_i 表示第 i 台发动机的状况：

$$K_i = 0\ (\text{表示第 } i \text{ 台发动机正常工作})$$
$$K_i = 1\ (\text{表示第 } i \text{ 台发动机发生故障}) \tag{3-75}$$

式中，$i = 1, 2, 3, \cdots, n$ 为发动机序号，按顺航向观看从右至左顺序编号。

对于涡轮喷气/涡轮风扇发动机飞机，发动机故障引起的不对称力和力矩的来源包括推力及其力矩、进气道口的法向力和侧向力及其力矩、喷流干扰力及其力矩和陀螺力矩的变化等。其中推力及其力矩的变化可作为首要原因，其他力和力矩的变化均可写成与推力相关的函数。

(1) 发动机推力及其力矩。

发生故障的发动机的推力 T_f 按某种随时间变化的规律而衰减。在初步估算时，为简化计算可假设为线性规律：

$$T_f = \begin{cases} (T_w / t)(t_1 - t), & t \leqslant t_1 \\ -\left[\Delta D_{ef} / (t_2 - t_1)\right](t_1 - t), & t_1 < t < t_2 \\ -\Delta D_{ef}, & t \geqslant t_2 \end{cases} \tag{3-76}$$

式中，T_w 为发动机正常工作时的推力；t 为从发动机发生故障时刻算起的时间；t_1 为故障发动机推力下降到零的时间；t_2 为故障发动机转子完全停转所需时间；ΔD_{ef} 为故障发动机附加阻力。

第 i 台发动机的推力可以表示成如下形式：

$$T_i(t) = (1 - K_i) T_{wi} + K_i T_{fi}(t) \tag{3-77}$$

一台发动机停车后另一台发动机又发生停车的情况亦可类似处理。

设发动机仅在平行于 xOz 平面内有安装角为 φ_T，发动机推力作用点的坐标为 x_T、y_T、z_T，则第 i 台发动机的推力及其力矩在机体轴坐标系内的分量为

$$\begin{cases} T_{xi} = T_i \cos\varphi_T \\ T_{yi} = 0 \\ T_{zi} = -T_i \sin\varphi_T \\ L_{Ti} = T_{zi} y_{Ti} \\ M_{Ti} = T_{xi} z_{Ti} - T_{zi} x_{Ti} \\ N_{Ti} = -T_{xi} y_{Ti} \end{cases} \tag{3-78}$$

所有发动机的推力和推力矩在三个轴向的分量可由式(3-78)的各式由 $i = 1, \cdots, n$ 求和得到。

(2) 进气道口法向(侧向)力及其力矩。

该力是飞行速度和油门位置的函数，在小迎角(侧滑角)范围内与迎角(侧滑角)成正比，可用法向(侧向)力系数对迎角(侧滑角)的导数表示。以法向力导数为例，设发动机正常工作时的法向力导数为 $C_{N\alpha w}$，发动机故障时的法向力导数为 $C_{N\alpha f}$，并假设：

$$C_{N\alpha f} = \begin{cases} \left(C_{N\alpha w} / t_1\right)\left(t_1 - t\right), & t < t_1 \\ 0, & t \geqslant t_1 \end{cases} \tag{3-79}$$

发动机安装角 φ_T 不大时，可将该法向力视为机体轴法向方向。第 i 台发动机的法向力和侧向力可表示成

$$\begin{cases} \Delta N_i = 0.5\rho V^2 S\left[\left(1-K_i\right)C_{N\alpha wi} + K_i C_{N\alpha fi}\right]\left(\varphi_T + \alpha\right) \\ \Delta Y_i = -0.5\rho V^2 S\left[\left(1-K_i\right)C_{N\alpha wi} + K_i C_{N\alpha fi}\right]\beta \end{cases} \tag{3-80}$$

设法向力和侧向力的作用点的坐标为 x_{Ni}、y_{Ni}、z_{Ni}，则法向力和侧向力的力矩为

$$\begin{cases} L_{Ni} = -\Delta N_i y_{Ni} - \Delta Y_i z_{Ni} \\ M_{Ni} = \Delta N_i x_{Ni} \\ N_{Ni} = \Delta Y_i x_{Ni} \end{cases} \tag{3-81}$$

通过由 $i = 1,\cdots,n$ 求和，可求得总的法向力和侧向力及其力矩。

(3) 喷流的干扰力和力矩。

喷流的干扰力和力矩一般通过风洞试验求得。

(4) 陀螺力矩。

发动机转子的陀螺力矩只有当飞机有不平行于转子轴方向的角速度时才会产生，它正比于发动机转子的转动动量矩。该动量矩可表达为

$$H = (\pi / 30) I_R \sum_{i=1}^{n} [(1-K_i)N_w + K_i N_f] \tag{3-82}$$

式中，I_R 为单台发动机本身转动部件的转动惯量；N_w 为正常工作发动机转速(r / min)；N_f 为故障发动机转速(r / min)。

$$\begin{cases} N_f = \left(N_w / t_1\right)\left(t_1 - t\right), & t < t_1 \\ N_f = 0, & t \geqslant t_1 \end{cases} \tag{3-83}$$

$\boldsymbol{H}$ 在机体轴系中的分量为

$$\begin{aligned} H_x &= \pm H \cos\varphi_T \\ H_y &= 0 \\ H_z &= \mp H \sin\varphi_T \end{aligned}$$

式中，符号取决于转子的旋转方向，顺航向看右旋取上面的符号，左旋取下面的符号。

当飞机具有角速度 Ω 时，产生的陀螺力矩为

$$\overline{\boldsymbol{M}}_{GR} = \overline{\boldsymbol{H}} \times \overline{\boldsymbol{\Omega}} \tag{3-84}$$

$\bar{\boldsymbol{M}}_{CR}$ 在机体轴系中的分量为

$$
\begin{cases}
L_{GR} = -H_z q \\
M_{GR} = -H_x r + H_z p \\
N_{GR} = H_x q
\end{cases}
\tag{3-85}
$$

3）空中最小操纵速度的确定

解方程前首先要确定初始状态，为此假设飞机初始配平于定常水平对称直线飞行，因此所有的线加速度、角加速度和角速度均为零。初始飞行高度和速度为给定值。由平衡方程可求出初始的迎角 α_0 和升降舵配平偏角 δ_{e0}。其他舵偏角初始值也为零。

发动机发生故障后，除了故障发动机引起的不平衡力和力矩，还要考虑飞行员随后采取的纠正操纵措施。为了确定飞行员的操纵量，一种简化的方法是先求解发动机发生故障后飞机达到稳定状态的平衡方程，求出最终平衡所需的各舵面偏角。为此还需假定发动机发生故障后飞机的飞行高度和速度及油门位置不变。故障后的未知参数是航迹角 γ、迎角 α、升降舵偏角 δ_e、侧滑角 β、倾斜角 φ、副翼偏角 δ_a 和方向舵偏角 δ_r。由于有七个未知数，而耦合的平衡方程只有六个，方程组不封闭，为此让 φ 在一定的范围内变化。对于每一个 φ 值，用迭代法求得平衡状态下的 δ_e、δ_a 和 δ_r 值，然后，用这些操纵偏角作为飞行员纠正操纵的幅值，用合理假定的延迟时刻 t_3 作为飞行员施加纠正操纵的开始时刻，用对应上述幅值的阶跃函数（或其他合理的函数形式）作为操纵输入项，连同发动机故障产生的输入项，还有常规的初始气动力和力矩项，代入方程(3-69)与方程(3-70)的右端，配合式(3-71)～式(3-74)，用合适的数值法解出飞机的反应运动参数随时间的变化规律。

最小操纵速度 V_{MC} 的确定步骤如下：首先假定一个计算速度，用上述方法求解飞机的反应，如果不满足要求，则增加计算速度 ΔV，重新计算，如果满足要求，则减少计算速度 ΔV，重新计算，直到求出刚好满足要求的最小操纵速度。

需要注意的事项是，飞机的计算状态如重量、重心，襟翼、起落架的位置，发动机功率状态等要符合适航条例的要求。例如，工作发动机的功率应取生产型发动机所能达到的最大净功率，并取公差带的上限值；飞机按起飞状态配平，在故障后的整个飞行过程中不得重新配平；计算高度应覆盖飞机的整个起飞场高等。有侧风时，以停车发动机同侧的正侧风为最严重情况。

由于适航标准规定初始配平保持不变，在最小操纵速度时的脚蹬力必须不超过规定值，因此在计算出最小操纵速度后还必须验证计算相应的脚蹬力。

3. 地面最小操纵速度

对于多发动机飞机，由于在地面滑跑过程中动力的突然不对称引起飞机的侧向运动，将使飞机偏离跑道中心线，在恢复过程中出现的最大侧向轨迹偏移是确定地面最小操纵速度 V_{MCG} 的重要依据。用飞机沿地面滑跑运动方程计算地面最小操纵速度，其特点如下：第一，除了气动力和发动机推力，飞机还受地面反力的作用，该反力取决于飞机的瞬时姿态和起落架的压缩运动情况；第二，起落架的不对称伸缩使飞机仍有六个运动自由度；第三，飞机对应起飞构型，气动特性应考虑地面效应；第四，不仅要考虑故障发动机推力的下降过程，还要考虑飞行员的各种后续干预操纵影响。以上特点决定了计算的复杂性。此外，在建立方程时，除了将起落架和轮胎作为弹性体，飞机仍视为刚性部件组合体。对起落架和轮胎的运动，也忽略其惯性力。

1) 飞机六自由度运动方程

采用机体轴系六自由度运动方程，动力学方程类似式(3-69)和式(3-70)，但右端增加地面约束反力和反力矩项。动力学方程如下：

$$\begin{bmatrix} \mathrm{d}u_k/\mathrm{d}t \\ \mathrm{d}v_k/\mathrm{d}t \\ \mathrm{d}w_k/\mathrm{d}t \end{bmatrix} = \begin{bmatrix} rv_k - qw_k \\ pw_k - ru_k \\ qu_k - pv_k \end{bmatrix} + \frac{1}{m}\left[\begin{bmatrix} T_{xb} \\ T_{yb} \\ T_{zb} \end{bmatrix} + \boldsymbol{L}_{ba}\begin{bmatrix} -D \\ C \\ -L \end{bmatrix}\right] + \boldsymbol{L}_{bg}\begin{bmatrix} 0 \\ 0 \\ g \end{bmatrix} + \begin{bmatrix} R_x \\ R_y \\ R_z \end{bmatrix} \tag{3-86}$$

$$\begin{bmatrix} \mathrm{d}p/\mathrm{d}t \\ \mathrm{d}q/\mathrm{d}t \\ \mathrm{d}r/\mathrm{d}t \end{bmatrix} =$$

$$\begin{bmatrix} \left[I_{zx}\left(I_x - I_y + I_z\right)pq + \left(I_y I_z - I_z^2 - I_{zx}^2\right)qr + I_z\left(L_T + L + L_R\right) + I_{zx}\left(N_T + N + N_R\right)\right] / \left(I_x I_z - I_{zx}^2\right) \\ \left[\left(I_z - I_x\right)pr - I_{zx}\left(p^2 - r^2\right) + M_T + M + M_R\right] / I_y \\ \left[\left(I_x^2 - I_x I_y + I_{zx}^2\right)pq + I_{zx}\left(I_y - I_x - I_z\right)qr + I_{zx}\left(L_T + L + L_R\right) + I_x\left(N_T + N + N_R\right)\right] / \left(I_x I_z - I_{zx}^2\right) \end{bmatrix} \tag{3-87}$$

其余方程同式(3-71)～式(3-74)。

方程中发动机引起的力和力矩计算公式参见“空中最小操纵速度”的计算。气动力矩一般在机体坐标轴系中给出；气动力可在气流坐标轴系或半机体坐标轴系中给出。如果气动力在半机体轴系中给出，则侧滑角作为隐含参数，方程中的坐标变换矩阵 $\boldsymbol{L}_{ba}$ 中，应令 $\beta = 0$。地面约束反力和反力矩的计算见如下内容。

2) 地面约束反力和反力矩

为便于描述地面约束反力，取原点位于飞机质心的水平坐标轴系，其纵轴平行于机体坐标轴系的纵轴在水平面上的投影，其竖轴铅垂向下，横轴指向右。它相当于航向跟随飞机运动($\psi = 0$)的牵连地面坐标系。从水平坐标系到机体坐标系的坐标变换矩阵可由 $\boldsymbol{L}_{bg}$ 中令 $\psi = 0$ 得到

$$\left[\boldsymbol{L}_{bg}\right]_{\psi=0} = \begin{bmatrix} \cos\theta & 0 & -\sin\theta \\ \sin\varphi\sin\theta & \cos\varphi & \sin\varphi\cos\theta \\ \cos\varphi\sin\theta & -\sin\varphi & \cos\varphi\cos\theta \end{bmatrix} \tag{3-88}$$

设飞机的三个起落架(前、左主、右主)分别用下标 n、l、r 表示，每个机轮所受地面的约束反力由三个分量组成：垂直地面的法向力 R_N(向上为正)，与机轮旋转方向相反的阻力 R_D(向后为正)，垂直机轮平面的侧向力 R_C(向右为正)。其中阻力和侧向力均与法向力成正比：

$$\begin{cases} R_{Di} = f_i R_{Ni} \\ R_{Ci} = \mu_i R_{Ni} \\ \mu_i = -\lambda_i \beta_{gi} \end{cases} \tag{3-89}$$

式中，$i = n, l, r$；f 为机轮滚动摩擦系数，取决于跑道表面状况、机轮类型、充压及刹车情况；μ 为侧力系数；λ 为侧力梯度，取决于跑道状况及机轮情况，需要按试验资料取值；β_g 为机轮沿地面的侧滑角，向右侧滑为正。

对于可操纵偏转的前轮，如果有偏角 δ_n(右偏为正)，则其阻力、侧力的方向分别与水平坐标系的纵轴和横轴成 δ_n 角，在水平坐标系中，其轴向力和横向力的表达式如下：

$$\begin{cases} R_{xgn} = -f_n' R_{Nn} \\ R_{ygn} = \mu_n' R_{Nn} \\ f_n' = f_n \cos\delta_n - \lambda_n\left(\beta_n - \delta_n\right)\sin\delta_n \\ \mu_n' = -\left[\lambda_n\left(\beta_n - \delta_n\right)\cos\delta_n + f_n \sin\delta_n\right] \end{cases} \tag{3-90}$$

三个机轮总的约束反力在水平坐标轴系中的分量可写成表达式如下：

$$\begin{bmatrix} R_{xg} \\ R_{yg} \\ R_{zg} \end{bmatrix} = \boldsymbol{G} \begin{bmatrix} R_{Nn} \\ R_{Nl} \\ R_{Nr} \end{bmatrix} \tag{3-91}$$

$$\boldsymbol{G} = \begin{bmatrix} f_n' & f_l & f_r \\ \mu_n' & \mu_l & \mu_r \\ -1 & -1 & -1 \end{bmatrix}$$

在机体坐标轴系中，三个机轮总的约束反力的分量的表达式如下：

$$\begin{bmatrix} R_x \\ R_y \\ R_z \end{bmatrix} = \left[\boldsymbol{L}_{bg}\right]_{\psi=0} \boldsymbol{G} \begin{bmatrix} R_{Nn} \\ R_{Nl} \\ R_{Nr} \end{bmatrix} = \boldsymbol{D} \begin{bmatrix} R_{Nn} \\ R_{Nl} \\ R_{Nr} \end{bmatrix} \tag{3-92}$$

$$\boldsymbol{D} = \left[\boldsymbol{L}_{bg}\right]_{\psi=0} \boldsymbol{G}$$

为求出机轮在地面的侧滑角，需先求出机轮接地点处的速度在水平坐标轴系中的分量，它们是由飞机质心的航迹速度分量与飞机角速度分量引起的附加速度分量合成的。

$$\begin{bmatrix} u_{gi} \\ v_{gi} \\ w_{gi} \end{bmatrix} = \left[\boldsymbol{L}_{bg}\right]_{\psi=0} \begin{bmatrix} u_{ki} \\ v_{ki} \\ w_{ki} \end{bmatrix} + \begin{bmatrix} 0 & z_i & -y_i \\ -z_i & 0 & x_i \\ y_i & -x_i & 0 \end{bmatrix} \begin{bmatrix} p \\ q \\ r \end{bmatrix} \quad (i = n, l, r) \tag{3-93}$$

$$\tan\beta_{gi} = v_{gi} / u_{gi}$$

如果前轮是可自由偏转的，则可认为 $\beta_{gn} = \delta_n$。

求地面约束反力分量归结为求各个机轮上的法向反力 R_{Ni}。起落架是一种液压阻尼式缓冲机构加弹性体机轮的结构，地面约束反力首先作用于机轮使轮胎产生弹性压缩，并将力传给与轮轴相连的缓冲支柱的缓冲器。缓冲器具有很大的阻尼系数，相比之下，运动的惯性力可以忽略。由缓冲器压缩产生的压力和阻尼力平衡地面法向反力，而其他方向的力和力矩则由缓冲支柱结构所承受。故可认为地面法向反力是缓冲支柱压缩行程及其变化速度的函数。

$$R_{Ni} = f_i\left(\Delta l_i, \Delta\dot{l}_i\right) \quad (i = n, l, r) \tag{3-94}$$

$$\Delta l_i = l_{0i} - l_i$$

式中，l_{0i} 为起落架缓冲支柱自由状态的长度；l_i 为起落架缓冲支柱瞬时压缩状态的长度。

函数的具体形式取决于起落架的具体结构形式(支柱式或摇臂式等)及缓冲器的具体参数。但总可以将上述公式变换形式，将 R_N 写成起落架接地点的总高度(即机轮接地点的机

体轴 z 坐标值）及其变化率的函数。

$$R_{Ni}=\begin{cases}f_i(z_i,\dot{z}_i), & z_i\leqslant z_{0i}\\ 0, & z_i>z_{0i}\end{cases} \tag{3-95}$$

$$z_i=z_{0i}-\Delta z_i$$

$$\dot{z}_i=-\Delta\dot{z}_i$$

式中，z_{0i} 为缓冲支柱自由状态时起落架接地点的总高度，为已知值；z_i 为缓冲支柱瞬时压缩状态时起落架接地点的总高度；Δz_i 为机体轴系 z 轴方向的总压缩量，为缓冲支柱和轮胎压缩量之和。

在机体坐标轴系中，用某个机轮的约束反力分量与其作用点坐标乘积表示的对飞机质心的力矩分量的表达式如下：

$$\begin{bmatrix}L_{ri}\\ M_{ri}\\ N_{ri}\end{bmatrix}=\begin{bmatrix}0 & -z_i & y_i\\ z_i & 0 & -x_i\\ -y_i & x_i & 0\end{bmatrix}\begin{bmatrix}R_{xi}\\ R_{yi}\\ R_{zi}\end{bmatrix}\quad (i=n,l,r) \tag{3-96}$$

将式(3-96)分别应用于前轮和左、右主轮并相加，用式(3-92)三个机轮总的约束反力的分量代入，得到总的地面约束反力矩的表达式如下：

$$\begin{bmatrix}L_R\\ M_R\\ N_R\end{bmatrix}=\begin{bmatrix}-z_nD_{21}+y_nD_{31} & -z_lD_{22}+y_lD_{32} & -z_rD_{23}+y_rD_{33}\\ z_nD_{11}-x_nD_{31} & z_lD_{12}-x_lD_{32} & z_rD_{13}-x_rD_{33}\\ x_nD_{21}-y_nD_{11} & -y_lD_{12}+x_lD_{22} & -y_rD_{13}+x_rD_{23}\end{bmatrix}\begin{bmatrix}R_{Nn}\\ R_{Nl}\\ R_{Nr}\end{bmatrix} \tag{3-97}$$

式中，x_i、y_i、z_i $(i=n, l, r)$ 为 R_{Ni} 作用点的机体轴坐标；D_{jk} $(j=1, 2, 3;\ k=1, 2, 3)$ 为式(3-92)三个机轮总的约束反力的分量中矩阵 $\boldsymbol{D}$ 的相应 j 行 k 列的元素。

3) 地面最小操纵速度的确定

(1) 给定机场高度，按规定选定飞机的构型条件，如最大起飞重量、最不利重心位置等，给定发动机工作状态。初始平衡可以从飞机静止状态开始计算，也可以在某一个初步假定的最小操纵速度下计算。假定飞机沿跑道直线滑行，全部发动机均正常工作。如果无风，则可用纵向三自由度平衡方程计算；如果有风，则需用六自由度平衡方程计算。由于地面约束反力的作用使起落架缓冲支柱受到压缩，而此种压缩又改变了飞机的姿态角，反过来又影响地面约束反力的分配，因此需要用迭代法求解。计算出发动机发生故障前的飞机运动参数，如速度、迎角、侧滑角和飞机各操纵面的偏角，以及初始的驾驶杆力和脚蹬力。

(2) 设定关键发动机停车后飞行员所采用的纠正操纵方式、偏舵量及延迟操纵时间。偏舵量可按发动机停车后飞机最终达到平衡所需的偏角、最大可用操纵偏角以及规定的最大操纵力对应的偏角中选最小者来确定。

(3) 用前面所列的六自由度运动方程和其他公式，计算关键发动机故障停车、飞行员延时纠正操纵引起飞机反应运动的时间历程，直到最终平衡或可供判断的足够长的时间。

(4) 判断是否满足规定的要求条件(如是否恢复直线滑跑、保持零偏航，横向偏移是否小于规定的数值等)。

(5) 如果不满足规定条件，则给定某一速度增量 ΔV，令 $V_{MCG}=V_{\mathrm{cal}}+\Delta V$(式中 V_{cal} 代表

计算速度)，回到(1)重新计算；如果横向偏移小于规定要求，则令 $V_{MCG}=V_{\mathrm{cal}}-\Delta V$，回到(1)重新计算，直到刚好满足规定条件，所对应的速度即为地面最小操纵速度。

3.3.7 模态特性

1. 适航要求

CCAR-25-R4 在第 25.181 条“动稳定性”中规定：

(a)在相应于飞机形态的 $1.13V_{SR1}$ 和最大允许速度之间产生的任何短周期振荡(不包括横向和航向的组合振荡)，在主操纵处于下列状态时，必须受到重阻尼：

(1)松浮状态；

(2)固定状态。

(b)在相应于飞机形态的$1.13V_{SR1}$和最大允许速度之间产生的任何横向和航向组合振荡(“荷兰滚”)，在操纵松浮情况下，必须受到正阻尼，而且必须依靠正常使用主操纵就可加以控制，无需特殊的驾驶技巧。

2. 纵向短周期模态特性

飞机受到扰动后，飞机的各运动参数随时间的变化，通常由一些典型模态所对应的简单运动叠加而成。通过分析各个典型运动模态特性参数，可研究飞机的动稳定性。

飞机的模态特性参数是根据小扰动运动方程的特征根进行计算的。当飞机基准运动为定常直线飞行时，在小扰动情况下，飞机扰动运动方程组可线性化，且分解成互不相关的纵向和横航向扰动运动方程组。

由小扰动运动方程的特征根计算飞机模态特性时，本书采用稳定性坐标轴系 $Ox_sy_sz_s$。

飞机的纵向扰动运动大致可以分为两个阶段。在扰动运动的最初阶段，主要特征是以迎角和角速度变化为代表的短周期运动，飞机速度基本保持不变；而在扰动运动的后一阶段，主要特征是以速度和航迹角变化为代表的长周期运动，飞机迎角基本保持不变。适航规范主要关注短周期振荡。

利用飞机纵向小扰动运动方程组，忽略高度变化对力和力矩的影响，得到特征方程：

$$S^4+A_3S^3+A_2S^2+A_1S+A_0=0 \tag{3-98}$$

式中，A_3、A_2、A_1、A_0为特征方程系数。

该方程又可写为

$$\left(S^2+2\zeta_{sp}\omega_{sp}S+\omega_{sp}^2\right)\left(S^2+2\zeta_p\omega_pS+\omega_p^2\right)=0 \tag{3-99}$$

或

$$\left(S^2+2\zeta_{sp}\omega_{sp}S+\omega_{sp}^2\right)\left(S-\lambda_{p1}\right)\left(S-\lambda_{p2}\right)=0 \tag{3-100}$$

通常特征方程有两对共轭复根，一对大的共轭复根和一对小的共轭复根(或两个小实根)。大根描述快速运动，对应于飞机短周期运动，小根对应于长周期运动(沉浮运动)。

飞机纵向小扰动运动方程的特征方程中一对大的共轭复根所代表的运动模态为短周期模态，其主要运动特征如下：迎角和俯仰角均呈周期短、衰减快的振荡，而速度的变化甚小。

1) 短周期特征方程

对应短周期模态的特征方程

$$S^2 + 2\zeta_{sp}\omega_{sp}S + \omega_{sp}^2 = 0 \tag{3-101}$$

2) 模态特性参数

将特征方程的一对大的共轭复根记为

$$\lambda_{1,2} = a_1 \pm \mathrm{i}\, b_1 \tag{3-102}$$

式中

$$a_1 = -\zeta_{sp}\omega_{sp} \tag{3-103}$$

$$b_1 = \omega_{sp}\sqrt{1-\zeta_{sp}^2} \tag{3-104}$$

模态特性参数如下。

无阻尼振荡频率为

$$\omega_{sp} = \left(a_1^2 + b_1^2\right)^{1/2} \tag{3-105}$$

阻尼比为

$$\zeta_{sp} = -\frac{a_1}{\left(a_1^2 + b_1^2\right)^{1/2}} \tag{3-106}$$

振荡周期为

$$T_{sp} = 2\pi / b_1 \tag{3-107}$$

半衰期为

$$T_{1/2,sp} = -0.693 / a_1 \tag{3-108}$$

3) 模态特性参数的近似计算

当飞机基准运动为定常水平直线飞行时，忽略推力分量对升力的贡献，且不考虑飞行速度的变化，模态特性参数如下。

无阻尼振荡频率为

$$\omega_{sp} = \left(-M_\alpha - L_\alpha M_q\right)^{1/2} \tag{3-109}$$

阻尼比为

$$\zeta_{sp} = \frac{\left(L_\alpha - M_q - M_{\dot\alpha}\right)}{2\left(-M_\alpha - L_\alpha M_q\right)^{1/2}} \tag{3-110}$$

振荡周期为

$$T_{sp} = \frac{4\pi}{\left[4\left(-M_\alpha - L_\alpha M_q\right) - \left(L_\alpha - M_q - M_{\dot\alpha}\right)^2\right]^{1/2}} \tag{3-111}$$

半衰期为

$$T_{1/2,sp} = -\frac{1.386}{L_\alpha - M_q - M_{\dot\alpha}} \tag{3-112}$$

式中

$$L_{\alpha}=C_{L\alpha}\frac{1}{2}\rho_{\text{eq}}V_{\text{eq}}^{2}S/\left(mV_{e}\right)$$
$$M_{\alpha}=C_{m\alpha}\rho_{\text{eq}}V_{\text{eq}}^{2}Sc_{A}/\left(2I_{y}\right)$$
$$M_{q}=C_{mq}\rho_{\text{eq}}V_{\text{eq}}Sc_{A}^{2}/\left(2I_{y}\right)$$
$$M_{\dot{\alpha}}=C_{m\dot{\alpha}}\rho_{\text{eq}}V_{\text{eq}}Sc_{A}^{2}/\left(2I_{y}\right)$$

变换成无量纲系数如下。

无阻尼振荡频率为

$$\omega_{sp}=\left(-\frac{q_{\infty}Sc_{A}}{I_{y}}C_{L\alpha}K_{m}\right)^{1/2} \tag{3-113}$$

式中，q_{∞}为自由流动压；S为机翼面积；c_A为机翼平均气动弦长；$C_{L\alpha}$为升力系数对迎角的导数(升力线斜率$\partial C_L/\partial\alpha$)；$I_y$为绕机体$y$轴的惯性矩；

$K_m=C_{mCL}+\dfrac{C_{mq}}{\mu}\left(\mu=\dfrac{4m}{\rho_{\text{eq}}Sc_A}\right)$，$C_{mCL}$为俯仰力矩系数对升力系数的导数(纵向静稳定导数$\partial C_m/\partial C_L$)，$C_{mq}$为俯仰力矩系数对无量纲俯仰角速度的导数($\partial C_m/\partial\bar{q}$)，$\rho_{\text{eq}}$为等效空气密度。

阻尼比为

$$\zeta_{sp}=\frac{\rho_{\text{eq}}V_{\text{eq}}S\left[\dfrac{C_{L\alpha}}{m}-\dfrac{c_A^2}{I_y}\left(C_{mq}+C_{m\dot{\alpha}}\right)\right]}{4\omega_{sp}} \tag{3-114}$$

式中，$C_{m\dot{\alpha}}$为俯仰力矩系数对无量纲迎角变化率的导数($\partial C_m/\partial\bar{\dot{\alpha}}$)。

振荡周期为

$$T_{sp}=\frac{2\pi}{\omega_{sp}\sqrt{1-\zeta_{sp}^2}} \tag{3-115}$$

半衰期为

$$T_{1/2,sp}=\frac{0.693}{\zeta_{sp}\omega_{sp}} \tag{3-116}$$

在计算纵向短周期模态特性时，应考虑座舱操纵固持和松浮两种不同状态，还应考虑不同的操纵形式的影响。从工程应用来说，只要计算座舱操纵状态(固持或松浮)和操纵形式对$C_{m\dot{\alpha}}$(或C_{mCL})、C_{mq}和$C_{m\dot{\alpha}}$这三个气动导数的影响就可以了。

3. 荷兰滚模态特性

横航向扰动运动中，适航标准主要关注荷兰滚振荡。

利用飞机横航向小扰动运动方程组，得到特征方程：

$$S^4+A_3S^3+A_2S^2+A_1S+A_0=0 \tag{3-117}$$

式中，A_3、A_2、A_1、A_0为特征方程系数。

通常条件下，特征方程具有一个大的负实根，一个小实根和一对共轭复根。这样，方程又可写为

$$\left(S-\lambda_r\right)\left(S-\lambda_s\right)\left(S^2+2\zeta_d\omega_d S+\omega_d^2\right)=0 \tag{3-118}$$

飞机横航向小扰动运动方程组的特征方程中的一对共轭复根所代表的运动模态为荷兰滚模态。其主要运动特征如下：滚转角、侧滑角和偏航角三个运动量同时存在，呈频率高的周期性振荡。

1) 模态特性参数

对应荷兰滚模态的特征方程为

$$S^2+2\zeta_d\omega_d S+\omega_d^2=0 \tag{3-119}$$

特征方程的根为

$$\lambda_{d1,2}=-\zeta_d\omega_d\pm\mathrm{i}\,\omega_d\sqrt{1-\zeta_d^2} \tag{3-120}$$

式中，ω_d 为荷兰滚模态无阻尼振荡频率；ζ_d 为荷兰滚模态阻尼比；$\omega_d\zeta_d$ 为荷兰滚模态总阻尼。

2) 模态特性参数的近似计算

荷兰滚模态无阻尼振荡频率 ω_d 为

$$\omega_d=\left[\frac{Y_\beta N_r+N_\beta\left(V_{\text{eq}}-Y_r\right)}{V_{\text{eq}}}\right]^{1/2}=\left(\frac{Y_\beta N_r}{V_{\text{eq}}}+N_\beta-\frac{N_\beta Y_r}{V_{\text{eq}}}\right)^{1/2} \tag{3-121}$$

若忽略 $Y_\beta N_r/V_{\text{eq}}$ 和 $N_\beta Y_r/V_{\text{eq}}$ 两项，则

$$\omega_d=N_\beta^{1/2} \tag{3-122}$$

阻尼比 ζ 为

$$\zeta_d=-\frac{N_r+\left(Y_\beta/V_{\text{eq}}\right)}{2\omega_d} \tag{3-123}$$

总阻尼 $\omega_d\zeta_d$ 为

$$\omega_d\zeta_d=-\frac{N_r+\left(Y_\beta/V_{\text{eq}}\right)}{2} \tag{3-124}$$

式中

$$N_\beta=\frac{\rho_{\text{eq}}SV_{\text{eq}}^2 b}{2I_z}C_{n\beta},\quad N_r=\frac{\rho_{\text{eq}}SV_{\text{eq}}b^2}{4I_z}C_{nr}$$

$$Y_\beta=\frac{\rho_{\text{eq}}SV_{\text{eq}}}{2m}C_{Y\beta},\quad Y_r=\frac{\rho_{\text{eq}}Sb}{4m}C_{Yr}$$

其中，ρ_{eq} 为等效空气密度；S 为机翼面积；V_{eq} 为等效飞行速度；b 为机翼展长；$C_{n\beta}$ 为偏航力矩系数对侧滑角的导数(航向静稳定导数$\partial C_n/\partial\beta$)；$C_{nr}$ 为偏航力矩系数对无量纲偏航角速度的导数($\partial C_n/\partial\overline{r}$)；$C_{Y\beta}$ 为横向力系数对侧滑角 β 的导数；C_{Yr} 为横向力系数对无量纲偏航角速度 r 的导数。

3) 荷兰滚模态中的滚转侧滑幅值比的近似计算

荷兰滚模态中的滚转侧滑幅值比 K 为

$$K=\left|\frac{\Phi}{\beta}\right|_d \approx \frac{L_\beta}{N_\beta}\frac{1}{\sqrt{1-\frac{L_p^2}{N_\beta}}}=\frac{C_{l\beta}}{C_{n\beta}}\frac{I_z}{I_x}\frac{1}{\sqrt{1-\frac{\rho_{\rm eq}Sb^3}{8}\frac{I_z}{I_x}\frac{C_{lp}{}^2}{C_{n\beta}}}} \tag{3-125}$$

式中

$$L_\beta=\frac{\rho_{\rm eq}SV_{\rm eq}^2 b}{2I_x}C_{l\beta},\quad N_\beta=\frac{\rho_{\rm eq}SV_{\rm eq}^2 b}{2I_z}C_{n\beta},\quad L_p=\frac{\rho_{\rm eq}SV_{\rm eq}^2 b^2}{4I_x}C_{lp}$$

其中，$C_{l\beta}$为滚转力矩系数对侧滑角β的导数(横向静稳定导数$\partial C_l/\partial\beta$)；$C_{n\beta}$为偏航力矩系数对侧滑角$\beta$的导数(航向静稳定导数$\partial C_n/\partial\beta$)；$C_{lp}$为滚转力矩系数对无量纲滚转角速度的导数($\partial C_l/\partial\overline{p}$)。

4. 飞行轨迹稳定性

飞机轨迹稳定性是指飞行员不改变油门位置而只改变升降舵来保持轨迹倾斜角时，飞机是否具有速度稳定的特性。

一般讲飞机的稳定性是指飞机对外加扰动的反应，是指不经飞行员操纵，飞机本身作为开环的稳定性。而飞行轨迹稳定性是所谓飞行员和飞机组成的闭环系统的稳定性。

当飞行员试图在低于平飞最小阻力速度下保持精确的直线飞行轨迹时，轨迹稳定性就变得十分重要。而最经常或最重要的飞行状态是着陆进场飞行阶段或接近失速速度的飞行状态。

飞行轨迹稳定性可以用轨迹倾斜角μ对空速V变化曲线的斜率来衡量，即$\mathrm{d}\mu/\mathrm{d}V<0$，飞行轨迹稳定；$\mathrm{d}\mu/\mathrm{d}V>0$，飞行轨迹不稳定。关于$\mathrm{d}\mu/\mathrm{d}V$的工程估算如下：

$$\mathrm{d}\mu\approx-\frac{2}{V}\left(\frac{C_D}{C_L}-\frac{C_{D\alpha}}{C_{L\alpha}+C_D}\right) \tag{3-126}$$

通常$C_{L\alpha}>C_D$，则近似可写成

$$\frac{\mathrm{d}\mu}{\mathrm{d}V}=-\frac{2}{V}\left(\frac{C_D}{C_L}-\frac{\mathrm{d}C_D}{\mathrm{d}C_L}\right) \tag{3-127}$$

思 考 题

3-1 CCAR-25-R4对失速速度的定义是什么？

3-2 CCAR-25-R4对航路飞行阶段的爬升梯度要求是什么?如何计算？

3-3 CCAR-25-R4对单发停车升限的要求是什么?如何计算？

3-4 CCAR-25-R4对起飞性能的要求是什么?计算思路是什么？

3-5 CCAR-25-R4对着陆性能的要求是什么？计算思路是什么？

3-6 CCAR-25-R4对纵向平衡特性的要求是什么？如何分析？

3-7 CCAR-25-R4对横航向平衡特性的要求是什么？如何分析？

3-8 CCAR-25-R4对纵向操纵特性的要求是什么？如何分析？

3-9 CCAR-25-R4对滚转操纵特性的要求是什么？如何分析？

3-10 CCAR-25-R4对最小操纵速度的要求是什么？计算思路是什么？

3-11 CCAR-25-R4对动稳定性的要求是什么？如何分析？

第 4 章　总体性能的试验验证

本章以单通道、翼吊双涡轮风扇发动机、150 座级、前三点式常规布局的机型为例，讲述 CCAR-25-R4 中总体性能相关条款验证所需的部分典型试验。

4.1　概　　述

CCAR-25-R4 在第 25.21 条“证明符合性的若干规定”提出了总体性能条款的通用验证要求如下：

(a)本分部的每项要求，在申请审定的载重状态范围内，对重量和重心的每种相应组合，均必须得到满足，证实时必须按下列规定:

(1)用申请合格审定的该型号飞机进行试验，或根据试验结果进行与试验同样准确的计算;

(2)如果由所检查的各种组合不能合理地推断其符合性，则应对重量与重心的每种预期的组合进行系统的检查。

(b)［备用］

(c)飞机的操纵性、稳定性、配平和失速特性，必须在直到预期最大使用高度的每一高度予以证实。

(d)飞行试验中的关键参数，诸如重量、装载(重心和惯量)、空速、功率和风等，在飞行试验期间必须保持在相应关键值的可接受允差内。

(e)如果依靠增稳系统或其他自动系统或动力作动系统才能满足飞行特性要求时，则必须表明符合第 25.671 条“(操纵系统)总则”和第 25.672 条“增稳系统及自动和带动力的操纵系统”。

(f)在满足第 25.105 条“起飞”(d)、第 25.125 条“着陆”、第 25.233 条“航向稳定性和操纵性”和第 25.237 条“风速”的要求时，必须在离地面 10 米高度处测量风速，或按测量风速的高度和 10 米高度之差进行修正。

(g)本分部关于结冰条件的要求仅适用于进行结冰条件下飞行的合格审定申请人。

(1)除第 25.121 条“爬升:单发停车”(a)，第 25.123 条“航路飞行航迹”(c)，第 25.143 条“(操纵性和机动性)总则”(b)(1)以及(b)(2)，第 25.149 条“最小操纵速度”，第 25.201 条“失速演示”(c)(2)，第 25.207 条“失速警告”(c)以及(d)，和第 25.251 条“振动和抖振”(b)到(e)条款之外，在结冰条件下必须满足本分部的各项要求。必须按附录 C 定义的冰积聚条件表明符合性，并假设飞机及其防冰系统按照申请人制定的并在飞机飞行手册中给出的飞机使用限制和操作程序正常操作。

(2)在结冰或冰积聚条件下飞行时，第 25.23 条中规定的载荷分布限制、第 25.25 条规定的重量限制(受本分部性能要求限制的除外)、第 25.27 条规定的重心限制与非结冰条件下的限制相比不得改变。

4.2 性　　能

4.2.1 性能相关条款通用验证要求

CCAR-25-R4 在第 25.101 条“总则(性能)”规定了第 25.103～25.125 条的通用验证要求如下:

(a) 除非另有规定，飞机必须按周围大气条件和静止空气满足适用的性能要求。

(b) 受发动机功率(推力)影响的性能必须基于下述相对湿度。

(1) 对于涡轮发动机飞机:

(i) 在等于和低于标准温度时，相对湿度为 80%;

(ii) 在等于和高于标准温度加 28℃(50℉)时，相对湿度为 34%。在这两种温度之间，相对湿度按线性变化。

(c) 性能必须对应于在特定周围大气条件、特定飞行状态和本条(b)规定的相对湿度下的可用推进力。该可用推进力必须与不超过批准的功率(推力)扣除下列损失后的发动机功率(推力)相对应:

(1) 安装损失;

(2) 特定周围大气条件和特定飞行状态下由附件及辅助装置所吸收的功率或当量推力。

(d) 除非另有规定，申请人必须选择飞机的起飞、航路、进场和着陆形态。

(e) 飞机形态可随重量、高度和温度变化，使之适合本条(f)要求的操作程序。

(f) 除非另有规定，在确定加速-停止距离、起飞飞行航迹、起飞距离和着陆距离时，改变飞机的形态、速度、功率(推力)，必须按照申请人为使用操作所制定的程序进行。

(g) 必须制定与 25.119 条和 25.121 条(d)中规定的条件相应的执行中断着陆和中断进场的程序。

(h) 按本条(f)和(g)所制定的程序必须:

(1) 在飞机服役中能够由具有中等技巧的机组一贯正确地执行;

(2) 采用安全可靠的方法或装置;

(3) 计及在服役中执行这些程序时可合理预期的时间滞后。

(i) 第 25.109 条和第 25.125 条所规定的加速-停止距离和着陆距离必须在飞机全部的机轮刹车装置处于它们所允许磨损范围的完全磨损极限状态下确定。

4.2.2 起飞性能

1. 通用验证要求

CCAR-25-R4 在第 25.105 条“起飞”规定了起飞性能相关条款试验验证的总体要求如下:

(a) 第 25.107 条规定的起飞速度，第 25.109 条规定的加速停止距离，第 25.111 条规定的起飞航迹，第 25.113 条规定的起飞距离和起飞滑跑距离以及第 25.115 条规定的净起飞飞行航迹，必须在由申请人选定的运行限制范围内的每一起飞重量、高度和周围温度条件下选定的起飞构型按以下条件确定:

(1) 在非结冰条件下，和

(2) 在结冰条件下，如果第 25.121 条(b)规定的起飞形态下，带有附录 C 中定义的起飞冰积聚：

(i) 最大起飞重量下的失速速度超过非结冰条件下 3 节校正空速或 3% V_{SR} 的较大者；或

(ii) 第 25.121 条(b)规定的爬升梯度的降低超过第 25.115 条(b)所规定的适用实际与净起飞飞行航迹梯度减量的一半；

(b) 为确定本条所需数据而用的起飞，不得要求特殊的驾驶技巧或机敏。

(c) 起飞数据必须基于下列条件：

(1) 对于陆上飞机和水陆两用飞机；

(i) 平整、干和湿的并有硬质道面的跑道；和

(ii) 申请人如有选择时，带沟槽，或多孔摩擦的湿硬质道面的跑道；

(d) 在所制定的该飞机使用限制范围内，起飞数据必须计及下列项目的使用修正因素：

(1) 沿起飞航迹不大于名义风逆风分量的 50%，和沿起飞航迹不小于名义风顺风分量的 150%；

(2) 跑道有效坡度。

2. 最小离地速度

1) 适航要求

第 25.107 条“起飞速度”(d)，参见 3.2.2 节。

2) 试验目的

确定一个最小速度，在该速度或大于该速度时，飞机可以离地并继续起飞，而不出现任何危险性。该速度并不作为实际起飞速度，但可作为正常使用中达到安全、可用起飞速度的一个参考值。

最小离地速度对应于最大离地姿态，最大离地姿态可能受到以下两种情况的限制。

(1) 升降舵偏转角和升降舵效率的限制。

(2) 尾部擦地限制。

3) 试验状态

重量：最大起飞重量到轻重量。

重心：前重心。

推力：分别在全发工作和单发停车情况下，以不同的推重比(P/W)进行试验。

构型：起飞构型(襟翼放下，起落架放下)。

高度：机场高度。

速度：1.0 V_S～1.1V_S。

4) 试验程序

(1) 正常试验程序。

飞机滑跑到预定的目标 V_{MU} (预先选定 V_{MU}=1.1W_{MCA}或 1.15V_S)，在达到此目标速度时，飞行员以尽可能快的速度拉杆使飞机抬头至离地姿态。飞机离地后直至 10.7m 高度之前，飞机俯仰姿态不得减少，或者速度增大不得超过 10%，起飞要继续到脱离地面效应的高度。在某些情况下，允许把减震支柱完全伸出作为判别 V_{MU} 的特征点。然后再选择若干个较小

的目标 V_{MU}，并重复上述试验，直到飞行员判断已达到最小离地速度。

试飞过程中注意飞机有无不安全的特征或特性，飞机应该演示有足够的操纵性，轻微抖动是可接受的。

先进行全发工作情况的试验，然后进行单发停车情况的试验。允许申请人利用全发工作的试验来代替单发停车的试验，但必须考虑以下的因素。

A. 一台发动机不工作的推重比。

B. 操纵性(两种形态操纵阻力的差异)。

C. 由于横/航向操纵系统，包括机翼扰流器等装置所增加的阻力。

D. 由于作为横向操纵的机翼扰流器等装置所减小的升力。

E. 任何其他系统或装置对操纵、阻力和(或)升力的不利影响。

(2)受俯仰操纵效能限制时的试验。

对于某些飞机，在部分推重比范围和前重心，以正常配平状态有可能达不到使飞机抬头到离地姿态、以最小速度干净利索地飞离地面。如果拉杆已达到极限位置且出现上述情况，则可以使用比正常情况大一些的抬头配平并将重心稍向后移来进行试验。但由此得到的 V_{MU} 要用类似于失速速度修正的方法将其修正到前重心情况。此时要做两组附加试验来检查放宽后的 V_{MU}，表明考虑了在受俯仰操纵效能限制情况下使飞机抬头时操纵偏差所引起的问题。

进行此类试验时，还必须对下列情况演示飞机安全飞离的特性。

A. 在临界重心前限和正常配平时演示最小速度离地。对于前重心在大重量时后移的机型，应考虑两种重量/重心状态。大重量试验应在最大结构限制重量或最大海平面爬升限制重量时，相应的前重心进行；最前重心试验应以与之相应的最重重量进行。应以模拟单发停车(对称减小推力)和全发工作情况的最小推重比进行这些试验。

B. 试验方法是，在飞机加速时把驾驶杆拉到底。当俯仰姿态达到出现最小离地速度时，可以调整俯仰操纵机构，以防止过分抬头，但是在飞机飞离地面和脱离地面效应影响时，应保持离地时的姿态。

C. 如果试验成功，且得到的离地速度至少低于正常的操纵程序表规定的离地速度5kn(节)，则所得到的离地速度不影响飞机飞行手册的速度操作程序表。如需要的话，应当调整操作程序表的 V_R、前重心等来获得这一结果。

D. 前述 5kn 的最小范围为诸如误配平之类的操作偏差、重心误差等提供一定的安全裕度，因为这些偏差可能会进一步限制升降舵的效能。

(3)受尾部擦地限制时的试验。

对于受尾部擦地限制的机型，根据等效适航性，第 25.107 条(e)(1)(iv)所要求的110%V_{MU}可以减小到 108%V_{MU}，由于使用了减小后的离地速度，应当提供某些安全防护装置，以防止受尾部擦地限制的飞机在地面或离地后过分抬头。此外，确定为受尾部擦地限制的飞机，飞机外形应保证，带有护尾橇的最大总重起飞时，在全发工作状态能够做到干净利索地离地和飞离。在全发工作的起飞过程中，上升到 10.7m(35ft)高度的总起飞距离大于同样重量、高度和温度条件下增加 15%安全余量之前的正常起飞距离的 105%。最后，所演示的 V_{MU} 必须是可靠的和可重复的。

受尾部擦地限制飞机干净利索离地和飞离能力验证试飞的演示准则如下。

A. 从达到 96%实际离地速度的点到离地点，飞机的俯仰姿态必须在尾部擦地姿态的5%以内(以度计)。

B. 在上述的 96%～100%实际离地速度的速度范围内，飞机尾部下表面必须达到实际接触跑道。业已证明，试验时飞机在此速度范围内大约 50%时间接触地面是可接受的。

C. 自离地点到 10.7m(35ft)高度处，飞机的俯仰姿态不得减小或者速度的增加不大于10%。

D. 飞机应处于按第 25.107 条(d)规定的临界推重比状态，但全部发动机都工作。

5)试验结果

试验结果包括试验构型的描述，试验时所安装的测试仪器，试验结果及其讨论。例如，综合数据表，校正空速、尾橇触地、油液减震支柱位置以及俯仰角等的时间历程曲线 飞机位置(如姿态相机系统数据)的时间历程曲线。

3. 正常性能起飞

1)相关条款

第 25.105 条 起飞

第 25.107 条 起飞速度

第 25.111 条 起飞航迹

第 25.113 条 起飞距离和起飞滑跑距离

第 25.115 条 起飞飞行航迹

第 25.121 条 爬升：单发停车

内容参见 3.2 节。

2)试验目的

测定起飞速度预定值以及拉起参数值所需要的增量速度和时间数据。

3)试验程序

针对整个重量-高度-温度范围内(由推重比表示)、所有起飞襟翼位置、全发工作与单发停车的各种组合，确定用于计算起飞速度和拉起距离(从抬前轮到 35ft 高度)的标准参数。

在每一起飞襟翼位置，全发工作与单发停车需要各进行 3 次起飞(总共 6 次)。对于每种发动机情况和每一襟翼位置，在最低推重比状态(相应于第二段爬升限制)至少要进行 1 次起飞。飞机重心也应该尽可能保持接近于前限，并且使用正常的安定面配平。

到达抬前轮速度时，按正常使用时规定的速率使飞机正常抬前轮。当已建立起正爬升率时，开始收起落架。飞机以两个飞行员都可接受的姿态飞到 35ft 高度。为了计算出第一段终端(按起落架收上确定)的高度，试验状态要一直保持到起落架完全收上。如果飞行员的定性评论，以及机上计算出的数据表明达到了期望的目标速度和抬前轮速率，则认为此次起飞的试验状态是可接受的。

如果风是稳定的，则在风速不大于 10kn 或侧风不大于 5kn 情况下，都可以进行起飞。

4)试验结果

试验结果包括试验构型的叙述、安装的测试仪器和结果的讨论。综合所得到的试验数据应包含，试验用的机场和跑道、完成起飞的飞行员、测风站的数据、襟翼和安定面的位置、离地时的总重和重心、离地时的推力和推重比，相应于松刹车、发动机关车、抬前轮、离地及35ft高度时的空速，每个状态飞机位置的时间历程曲线。

4. 抬前轮速度

1) 适航要求

第25.107条“起飞速度”(e)(1)与(2)，参见3.2.2节。

2) 试验目的

确定满足第25.107条(e)(1)与(2)要求的，全发工作与单发停车情况下的抬前轮速度目标值。

3) 试验状态

重量：最大起飞重量到轻重量。

重心：前重心。

推力：分别在全发工作和单发停车情况下，以不同的推重比(P/W)进行试验。

形态：起飞形态(襟翼放下，起落架放下)。

高度：机场高度。

4) 试验程序

对于每一襟翼位置，在从单发停车情况下满足第二段爬升梯度要求所需的最小推重比到实际上能够达到的最大推重比的整个范围内，至少要进行3次抬前轮起飞。对于这些试验，按照模拟低推重比的需要而对称减小所有发动机的推力。根据 V_{MU} 的试验结果以及最小允许离地速度和抬前轮速度之间预期的速度增量，求出一个目标抬前轮速度。飞机重心应该尽可能保持在接近重心前限，并且应使用正常的安定面配平位置。

试验只需要测量抬前轮速度以及由它所得到的离地速度，在飞机确切地离地之后就可以终止试验状态。

5) 试验结果

同正常性能起飞。

5. 与抬前轮速度相关的起飞误操作

1) 适航要求

第25.107条“起飞速度”(e)(3)与(4)，参见3.2.2节。

2) 试验目的

在确定了正常起飞性能之后，需要进行附加试验，表明不遵循正常起飞速度预定值和程序时，预定的起飞距离和操纵特性是可接受的。

3) 试验状态

重量：最大起飞重量到轻重量。

重心：前重心。

推力：分别在全发工作和单发停车情况下，以不同的推重比(P/W)进行试验。

形态：起飞形态(襟翼放下，起落架放下)。

高度：机场高度。

速度：V_R 低5kn(单发停车)，V_R 低7%或10kn(两者之中较小者)(全发工作)。

4) 试验程序

除了下面一些变化，与正常性能起飞的试验程序基本相同：对所选择的起飞襟翼位置及发动机状态，以最小推重比（按照第二段爬升的限制）进行 1 次起飞；以尽可能接近前极限的重心及正常的安定面配平进行试验。

由飞行员对操纵特性进行评价，如果飞机干净利索地离地和飞离，且不出现任何抖动，则认为操纵特性是可接受的。飞行员必须使用与所用预定起飞速度相应的正常抬前轮和拉起技术，通常认为尾部或尾橇触地是不可接受的。

（1）单发停车。

在比预定 V_R 低 15kn 速度时关闭预定的发动机，然后以比预定 V_R 低 5kn 的目标速度抬前轮。如果比预定 V_R 低 5kn 的速度低于 V_{MCG}，改用 V_{MCG}。

（2）全发工作。

以比预定 V_R 低 7%或 10kn（两者之中较小者）的一个目标速度抬前轮。

5）试验结果

同正常性能起飞。

6. 中断起飞

1）适航要求

第 25.109 条“加速-停止距离”(a)，参见 3.2.2 节。

2）试验目的

确定飞机在起飞决断速度（V_1）时中断起飞，完全停止所需要的距离，表明与适航条款的符合性。为计算飞行手册场长的平均刹车系数和典型过渡时间提供数据。

3）试验状态

重量：最大起飞重量到轻重量。

重心：最临界重心位置（前重心）。

襟翼：起飞位置。

推力：两种工作状态，单发在 V_{EF} 失效的中断起飞；全发在 $V=V_1+\Delta V$（2s 的速度增量）上减速的中断起飞。工作发动机起飞推力到发动机慢车推力，慢车推力设定为申请人推荐值的上限或者在数据分析中计及最大慢车推力影响。

轮胎压力：滑行前和冷轮胎情况下，取对应于申请合格审定的起飞重量的最高值。

4）试验程序

试验过程中需要确定从发动机失效到飞行员判明失效的过渡时间，以及飞行员必须完成的各个步骤——使用刹车、其余发动机收到慢车和使用扰流板等之间所需要的时间。假定防滑装置工作，通常的试验程序如下

（1）飞机加速到目标速度 V_{EF}。

（2）将关键发动机停车。

（3）飞行员执行以下操作。

A. 应用刹车。

B. 把其余发动机收到慢车；

C. 应用扰流板。

（4）将飞机停止。

总过渡时间是（2）和（3）之间的时间。目标速度 V_1 的确定取决于试验状态是仅确定刹车

的刹车系数，还是确定刹车能量和刹车系数。进行刹车能量试验的目的是，确定被试验的刹车、机轮和轮胎所能吸收的最大能量。

在防滑装置不工作情况下进行试验时，在(3)中先做B和C，然后实施刹车。

应至少进行6次试验。

5)试验结果

试验结果包括需要的过渡时间和中断起飞各段距离。过渡时间指发动机失效到判明失效的滞后时间及飞行员操作各种减速装置所需时间之和。

4.2.3 着陆性能

1. 适航要求

CCAR-25-R4在第25.125条“着陆”中规定：

(a)必须按下列条件确定(按标准温度，在申请人为该飞机制定的飞机使用范围内每一重量、高度和风的条件下)从高于着陆表面15米(50英尺)到飞机着陆至完全停止所需的水平距离：

(1)在非结冰条件下；

(2)在结冰条件下，带有附录C定义的着陆冰积聚，如果结冰条件下的V_{REF}超过非结冰条件下的最大着陆重量所对应的V_{REF} 5节以上，

(b)确定本条(a)的距离时：

(1)飞机必须处于着陆形态；

(2)以不小于V_{REF}的校正空速稳定进场到15米(50英尺)的高度。

(i)在非结冰条件下，V_{REF}不得小于：

(A) $1.23V_{SRO}$；

(B)按25.149条“最小操纵速度”(f)确定V_{MCL}；

(C)提供第25.143条“总则(操纵性和机动性)”(h)规定的机动能力的速度；

(ii)在结冰条件下，V_{REF}不得少于：

(A)本条(b)(2)(i)所规定的速度；

(B)在附录C所规定的着陆冰积聚条件下，如果1.23 V_{SRO}大于非结冰条件下的V_{REF} 5节以上则取1.23 V_{SRO}；和

(C)在附录C所规定的着陆冰积聚条件下，能保证第25.143条(h)规定的机动能力的速度。

(3)必须按照所制定的使用操作程序改变形态，功率(推力)和速度；

(4)着陆时应避免过大的垂直加速度，无弹跳、前翻、地面打转、海豚运动和水面打转的趋势；

(5)着陆时不得要求特殊的驾驶技巧或机敏；

(c)陆上飞机和水陆两用飞机的着陆距离必须在水平、平整、干燥、并有硬质道面的跑道上确定。而且：

(1)机轮刹车系统的压力不得超过刹车装置制造商所规定的值；

(2)不得以造成刹车或轮胎过度磨损的方式使用刹车；和

(3) 可以使用除机轮刹车以外符合下列条件的其他方式：

(i) 安全和可靠；

(ii) 使用时能在服役中获得始终一致的效果；和

(iii) 操纵飞机不需要特殊的技巧。

(d) 着陆距离数据必须按照沿着陆航迹不大于逆风分量的 50%，和沿着陆航迹不小于顺风分量的 150%进行修正。

2. 试验目的

测定着陆场长与使用限制，表明符合适航条款的要求，为计算飞行手册中的场长和使用限制提供数据。

3. 试验状态

重量：最大着陆重量到最小着陆重量。

重心：前重心。

襟翼：着陆位置。

起落架：放下。

发动机：慢车状态。

高度：场高加 450m(1500ft)。

速度：1.23V_{SRO}(在 15m 高处)。

4. 试验程序

(1) 用申请合格审定的每种形态(防滑装置接通或断开、自动刹车接通或断开等)进行 6 次着陆试验。试验应包括小于最大着陆重量的整个使用重量范围，应当以前重心位置完成这些试验。

(2) 在到达距离着陆表面 15m(50ft) 高度之前，应当有足够的时间来保持下滑道坡度为 –3°、指示空速为 V_{REF} 的稳定进场，以模拟用这个速度连续进场。在这段时间里，功率、姿态或下降率都不应该有明显变化。

(3) 在高度低于 15m(50ft) 后，不应利用纵向操纵使飞机低头，并且除功率减小之外形态不应当有变化。

(4) 在接地时，最大下降率一般为 1.83m/s (6ft/s)。

(5) 接地后油门杆应收到空转，并且应尽可能早地使用机轮刹车和减速板。

试验程序应当与飞行手册中所规定的一致。任何一个明显偏离所规定要求的情况是不可接受的。试验之间必须允许有足够的时间以使刹车和机轮冷却。

5. 试验结果

进场速度、接地速度、刹车压力、刹车速度、飞机重量和重心、环境温度、机场高度、风速和风向、地速、飞行航迹的时间历程以及着陆距离、重量与时间历程。

4.2.4　低速和爬升性能

1. 相关条款

第 25.111 条　起飞航迹

第 25.115 条　起飞飞行航迹

第 25.117 条　爬升：总则

第 25.119 条　着陆爬升：全发工作

第 25.121 条　爬升：单发停车

第 25.123 条　航路飞行航迹

内容参见 3.1 节和 3.2 节。

2. 试验目的

测定适航规定飞机形态的最小爬升梯度，表明符合性，为编制飞行手册提供最小爬升梯度和越障高度的数据。

3. 试验程序

适航标准要求，为合格审定飞机所确定的飞行限制范围内，在每一重量、高度和外界温度下都应表明爬升性能的符合性。由于喷气运输机飞行的重量、高度和温度范围很大，对每种可能条件都要通过飞行试验采集爬升数据来表明符合性是不现实的。一种代替的方法是，利用低速阻力极线和偏航阻力增量计算出来的爬升性能表明其符合性。

为了预测爬升性能，必须知道所规定的爬升构型下的飞机阻力系数。针对对称推力爬升，可以用全发工作状态的阻力极线，确定爬升升力系数时的飞机阻力系数；为预测非对称推力(单发停车)爬升时的爬升性能，必须知道附加的阻力增量即偏航阻力增量。偏航阻力定义如下：在非对称推力条件下保持飞机航向所需要的操纵面偏转而引起的阻力增量。因此预测爬升性能需要进行试验，确定每个标准襟翼位置的低速对称推力的阻力极线以及与整个非对称推力状态范围有关的偏航阻力增量。然后完成附加试验，得到有限的实际飞行中的爬升数据，以此验证预测结果。

1) 低速阻力

通过利用保持希望的空速和高度所需对称推力和配平位置使飞机稳定在机翼水平飞行状态来实施低速阻力极线试验。保持推力和配平不变，速度稳定后记录至少 3min 或高度变化 300m(1000ft)的数据，以先达到为准。对于每一个稳定段，至少需要测量：速度、高度、温度、俯仰姿态角、飞行重量、重心、发动机转速与时间的历程曲线。

要试验的飞机构型应当包括全部标准襟翼位置，即起飞、航路、进场和着陆形态。试验应为 5000～15000ft 的高度上实施。空速应为对应某些 C_L 值的空速，这些值包括对于正在飞行的构型所预计的爬升升力系数 C_L。

2) 偏航阻力

偏航阻力试验的目的是，识别偏航阻力和偏航力矩系数(C_N)之间的关系。实施偏航阻力的试验程序与低速阻力试验程序类似。其主要差异在于，要以达到目标 C_N 值所需要的非对称推力进行飞行。

偏航阻力的试验方法是，令速度和 C_N 保持稳定，并保持推力和配平不变的情况下采集约 3min 的数据。通常，通过切断预定发动机的燃油，并调整其余发动机的推力以获得要求的 C_N 和速度从而建立飞行状态。

3) 爬升检验

因为检验爬升试验所利用的速度直到大部分性能试验完成之后才能确定，通常在合格审定试飞接近结束时才进行此类试验。按预定的大纲，仅以起飞和航路形态实施检验爬升就足够了。以最不利的重心位置相应于每一种形态的重量和高度来实施这些试验。

在考虑起飞和飞到试验区域所消耗的燃油之后，尽可能以接近最大起飞重量的重量进行起飞爬升检验。在预定发动机停车，其余发动机处于起飞推力的情况下，将飞机配平在 V_2 上开始爬升。在机翼近似保持水平情况下，至少要获取 3min 的稳定数据。

在较高高度和工作发动机用最大连续推力状态情况下，以同样的方法进行航路爬升检验。

必要时用相应于进场构型的襟翼位置，以类似于起飞爬升检验的方式进行进场爬升检验，用全部发动机在起飞推力工作状态进行着陆爬升检验。

爬升检验应该在稳定的大气条件下进行。试验期间应监测对全部发动机处于工作的性能和偏航阻力所讨论的那些稳定性参数（M 数、大气温度、高度、航向、地速和能量高度），这些参数随时间变化应近似为常数。

4. 试验结果

利用低速阻力极线和偏航阻力增量计算出来的爬升性能数据，以及演示爬升测定的数据，演示结果应等于或者优于计算结果。

4.3 操纵性和机动性

4.3.1 （操纵性和机动性）总则

1. 适航要求

CCAR-25-R4 在第 25.143 条“（操纵性和机动性）总则”中规定：

(a) 在下述过程中，飞机必须可以安全地操纵并可以安全地进行机动：

(1) 起飞；

(2) 爬升；

(3) 平飞；

(4) 下降；

(5) 着陆。

(b) 必须能从一种飞行状态平稳地过渡到任何其他飞行状态，而不需要特殊的驾驶技巧、机敏或体力，并且在任何可能的使用条件下没有超过飞机限制载荷系数的危险，这些使用条件包括：

(1) 临界发动机突然失效；

(2) 形态改变，包括打开或收起减速装置。

(c) 在附录 C 中规定的飞行各阶段的临界结冰条件下，必须表明飞机在下列条件下有足够的安全操纵性能和机动能力，并且临界发动机不工作：

(1) 起飞最小 V_2；

(2) 在进场和复飞过程中；和

(3) 进场和着陆过程中；

(d) 在本条 (a) 到 (c) 所需的试验中，对于常规盘式操纵，下表规定所允许的最大操纵力：

施加在驾驶盘或方向舵脚蹬上的力，以牛(公斤；磅)计	俯仰	滚转	偏航
短时作用(双手)	333(34；75)	222(23；50)	
短时作用(单手)	222(23；50)	111(11；25)	
短时作用			667(68；150)
持久作用	44(5；10)	22(2；5)	89(9；20)

(e)当演示本条(d)所规定短时操纵力限制的符合性时，必须遵循经批准的操作程序或常规的操作方法(包括在前一个定常飞行状态尽可能地接近配平，但起飞时飞机必须按经批准的操作程序配平)。

(f)当演示本条(d)所规定持久操纵力限制的符合性时，飞机必须配平，或尽可能接近配平。

(g)在恒定空速或马赫数(直至 V_{FC}/M_{FC})机动飞行时，杆力和杆力梯度相对于机动载荷系数必须处于满意的限制条件之内。飞机机动飞行时，杆力必须不得有过度的飞行员体力要求，也不得太低致使飞机可能轻易无意地进入超应力状态。随载荷系数变化出现的梯度变化必须不得引起保持飞机操纵的过度困难，以及局部梯度不得太低导致过度操纵的危险。

(h)前重心情况下恒速协调转弯时的机动性，如下表所示，不得出现失速警告或其他可能干扰正常机动的特性：

形态	速度	协调转弯中的机动飞行坡度角	推力功率设置
起飞	V_2	30°	不对称 WAT 限制*
起飞	** V_2+XX	40°	全发工作爬升***
航路	V_{FTO}	40°	不对称 WAT 限制*
着陆	V_{REF}	40°	对于–3° 航迹角的对称

* 使得推力或功率设置产生在该飞行条件下第 25.121 条规定的最小爬升梯度的重量、高度和温度(WAT)的组合；

** 全发工作初始爬升中的批准空速；

*** 在临界发动机失效以及机组没有采取措施调整其余发动机推力或功率的情况下，该推力或功率设置可能导致为在 V_2 时下起飞条件规定的推力或功率，或者被用于全发工作初始爬升程序的较小的推力或功率设置

(i)演示结冰条件下第 25.143 条的符合性时：

(1)必须用附录 C 中规定的特定飞行阶段最临界的冰积聚演示可操纵性；

(2)必须表明，在推杆使飞机低头到过载为零或由升降舵或飞控系统的其他设计特点限制所能产生的最小过载系数的全过程中需要一定的推杆力。必须表明能够用不超过 23 公斤(50 磅)的拉力即可迅速从该机动中恢复过来；和

(3)除非杆力的变化是逐渐的和易于控制的，并且不需要特别的技巧、机敏或体力，随着侧滑角不断增加，飞行员通过俯仰操纵保持速度时杆力必须是稳定增加的，不出现杆力反逆现象。

(j)在结冰条件下飞行时，在防冰系统开启并执行其预期功能之前，采用以下要求：

(1) 如果该防冰系统的开启取决于飞行员看到参考表面上规定的冰积聚(并不是刚刚开始结冰)，则第 25.143 条的要求适用于附录 C 第Ⅱ部分(e)所定义的冰积聚；

(2) 如果用其他方式启动防冰系统，则必须用附录 C 第Ⅱ部分(e)所规定的冰积聚在飞行中演示：

(i) 在直至 1.5g 过载系数的拉起机动中飞机是可操纵的；和

(ii) 在直至 0.5g 过载系数的推杆机动中不出现俯仰操纵力反逆。

2. 验证技术

该条的验证主要依靠在飞行试验过程中飞行员的定性评估。应该在从一个飞行状态过渡到另一个飞行状态的变化过程中和机动飞行中评价所需要的操纵力和飞机的响应。所需要的操纵力应该与每一个被评价的飞行状态相协调，例如，在着陆进场期间，操纵力应该是轻的，飞机响应灵敏，以便用最小的工作负荷就可以完成飞行航迹的调整。在巡航飞行期间，操纵力和飞机的响应应该使无意中的操纵输入不会引起超过结构限制或产生不希望有的机动。应该在加速飞行中评价操纵力，以保证随着法向加速度的增加确定要施加拉杆力。在限制载荷系数上，操纵力应足够大，以防止无意地偏离而超过设计限制。如果在 CCAR-25-R4 其他条款中没有包括的话，应该在任何飞行状态或在认为是临界的任何形态下研究发动机突然失效的反应。应该测量认为是过度的操纵力，以便表明与第 25.143 条(c)“驾驶员的体力”限制的符合性。应该给出相应情况下改出动作的时间延迟容差。

4.3.2 纵向操纵性和机动性

1. 适航要求

第 25.145 条“纵向操纵”，参见 3.3.3 节。

2. 试验目的

演示设计使用包线范围内，飞机所有形态的纵向操纵性和机动特性，表明对适航条款的符合性。

3. 第 25.145 条(a)

1) 试验状态

重量：最大起飞重量(对应襟翼收上时)和最大着陆重量(对应襟翼放下到最大着陆位置)。

重心：后重心。

配平：1.13V_{SR}～1.3V_{SR}。

襟翼：收上和放下到最大着陆位置。

起落架：放下。

发动机：慢车和最大连续状态。

高度：第 25.21 条(c)规定的任一高度，如 3000m。

2) 试验程序

以发动机停车和最大连续推力及襟翼在全放下和全收起形态进行推杆机动飞机。必须研究总重和重心位置的最关键的组合。对通常的运输类飞机，以下装载可典型地满足这种要求。

(1)襟翼收起、最大起飞重量、重心后极限。

(2)襟翼放下、最大着陆重量、重心后极限。

按第 25.103 条(b)(6)失速试验选择的速度初始配平飞机。然后用升降舵操纵连续地获得较低速度，不重新配平。当飞机在预定的速度上稳定下来时，使机头下俯。速度增加的速率应该足以使飞机迅速地回到配平点。失速特性试验所得的数据可以用来评价失速时的这一状态。

4. 第 25.145 条(b)(1)

1)试验状态

重量：最大着陆重量。

重心：临界位置。

配平：$1.3V_{SR1}$。

襟翼：收上。

起落架：放下。

发动机：慢车状态。

高度：第 25.21 条(c)规定的任一高度，如 3000m。

2)试验程序

起落架放下，飞机以最大着陆重量和最临界的重心位置演示襟翼迅速放下过程中的操纵性。按照惯例，都要对重心前后极限作出评价。机翼襟翼收起，全部发动机在慢车推力状态，飞机配平于 $1.3V_{SR1}$，襟翼应以尽可能快的速率放下到最大着陆位置，不进行重新配平。同时，在整个机动过程中速度大约保持在襟翼每一瞬时位置失速速度的 1.3 倍。在整个机动过程中，操纵力应不超过 222N(23kg • f；50lb • f)。

5. 第 25.145 条(b)(2)和(3)

1)试验状态

重量：最大着陆重量。

重心：临界位置。

配平：$1.3V_{SR1}$。

襟翼：最大着陆位置。

起落架：放下。

发动机：慢车和复飞状态。

高度：第 25.21 条(c)规定的任一高度，如 3000m。

2)试验程序

第 25.145 条(b)(2)的程序，除襟翼从最大着陆位置以尽可能快的速率收起外，与第 25.145 条(b)(1)相同。

第 25.145 条(b)(3)的程序，除发动机处于复飞功率(推力)状态外，与第 25.145 条(b)(2)相同。

6. 第 25.145 条(b)(4)和(5)

1)试验状态

重量：最大着陆重量。

重心：临界位置。

配平：$1.3V_{SR1}$。

襟翼：收上和放下到最大着陆位置。

起落架：放下。

发动机：慢车状态。

高度：第 25.21 条(c)规定的任一高度，如 3000m。

2)试验程序

飞机以最大着陆重量和最临界的重心位置(运输类飞机典型地取重心后限)，于 $1.3V_{SR1}$ 配平，演示突然施加复飞设置功率(推力)过程中的操纵性，并同时保持初始的配平速度，不重新配平，分别以襟翼收上和放下两种情况执行该机动飞行，在整个机动过程中，纵向操纵力不应超过 222N(23kg · f；50lb · f)。

7. 第 25.145 条(b)(6)

1)试验状态

重量：最大着陆重量。

重心：前重心。

配平：$1.3V_{SR1}$。

襟翼：放下到最大着陆位置。

起落架：放下。

发动机：慢车状态。

高度：第 25.21 条(c)规定的任一高度，如 3000m。

2)试验程序

飞机以最大着陆重量和和重心前极限位置，于 $1.3V_{SR1}$ 配平，然后用升降舵操纵减速到 V_{SW} 至 $1.6V_{SR1}$ 或 V_{FE}(取小者)之间，不重新配平，在整个机动过程中，纵向操纵力不应超过 222N(23kg · f；50lb · f)。根据第 25.175 条(d)中规定的前重心着陆形态纵向静稳定性试验得到的数据可用来表明与该要求的符合性。

8. 第 25.145 条(c)

1)试验状态

重量：最大着陆重量。

重心：临界位置。

配平：$1.3V_{SR1}$。

襟翼：放下到最大着陆位置和预定位置。

起落架：放下。

发动机：保持 $1.3V_{SR1}$ 配平速度平飞的状态。

高度：反映飞机将使用的机场标高特征的高度。

2)试验程序

飞机以着陆重量与高度的最临界组合及最临界的重心位置上，使飞机在所规定的配平速度上平飞，襟翼收回到完全收上位置或相邻近的一个控制位置，同时发动机使用飞行中的起飞动力，根据需要使用升降舵防止高度损失。在该机动飞行过程中，允许重新配平。

如果增升装置的操纵是分级限定的，允许分级操纵，直到襟翼完全收起。

一般采用转弯演示机动特性。飞机应处于重量和重心位置的最临界的组合（通常是大重量和后重心）。要评价代表典型使用形态特征的起落架和襟翼位置的组合。初始配平飞机到松手，在与使用襟翼和起落架形态相一致的高度和速度上完成机动飞行。接着平稳地进入协调转弯并缓慢地使倾斜角变大，不进行重新配平，同时用改变高度来保持速度。倾斜角一直增加到因抖动、升降舵效能或结构因素限制。必须能够平稳地进入和改出该机动飞行，并且在该机动飞行过程中操纵倾斜角没有遇到不可操纵的俯仰振荡和不可接受的大的或小的杆力。

9. 试验结果

试验结果为每种机动飞行期间，升降舵偏角与杆力、襟翼偏角、空速、高度等参数的时间历程图。

4.3.3 航向和横向操纵

1. 适航要求

第 25.147 条“航向和横向操纵”，参见 3.3.5 节。

2. 航向操纵

1) 试验目的

演示在所有形态和使用包线范围内的飞机航向操纵特性，表明对适航条款的符合性。

2) 试验状态

重量：最大着陆重量。

重心：临界位置。

配平：$1.3V_{SR1}$。

襟翼：放下到进场位置。

起落架：收上。

发动机：保持 $1.3V_{SR1}$ 配平速度平飞的状态，但小于最大连续状态。

偏航增稳器：工作和断开（如果适用）。

3) 试验程序

临界发动机停车，其余发动机处于最大连续功率（推力）状态，以 $1.3V_{SR1}$ 配平飞机。实施状态是，最大着陆重量和最不利的重心，襟翼在进场位置、起落架收起。合理地突然向左和向右改变航向并以副翼保持机翼近似水平状态来演示，直到航向改变达到 15° 或方向舵操纵力 667N（68kg · f，150lb · f）。在此机动过程中，飞机应是可操纵的且无危险的特性。

4) 试验结果

大多数评定取决于飞行员对有关条款的定性判断，从试飞仪器获得的数据仅起证实作用，与飞行员的判断相比是次要的。

飞行员根据产生 15° 航向变化或脚蹬力 667N 的突然方向舵操纵幅值所引起的航向响应，作出定性评价。为了验证定性分析，应给出最大航向变化角、方向舵脚踏力、倾斜角、偏航角速度等参数的时间历程图。

3. 横向操纵

1) 试验目的

演示在所有形态和使用包线范围内的横向操纵特性，表明对适航条款的符合性。

2) 第 25.147 条(c)

(1) 试验状态。

重量：最大起飞重量。

重心：最不利位置(后重心)。

配平：$1.3V_{SR1}$。

襟翼：最有利爬升位置。

起落架：收上和放下。

发动机：工作发动机处于最大连续状态。

偏航增稳器：工作和断开(如果适用)。

(2) 试验程序。

以预定发动机停车，剩余发动机以最大连续功率，在配平 $1.3V_{SR1}$ 飞机后，分别向停车发动机一侧和相反方向作 20° 坡度的转弯。在最大起飞重量和最不利的重心、襟翼在最有利爬升位置、起落架放下和收起的情况下完成这些机动飞行。

3) 第 25.147 条(d)

(1) 试验状态。

重量：最大起飞重量。

重心：最不利位置(后重心)。

襟翼：最临界起飞位置。

起落架：收上。

发动机：工作发动机处于最大连续状态。

偏航增稳器：工作和断开(如果适用)。

(2) 试验程序。

飞机配平，或尽可能接近配平，以 V_2 速度作水平直线飞行，建立稳定的 30° 坡度角转弯。演示验证飞机能在不大于 11s 时间内滚转至另一方向的 30° 坡度角。方向舵可用至使侧滑最小所需的程度。按最不利的方向演示验证该机动。该机动可不受抑制，即飞行员不必施加控制输入来制止滚转，直至达到 30° 坡度角之后。应注意防止在改出过程中出现过度侧滑和过大的坡度角。

4) 第 25.147 条(f)

(1) 试验状态。

所有形态和使用包线范围内。

(2) 试验程序。

全发工作时，飞机完成滚转机动飞行，评价从扰动中回复的滚转响应，扰动是由突风或进行规避机动引起的。完成正常飞行所需要的侧滑机动，确定有足够的横向操纵余量来完成横向机动和从突风中改出。在直到 V_{FC}/M_{FC} 的所有速度上，通过不需要过度的操纵力和操纵行程而具有充分安全恢复能力的演示，定性地评价横向操纵。

5) 试验结果

大多数评定取决于飞行员对有关条款的定性判断，从试飞仪器获得的数据仅起证实作用，与飞行员的判断相比是次要的。

在整个飞行包线范围内，由飞行员定性地评价如下特性：需用的操纵位移与可用操纵位移之比、需要的驾驶盘(杆)力及试验机动中给定操纵输入下的响应。为了验证定性分析，应给出操纵位移、驾驶盘(杆)力、滚转角速度、滚转角等参数的时间历程图。

4.3.4 最小操纵速度

1. 适航要求

第25.149条“最小操纵速度”，参见3.3.6节。

2. 空中最小操纵速度

1) 试验目的

确定空中最小操纵速度 V_{MCA} 并评定相关操纵特性，表明对适航条款的符合性。确定用于飞行手册计算的单发停车时的静偏航力矩系数(C_N)。

2) 试验状态

重量：海平面最大起飞重量(或验证 V_{MCA} 所需的任何较小的重量)。

重心：最不利位置。

配平：起飞状态配平。

起落架：收上。

发动机：最大可用起飞功率(推力)状态。

飞机：腾空后沿飞行航迹最临界的起飞形态，地面效应可忽略不计。

3) 试验程序

首先在非对称推力下，逐渐降低速度来静态地确定 V_{MCA}，直到最小操纵速度被确定。然后在起飞功率(推力)下，切断临界发动机的燃油进行动态 V_{MCA} 的演示。

V_{MCA} 试飞时，大的不对称推力在某些飞机上会引起方向舵和垂尾严重的气流分离，从而导致快滚机动。此外，若 V_{MCA} 试飞时的总重量太大，在达到 V_{MCA} 之前就会导致失速。这两种可能性表明试飞应在安全高度3000～4500m(10000～15000ft)开始，直到掌握 V_{MCA} 点附近飞机的操纵性，方可减小试飞高度至演示所需高度。

(1) 静态试飞程序。

确定临界的不工作发动机之后，使用第25.149条规定的飞机形态，在临界发动机不工作时，将其余发动机调整到最大起飞功率或推力；使飞机减速直到第25.149条(b)、(c)或(d)中所规定的其中一个限制因素。如果在批准的飞机使用包线内，最大功率或推力被维持到某个最小试飞速度，这个速度可作为飞机的 V_{MCA}。如果申请人选择 V_{MCA} 随高度和温度变化，则最小试飞速度和对应的推力可按等效 C_N 值进行换算。根据这个 C_N 值可以计算出 V_{MCA} 随起飞推力的变化。如果在试飞中不能达到最大起飞推力，则该 C_N 值可以用来计算最大起飞推力时的 V_{MCA}，将试飞推力值外推5%是可以接受的。如果试飞飞机的 V_{MCA} 接近于或小于 V_S，则可以考虑在更大的襟翼偏度进行试飞。但应注意到，更大的襟翼偏度可能产生欠保守的结果。在所有可能的使用重量下，如果 V_{MCA} 小于失速速度，则为表明符合要求的演示方法如下。

A. 使用方向舵的部分偏度进行静态 V_{MCA}，获得不对称推力偏航力矩(C_N)随方向舵偏度的变化关系。

B. 绘制 C_N 随操纵面偏度(横向和航向)变化的曲线图。应将这些曲线进行平滑，然后外推到最大操纵面偏度。绘制 C_N 随方向舵脚蹬力变化的曲线图，将曲线平滑延伸至脚蹬力 667N(68kg·f，150lb·f)。取三个状态中最极端的一个来确定最大的 C_N 值，以此来计算 V_{MCA}。

C. 外推范围应限制在偏航力矩系数的 5%以内，除非已进行了严格的分析以考虑全部稳定性和操纵性项目的影响。

D. 计算飞机在使用空重(OEW)和最大起飞襟翼位置时的失速速度，根据 C_N 并用最大不对称起飞推力来计算 V_{MCA}。如果计算得到 V_{MCA} 小于 V_S，那么飞机受失速限制，而 V_{MCA} 就不是限制因素。

(2) 动态试飞程序。

除了静态试飞外还应进行动态演示，以提供充分的证据证明所确定的速度也满足动态要求。所有发动机以最大连续功率(推力)工作，并突然关闭临界发动机来进行动态演示。飞机应尽可能恢复到以恒定的航向飞行，且不超过第 25.149 条(d)的要求。如果动态演示所用的推重比产生极度的机头上仰姿态(通常是大于 20°)，则应采用其他的演示方法。例如，在减小推力的情况下，采用要求的最小方向舵和副翼操纵，并在几个减小推力的状态中比较动态演示和静态演示之间所需要的操纵面偏度和操纵力。

如果用静态的方法已经表明 V_{MCA} 小于 V_S，动态演示可以在 $1.08V_{SR}$ 等几个速度上进行，并按照上述动态演示进行评定。

4) 试验结果

试验结果为航向和横向操纵特性时间历程曲线和表格，如副翼操纵力、方向舵脚蹬力、偏航角、滚转角、发动机推力等。

3. 地面最小操纵速度

1) 试验目的

确定地面最小操纵速度 V_{MCG} 并评定相关操纵特性，表明对适航条款的符合性。

2) 试验状态

重量：起飞重量范围内的最不利重量。

重心：最不利位置。

配平：起飞状态配平。

起落架：放下。

发动机：最大可用起飞功率(推力)状态。

飞机：每一种起飞形态，或者按申请人的选择，处于最临界的起飞形态。

3) 试验程序

V_{MCG} 试飞主要在起飞襟翼位置和最大可用起飞推力状态下进行。采用突然将油门收到慢车快态，确定目标 V_{MCG} 的方法来进行试验。在要求合格审定的最大不对称推力值下，至少应进行一次切断发动机燃油的试飞，以研究推力的迅速衰减情况。

试飞时，飞机处于起飞形态、起飞推力；以三点姿态使飞机加速到预计的发动机失效

速度 V_{EF}(比预期的 V_{MCG} 大 10kn)；在预计的 V_{EF} 时将一台临界发动机失效；从发动机失效开始，操纵相应的方向舵直到重新对准跑道。申请人可以选择进行正反航向试飞，或者用分析修正法来确定零侧风时的 V_{MCG}。

在确定 V_{MCG} 的过程中，对发动机失效的确认应仅仅通过飞行员的感觉或外界参照物来判断，除非安装有发动机失效警告装置。

应只用方向舵来完成飞机的操纵，且方向舵操纵力不超过 667N(68kg·f，150lb·f)。所有其他的操纵机构，如副翼和扰流器，应仅用来修正飞机的姿态变化和保持机翼水平状态。不允许使用这些操纵机构来补偿方向舵效率。

地面最小操纵速度应该考虑重量大的情况，在最重的重量下 V_{MCG} 将使飞机飞行手册中操作程序表的 V_1 减少。

试飞应该在后重心位置和不操纵前轮从而使前轮的稳定性作用减至最小的情况下进行。

4) 试验结果

试验结果为航向和横向操纵特性时间历程曲线；最小操纵速度、最大跑道横向偏离、发动机推力；用于设计、编制、调试起飞速度和机场长度图的数据。

4. 全发工作着陆进场期间的最小操纵速度

1) 试验目的

确定全发工作着陆进场期间的最小操纵速度 V_{MCL} 并评定相关操纵特性，表明对适航条款的符合性。

2) 试验状态

重量：最不利重量，或申请人如有选择作为重量的函数。

重心：最不利位置。

配平：全发工作的进场状态配平。

发动机：工作发动机在复飞设置功率(推力)状态。

飞机：全发工作进场和着陆的最临界形态，或申请人如有选择则为所选取的每一形态。

3) 试验程序

发动机失效时的初始功率状态应是最大可用起飞推力，V_{MCA} 试飞程序可以用来确定 V_{MCL}，但襟翼位置和配平调定值应对应于为证明与第 25.121 条(d)相符合而使用的最大进场襟翼位置。

4) 试验结果

试验结果为航向和横向操纵特性时间历程曲线和表格，如副翼操纵力、方向舵脚蹬力、偏航角、滚转角、发动机推力等。

4.4 配　　平

4.4.1 横-航向配平特性

1. 适航要求

CCAR-25-R4 在第 25.161 条“配平”中规定：

(a) 总则 飞机配平后，在飞行员或自动驾驶仪对主操纵装置或其相应的配平操纵装置不再施力，并不再将其移动时，必须满足本条的配平要求。

(b) 横向和航向配平 在正常预期的运行(包括以 $1.3V_{SR1}$ 到 V_{MO}/M_{MO} 之间的任何速度运行)条件下，当重心在有关的使用限制范围内有最不利的横向移动时，飞机必须能维持横向和航向配平。

2. 试验内容

本试验一般采用非对称燃油载荷来控制横向重心的位置，通常与燃油箱校准以及能导致上述非对称载荷的发动机相容性试验一起进行。重心的横向位移采用横向不平衡力矩(单位为 N·m)来度量，不用相对于飞机中心线的距离来度量。

将飞机配平于 $1.3V_{SR1}$ 到 V_{MO}/M_{MO} 之间选择的速度，设定横-航向配平机构，使飞机可以松开操纵并可维持飞机原来姿态。此时推力(功率)为保持该选定速度的状态。纵向重心是任意的，除非存在临界纵向重心位置。

4.4.2 纵向配平

1. 适航要求

CCAR-25-R4 在第 25.161 条“配平”中规定：

(a) 总则 飞机配平后，在飞行员或自动驾驶仪对主操纵装置或其相应的配平操纵装置不再施力，并不再将其移动时，必须满足本条的配平要求。

(c) 纵向配平 在下述过程中飞机必须能维持纵向配平：

(1) 最大连续功率(推力)爬升，速度不大于 $1.3V_{SR1}$，起落架在收起位置，襟翼分别在：

(i) 收起位置；

(ii) 起飞位置。

(2) 无动力下滑，速度不大于 $1.3\ V_{SR1}$；或者在相应于 3° 下滑角的功率设置的适当重量和形态下，速度在正常范围内的进场；取两者最严重情况，起落架放下，襟翼分别在：

(i) 收起位置；和

(ii) 放下位置，且经批准的着陆重心位置和重量的最不利组合；

(3) 平飞，起落架和襟翼在收起位置，速度从 $1.3V_{SR1}$ 到 V_{MO}/M_{MO}，以及起落架在放下位置，速度从 $1.3V_{SR1}$ 至 V_{LE}。

2. 试验内容

1) 纵向爬升(第 25.161 条(c)(1))

在爬升状态中演示。最大着陆重量、重心前限、飞机配平于 $1.3V_{SR1}$，调整纵向配平偏度使飞机能松手保持原俯仰姿态飞行。此时发动机为最大连续功率(推力)，起落架收上，按起飞襟翼和干净外形两种状态进行演示。

2) 纵向无动力下滑(第 25.161 条(c)(2))

在下滑飞行状态下演示配平能力。最大着陆重量、重心前限(或更临界的重心位置)，$1.3V_{SR1}$ 配平速度，调整配平机构使飞机能松手保持原有的下滑状态。此时起落架放下，慢车推力，按襟翼为收上和放下两种状态演示。

3)纵向水平飞行(第25.161条(c)(3))

用两种形态演示：一是干净外形、较重的巡航重量、飞行配平于1.3V_{SR1}到V_{MO} / M_{MO}之间数个空速上；二是起落架放下、配平速度范围为1.3V_{SR1}～V_{LE}，推力处于维持相应配平速度的状态。如果有必要，则可用小角度俯冲来达到较高的空速。

4.4.3 三轴配平能力

1. 适航要求

CCAR-25-R4在第25.161条“配平”中规定：

(a)总则 飞机配平后，在飞行员或自动驾驶仪对主操纵装置或其相应的配平操纵装置不再施力，并不再将其移动时，必须满足本条的配平要求。

(d)纵向、航向和横向配平 在下列状态的爬升飞行过程中，飞机必须在1.3V_{SR1}能维持纵向、航向和横向配平(对于横向配平，坡度不得超过5°)：

(1)临界发动机停车；

(2)其余发动机处于最大连续功率(推力)状态；

(3)起落架和襟翼在收起位置。

2. 试验程序

三轴配平能力应在非对称推力爬升中演示。大重量、前重心、干净外形、使飞机三轴配平于1.3V_{SR1}上，实现稳定爬升、临界发动机为慢车推力，其余发动机为最大连续推力，最终倾侧角不超过5°。

4.4.4 试验结果

型号合格审定符合性报告所需的数据、曲线、图表，如操纵杆位置与杆力、操纵面位置、安定面位置与升力系数曲线等。

4.5 稳定性

4.5.1 通用要求

CCAR-25-R4在第25.171条“(稳定性)总则”中提出了第25.173～25.177条验证的通用要求如下：

飞机必须按照第25.173条至第25.177条的规定，是纵向、航向和横向稳定的。此外，如果试飞表明对安全运行有必要，则在服役中正常遇到的任何条件下，要求有合适的稳定性和操纵感觉(静稳定性)。

4.5.2 纵向静稳定性

1. 适航要求

1)第25.173条“纵向静稳定性”

参见3.3.1节。

2) 第 25.175 条“纵向静稳定性的演示”

CCAR-25-R4 在第 25.175 条“纵向静稳定性的演示”中规定：

必须按下列各项来表明纵向静稳定性：

(a) 爬升 飞机速度在下列状态速度的 85%～115%时，杆力-速度曲线均必须具有稳定的斜率：

(1) 飞机配平，其条件为：

(i) 襟翼在收起位置；

(ii) 起落架在收起位置；

(iii) 最大起飞重量；

(iv) 对于涡轮发动机，由申请人选为爬升期间使用限制的最大功率(推力)。

(2) 飞机配平在最佳爬升率速度，但此速度不必小于 $1.3V_{SR1}$。

(b) 巡航 在巡航状态，必须按下列各项来表明纵向静稳定性：

(1) 起落架收起作高速巡航时，在配平速度附近的下列速度范围内，杆力-速度曲线均必须具有稳定的斜率，该速度范围为：从自由回复速度带上下界分别扩展配平速度的 15%或 50 节，取大者(但该速度范围不必包括低于 $1.3V_{SR1}$ 和高于 V_{FC}/M_{FC} 的速度，也不必包括要求杆力超过 222 牛(23 公斤；50 磅) 的速度)。上述要求必须在下列条件下予以满足：

(i) 襟翼在收起位置；

(ii) 重心在最不利的位置(见第 25.27 条)；

(iii) 最大起飞重量与最大着陆重量之间最临界的重量；

(iv) 对于涡轮发动机，由申请人选为使用限制的最大巡航功率(推力)(见第 25 1521 条)，但此功率(推力)不必超过在 V_{MO}/M_{MO} 时所需的值；

(v) 飞机按本条(b)(1)(iv) 所需的功率(推力)作平飞配平。

(2) 起落架收起作低速巡航时，在配平速度附近的下列速度范围内杆力-速度曲线均必须具有稳定的斜率，该速度范围为：从自由回复速度带上下界分别扩展配平速度的 15%或 50 节，取大者(但该速度范围不必包括低于 $1.3V_{SR1}$，和高于本条(b)(1) 规定的速度范围中最小速度的速度，也不必包括要求杆力超过 222 牛(23 公斤；50 磅) 的速度)。上述要求必须在下列条件下予以满足：

(i) 本条(b)(1) 规定的襟翼位置，重心位置和重量；

(ii) 速度等于 $(V_{MO}+1.3\ V_{SR1})/2$ 平飞所需的功率(推力)；

(iii) 飞机按本条(b)(2)(ii) 所需功率(推力)作平飞配平。

(3) 起落架放下巡航时，在配平速度附近的下列速度范围内，杆力-速度曲线均必须具有稳定的斜率，该速度范围为：从自由回复速度带上下界分别扩展配平速度的 15%或 50 节，取大者(但该速度范围不必包括低于 $1.3V_{SR1}$ 和高于 V_{LE} 的速度，也不必包括要求杆力超过 222 牛(23 公斤；50 磅) 的速度)。上述要求必须在下列条件下予以满足：

(i) 本条(b)(1) 规定的襟翼位置，重心位置和重量；

(ii) 对于涡轮发动机，由申请人选为使用限制的最大巡航功率(推力)，但此功率(推力)不必超过以 V_{LE} 平飞所需的值；

(iii) 飞机按本条(b)(3)(ii) 所需的功率(推力)作平飞配平。

(c) 进场 速度在 V_{SW} 和 $1.7V_{SR1}$ 之间，在下列条件下，杆力-速度曲线均必须具有稳定的斜率；

(1)襟翼在进场位置；

(2)起落架在收起位置；

(3)最大着陆重量；

(4)飞机在 $1.3V_{SR1}$ 配平，具有足以在该速度维持平飞所需的功率(推力)。

(d)着陆 速度在 V_{SW} 和 $1.7V_{SR1}$ 之间，在下列条件下，杆力-速度曲线均必须具有稳定的斜率，并且杆力不得超过356牛(36公斤；80磅)：

(1)襟翼在着陆位置；

(2)起落架在放下位置；

(3)最大着陆重量；

(4)发动机在 $1.3V_{SRO}$ 配平：

(i)无功率(推力)；和

(ii)平飞功率(推力)。

(5)飞机按无功率(推力)在 $1.3V_{SRO}$ 配平。

2. 试验目的

演示在设计使用包线范围内、所有使用形态的飞机纵向静稳定特性。

3. 试验状态

1)爬升

重量：最大起飞重量。

重心：后重心。

配平：在最有利爬升速度或 $1.3V_{SR1}$(取两者中较大者)。

襟翼：收上。

起落架：收上。

发动机：最大使用爬升推力。

高度：较低的飞行高度，如1500m，以便能达到高的推力值。

飞机：试验速度范围在配平速度的85%～115%变化。

2)巡航

重量：最大起飞和着陆之间的最临界重量。

重心：最不利重心位置。

配平：配平速度根据表4-1“推力位置”栏内所确定的速度。

襟翼：收上。

起落架：起落架分别为收上和放下(根据不同的巡航飞行速度范围而定，见表4-1)。

发动机：推力设定见表4-1。

高度：对于高速巡航，通常取 M 数作为限制的高度范围；对于低速巡航通常取空速作为限制的高度范围。

飞机：试验速度范围是实际自由回复速度带的上、下界再加上配平速度的15%(但不小于50kn)，不需包括操纵力超过222N(50lb・f)或低于 $1.3V_{SR1}$ 的飞行速度。

表 4-1 巡航稳定性的推力位置和最大飞行速度

巡航位置	推力位置	最大飞行速度
起落架收起(高速)	最大巡航功率，但不必超过在 V_{MO}/M_{MO} 时所需值	V_{FC}/M_{FC}
起落架收起(低速)	速度等于(V_{MO}+1.3 V_{SR1})/2 平飞所需的功率	高速巡航的最低速度
起落架放下	最大巡航功率，但不必超过以 V_{LE} 平飞所需的值	V_{LE}

3)进场

重量：最大着陆重量。

重心：后重心。

配平：$1.3V_{SR1}$ 速度。

襟翼：进场位置。

起落架：收上。

发动机：在 $1.3V_{SR1}$ 维持平飞所需的功率(推力)。

高度：飞行高度取空速作为限制的高度范围，如 3000m。

飞机：速度为 V_{SW}～$1.7V_{SR1}$。

4)着陆

重量：最大着陆重量。

重心：后重心。

配平：按无功率(推力)在 $1.3V_{SRO}$ 配平。

襟翼：着陆位置。

起落架：放下。

发动机：发动机在 $1.3V_{SRO}$ 配平，分别为无功率(推力)和平飞功率(推力)。

高度：飞行高度取空速作为限制的高度范围，如 3000m。

飞机：速度为 V_{SW} ～$1.7V_{SR1}$。

4. 试验程序

(1)飞机在平稳的大气中配平。

(2)仅用升降舵使飞机减速，按 5～10kn 的速度变化量稳定飞机，并记下杆力和相应的速度。

(3)减速至速度范围内的端点后，评价操纵特性，然后逐渐放松操纵力，使飞机回复至配平，并记下最终稳定的速度。

(4)重复步骤(1)～ (3)，将飞机从配平加速至速度范围的端点。

(5)所获得的纵向操纵力试验点对空速绘成曲线图，以表明确实具有稳定梯度的纵向静稳定性。该曲线还应表示出原始配平点和两个回复到配平的点，以评价恢复到配平的特性。

(6)在试验中，改变速度会引起飞机高度的变化，与此相应会改变 M 数和输出的推力或功率。因此，对于整个机动过程，应允许有一个小的高度变化范围，此范围限制为±910m(±3000ft)。如果超出了此高度范围，则可以通过改变推力或功率调定值以及襟翼和起落架的位置使其回到原始配平高度，但不要改变配平的调定值，然后以飞机原先的形态，继续进行推杆或拉杆机动。

(7) 推杆和拉杆机动都要稍微超出所要求的速度范围，以保证所得到的数据至少能延伸到所要求的速度范围。

(8) 在每一个试验点保持力不变的同时，空速和瞬时的垂直速度以周期性的形式变化，这是长周期(沉浮)振荡的缘故，在试验数据进行平滑时要小心。由于沉浮振荡可能给这些数据点带来偏差，一种消除这种偏差合适的方法是在每一个数据点对这些振荡速度取平均值。对于要求平稳的大气条件的临界区域，平稳的大气条件可改善试验质量。

(9) 某些飞机机翼燃油在油箱隔室内和各隔室之间的晃动对稳定性的测试结果有影响。当产生俯仰运动时，燃油就会在油箱隔室内急速晃动，因此，应考虑在产生最大晃动时的燃油装载情况下进行试验，因为燃油晃动的影响通常是降低稳定性的。油箱隔室间燃油缓慢的晃动或者后油箱燃油消耗，会影响所测量的稳定性，但通常只与试验所需要的时间有关。在对所要求的杆力-速度斜率作出评价之前，应从数据中消除上述不稳定的因素。

5. 试验结果

以表格、时间历程图和综合图的形式给出的数据，如升降舵操纵力对飞行速度的曲线；飞行员的评价。

4.5.3 横向和航向静稳定性

1. 适航要求

第25.177条“横向和航向静稳定性”，参见3.3.2节。

2. 试验目的

演示在设计使用包线范围内、所有使用形态的飞机横向和航向静稳定特性。

3. 试验状态

重量：较大的总重，如着陆形态取最大着陆重量。

重心：后重心。

配平：在最有利爬升速度或 $1.3V_{SR1}$(取两者中较大者)。

发动机：保持平飞所需的推力。

高度：对应于每一种形态的低高度和最大高度。例如，对应收襟翼和收起落架的巡航形态，为了达到 V_{MO}/M_{MO} 和 V_{FC}/M_{FC} 的速度，试验在 M 数限制的各个高度上进行，对于放襟翼和放起落架的着陆形态，试验在较低的高度上进行，如3000m。

飞机：相协调的各种襟翼和起落架位置，以 $1.13V_{SR1}$ 至 V_{FE}、V_{LE} 或 V_{FC}/M_{FC} 的速度进行演示。

4. 试验程序

1) 航向静稳定性

飞机在预定的形态，稳定在所要求的配平速度，在用副翼保持机翼水平的同时，使用方向舵在两个方向使飞机缓慢地产生偏航。当方向舵放松时，飞机应该有回到直线飞行的趋势。

2) 横向静稳定性

飞机稳定在预定的形态和配平速度，用副翼使飞机倾斜，同时用方向舵操纵保持航向不变来建立定常直线侧滑飞行。当方向舵保持固定而放松副翼时，低机翼应有恢复到水平的趋势。起始的倾斜角推荐值不小于 10°。在试验中，不允许由飞行员使滚转操纵回到中立位置，可以通过测定松开副翼时飞机的滚转速率定量地表明横向静稳定性。

3) 定常直线侧滑

进行向左和向右两个方向的定常直线侧滑，记录副翼、方向舵的操纵力和偏度与侧滑角的关系。应试验到足够大的侧滑角，直到全偏方向舵或脚蹬力达到 800N (82kg · f，180lb · f)。当侧滑角在飞机使用范围内时，副翼、方向舵的操纵位移和操纵力必须与侧滑角成比例地增加，在更大的侧滑角不会出现“方向舵锁死”。

5. 试验结果

以表格、时间历程图和综合图的形式给出的数据，如偏航加速度、滚转加速度、操纵力和偏度等的时间历程图；飞行员的评价。

4.5.4 动稳定性

1. 适航要求

第 25.181 条“动稳定性”，参见 3.3.7 节。

2. 试验目的

演示与短周期振荡有关的飞机阻尼特性，包括主升降舵操纵松浮和固定情况；演示在设计使用包线范围内、所有使用形态的飞机横向和航向动稳定特性。

3. 纵向动稳定性

1) 试验状态

纵向动稳定性试验状态见表 4-2。

表 4-2　纵向动稳定性试验状态

飞行速度	配平速度*	高度	起落架/襟翼	总重	重心
巡航	$1.13V_{SR1}$ 到 V_{FC}/M_{FC}	高**	收上/收上	临界	后重心
	$1.13V_{SR1}$ 到 V_{FC}	低***	收上/收上	临界	后重心
进场	$1.13V_{SR1}$ 或 V_{FE}	进场	收上/进场	最大着陆	后或前重心
着陆	$1.13V_{SR1}$ 或 V_{FE}	进场	放下/着陆	最大着陆	后重心

*通常考虑端点配平速度和一个中间速度；

**最大使用高度；

***最低巡航高度

2) 试验程序

首先将飞机配平于非加速飞行状态，然后在机头上仰和下俯两个方向上，以一定的速率和幅度快速移动或脉冲操纵纵向操纵器来获得飞机的短周期俯仰响应。操纵松浮时激起振荡后立即松手，固持时尽快地使杆回到其配平位置。

大多数现代运输机具有全动力液压操纵系统，所以杆固定和杆松浮特性是相同的。

3) 试验结果

以表格、时间历程图和综合图的形式给出的数据，飞行员的评价。

4. 横航向动稳定性

1) 试验状态

在所有状态和形态下进行。如果动稳定性是临界的，重点要放在不利的机翼燃油装载形态。要对试验的高度、推力状态、重量和重心位置最临界的组合进行演示。

2) 试验程序

将飞机配平于松浮、机翼水平、非加速和无偏航飞行，然后迅速偏转方向舵或副翼激起荷兰滚振荡，该振荡应与飞机振荡响应同相位。荷兰滚振荡激起后迅速放松方向舵操纵，并观察产生的响应。

3) 试验结果

以表格、时间历程图和综合图的形式给出的数据，如偏航阻尼器、操纵杆位移与杆力、滚转角、倾斜角等；飞行员的评价。

4.6 地面操纵特性

4.6.1 纵向稳定性和操纵性

1. 适航要求

CCAR-25-R4 在第 25.231 条“纵向稳定性和操纵性”中规定：

(a) 陆上飞机在任何可合理预期的运行条件下，或者在着陆或起飞期间发生回跳时，不得有不可控制的前翻倾向。此外还要求：

(1) 机轮刹车工作必须柔和，不得引起任何过度的前翻倾向；

2. 试验目的

演示飞机在足以代表正常使用的粗糙跑道上的滑行特性。

3. 试验程序

应以预期运行中的各种正常速度、在正常工作条件下所可能遇到的光滑的和各种不同粗糙度的跑道上进行。

试验中应特别注意刹车。应研究地面机动时刹车的恰当性和刹车引起前倾翻的趋势。在强侧风和顺风情况下滑行时，通常会使不利的趋势加剧。

4. 试验结果

飞行员定性地评价操纵，即关于要求的操纵偏度与可用操纵相比较，所需要的驾驶杆(盘)力和在试验机动中对给定操纵输入的响应。为了证实这些定性分析，要以表格形式和时间历程轨迹图等方式给出数据，如风速、风向、空速、操纵位移与杆力等。

4.6.2 航向稳定性和操纵性

1. 适航要求

CCAR-25-R4 在第 25.233 条“航向稳定性和操纵性”中规定：

(a) 飞机在地面运行可预期的任何速度，在风速直到 20 节或 $0.2V_{SRO}$(取大者，但不必高于 25 节)的 90° 侧风中，不得有不可控制的地面打转倾向。这可在制定第 25.237 条要求的 90° 侧风分量时予以表明。

(b) 陆上飞机在以正常着陆速度作无动力着陆中必须有满意的操纵性，而不要求特殊的驾驶技巧或机敏，无需利用刹车或发动机动力来维持直线航迹。这可在结合其他试验一起进行的无动力着陆中予以表明。

(c) 飞机在滑行时必须有足够的航向操纵性。这可在结合其他试验一起进行的起飞前滑行的过程中予以表明。

2. 试验目的

演示飞机的地面操作特性和侧风起飞与着陆特性。

3. 试验状态

(1) 飞机的重量和重心处于从地面操纵观点来看是最不利的条件。

(2) 飞机在小风速到大风速时进行逆风、顺风和侧风滑行。

(3) 在所有批准的起飞和着陆形态下，进行一系列的顺风和逆风起飞和着陆。逆风着陆应在无动力下进行。

4. 试验方法

(1) 在 90° 侧风的情况下，风速直到 20kn 或 $0.2V_{SRO}$(取大者，但不必高于 25kn)，飞机在地面运行所预期的任何速度下不得有不可控制的地面打转趋势。可以在验证第 25.237 条“风速”要求的 90° 侧风分量时表明这一点。

(2) 在正常着陆速度，发动机停车时，陆上飞机必须具有满意的操纵性而不需要特殊的驾驶技巧和机敏，不需要用刹车或发动机功率来保持直线航行。可在和其他试验相结合进行无动力着陆时表明这一点。

(3) 在滑行时飞机必须有足够的航向操纵性。这一点可在结合其他试验一起进行的起飞前的滑行时予以表明。

5. 试验结果

飞行员定性地评价操纵，即关于要求的操纵偏度与可用操纵相比较，所需要的驾驶杆(盘)力和在试验机动中对给定操纵输入的响应。为了证实这些定性分析，要以表格形式和时间历程轨迹图等方式给出数据，如风速、风向、空速、操纵位移与杆力等。

4.6.3　滑行条件

1. 适航要求

CCAR-25-R4 在第 25.235 条“滑行条件”中规定：

当飞机在正常运行中可合理预期的最粗糙地面上滑行时，减震机构不得损伤飞机的结构。

2. 试验方法

在合理预期的最粗糙地面上滑行以检验减震机构在滑行、起飞和着陆时能否满意使用。必须提供演示时的地面粗糙度。

4.6.4　风速

1. 适航要求

CCAR-25-R4 在第 25.237 条“风速”中规定：

(a) 对于陆上飞机和水陆两用飞机，满足如下要求：

(1) 应制定在干跑道上对起飞和着陆演示是安全的 90° 侧风分量，该分量必须至少为 20 节或 $0.2V_{SRO}$(取大者，但不必超过 25 节)。

(2) 在结冰条件下，没有冰积聚情况下确定的起飞侧风分量是有效的；

(3) 必须为下列条件确定着陆时的侧风分量：

(i) 非结冰条件；和

(ii) 附录 C 中规定的着陆冰积聚的结冰条件。

2. 试验目的

演示飞机的地面操作特性和侧风起飞与着陆特性。

3. 试验状态

(1) 小重量和后重心(这是希望的，但允许灵活)。

(2) 正常的起飞着陆襟翼形态所推荐的程序。

(3) 正常使用反推力装置，应特别注意由于反推力装置的气流影响而引起的方向舵效率降低。

(4) 偏航阻尼器/转弯协调器的断开位置，视适当而用。

4. 试验方法

在至少为 20kn 或 $0.2V_{SRO}$(取大者，但不必超过 25kn) 的 90° 侧风分量情况下，进行 3 次起飞和 3 次着陆，至少有 1 次着陆要进行到完全停止。对于每一种试验情况，应由飞行员对飞机的操纵能力、杆力、飞机对侧向阵风(如有的话)的动态响应及总的操纵特性进行定性评价。飞机必须有满意的操纵性，而不要求特殊的飞行技巧和体力强度。取自惯性导航系统(INS)塔台或地面活动记录站的风力数据应修正为 90° 侧风分量和 10m 高度处的风力数据。

4.7 其他飞行要求

4.7.1 振动和抖振

1. 适航要求

CCAR-25-R4 在第 25.251 条“振动和抖振”中规定：

(a) 飞机必须通过飞行演示在任何很可能的运行情况下，都不会发生任何妨碍继续安全飞行的振动和抖振。

(b) 必须通过飞行演示飞机的每一部件，在不超过 V_{DF}/M_{DF} 的任何相应速度和动力条件下，不会发生过度的振动。必须使用验证过的最大速度来按第 25.1505 条的要求制定飞机的使用限制。

(c) 除本条 (d) 的规定外，在正常飞行中，包括巡航期间的形态变化，不得存在强烈程度足以干扰操纵飞机、引起空勤人员过度疲劳或引起结构损伤的抖振状态，在上述限度以内的失速警告抖振是允许的。

(d) 在速度直到 V_{MO}/M_{MO} 的直线飞行巡航形态，不得有可觉察的抖振，但失速警告抖振是允许的。

(e) 对于 M_D 大于 0.6 或最大使用高度超过 7600 米(25000 英尺)的飞机，必须按飞机申请审定的空速或马赫数、重量和高度范围，确定其巡航形态下发生可察觉抖振的正机动载荷系数。该载荷系数、速度、高度和重量的包线必须为正常运行提供足够的速度和载荷系数范围。可能发生的无意中对抖振边界的超越，不得导致不安全的状态。

2. 试验目的

确定在巡航形态下，初始抖动发生时飞机升力系数与 M 数组合的边界。根据该边界，制定飞行手册中的限制，表明在任何给定的飞机总重、高度和 M 数限制范围内，飞机能够按规定的法向加速度作机动飞行。

3. 试验方法

1) 抖振判据

经验表明，当用安装在飞行员座椅滑轨上的法向加速度计测得的振动幅值(峰值到峰值)到 $0.1g$ 时，通常定为发生了初始抖振“现象”。

2) 第 25.251 条(a)

对本条(a)，只要(b)、(c)、(d)、(e)满足，则(a)也就自动满足要求。

3) 第 25.251 条(b)

飞机应能以 V_{DF}/M_{DF} 的速度在多个高度上飞行，高度范围从实用的最大巡航高度到实际可能的最低高度。飞行试验从 V_{MO}/M_{MO} 的配平状态开始，推力不超过最大连续推力。飞机总重应是巡航状态下实际可达到的最大重量，重心等于或接近后限。在 V_{DF}/M_{DF} 上还应进行高阻力装置(扰流器和减速板)打开的试验，以及反推力装置(如设计时考虑使用)的试验，试验速度一直到它们的极限速度。

4) 第 25.251 条(c)

试飞时，飞机最大重量应与达到最大允许高度时的重量一致。

5) 第 25.251 条(d)

应用试飞表明，在巡航形态的直线飞行状态，速度直到 V_{MO}/M_{MO} 都不会出现可感觉到的抖振。试验应在运行中预期的最大巡航重量和最大巡航高度下进行。

6) 第 25.251 条(e)

要求巡航形态下载荷系数低于和超过初始抖振边界进行评定机动稳定性。由于这种形态机动的动态特性和据此建立的每 g 的杆力 F_s/g 关系通常使利用充分进入抖振的机动飞行试验数据来表明是否符合本条(e)很困难，但飞行员必须在这种情况下评价飞机的特性。

(1) 应按下面的准则评定飞机在重心后限时的特性。

A. 对于抖振开始点出现在 $+1g \sim +2g$ 的各种载荷系数时，所有各种重量和高度的组合，第 25.255 条(b)(1)和(2)的纵向操纵力(F_s)的特性适用于抖振开始前的情况。

B. 在 A 中，飞机不同的重量、高度、速度组合下，在载荷系数超过抖振开始的边界时，采用下述 F_s 的特性。

a. 除非抖振或其他现象(自然的、人工的或它们的组合)足够强，否则对飞机性能的评价应一直进行到能在 $+2.5g$ 附近完成改出的 g 值，上述种种现象均是抑制飞行员进一步施加纵向抬头操纵力的强烈和有效的因素[如第 25.201 条(d)(2)所指出的]，从而使飞机不会有超过限制载荷的危险[见第 25.143 条(b)]。

b. 任何俯仰倾向(无意操纵引起的载荷系数变化)应是柔和的和易于控制的。

c. 应有足够的操纵量供飞行员使用，不反向使用或仅用纵向主操纵就应实现从该载荷系数机动中迅速恢复到+1g飞行。

d. 飞机对纵向主操纵的俯仰响应应是飞行员能够预测的。

(2)经验表明，以最大 M 数及最大重量与最大高度组合条件进行的机动动作并不一定构成最严重的试验状态。抖振的固有特性是十分重要的，如缓慢增加或迅速增加的特性，以及抖振开始的 g 值等特性都具有同样的重要性。对低于 M_{MO} 的 M 数，抖振开始边界在+2g 附近有时会产生最严重的特性，应对足够广泛的试验状态进行评价。

4. 试验结果

综合状态表应提供每一点的时间、总重、重心、高度、法向过载因子、M 数以及升力系数等数据，最终结果表示为升力系数对 M 数的曲线；由失速试验获得的数据用来填补在曲线的低速一端。还应包括对任何值得注意的特性的评论以及结果简述。

4.7.2 高速特性

1. 适航要求

CCAR-25-R4 在第 25.253 条“高速特性”中规定：

(a)增速特性和速度恢复特性必须满足下列对增速特性和速度恢复特性的要求:

(1)很可能引起无意中增速(包括俯仰和滚转的颠倾)的运动状态和特性，必须用配平在直至 V_{MO}/M_{MO} 的任一很可能使用的巡航速度的飞机来模拟。这些运行状态和特性包括突风颠倾、无意的操纵动作、相对于操纵系统摩擦来说，较低的杆力梯度、旅客的走动、由爬升改为平飞以及由 M 数限制高度下降到空速限制高度。

(2)计及有效的固有或人为速度警告发出后飞行员作出反应的时间，必须表明在下述条件下能够恢复到正常的姿态，并且速度降低到 V_{MO}/M_{MO}:

(i)不需要特别大的驾驶杆力或特殊的技巧；

(ii)不超过 V_D/M_D，V_{DF}/M_{DF} 及各种结构限制；

(iii)不出现会削弱飞行员判读仪表或操纵飞机恢复正常的能力的抖振。

(3)飞机在不超过 V_{MO}/M_{MO} 的任一速度配平，在直到 V_{DF}/M_{DF} 的任一速度下，对绕任一轴的操纵输入不得有反逆响应。飞机的俯仰、横滚或偏航的倾向必须轻微，并可用正常驾驶技巧即刻控制。当飞机在 V_{MO}/M_{MO} 配平后，在大于 V_{FC}/M_{FC} 的速度下，升降舵操纵力相对速度的关系曲线斜率不一定要稳定，但是在直到 V_{DF}/M_{DF} 的所有速度下，必须为推力，而且在达到 V_{DF}/M_{DF} 时，升降舵的操纵力不得有突然或过度的减小。

(b)具有稳定性的最大速度 V_{FC}/M_{FC} V_{FC}/M_{FC} 是襟翼和起落架收起时，必须满足第 25.143 条(g)、第 25.147 条(e)、第 25.175 条(b)(1)、第 25.177 条和第 25.181 条要求的最大速度。除非第 25.253 条(c)中另有规定，该速度不得小于 V_{MO}/M_{MO} 和 V_{DF}/M_{DF} 的平均值，但在 M 数成为限制因素的高度，M_{FC} 不必超过发出有效速度警告的 M 数。

(c)结冰条件下具有稳定性的最大速度。在附录 C 所规定的冰积聚条件下具有稳定性的最大速度，应当满足第 25.143(g)条、第 25.147(e)条、第 25.175(b)(1)条、第 25.177 条和第 25.181 条的要求，取下列值中较小值:

(1) 校正空速 300 节;

(2) V_{FC}; 或

(3) 经演示由于动压的增加使机体不会产生冰积聚的速度。

2. 试验目的

评价高速时飞机的纵向、横向和机动稳定性与操纵性，演示与适航条款的符合性 必须在任何正常巡航速度，直到最大使用速度。

3. 验证方法

本条合格审定的飞行试验可以与第 25.175 条“纵向静稳定性的演示”、第 25.251 条“振动和抖振”、第 25.335 条“设计空速”、第 25.1303 条“飞行和导航仪表”、第 25.1505 条“最大使用限制速度”等条款的验证共同开展。

第 25.251 条、第 25.1505 条、第 25.335 条建立了确定极限速度 V_{MO}/M_{MO} 以及 V_{DF}/M_{DF} 的准则。本条则建立了确定高速时可接受的稳定性和操纵性准则。演示与本条合格审定准则符合性的原则是，应在直到包括 V_{MO}/M_{MO} 在内的最临界速度之下完成机动飞行。

应在 V_{MO}/M_{MO} 速度上演示俯仰扰动。偶然的操纵位移试验是通过前推升降舵驾驶杆直到载荷系数降到 0.5g 来实现的。在大约延迟 5s 之后开始改出，由此产生的载荷系数不能超过 1.5g。

除改出期间法向载荷系数不大于+1.5g(总)外，所用的改出程序应是申请人所选定的，且试验应在临界重心位置进行。

1) 重心移动

在飞行中重心可能前移，重心前移是关键，因为在高 M 数上所引起的低头力矩增量增加了飞机下俯趋势的严重性。它是由于一定数量的乘客(包括服务车)向前所致的。重心的移动量取决于飞机内部布置情况。下俯颠倾发生后飞机加速至 V_{MO}，并直到接到超速警告 3s 后飞行员开始改出，使飞机回到直线水平飞行。在改出过程中法向加速度不超过 1.5g。

2) 无意的操纵位移

在高速时，一个小的操纵位移就有可能导致一个明显的俯仰力矩(低头力矩影响严重)。因此无意的操纵位移就成为评价高速时的稳定性和操纵性的因素之一。

试飞时可在 V_{MO}/M_{MO} 速度配平时模拟规避操纵，对纵向操纵加一个足够大的向前力使之产生 0.5g 的载荷系数(总)持续 5s，然后应在不大于+1.5g(总)情况下改出。

3) 突风颠倾

为评价高速突风颠倾特性，应进行下述 3 种颠倾试验。在试验时操纵面偏移量应适应于飞机的型别，并应取决于飞机的稳定性和惯性特性。对于具有高机动和低机动性的飞机应分别采用上限和下限。

(1) 横向颠倾。

飞机配平于直至 V_{MO}/M_{MO} 的具有典型速度的巡航状态，用迅速滚转到与该机相适应的最大倾角来模拟瞬时突风，但此倾斜角不得小于 45°，也不得大于 60°，在达到所要求的倾斜角的过程中，方向舵和纵向操纵装置应保持不变。在这个倾斜角时，滚转角速度应受到抑制，飞机稳定在所要求的角度，然后松手 10s 或超速警告发生后 3s(取先出现者)。

(2) 纵向颠倾。

飞机配平于直至 V_{MO}/M_{MO} 的具有典型速度的巡航状态，此时采用不大于最大连续推力/功率的平飞推力/功率。接着减小速度，然后使用纵向操纵建立按初始配平状态和与该型飞机相应的一个 6°～12° 的机头下俯姿态，以模拟垂直平面内的突风。在达到 V_{MO}/M_{MO} 后，使飞机再加速 3s，接着使飞机恢复到配平状态而不超过 1.5g 法向载荷系数。此时第 25.143 条的瞬时作用力的限制是适当的。

(3) 纵-横向组合颠倾。

飞机配平于直至 V_{MO}/M_{MO} 的具有典型速度的巡航状态。此时采用不大于最大连续推力/功率的平飞推力/功率，完成如(2)所述的纵向颠倾时，在俯仰姿态确立但在达到 V_{MO}/M_{MO} 之前，使飞机滚转 15°～25°。应保持既定姿态直至超速警告发出后 3s，再使飞机恢复到配平状态而不超过 1.5g 载荷系数。

4) 爬升改平

飞机先配平于有代表性的爬升状态，推力为最大允许爬升推力/功率状态。开始向水平飞行转入而不减小推力直至超速发生后 3s。此机动期间的法向载荷系数不可超过 1.5g(总)。

5) 从 M 数限制高度下降到速度限制高度

飞机先配平于 M_{MO} 的直线水平状态，再根据 M_{MO} 规定的空速操纵程序表进行下降，直至超速警告发生。在超速警告发生后 3s 开始改出，下降应延伸到速度限制高度。应在不超过 V_D/V_{DF}(取其小者)情况下完成该机动。在改出过程中，法向载荷系数应大于 1.5g。

4. 试验结果

应以表格、时间历程图、综合曲线图的形式描述试验数据，包括副翼与升降舵位置、滚转角、俯仰角、M 数等；飞行员的定性评价。

4.7.3 失配平特性

1. 适航要求

CCAR-25-R4 在第 25.255 条“失配平特性”中规定：

(a) 从飞机在不超过 V_{MO}/M_{MO} 的巡航速度配平的初始状态开始，在机头上仰和下沉两个方向上的失配平程度为下列两者中之大者时，飞机必须有满意的机动稳定性和操纵性：

(1) 纵向配平系统以其对应于特定飞行状态的正常速率，在没有气动载荷的情况下移动 3 秒钟(对于没有动力作动配平系统的飞机为相应的失配平程度)，除非是受到配平系统止动器的限制(包括第 25.655 条(b)对于可调水平安定面要求的止动器)。

(2) 在高速巡航状态维持平飞时，自动驾驶仪所能承受的最大误配量。

(b) 在本条(a)规定的失配平状态，当法向加速度从+1g 变为本条(c)规定的正值和负值时，要求：

(1) 杆力对 g 的曲线在直到和包括 V_{FC}/M_{FC} 的任何速度必须有正的斜率；

(2) 在 V_{FC}/M_{FC} 和 V_{DF}/M_{DF} 之间的各种速度，纵向主操纵力的方向不得反逆。

(c) 除本条(d)和(e)规定者外，必须在下述两种法向加速度范围之一的飞行中演示对本条(a)规定的符合性：

(1) −1g 到+2.5g；

(2) 0g 至 2.0g，并用可接受的方法外推到−1g 和+2.5g。

(d) 如果用本条 (c) (2) 规定的程序来演示符合性，而在关于纵向主操纵力反逆的试飞中存在临界情况，则必须从发现存在该临界情况时的法向加速度到本条 (c) (1) 规定的相应限制范围进行试飞。

(e) 在本条 (a) 要求的试飞中，不必超过第 25.333 条 (b) 和第 25.337 条规定的限制机动载荷系数以及与很可能无意中超越按第 25.251 条 (e) 确定的抖振边界相关的机动载荷系数。此外，法向加速度小于 1g 的试飞演示的进入速度，必须在不超过 V_{DF}/M_{DF} 就能完成改出的限度以内。

(f) 在本条 (a) 规定的失配平状态，必须从 V_{DF}/M_{DF} 的超速情况，施加不大于 556 牛 (57 公斤；125 磅) 的纵向操纵力，就能产生至少 1.5g 的法向加速度改出，此时可仅用纵向主操纵或辅以纵向配平系统，如果采用纵向配平辅助产生所要求的载荷系数，必须在 V_{DF}/M_{DF} 表明能沿使飞机抬头的方向驱动纵向配平机构，而主操纵面承受的载荷对应于下列使飞机抬头操纵力中的最小者：

(1) 按第 25.301 条和第 25.397 条所规定的服役中预期最大操纵力；

(2) 产生 1.5g 所需的操纵力；

(3) 对应于抖振或其他现象的操纵力，这些现象的剧烈程度足以强有力地制止进一步施加纵向主操纵力。

2. 试验目的

在合理预期的失配平状态时，演示机动能力与稳定性。

3. 验证方法

本条用飞行试验的办法满足合格审定要求。

(1) 根据纵向操纵力 F_s/g (通常是 1 条曲线) 特性确定基本符合性。在规定的速度和加速度范围内能够对 F_s/g 数据作出准确评价的任何标准飞行试验程序都是可接受的。进行研究的范围和可接受性在上述的规则和讨论材料中规定。在选择机动时，允许飞行员自行处理。

(2) 研究范围：应该在最不利于大操纵力和小操纵力两种情况下进行失配平试验。试验应在 "g" 和 "M" 数两者的限制范围内进行。

(3) 当加载时驱动主操纵装置 (包括调整片) 的能力应在试验前加以考虑。

4.8 失速性能验证示例

4.8.1 适航要求

1. 第 25.103 条 "失速速度"

(a) 基准失速速度 V_{SR} 是申请人确定的校正空速。V_{SR} 不得小于 1–g 失速。V_{SR} 可表述为

$$V_{SR} \geqslant \frac{V_{CL_{MAX}}}{\sqrt{n_{ZW}}}$$

式中，$V_{CL_{MAX}}$ 为在本条 (c) 所述的机动过程中当载荷系数–修正升力系数 $\left(\frac{n_{ZW}W}{qS}\right)$ 第一次最大时获得的校正空速；n_{ZW} 为在 $V_{CL_{MAX}}$ 处垂直于飞行航迹的载荷系数；W 为飞机总重量；S 为机翼气动参考面积；q 为动压。

(b) $V_{CL_{MAX}}$ 由如下方法确定:

(1) 发动机慢车，或者如果产生的推力导致失速速度明显下降，在此失速速度时不超过零推力;

(2) 该飞机在其他方面(例如襟翼、起落架和冰积聚)处于使用 V_{SR} 的试验或性能标准所具有的状态;

(3) 使用将 V_{SR} 作为确定对要求的性能标准符合性因素时的重量;

(4) 导致基准失速速度值最大的重心位置; 和

(5) 按在申请人选定的速度作直线飞行来配平飞机，此速度应不小于 $1.13V_{SR}$ 且不大于 $1.3V_{SR}$。

(c) 从稳定的配平状态开始，使用纵向操纵减速飞机，使速度降低不超过每秒 1 节。

2. 第 25.201 条“失速演示”

(a) 必须在下列状态的直线飞行和 30° 坡度转弯中演示失速:

(1) 无动力;

(2) 维持 $1.5V_{SR1}$ 平飞所需的功率(推力)(V_{SR1} 为相应于襟翼在进场位置，起落架在收起位置和最大着陆重量的基准失速速度)。

(b) 本条(a)规定的两种状态，均必须能在下列条件下满足第 25.203 条适用的要求:

(1) 使用批准的襟翼位置及起落架和减速装置位置每一可能的组合;

(2) 申请合格审定范围内各种有代表性的重量;

(3) 最不利于改出失速的重心位置; 和

(4) 飞机直线飞行按第 25.103 条(b)(6)规定的速度配平。

(c) 必须用下列程序来表明符合第 25.203 条的要求:

(1) 从失速速度之上足以保证建立稳定减速率的某速度开始，采用纵向操纵，使飞机速度降低不超过每秒 1 节，直到飞机失速;

(2) 此外，对于转弯飞行失速，采用纵向操纵，以实现直至每秒 3 节减速率;

(3) 飞机一旦失速，即用正常的改出方法来改出。

(d) 当固有的飞行特性向飞行员显示清晰可辨的飞机失速现象时，可认为该飞机已失速。可接受的失速现象如下，这些现象既可单独出现，也可以组合出现:

(1) 不能即刻阻止的机头下沉;

(2) 抖振，其幅度和剧烈程度能强烈而有效地阻止进一步减速; 或

(3) 俯仰操纵达到后止动点，并且在改出开始前操纵器件在该位置保持一短暂的时间后不能进一步增加俯仰姿态。

3. 第 25.203 条“失速特性”

(a) 直到飞机失速时，必须能操纵副翼和方向舵产生和修正滚转及偏航，不得出现反操纵现象，不得出现异常的机头上仰，直到失速以及在整个失速过程中，纵向操纵力必须是正的。此外，必须能以正常的操纵迅速防止失速和从失速中改出。

(b) 对于机翼水平失速，在失速和完成改出之间发生的滚转大约不得超过 20°。

(c) 对于转弯飞行失速，飞机失速后的运动不得过于剧烈或幅度过大，以致难以用正常的驾驶技巧迅速改出并恢复对飞机的操纵。改出期间出现的最大坡度不能超过:

(1)对于小于并直到每秒 1 节的减速率的情况，在原转弯方向大约 60°，或相反方向大约 30°；和

(2)对于超过每秒 1 节的减速率的情况，在原转弯方向大约 90°，或相反方向大约 60°。

4.8.2　试验目的

(1)通过飞行试验确定失速速度。

(2)演示失速机动期间飞机的操纵品质，可接受的情况是：必须有适当警告，以确定进入失速；失速以后，飞机不能表现出明显的不稳定；在失速和改出过程中，飞机必须是可操纵的，并可迅速、安全地回到正常飞行状态。

4.8.3　试验环境

失速试验具有一定危险，并使用多个高度，应该在水面或开阔区域上空进行此类试验。试验时应具有良好的气象条件，且空中交通密度低。失速区域最好位于山区的背风面，因为容易出现晴天。

4.8.4　试验状态

国外某单通道、双涡轮风扇发动机、150 座级、常规布局、中短程机型，失速试验时的状态如表 4-3 和表 4-4 所示。

表 4-3　失速速度试验状态

状态编号	襟翼位置	起落架	重量范围/(1000lb)	
			轻	重
1	收上	收上	90～110	125～最大起飞
2	1	收上	90～110	125～最大起飞
3	5	收上	90～110	125～最大起飞
4	10	收上	90～110	125～最大起飞
5	15	收上	90～110	125～最大起飞
6	25	收上	90～110	125～最大起飞
7	15	放下	90～100	114～120
8	30	放下	90～100	114～120
9	40	放下	90～100	114～120

1. 失速速度

重心：前极限位置。

高度：不低于 8000ft。

速度：预计 1.13～1.3 V_{SR} 的某一松杆配平速度。

发动机：慢车状态。

表 4-4　失速速度试验状态

状态	重量/(1000lb)	襟翼	起落架	高度/(1000ft)	配平速度
1	最大着陆	15	收上	10～15	$1.5V_{SR1}$
2	97～105	收上	收上	10～15	$1.13\sim1.3V_{SR}$
3	97～105	1	收上	10～15	$1.13\sim1.3V_{SR}$
4	97～105	2	收上	10～15	$1.13\sim1.3V_{SR}$
5	97～105	5	收上	10～15	$1.13\sim1.3V_{SR}$
6	97～105	10	收上	10～15	$1.13\sim1.3V_{SR}$
7	97～105	15	收上	10～15	$1.13\sim1.3V_{SR}$
8	97～105	15	收上	10～15	$1.13\sim1.3V_{SR}$
9	97～105	25	收上	10～15	$1.13\sim1.3V_{SR}$
10	97～105	30	放下	10～15	$1.13\sim1.3V_{SR}$
11	97～105	40	放下	10～15	$1.13\sim1.3V_{SR}$

2. 失速特性

重心：后。

4.8.5　试验程序

1. 失速速度

失速试验通常开始于 10000～12000ft 的高度。开始一个失速系列试验前，记录此时总重下的配平速度。该速度为预计 V_{SR} 的 130%，且是飞行员以慢车推力状态配平飞机的速度。然后，飞行员利用升降舵，以 0.5～1.5kn/s 的减速率(进入速率)使飞机尽可能平稳地减速，直到飞机失速。为了进入速率为 1kn/s 时，飞机在一个很可能小的速度上失速，通常要求平稳地增加升降舵偏度使之恰好在 $V_{\min}$ 之前达到其最大值。在机头下沉之后，飞行员改出失速，无须重新配平飞机，即可以另一个合适的进入速率重复进行失速试验。在 3～4 次失速之后，通常需要增加推力，并爬升到开始进行试验的高度，重复上述过程。通常需要围绕 1kn/s 的进入速率完成足够次数(4～8 次)的成功失速试验。

绝大多数失速试验都使用慢车推力，而不是用零推力进行的。如果发动机状态对失速的 C_L 有影响，必须用较大的发动机状态(典型的是相应于 $1.5V_{SR}$ 的发动机状态)进行至少 3 次失速试验，以确定一个高推力时的 C_L。然后做出 C_L 随推力变化的曲线，将该曲线外推到零推力，以确定零推力时的失速升力。若零推力和慢车失速速度之间的差别不超过 0.5kn，可认为慢车推力对失速速度没有影响。

有时，失速试验受到一些具体条件的限制，如迎角限制、下降率或过分强烈的抖动等。由于这些限制，可能无法达到完全失速。在这些情况下，数据分析和“失速”速度的确定将更加复杂，且适航规章没有提供相关内容。此时，有可能通过正常分析得到失速速度和失速升力，也可能不得不把某些满足各种限制的值“作为”失速速度和失速升力。对应于每种情况的程序，只能根据特定情况与适航当局协商。

在每次失速过程中，运用机载数据分析和监视系统对数据进行分析，得出进入速率、V_{min}、C_{Lstall}、气流风标角、滚转角以及其他一些参数。

失速试验进行得很快，两次失速之间，分析工程师必须根据机载数据分析和监视系统的失速数据输出和示波器记录的曲线，对进入率、平稳性、失速速度和质量进行分析，向飞行员推荐下一次失速试验的进入率。

2. 失速特性

飞机配平于 $1.13V_{SR}$～$1.3V_{SR}$ 的直线飞行中，并记录配平数据。利用升降舵操纵，使飞机以不超过 1kn/s 的速率减速，直到飞机失速或操纵达到止动点。一旦飞机失速，通过正常方法改出。

在超过最大升力(系数)的迎角时，飞机特性应能给飞行员发出一个清晰可辨的指示，说明此时的飞机是失速的。这种指示可能包括机头强烈下沉、掉翼尖，以及操纵效率或操纵力突然变化。如果一种形态显示出明白无误的固有气动力警告确实足够严重，并有效地阻止飞机进一步减速，则当清楚地显现出这一阻止时，可能认为飞机已失速。

记录初始的气动力和机械的警告、失速以及所有的飞行员评价。当决定失速警告时，其发生、特性及其可接受性完全取决于飞行机组人员的感觉，应记录他们在试验期间或在试验之后的评价。

4.8.6 试验数据处理

在飞行试验过程中，对数据要进行初步分析，而在经过最终数据处理以后，对数据再次进行分析。整个数据处理过程按如下所述。

(1) 在整个失速试验的过程中，记录来自飞行试验空速系统的速度，并把这些值修正为当量空速。

(2) 对每一次试验失速速度，计算此时的 V_{CLMAX} 与 n_{ZW}:

$$C_L = \frac{n_{ZW}W}{\frac{1}{2}\rho_0 V_e^2 S}$$

式中，n_{ZW} 为垂直于飞行航迹的载荷系数；W 为试验时飞机的重量；ρ_0 为标准大气密度；V_e 为当量空速；S 为机翼气动参考面积。

由上式和对应 n_{ZW} 分别得到试验时的 C_L 和 n_{ZW} 的时间历程曲线。如图 4-1 所示，可以得到失速点的明显特征，过载时间历程曲线的“断点”和升力系数时间历程曲线的“峰值”，而升力系数的第一个峰值即为 C_{LMAX}。

(3) 按需使用下述公式，把每一次失速的升力系数修正到目标重心位置：

$$C_{LMAX} = C_{LMAX\ (\text{test cg.positon})}[1+(\text{MAC}/l_t)(\text{CG}_{\text{std}} - \text{CG}_{\text{test}})]-\Delta C_{LT}$$

式中，MAC 为平均气动弦长；l_t 为有效机尾长度(从 25 %机翼 MAC 点到 25%平尾 MAC 点的距离)；CG_{std} 为标准重心；CG_{test} 为试验点重心；ΔC_{LT} 为推力不同导致的升力系数变化值(对于慢车和零位推力对失速速度影响小于 0.5kn 的飞机，可忽略)。

(4) 确定失速进入速率对 $C_{L\mathrm{MAX}}$ 的影响。

进入速率对由失速速度和110%失速速度连线的斜率确定。根据不同减速率时的 $V_{CL\mathrm{MAX}}$ 绘图如图 4-2 所示，确定减速率为 1kn/s 的点为最后的 $V_{CL\mathrm{MAX}}$。

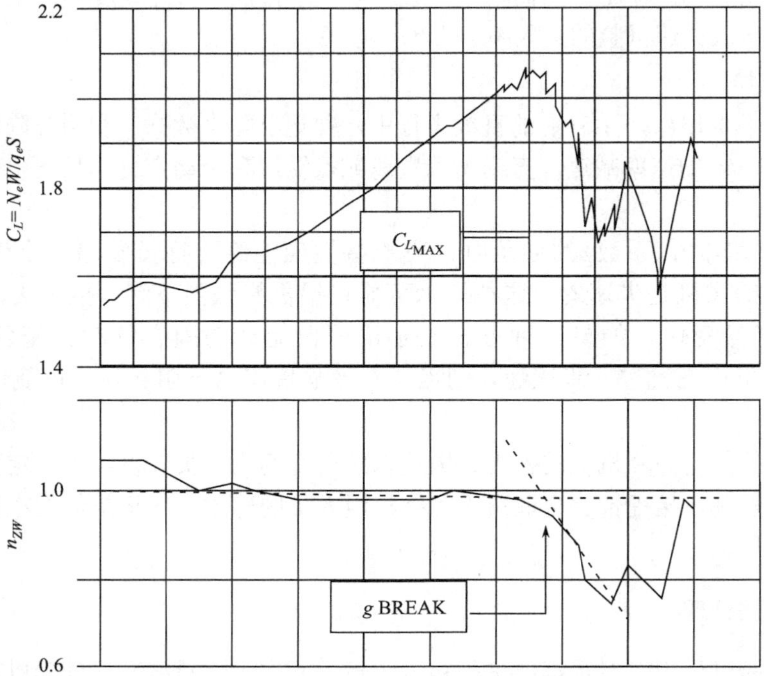

图 4-1 $C_{L\mathrm{MAX}}$ 和 n_{ZW} 时间历程曲线

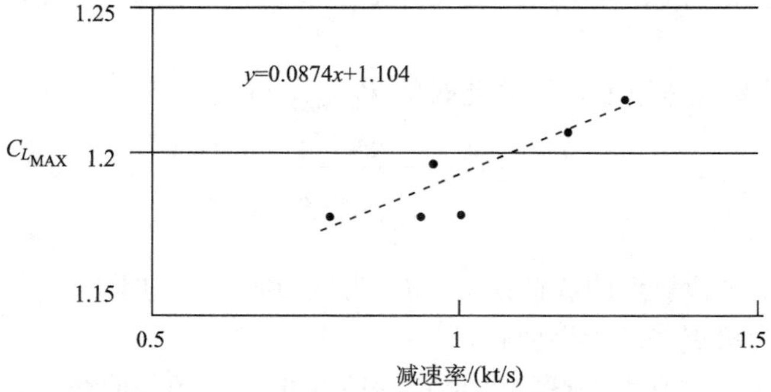

图 4-2 进入速率对 $C_{L\mathrm{MAX}}$ 的影响

(5) 确定不同重量下的 $C_{L\mathrm{MAX}}$。

对于不同重量下的失速试验，得到重量-最大升力系数 $C_{L\mathrm{MAX}}$ 关系，如图 4-3 所示。

(6) 根据第 25.103 条“失速速度”的规定，计算失速速度，公式如下：

$$V_{SR} \geqslant \frac{V_{CL\mathrm{MAX}}}{\sqrt{n_{ZW}}}$$

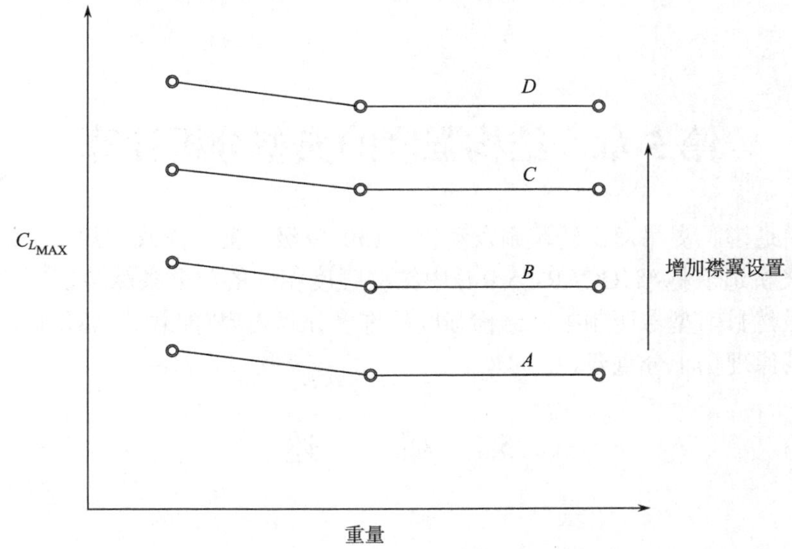

图 4-3　$C_{L\text{MAX}}$ 与重量及襟翼位置的关系

思 考 题

4-1　总体性能条款验证的通用要求是什么？

4-2　起飞性能验证的通用要求是什么？

4-3　起飞性能的典型验证科目及其试验状态与程序都是什么？

4-4　着陆性能的验证试验状态与程序都是什么？

4-5　操纵性与机动性的典型验证科目及其试验状态与程序都是什么？

4-6　配平性能的典型验证科目及其试验程序都是什么？

4-7　稳定性的典型验证科目及其试验状态与程序都是什么？

4-8　地面操纵特性的典型验证科目及其试验状态与程序都是什么？

4-9　振动与抖振的试验验证方法是什么？

4-10　高速特性的试验验证方法是什么？

4-11　失速试飞数据处理的内容是什么？

第5章　结构强度的典型分析计算

本章以单通道、翼吊双涡轮风扇发动机、150 座级、前三点式常规布局的机型为例，讲述运输类飞机适航标准(CCAR-25-R4)中结构强度相关的部分条款验证所需的典型分析计算技术。虽然目前型号研制中，结构强度的许多计算内容(如载荷)通常借助专用软件完成，但了解其原理仍十分重要。

5.1　概　　述

5.1.1　载荷

CCAR-25-R4 在第 25.301 条“载荷”中规定：

(a) 强度的要求用限制载荷(服役中预期的最大载荷)和极限载荷(限制载荷乘以规定的安全系数)来规定。除非另有说明，所规定的载荷均为限制载荷。

(b) 除非另有说明，所规定的空气、地面和水载荷必须与计及飞机每一质量项目的惯性力相平衡。这些载荷的分布必须保守地近似于或接近地反映真实情况。除非表明确定受载情况的方法可靠，否则用以确定载荷大小和分布的方法必须用飞行载荷测量来证实。

(c) 如果载荷作用下的变形会显著改变外部载荷或内部载荷的分布，则必须考虑载荷分布变化的影响。

5.1.2　安全系数

CCAR-25-R4 在第 25.303 条“安全系数”中规定：

除非另有规定，当以限制载荷作为结构的外载荷时，必须采用安全系数 1.5；当用极限载荷来规定受载情况时，不必采用安全系数。

5.1.3　过载(载荷系数)

除重力外，作用于飞机某方向上所有外力的合力与当时飞机重力的比值，为该方向的过载 n。除另有说明者外，地面载荷中涉及的过载，均指飞机重心处的过载。

5.1.4　重量、重心

CCAR-25-R4 在第 25.21 条“证明符合性的若干规定”、第 25.23 条“载重分布限制”、第 25.25 条“重量限制”、第 25.27 条“重心限制”、第 25.29 条“空重和相应的重心”、第 25.31 条“可卸配重”、第 25.321 条“(飞行载荷)总则”(b)规定了飞机的高度、重量、重心。

1. 飞行载荷

民用飞机载荷计算用的设计重量是从最小飞行重量到最大设计重量之间的所有能导致

结构严重受载的重量。

在飞行载荷计算中，需要考虑飞机重量、重心、惯矩等随高度的变化，这种变化主要是燃油消耗引起的。

飞机飞行手册中，对飞机重量、重心、最大载重量等均有限制，在相同的重量、重心及载重量的情况下，也可以有多种装载方案(惯矩不同)，不同的重量分布对结构总体及局部强度(主要是机身)的影响是不同的，必须覆盖这些情况。

2. 地面载荷

1)特征重量

(1)最大设计滑行重量是由飞机强度和适航条例限制的地面机动的最大重量(包括滑行和启动消耗的燃油重量)，该重量又称最大设计停机坪重量。用于滑行、滑行刹车等地面操作情况以及牵引和千斤顶顶起情况的载荷分析。

(2)最大设计起飞重量是由飞机强度和适航标准限制的最大起飞重量(这是在起飞滑跑开始时的最大重量)。用于计算着陆撞击载荷。它是以下沉速度为1.83 m/s(6 ft/s)着陆情况中的最大重量。

(3)最大设计着陆重量是由飞机强度和适航条例限制的最大着陆重量。用于计算着陆撞击和滑行刹车载荷。它是以下沉速度为3.05 m/s(10 ft/s)着陆情况中的最大重量。

2)重量分布和重心位置

重量分布和重心位置是影响起落架和机体地面载荷的重要因素。

设计中所使用的重量分布和重心位置应是各种最严重的情况。

以现代商用运输机为例，飞机设计重量由空机重量、商载(旅客＋货物)和燃油三部分组成。飞机设计方案确定后，飞机的使用空机重量、重心、惯量及空机质量分布都是确定的，而飞机燃油箱布置及加油、耗油程序确定后，燃油量与其重心、惯量以及燃油分布之间的一一对应关系也就确定了。影响全机重心、惯量的最活跃因素是商载。不同重量的商载会产生不同的全机重心、惯量。相同重量的商载因不同的商载配置也会产生不同的全机重心和惯量。即使是相同的商载重量，相同的全机重心，由于不同的商载配置也会产生不同的全机惯量。为了从繁多的计算状态和可变的商载配置中选择尽可能少但又能满足载荷分析需要的商载配置方案，应进行典型商载配置。

典型商载配置方案对民用运输机讲，归纳起来有以下18种。

(1)最大商载，最大惯量，飞机重心前极限商载配置；

(2)最大商载，最小惯量，飞机重心前极限商载配置；

(3)最大商载，最大惯量，飞机重心后极限商载配置；

(4)最大商载，最小惯量，飞机重心后极限商载配置；

(5)最小商载，飞机重心前极限商载配置；

(6)最小商载，飞机重心后极限商载配置；

(7)飞机重心前极限，机身在机翼前梁站位处弯矩最大的商载配置；

(8)飞机重心前极限，机身在机翼前梁站位处剪力最大的商载配置；

(9)飞机重心后极限，机身在机翼前梁站位处弯矩最大的商载配置；

(10)飞机重心后极限，机身在机翼前梁站位处剪力最大的商载配置；

(11) 飞机重心前极限，机身在机翼后梁站位处弯矩最大的商载配置；
(12) 飞机重心前极限，机身在机翼后梁站位处剪力最大的商载配置；
(13) 飞机重心后极限，机身在机翼后梁站位处弯矩最大的商载配置；
(14) 飞机重心后极限，机身在机翼后梁站位处剪力最大的商载配置；
(15) 最大燃油，飞机重心前极限，最大惯量商载配置；
(16) 最大燃油，飞机重心后极限，最大惯量商载配置；
(17) 最大燃油，飞机重心前极限，最小惯量商载配置；
(18) 最大燃油，飞机重心后极限，最小惯量商载配置。

对以上 18 种典型商载配置方案，还必须按起落架收上状态和放下状态分别对待。

此外，最大燃油状态下的商载配置(即第 15～18 种配置)还必须考虑因燃油密度不同引起的飞机最大燃油重量的不同，从而使商载量也发生变化。一般地讲，在考虑燃油密度时，应考虑两种极限情况，即最小燃油密度和最大燃油密度。

所以根据不同燃油密度，起落架的收上和放下状态，进行商载配置的组合，典型商载配置共有 44 种之多。

5.1.5　坐标系

1. 机体坐标系($OXYZ$)

在飞机对称面内，以机体参考线上的设计基准点为机体坐标系的原点 O。OX 轴沿机体参考线指向后；竖轴 OZ 轴在飞机对称面内，垂直于 OX 轴，指向上；横轴 OY 轴垂直于飞机对称面，指向右。符合右手定则。

2. 铅垂地面坐标系($OX_0Y_0Z_0$)

其原点同机体坐标系的原点；在与地面垂直的平面内，与地平线平行且指向机尾的轴为 OX_0 轴；竖轴 OZ_0 轴垂直于 OX_0 轴及地平面，指向上。横轴 OY_0 轴根据右手定则确定。

5.2　飞行总载荷

5.2.1　飞行载荷概述

一架飞机，从滑跑、起飞、爬升、巡航，直至下滑、着陆，无时不在承受着载荷。这些载荷主要分为两大类，一类为空气动力载荷，另一类则为惯性力载荷。决定载荷大小及分布的主要因素亦分两个方面：一为大气环境，二为飞机自身特性。大气环境系指，空气的温度、密度、压力、离散突风或连续湍流(晴空湍流或风暴湍流)等；而飞机的自身特性系指，飞机的构型、重量、重心、惯量、重量分布、速度、加速度、飞行姿态等，而这其中的许多方面又取决于飞行员的操作动作。在这众多的决定条件中，有些则是随机变化的。

确定飞行载荷必须从这些繁杂的组合中，找出各个部件最大受载发生在哪种情况，其载荷的大小及分布如何，以此作为飞机结构强度的设计依据。

问题的困难在于：各个部件，甚至机翼、尾翼的各个肋位，前、后梁，机身的各个框位的严重受载并非同时发生，而是分属于多种飞行情况；而决定着这些载荷的条件又具有随机性。所以，必须遵照某一个设计标准，才能既保证飞行安全，又不使结构过重而影响飞机的性能。这个设计标准对于运输类飞机就是适航标准。适航标准是集科研设计、生产使用的经验积累，甚至飞行事故的血的教训而制定的一套必须在设计中遵循的标准。

要确定一架所设计飞机的飞行载荷，通常有以下四个重要环节。

首先，对适航标准的理解正确与否有着重要的意义。在理解正确的基础上，根据要求和工程设计经验选定外载计算的原始数据，如重量、惯量、高度、设计速度、机动过载(载荷系数)包线等。计算中，还需要利用大量风洞试验或理论计算取得的气动力数据。

其次，将适航标准中规定的要求抽象为一定的物理模型，并通过数学方法对此物理模型作出描述；求解这些数学问题则解决了外载计算中第一大方面的问题——机动模拟和突风模拟中各部件的总载荷。

再次，尚需求第二大方面的解，即通过测压试验或理论计算求解出这些总载荷的分布。

最后，求解出惯性力，并将气动力分布、惯性力分布叠加求出“净载荷”的分布；再扫描这些堆积的、大量的(数万种之多)净载荷，筛选出临界载荷情况，作为强度设计的依据，使整个问题得以解决。

通常需要建立一套满足适航要求的飞行载荷计算系统，通过该系统的运行，可以得到满足标准要求的各部件严重载荷设计情况的全部飞行载荷信息。

对于一架新设计的飞机，通过飞行实测来验证和修正全机气动力数据和某些飞行情况的载荷，也是正确确定现代飞机飞行载荷的一种主要补充手段和程序。

5.2.2　载荷计算原始数据

1. 重量、重心、高度

参见 5.1.4 节。

2. 速度与高度

CCAR-25-R4 在第 25.335 条“设计空速”规定了设计速度，特别提到设计巡航速度 V_C、设计俯冲速度 V_D、设计机动速度 V_A、对应最大突风强度的设计速度 V_B、设计襟翼速度 V_F、阻力装置速度 V_{DD}，这些速度或者影响飞行包线的大小，或者直接影响飞机的强度。

在计算飞行载荷时，选择的高度必须包括海平面及最大飞行高度以及它们之间足够多的高度，并与各种速度组合形成各个计算状态。

3. 飞行机动包线

CCAR-25-R4 在第 25.333 条“飞行机动包线”中规定：

(a)总则　位于本条(b)中典型的机动包线(V-n 图)边界上和边界内的空速和载荷系数的任一组合，均必须满足强度要求。在确定第 25.1501 条中规定的飞机结构使用限制时也必须采用此包线。

(b)机动包线

如图 5-1 所示为飞行机动包线。

在计算飞行载荷时，应在机动包线上选取足够数量的点来进行。

4. 气动构型

在飞行载荷计算中，必须考虑飞机实际可能具有的各种气动构型。

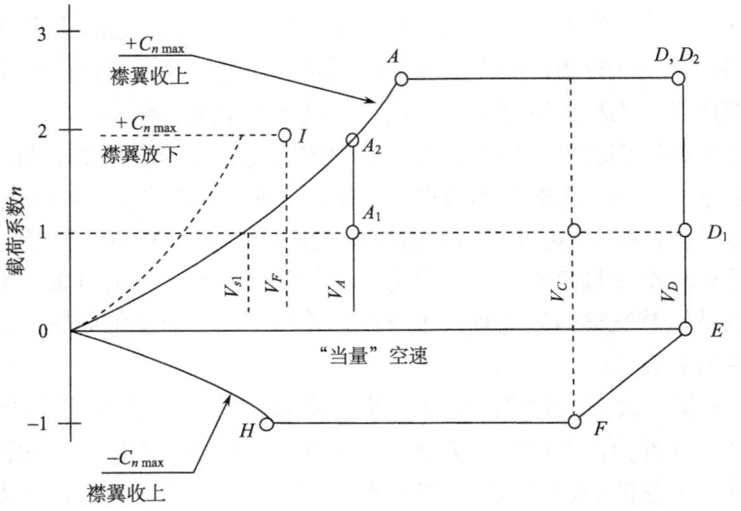

图 5-1　飞行机动包线

5. 功率或推力

按适航标准的规定，选用功率或推力。

6. 几何外形

根据飞机外形理论图及结构图确定。

7. 气动力数据及压力分布数据

飞行载荷计算所需气动力数据及压力分布数据通常由下述几种途径获得。

(1) 理论计算及工程估算。

(2) 风洞试验。

(3) 飞行试验。

(4) 与类似飞机的分析和试验的结果比较。

不管用哪种方法都应考虑马赫数(M 数)效应、气动弹性与热效应的影响。对大迎角非线性数据，取用时应仔细分析。

8. 其他数据

飞行载荷计算还需要一些其他参数，包括飞机部件设计使用状态及限制、各舵面偏度限制等。在进行飞行载荷计算时，除了应保证各部件在正常使用状态下的强度，有时还需要考虑故障状态的强度要求。

5.2.3　计算说明

在总载荷的求解中，所有气动导数皆采用静气动弹性修正之后的导数，除了静气动弹性修正，在方程中还引入了结构动弹性影响，即计入了线加速度及角加速度产生的结构惯性力引起的结构变形对气动导数的影响，如 C_L^n、$C_L^{\dot{\omega}y}$、C_m^n、$C_n^{\delta e}$ 等，这样的数学描述将更精确，更符合实际。

本节采用坐标系的 x 轴朝后，且为有 Oxz 对称面的右手系。本节公式中常用符号的定义如下。

V_∞ ——来流速度；

V_x、V_y、V_z ——飞机速度分量；

I_x、I_y、I_z ——飞机惯矩分量；

ω_x、ω_y、ω_z ——飞机角速度分量；

α ——飞机迎角；

β ——飞机侧滑角；

γ ——飞机倾斜角；

θ ——飞机俯仰角；

φ —飞机偏航角；

W—飞机重力(N)；

q —动压。

5.2.4 稳定俯仰机动总载荷

稳定俯仰机动是 CCAR-25-R4 第 25.331 条(b)规定的一种机动平衡情况，指图 5-1 飞行机动包线中 A 到 I 的机动情况。该情况假定飞机在俯仰角加速度为零的情况下处于平衡。

稳定俯仰机动主要检查机翼、机身、平尾等部件的强度。同时，过载 $n=1$ 情况下的稳定俯仰机动载荷是校验机动、非校验机动、突风载荷、偏航机动及发动机停车载荷计算的基础。

考虑民用飞机的平尾安定面通常采用微调形式，本章以如下配平方式为例，进行讲述。

$n=1$ 的水平飞行是一种长时间的飞行情况。通常完全采用微调平尾配平，以使飞行员的操纵杆力为零。而在其他过载下，如 $n=n_{\max}$ 时的配平，其中超过 $n=1$ 的 Δn 部分，往往由舵偏来配平。该配平方式的核心是：$n=1$ 部分由平尾微动角(i_H)配平，Δn 部分由舵偏角(δ_e)配平。该配平方式比较符合实际的操作。

先求 $n=1$ 部分的平衡载荷 F_{T01}、$F_{H1}(\alpha)$，并令 $F_{H1}(\delta_e)=0$。

数学描述如下：

$$\begin{cases}\left(C_{L0,T0}+C_{L,T0}^{\alpha F}\alpha_F\right)qS_W+F_{HT}+C_L^n qS_W=W \\ \left(C_{m0,T0}+C_{m,T0}^{\alpha F}\alpha_F+C_m^n\right)qS_W c_{AW}+F_{HT}\left[L_H(\alpha)+\Delta x_{CG}\right] \\ \qquad +\Delta x_{CG}\left(C_{L0,T0}+C_{L,T0}^{\alpha F}\alpha_F+C_L^n\right)qS_W+M_{EN}+M_{DR}=0\end{cases} \tag{5-1}$$

式中，$C_{L0,T0}$ 为无尾飞机在 $\alpha=0$ 时的升力系数；$C_{L,T0}^{\alpha F}$ 为无尾飞机升力系数对迎角的导数；α_F 为从机身轴线量起的迎角；S_W 为机翼面积(m^2)；F_{HT} 为迎角、下洗及微动平尾偏角对平尾载荷的综合贡献；C_L^n 为飞机升力系数对法向过载的导数；$C_{m0,T0}$ 为无尾飞机 $\alpha_F=0$ 时的俯仰力矩系数；$C_{m,T0}^{\alpha F}$ 为无尾飞机俯仰力矩系数对迎角 α_F 的导数；C_m^n 为无尾飞机俯仰力矩系数对法向过载的导数；c_{AW} 为机翼平均气动弦长；$L_H(\alpha)$ 为平尾尾力臂；Δx_{CG} 为 $(0.25-\bar{x}_{CG})\,c_{AW}$；$\bar{x}_{CG}$ 为重心位置(平均气动弦长的百分比)；M_{EN} 为发动机推力产生的俯仰力矩；M_{DR} 为阻力产生的俯仰力矩。

从上列方程中解出两个未知数 α_F 及 F_{HT}，可得

$$F_{T01}=\left(C_{L0,T0}+C_{L,T0}^{\alpha F}\alpha_F+C_L^n\right)qS_W$$

$$F_{H1}(\alpha)=F_{HT}$$

$$F_{H1}(\delta_e)=0$$

式中，F_{T0} 为无尾飞机载荷；$F_H(\alpha)$ 为平尾迎角贡献载荷；$F_H(\delta_e)$ 为升降舵偏转贡献的平尾载荷。

平尾局部迎角：

$$\alpha_{H1}=\frac{F_{HT}-C_{L0,H}q_tS_H}{C_{LH}^{\alpha}q_tS_H}$$

平尾微动角：

$$i_{H1}=\alpha_{H1}-\left(1-\frac{\mathrm{d}\varepsilon}{\mathrm{d}\alpha}\right)\alpha_F+\varepsilon$$

舵偏角：

$$\delta_{e1}=0$$

然后，再求 Δn 部分的平衡载荷（i_{H1} 不再改变，由舵偏完成配平）F_{T02}，$F_{H2}(\alpha)$，$F_{H2}(\delta_e)$：

$$\begin{cases}C_{L,T0}^{\alpha F}\Delta\alpha_F qS_W+C_{L,H}^{\alpha F}\left(1-\frac{\mathrm{d}\varepsilon}{\mathrm{d}\alpha}\right)\Delta\alpha_F q_tS_H+C_{L,H}^{\alpha F}\frac{(n-1)g}{V_\infty}\times\frac{\left[L_H(\alpha)+\Delta\alpha_{CG}\right]}{V_t}q_tS_H \\ \quad +C_{L,H}^{\delta e}\delta_{e2}q_tS_H+C_L^n(n-1)qS_W=(n-1)W \\ C_{m,T0}^{\alpha F}\Delta\alpha_F qS_Wc_{AW}-C_{L,H}^{\alpha F}q_tS_H\left\{\left(1-\frac{\mathrm{d}\varepsilon}{\mathrm{d}\alpha}\right)\Delta\alpha_F+\frac{(n-1)g}{V_\infty}\frac{\left[L_H(\alpha)+\Delta x_{CG}\right]}{V_t}\right\}\times\left[L_H(\alpha)+\Delta x_{CG}\right] \\ \quad -C_{L,E}^{\delta e}\delta_{e2}q_tS_H\left[L_H(\delta_e)+\Delta x_{CG}\right]+C_m^n(n-1)qS_Wc_{AW} \\ \quad +\Delta x_{CG}\left[C_{L,T0}^{\alpha F}\Delta\alpha_F+C_L^n(n-1)\right]qS_W=0\end{cases} \tag{5-2}$$

由方程(5-2)可以解出两个未知数 $\Delta\alpha_F$ 及 δ_{e2}，可求得

$$F_{T02}=\left(C_{L,T0}^{\alpha F}\Delta\alpha_F+C_L^n\Delta n\right)qS_W$$

$$F_{H2}(\alpha)=C_{L,H}^{\alpha F}\left(1-\frac{\mathrm{d}\varepsilon}{\mathrm{d}\alpha}\right)\Delta\alpha_F q_tS_H+C_{L,H}^{\alpha F}\frac{(n-1)g}{V_\infty}\frac{\left[L_H(\alpha)+\Delta x_{CG}\right]}{V_t}q_tS_H$$

$$F_{H2}(\delta_e)=C_{L,H}^{\delta e}\delta_{e2}q_tS_H$$

$$\alpha_{H2}=\frac{F_{H2}(\alpha)}{C_{L,H}^{\alpha F}q_tS_H}$$

至此，可以求出该种配平方式的最终载荷为

$$F_{T0}=F_{T01}+F_{T02}$$

$$F_H(\alpha)=F_{H1}(\alpha)+F_{H2}(\alpha)$$

$$F_H(\delta_e)=F_{H2}(\delta_e)$$

$$i_H=i_{H1}$$

$$\alpha_H=\alpha_{H1}+\alpha_{H2}$$

$$\delta_e=\delta_{e2}$$

5.2.5 非校验机动总载荷

非校验机动是 CCAR-25-R4 第 25.331 条“对称机动情况”(c)(1)规定的一种机动俯仰情况，假定飞机正在进行定常平飞(图 5-1 飞行机动包线中 A_1 点)，此时突然移动俯仰操纵器件来获得极大的抬头俯仰加速度。该机动俯仰情况初始速度为 V_A，过载为 1.0，操纵力配平为零，整个过程中假定速度不变。它往往是舵面、平尾及后机身的临界载荷情况。

首先按稳定俯仰机动方法，解出 $n=1$ 时的平飞平衡载荷，得出无尾飞机载荷 F_{T01}、尾翼迎角贡献载荷 $F_{H1}(\alpha)$ 及尾翼舵偏贡献载荷 $F_{H1}(\delta_e)$，再采用四阶龙格-库塔法求解下述增量微分方程组，以便求出部件的载荷增量。

$$\begin{cases}\dfrac{\mathrm{d}\gamma}{\mathrm{d}t}=\dfrac{\Delta F+W(1-\cos\gamma)}{mV_\infty}\\[2mm]\dfrac{\mathrm{d}\omega_y}{\mathrm{d}t}=\dfrac{\Delta M}{I_y}\\[2mm]\dfrac{\mathrm{d}\theta}{\mathrm{d}t}=\omega_y\end{cases}\tag{5-3}$$

待求未知数为 γ、ω_y、θ。求解尚需下列补充方程，以便求出方程的右端项。

$$\Delta F_{T0}=\left(C_{L,T0}^{\alpha F}\Delta\alpha_F+C_L^n\Delta n+C_L^{\dot\omega y}\dot\omega_y\right)qS_W$$

$$\Delta F_H(\alpha)=C_{L,H}^{\alpha F}\left\{\left(1-\frac{\mathrm{d}\varepsilon}{\mathrm{d}\alpha}\right)\Delta\alpha_F+\frac{\omega_y\left[L_H(\alpha)+\Delta x_{CG}\right]}{V_t}+\frac{\mathrm{d}\varepsilon}{\mathrm{d}\alpha}\dot\alpha\frac{2\left[L_H(\alpha)+\Delta x_{CG}\right]}{V_\infty+V_t}-\varepsilon_0\right\}qS_H$$

$$q_t=q\eta_t$$

$$V_t=\sqrt{\eta_t}V_\infty$$

$$\Delta F_H(\delta_e)=C_{L,H}^{\delta e}\delta_e q_t S_H$$

$$\Delta F=\Delta F_{T0}+\Delta F_H(\alpha)+\Delta F_H(\delta_e)$$

$$\Delta n=\frac{\Delta F}{W}$$

$$\begin{aligned}\Delta M=&C_{L,T0}^{\alpha F}\Delta\alpha_F qS_W\left(\overline{x}_{CG}-\overline{x}_{ac,T0}\right)c_{AW}-\Delta F_H(\alpha)\left[L_H(\alpha)+\Delta x_{CG}\right]\\&+\Delta F_H(\delta_e)\left[L_H(\delta_e)+\Delta x_{CG}\right]+\left(C_m^n\Delta n+C_m^{\dot\omega y}\dot\omega_y\right)qS_W c_{AW}+\left(C_L^n\Delta n+C_L^{\dot\omega y}\dot\omega_y\right)qS_W\Delta x_{CG}\end{aligned}$$

$$\Delta\alpha_F=\theta-\lambda$$

$$\dot\alpha=\omega_y-\dot\gamma$$

初始条件：$\gamma(t)|_{t=0}=0$，$\omega_y(t)|_{t=0}=0$，$\theta(t)|_{t=0}=0$。式中，δ_e 为输入舵偏角，按图 5-2 规律变化。

图 5-2 中 $\delta_{e\max}$ 系按 CCAR-25-R4 第 25.397 条“操纵系统载荷”(b)规定的飞行员作用力限制值算出的速度 V_A 下的升降舵最大上偏角。该偏角若未超过结构上相应的限制偏角，就取此最大上偏角；如果超过了就取结构上相应的限制偏角。舵偏速率为实际值。舵偏的保持时间则通过计算机试算，使过载增量 $\Delta n_{\max}$ 刚好达到要求值。

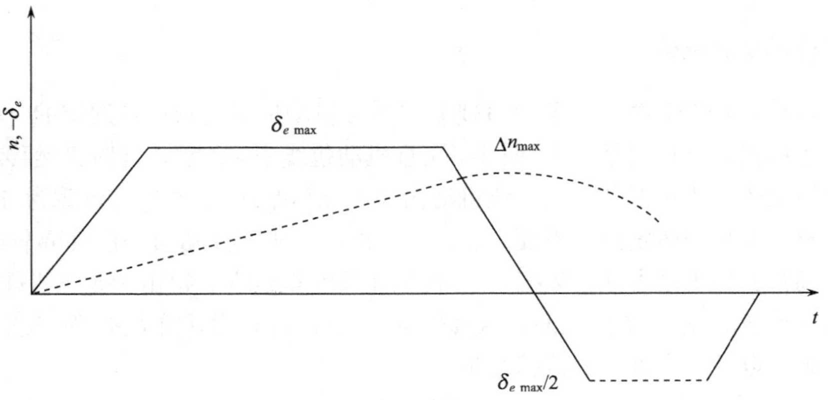

图 5-2　非校验机动时间历程

通过上述方程，可求出各时间历程的载荷结果。将此结果与 $n=1$ 时的相应平衡载荷叠加，即得总载荷。

图 5-3 为某型号飞机的结果。

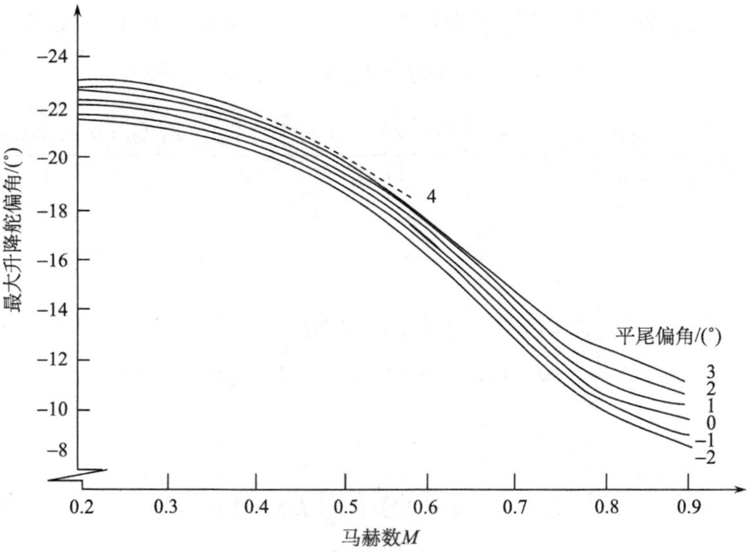

图 5-3　升降舵舵偏限制

5.2.6　校验机动总载荷

校验机动是 CCAR-25-R4 第 25.331 条“对称机动情况”(c)(2)规定的另一种重要的机动俯仰载荷情况，它要求在速度 $V_A \sim V_D$ 内考核计算。根据要求，有两种载荷峰值点需要考核。一种称为第一峰值载荷，假定正俯仰角加速度(抬头)与等于 1.0 的飞机载荷系数(图 5-1 飞行机动包线中 A_1 到 D_1 点)同时达到，此正俯仰角加速度必须至少等于 $\ddot{\theta}_1 = \dfrac{39}{V} n(n-1.5)$ rad/s^2，式中 n 为所考虑速度下的正载荷系数，V 为飞机的当量速度(单位为 kn)；另一种称为第二峰值载荷，假定负俯仰角加速度(低头)与正机动载荷系数(图 5-1 飞行机动包线中 A_2

到 D_2 点）同时达到，此负俯仰角加速度必须至少等于 $\ddot{\theta}_2=-\dfrac{26}{V}n(n-1.5)\,\text{rad/s}^2$。

首先按稳定俯仰机动方法，求出两种峰值载荷时的平衡载荷 F_{T01}、$F_{H1}(\alpha)$、$F_{H1}(\delta_e)$ 及 F_{T02}、$F_{H2}(\alpha)$、$F_{H2}(\delta_e)$。求第一峰值机动载荷及第二峰值机动载荷时，则采用下述时间历程法。该情况的数学描述与非校验机动相同。舵偏输入规律如图 5-4 所示。

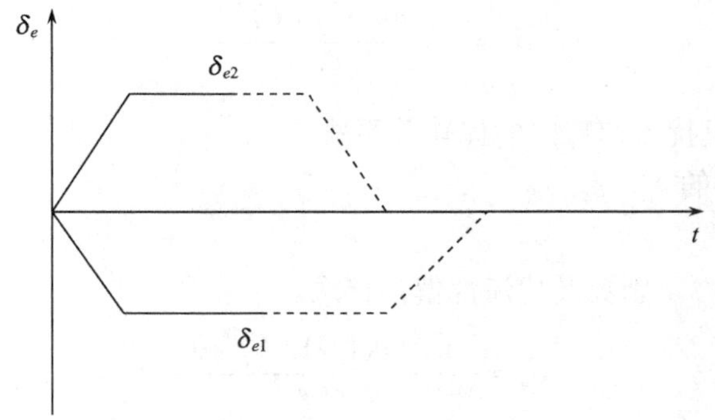

图 5-4　校验机动舵偏输入

舵偏速率按所能达到的最大速率。舵偏大小 δ_{e1}、δ_{e2} 按要求由计算机试算得出。对于第一峰值机动载荷，使 $\ddot{\theta}=\ddot{\theta}_1$ 来确定 δ_{e1}，对于第二峰值机动载荷，使 $\ddot{\theta}=\ddot{\theta}_2$ 来确定 δ_{e2}。

最后，将各自的平衡载荷与各自的峰值机动载荷叠加，即可得时间历程法求得的校验机动第一及第二峰值总载荷。

5.2.7　滚转机动总载荷

CCAR-25-R4 在第 25.349 条"滚转情况"要求，滚转机动必须考虑载荷系数为零及等于设计中所用正机动载荷系数 2/3 情况下的稳态滚转（$\dot{\omega}_x=0,\omega_x\neq0$）及加速滚转（$\dot{\omega}_x\neq0$，假定 $\omega_x=0$）情况，并作下述具体规定。

(1) 速度 V_A 时，假定副翼突然偏转到止动器。

(2) 速度 V_C 时，副翼偏角由产生不小于 V_A 时的 ω_x 值来确定。

(3) 速度 V_D 时，副翼偏角由产生不小于 V_A 时的 ω_x 值的 1/3 来确定。

1. 数学描述

对于大型飞机，滚转机动通常不会成为垂尾的设计情况，可以用纯滚转方程进行研究。数学描述如下：

$$I_x\dot{\omega}_x=C_l^{\dot{\omega}x}\dot{\omega}_x qS_W b+C_l^{\omega x}\omega_x qS_W b+C_l^{\delta a}\delta_a qS_W b+C_l^{\delta s}\delta_s qS_W b \tag{5-4}$$

初始条件：$t=0$ 时，$\omega_x=\dot{\omega}_x=0$，副翼偏度 $\delta_a=0$，扰流片偏度 $\delta_s=0$。

边界条件：$t>0$ 时，δ_a、δ_s 阶跃为相应偏度。

1) V_A、V_C、V_D 时的稳态滚转

$$\dot{\omega}_x=0$$
$$\omega_x=-\frac{C_l^{\delta a}\delta_a+C_l^{\delta s}\delta_s}{C_l^{\omega x}} \tag{5-5}$$

(1) V_A时。

δ_a、δ_s为偏至止动器的已知值(最大值)，由式(5-5)可以求出此时的ω_x值，记为$\omega_x(A)$。

(2) V_C时。

令$\omega_x(C)=\omega_x(A)$，副翼及扰流片偏角待求。

$$\delta_a=\frac{C_l^{\omega x}\omega_x\left(C\right)+C_l^{\delta s}\delta_s}{C_l^{\delta a}} \tag{5-6}$$

式中，$\delta_s=f(\delta_a)$为飞机扰流片特定的偏转关系式。

由此可解出V_C时的δ_a、δ_s。

(3) V_D时。

令$\omega_x(D)=\omega_x(A)/3$，副翼及扰流片偏角待求。

$$\delta_a=-\frac{C_l^{\omega x}\omega_x\left(D\right)+C_l^{\delta s}\delta_s}{C_l^{\delta a}} \tag{5-7}$$

式中，$\delta_s=f(\delta_a)$为飞机扰流片特定的偏转关系式。

由此可解出V_D时的δ_a、δ_s。

2) V_A、V_C、V_D时的加速滚转

$$\omega_x=0$$

(1) V_A时。

$$\dot{\omega}_x\left(A\right)=\frac{\left(C_l^{\delta a}\delta_a+C_l^{\delta s}\delta_s\right)qS_Wb}{I_x-C_l^{\omega x}qS_Wb} \tag{5-8}$$

式中，δ_a、δ_s皆为最大偏度。

(2) V_C时。

$\dot{\omega}_x(C)$同式(5-8)，但δ_a、δ_s用V_C稳态滚转时的偏度值。

(3) V_D时。

$\dot{\omega}_x(D)$同式(5-8)，但δ_a、δ_s用V_D稳态滚转时的偏度值。

通过上述1)、2)的讨论，即可求出V_A、V_C、V_D时的稳态滚转ω_x值和加速滚转$\dot{\omega}_x$值，以及它们各自相应的活动面偏度δ_a、δ_s。

2. 滚转载荷的求解

根据CCAR-25-R4第25.349条的要求，首先按稳定俯仰机动的方法求解出载荷系数为0及等于设计中所用正机动载荷系数2/3情况下时的无尾飞机载荷及平尾载荷。对于稳态滚转情况，已知无尾飞机载荷及δ_a、δ_s、ω_x之后，即可根据分布计算中的对称分布及反对称分布计算出左、右机翼上各自的总载荷及其分布。

对于加速滚转，已知无尾飞机总载荷及δ_a、δ_s、$\dot{\omega}_x$之后，也可通过对称及反对称分布计算，求出左、右翼各自的总载荷及分布。

如果需要，也可求出由于滚转在平尾、垂尾上引起的载荷。

5.2.8　偏航机动总载荷

偏航机动是 CCAR-25-R4 在第 25.351 条“偏航机动情况”规定的重要设计情况。机动中因飞机产生侧滑，造成飞机不对称受载。方向舵偏转和侧滑导致垂尾承受很大的载荷。该情况是垂尾、后机身的主要受载情况。要求在 V_{MCA} 到 V_D 的所有速度下考虑偏航机动。在计算垂尾载荷时，可以假定偏航角速度为零。CCAR-25-R4 第 25.351 条(a)规定了 $\delta_{\max}$ 的大小及 δ_r - t 的操纵规律，具体如下：

飞机必须按第 25.351 条(a)到(d)规定的偏航机动情况引起的载荷进行设计，速度范围从 V_{MCA} 到 V_D。对重心的不平衡气动力矩必须以合理或保守的方式予以平衡，并考虑飞机惯性力。在计算尾翼载荷时，可以假定偏航速度为零。

(a)当飞机以零偏航角非加速飞行时，假定方向舵操纵器件突然移动使方向舵偏转到受下列条件限制的偏转量；

(1)操纵面止动器；或

(2)飞行员作用力的限制值，从 V_{MC} 到 V_A 为 1330 牛(136 公斤，300 磅)，从 V_C / M_C 到 V_D / M_D 为 890 牛(90.7 公斤，200 磅)，在 V_A 与 V_C / M_C 之间按线性变化。

(b)当方向舵操纵器件偏转，以始终保持在本条(a)中规定的限制值内可用的最大方向舵偏转时，假定飞机偏航到过漂侧滑角。

(c)当飞机偏航到静平衡侧滑角时，假定方向舵操纵器件保持，以获得在本条(a)中规定的限制值内最大可用方向舵偏转。

(d)当飞机偏航到本条(c)的静平衡侧滑角时，假定方向舵操纵器件突然回到中立位置。

1. 数学描述

按适航标准定义考虑偏航机动时，飞机响应可用侧滑及偏航二自由度方程描述如下：

$$\begin{cases}\dfrac{\mathrm{d}\beta}{\mathrm{d}t}=\dfrac{gqS_W}{WV_\infty}\left\{C_C^\beta\beta+C_{C,V}^\beta\dfrac{\omega_Z\left[L_V(\beta)+\Delta x_{CG}\right]}{V_\infty}+C_C^{\delta r}\delta_r\right\}+\omega_Z\\ \dfrac{\mathrm{d}\omega_Z}{\mathrm{d}t}=\dfrac{qS_Wb}{I_Z}\left(C_n^\beta\beta+\dfrac{b}{2V_\infty}C_n^{\bar{\omega}z}\bar{\omega}Z+C_n^{\delta r}\delta_r\right)+C_C^\beta\beta qS_W\dfrac{\left(\bar{x}_{CG}-0.25\right)c_{AW}}{I_Z}\\ \qquad+C_{C,V}^\beta\dfrac{\omega_ZqS_W\left[L_V(\beta)+\Delta x_{CG}\right]}{V_\infty I_Z}+C_C^{\delta r}\delta_r\dfrac{qS_W\left[L_V(\delta_r)+\Delta x_{CG}\right]}{I_Z}\end{cases}\tag{5-9}$$

初值：$t=0$，$\beta=\omega_Z=0$。

式中，$L_V(\delta_r)$ 为对应于方向舵偏转的垂尾尾力臂(m)。

2. 舵面输入及载荷求解

在低速时，方向舵可以偏转到结构限制偏度。随着速度的增加，舵面上的载荷增加，飞行员施加 1330N 方向舵脚蹬力已不能实现满偏度，所以舵偏度将随速度增加而减小。各个速度下的舵偏度 $\delta_{r\max}$ 应根据操纵系统特性求出。方向舵偏度若按梯形输入，舵偏速率可以取实际值。

如图 5-5 所示，输入 δ_r - t，即可求解方程(5-9)。图中 $\beta_{\text{sta}} \approx \frac{C_n^{\delta r}\delta_{r\max}}{C_n^{\beta}}$，求解方程(5-9)，可得各瞬时的 β、ω_Z、δ_r。由这些结果，可得各瞬时的下列载荷值。

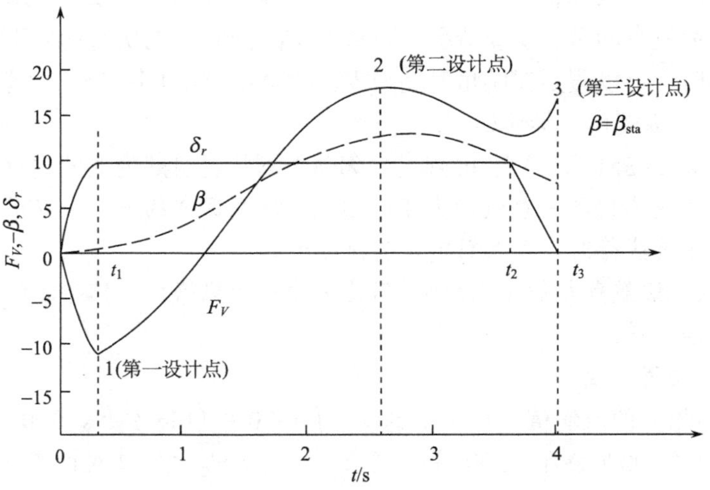

图 5-5 偏航机动中的垂尾载荷

1)垂尾载荷

$$F_V(\beta) = C_{C,V}^{\beta}\left\{\beta + \frac{\omega_Z\left[L_V(\beta) + \Delta x_{CG}\right]}{V_\infty}\right\}qS_W$$

$$F_V(\delta_r) = C_C^{\delta r}\delta_r qS_W$$

$$F_V = F_V(\beta) + F_V(\delta_r)$$

2)无尾飞机的侧向载荷

$$F_{T0} = \left(C_C^{\beta} - C_{C,V}^{\beta}\right)\beta qS_W$$

5.2.9 发动机停车载荷

发动机失效(或停车)意味着发动机推力(或功率)的丧失，有时还产生反推力或阻力；临界发动机失效后，由于推力的不对称，将产生不对称偏航力矩 M_z。在偏航力矩作用下，飞机将产生侧向运动，再加上飞行员的校正偏航机动，会在垂尾上产生很大的气动载荷，有可能成为方向舵、垂尾及后机身的临界载荷情况。CCAR-25-R4 第 25.367 条“发动机失效引起的非对称载荷”(b)对这种机动规定为，可以假定驾驶员的纠正动作在达到最大偏航速度时开始，但不早于发动机失效后 2s。纠偏量的大小可以根据第 25.397 条(b)中规定的操纵力确定，但如果分析或试验表明较小的力能够控制由上述发动机失效情况所产生的偏航和滚转，也可以取较小的力。

1. 数学描述

由于假设发动机停车诱导的偏航运动基本上是平面运动，所以发动机失效后，推力减小和阻力增加的时间历程，可用下面二自由度方程确定。数学描述如下(假定右发停车)：

$$\frac{\mathrm{d}\beta}{\mathrm{d}t}=\frac{gqS_W}{WV_\infty}\left\{C_C^\beta\beta+C_{C,V}^\beta\frac{\omega_Z\left[L_V(\beta)+\Delta x_{CG}\right]}{V_\infty}+C_C^{\delta r}\delta_r\right\}+\omega_Z$$

$$\frac{\mathrm{d}\omega_Z}{\mathrm{d}t}=\frac{qS_Wb}{I_Z}\left(C_n^\beta\beta+\frac{b}{2V_\infty}C_n^{\bar{\omega}}Z\bar{\omega}_Z+C_n^{\delta r}\delta_r\right)+\left[P_L(t)-P_r(t)\right]\frac{L_{Lr}}{I_Z}$$
$$+C_C^\beta\beta qS_W\frac{(\bar{x}_{CG}-0.25)c_{AW}}{I_Z}+C_{C,V}^\beta\omega_Z qS_W\frac{\left[L_V(\beta)+\Delta x_{CG}\right]^2}{V_\infty I_Z}$$
$$+C_C^{\delta r}\delta_r\frac{qS_W\left[L_V(\delta_r)+\Delta x_{CG}\right]}{I_Z} \tag{5-10}$$

初值：$t=0$，$\beta=\omega_Z=0$，$P_L(0)=P_r(0)=$ 额定或起飞推力。

式中，$L_V(\delta_r)$为对应于方向舵偏转的垂尾尾力臂(m)；L_{Lr} 为左发推力相应右发产生偏航力矩的力臂(m)；$P_L(t)$为左发动机 t 时刻的推力(N)；$P_r(t)$为右发动机 t 时刻的推力(N)。

2. 校正舵偏输入及载荷的求解

发动机停车后的推力衰减及阻力增加的规律，由发动机特性给出。δ_r 按 CCAR-25-R4 第 25.367 条(b)要求输入。具体描述如下：

$$0\leqslant t<t_{\max},\quad \delta_r=0$$

(1)当 $t_{\max}>2\mathrm{s}$ 时，

$$t\geqslant t_{\max},\quad \delta_r=\delta_r\,(t-t_{\max})$$

当 $\delta_r\,(t)=\delta_{r\max}$ 时，δ_r 保持不变

$$0\leqslant t<2,\quad \delta_r=0$$

(2)当 $t_{\max}\leqslant 2\mathrm{s}$ 时，

$$t\geqslant 2,\quad \delta_r=\delta_r\,(t-2)$$

当 $\delta_r\,(t)=\delta_{r\max}$ 时，δ_r 保持不变

式中，$t_{\max}$ 为达到最大偏航速度的时间。

图 5-6 给出了发动机停车校正机动中的垂尾载荷及 δ_r 输入规律。

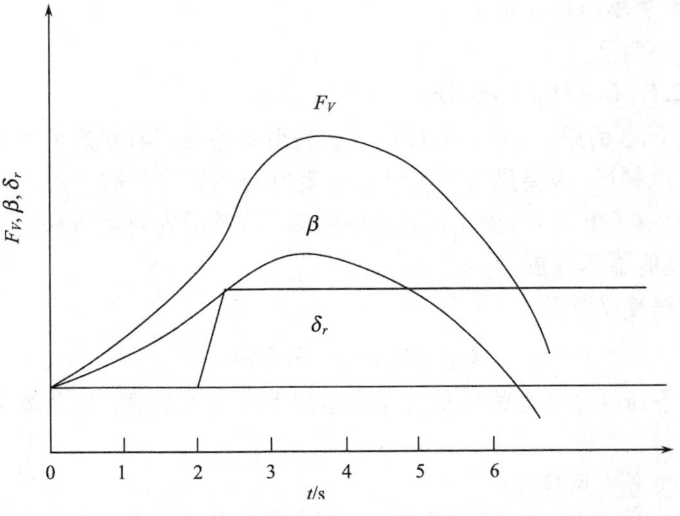

图 5-6　发动机停车校正机动中的垂尾载荷及 δ_r 输入

上述舵偏输入是偏保守的。在处理该问题时，常采用下面两种方法。第一种为校正舵偏至 $\delta_{r\ \max}$ 后再加到 $\delta_{r,\mathrm{sta}}$，然后再保持 $\delta_{r,\mathrm{sta}}$ 舵偏不变。$\delta_{r,\mathrm{sta}}$ 为能使 M_z 达到稳态平衡的舵偏角，$\delta_{r,\mathrm{sta}} \approx -\dfrac{M_z}{C_n^{\delta r} q S_W C_{AW}}$。第二种为校正舵偏，偏至 $\delta_{r,\mathrm{sta}}$ 后就保持不变。

基于上述讨论，就可以按方程(5-10)求出 β、ω_Z、δ_r 随时间的变化。同时，也可求出各瞬时的载荷。

垂尾载荷如下：

$$F_V(\beta) = C_{C,V}^{\beta}\left\{\beta + \frac{\omega_Z\left[L_V(\beta) + \Delta x_{CG}\right]}{V_\infty}\right\} q S_W$$

$$F_V(\delta_r) = C_C^{\delta r}\delta_r q S_W$$

$$F_V = F_V(\beta) + F_V(\delta_r)$$

5.2.10 离散突风载荷

突风载荷是飞机在不平衡大气中飞行，由扰动气流引起的附加载荷。这种载荷是飞机结构强度设计的重要依据之一。

飞机应处于水平直线无侧滑飞行，并且有相应的水平尾翼平衡载荷和垂直尾翼配平载荷。飞机将在规定的各种速度和临界重量下遇到离散的垂直突风和横向突风。

使用突风载荷公式计算载荷时，为了保持飞机的平衡，计算得到的气动力和力矩，应由飞机的平移惯性力和旋转惯性力平衡。

1. 适航要求

CCAR-25-R4 在第 25.341 条“突风和紊流载荷”中对离散突风载荷作了如下规定：

(a) 离散突风设计准则 假定飞机在平飞中遇到对称的垂直和横向突风，限制突风载荷的确定必须根据下列规定：

(1) 必须通过动态分析确定结构各部分的载荷。分析必须考虑非定常气动特性和包括刚体运动在内的所有重要的结构自由度。

(2) 突风形状必须是：

对于 $0 \leqslant s \leqslant 2H$，$U = U_{ds}[1-\cos(\pi s/H)]/2$

式中，s 为进入突风区的距离（米，英尺）；U_{ds} 为用本条(a)(4)规定的当量空速表示的设计突风速度；H 为突风梯度，即突风达到其峰值速度时与飞机飞行航迹的平行距离（米，英尺）。

(3) 必须在 9.1 米(30 英尺)到 106.7 米(350 英尺)范围内对突风梯度进行足够的研究，找出每个载荷数值的临界响应。

(4) 设计突风速度必须是：

$$U_{ds} = U_{\mathrm{ref}} F_g \,(H/350)^{1/6}$$

式中，U_{ref} 为用本条(a)(5)确定的当量空速表示的参考突风速度；F_g 为本条(a)(6)确定的飞行剖面缓和系数。

(5) 采用下列参考突风速度：

(i) 在飞机设计速度 V_C 时：必须考虑海平面上参考突风速度为 17.07 米/秒(56.0 英尺/

秒)EAS 的正负突风。参考突风速度可以从海平面 17.07 米/秒(56.0 英尺/秒)EAS 线性下降到 4575 米(15000 英尺)13.41 米/秒(44.0 英尺/秒)EAS。参考突风速度还可以进一步线性下降,从 4575 米(15000 英尺)13.41 米/秒(44.0 英尺/秒)EAS 下降到 15200 米(50000 英尺)7.92 米/秒(26.0 英尺/秒)EAS。

(ii)在飞机设计速度 V_D 时:参考突风速度必须是从第本条(a)(5)(i)得到的值的 0.5 倍。

(6)飞行剖面缓和系数 F_g 必须从海平面值起线性增加到第 25.1527 条"周围大气温度和使用高度"确定的最大使用高度时的 1.0。在海平面时,飞行剖面缓和系数由下列公式确定:

$$F_g = 0.5\left(F_{gz} + F_{gm}\right)$$

式中,$F_{gz} = 1 - Z_{mo} / 250000$;$F_{gm} = R_2 \tan(\pi R_1/4)$;$R_1$ 为最大着陆重量/最大起飞重量;R_2 为最大零燃油重量/最大起飞重量;Z_{mo} 为第 25.1527 条确定的最大使用高度。

2. 垂直突风载荷

飞行速度选 V_F、V_B、V_C、V_D 四种设计速度。

机翼和机身的突风过载增量为

$$\Delta n_{BW} = \frac{K_g U_{ds} V_{\mathrm{eq}} C_{L,T0}^{\alpha} S_W}{16W} \tag{5-11}$$

机身和平尾的突风过载增量为

$$\Delta n_{BH} = \frac{K_{gH} U_{ds} V_{\mathrm{eq}} C_{L,H}^{\alpha} \left(1 - \dfrac{\mathrm{d}\varepsilon}{\mathrm{d}t}\right) S_H}{16W} \tag{5-12}$$

式中,K_g 为突风减缓因子,其值为 $K_g = \dfrac{0.88\mu_g}{5.3 + \mu_g}$;$K_{gH}$ 为水平尾翼的突风减缓因子,速度小于临界马赫数时,$K_{gH} = 1.1K_g$,速度大于临界马赫数时,$K_{gH} = K_g$;μ_g 为飞机质量比,其值为 $\mu_g = \dfrac{2W}{\rho c_W C_L^{\alpha} g S_W}$;$\rho$ 为所在高度大气密度(kg/m^3);c_W 为机翼平均几何弦长(m);V_{eq} 为飞机当量速度(m/s);U_{ds} 为 CCAR-25-R4 第 25.341 条(a)(4)规定的设计突风速度(m/s);W 为飞机重力(N)。

无尾飞机及平尾的突风载荷增量为

$$\Delta F_{T0} = \Delta n_{BW} \cdot W$$

$$\Delta F_H = \Delta n_{BH} \cdot W$$

因为其初态为 $n = 1$ 平飞,所以总载荷为垂直突风载荷增量加上 $n = 1$ 时的无尾飞机载荷 F_{1T0} 及平尾载荷 F_{1H}。

$$F_{T0} = \Delta F_{T0} + F_{1T0}$$

$$F_H = \Delta F_H + F_{1H}$$

3. 横向突风载荷

由于横向突风的作用,造成飞机垂尾和机身的不对称受载。估算的横向突风过载增量为

$$\Delta n_{BV}=\frac{K_{gt}U_{ds}V_{\text{eq}}C_{C,V}^{\beta}S_W}{16W} \tag{5-13}$$

式中，K_g 为突风减缓因子，其值为 $K_{gt}=\dfrac{0.88\mu_{gt}}{5.3+\mu_{gt}}$；$\mu_{gt}$ 为横向质量比，其值为 $\mu_{gt}=\dfrac{2W}{\rho\bar{c}_V C_{C,V}^{\beta} g S_W}\left(\dfrac{K}{l_V}\right)^2$；$\bar{c}_V$ 为垂尾平均几何弦长(m)；K 为偏航时的回转半径(m)；l_V 为飞机重心到垂尾压心的距离(m)。

横向突风载荷增量为

$$F_V=F_V(\beta)=\frac{K_{gt}U_{ds}V_{\text{eq}}C_{C,V}^{\beta}S_W}{16}$$

5.3 部件分布载荷

5.3.1 气动力分布计算

确定了总载荷，但问题仅仅解决了一半，因为要进行强度计算，还要知道这些力的分布。

所谓载荷分布，对于机翼、尾翼而言，主要是指如下四个方面。

(1) 总压力中心(压心)位置 X_C、Y_C、Z_C；

(2) 展向相对环量分布及展向力分布；

(3) 剖面压力中心 $x_{ac}(y)$；

(4) 剖面弦向载荷分布 $\Delta C_P(i,j)$。

对于机身而言，主要是指机身轴向及各站位周向的气动力分布。通常可以采用理论或试验的方法计算。

1. 载荷分布的理论计算

可以采用有限基本解方法计算亚声速绕流场，并利用气流主管方程的线性性质使大量复杂的绕流计算问题归结为基础气动力分布的线性组合问题，从而使工程计算大量简化。采用线性化假设，可以满足工程计算要求。

1) 基础气动力计算

在采用线性化的空气压缩性修正因子之后，亚声速流主管方程(拉普拉斯方程)本身是线性的，如果再在边界条件(包括气流唯一性条件)中采用线性化处理，则整个亚声速位流问题就化成线性问题了。线性问题具有叠加性，而且各计算结果(气动力系数)与计算边界条件(α、β、δ)之间的关系也是线性的。

基于线性化假设，可以将一般的绕流问题线化为几个解的叠加。以翼型为例，可将一个绕流问题分解为弯扭贡献、迎角(平板)贡献、舵偏贡献以及对称厚翼贡献四个部分的叠加，如图 5-7 所示。三元问题亦与此类似。

实际计算中，如果仅仅要求载荷系数 ΔC_P，而不是求压力系数 C_P，往往略去对 ΔC_P 无贡献的对称厚翼部分。上述四部分基础气动力的计算，可采用不同的程序软件来实现。

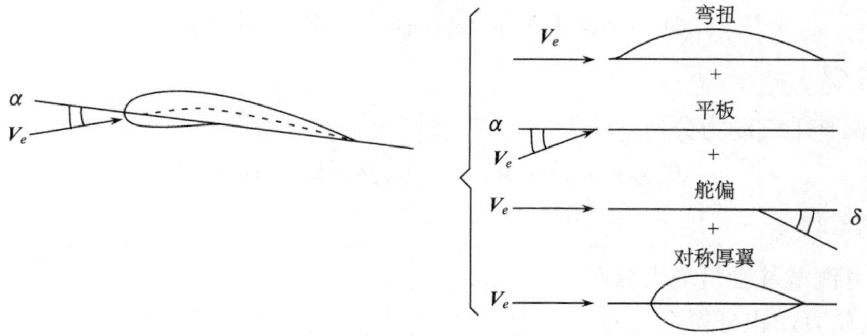

图 5-7 气动分布计算中的线性分解

实际计算中，需计算出下述结果。

(1) 平尾基础气动力。

首先求出下列结果：$M = 0.2, 0.4, 0.6, 0.7, 0.8, 0.9$；

(机身+平尾) $\alpha = 0°$，$\delta_e = 0°$ 的 $\Delta C_{P0,BH}(i,j)$；

(机身+平尾) $\alpha = 1°$，$\delta_e = 0°$ 的 $\Delta C_{P\alpha,BH}(i,j)$；

(机身+平尾) $\alpha = 0°$，$\delta_e = 1°$ 的 $\Delta C_{P\delta e,BH}(i,j)$；

(单独机身) $\alpha = 0°$ 的 $\Delta C_{P0,B}(i,j)$；

(单独机身) $\alpha = 1°$ 的 $\Delta C_{P\alpha,B}(i,j)$。

由此可得出给定 M 数下，平尾基础气动力的各个分布，包括作用在外露翼上的单独外露翼气动力，机身对外露翼的干扰气动力及作用在机身上的外露翼对机身的干扰气动力。

A. 弯扭基础气动力分布。

$$\Delta C_{P0,H}(i,j) = \Delta C_{P0,BH}(i,j) - \Delta C_{P0,B}(i,j) \tag{5-14}$$

积分得 $C_{L0,H}$。

B. 迎角基础气动力分布。

$$\Delta C_{P\alpha,H}(i,j) = \Delta C_{P\alpha,BH}(i,j) - \Delta C_{P0,H}(i,j) - \Delta C_{P\alpha,B}(i,j) \tag{5-15}$$

积分得 $C_{L,H}^{\alpha}$。

C .舵偏基础气动力分布。

$$\Delta C_{P\delta e,H}(i,j) = \Delta C_{P\delta e,BH}(i,j) - \Delta C_{P0,BH}(i,j) \tag{5-16}$$

积分得 $C_{L,H}^{\delta e}$。

(2) 垂尾基础气动力。

与平尾类似，首先计算出各给定 M 数下 ($\alpha = 0°$) 的下列结果 (以下 ΔC_P 皆为侧向力的分布)：

(机身+垂尾) $\beta = 0°$，$\delta_r = 0°$ 的 $\Delta C_{P0,BV}(i,j)$；

(机身+垂尾) $\beta = 1°$，$\delta_r = 0°$ 的 $\Delta C_{P\beta,BV}(i,j)$；

(机身+垂尾) $\beta = 0°$，$\delta_r = 1°$ 的 $\Delta C_{P\delta r,BV}(i,j)$；

(单独机身) $\beta = 1°$，$\delta_r = 0°$ 的 $\Delta C_{P\beta,B}(i,j)$。

由此可得垂尾基础气动力的各个分布。

A. 侧滑基础气动力分布。

$$\Delta C_{P\beta,V}(i,j)=\Delta C_{P\beta,BV}(i,j)-\Delta C_{P\beta,B}(i,j) \tag{5-17}$$

积分得 $C_{C,V}^{\beta}$。

B. 舵偏基础气动力分布。

$$\Delta C_{P\delta r,V}(i,j)=\Delta C_{P\delta r,BV}(i,j)-\Delta C_{P0,BV}(i,j) \tag{5-18}$$

积分得 $C_{C,V}^{\delta r}$。

C. 机身侧滑基础气动力分布。

$\Delta C_{P\beta,B}(i,j)$，积分得 $C_{C,B}^{\beta}$；

$\Delta C_{P0,BV}(i,j)$，积分得 C_{C0}。

(3) 翼身(无尾飞机)的基础气动力。

根据对称、侧滑、滚转的具体情况，需首先给出不同 M 数下的下述计算结果：

无尾飞机 $\beta=0°$，$\alpha=0°$ 的 $\Delta C_{P0,T0}(i,j)$；

无尾飞机 $\beta=0°$，$\alpha=1°$ 的 $\Delta C_{P\alpha,WB}(i,j)$；

无尾飞机平板翼 $\beta=\alpha=0°$，$\omega_x=1°$/s 的 $\Delta C_{P\omega x}(i,j)$ 及 $C_l^{\omega x}$；

无尾飞机平板翼 $\beta=\alpha=0°$，$\delta_a=1°$/s 的 $\Delta C_{P\delta a}(i,j)$ 及 $C_l^{\delta a}$。

则可得用于无尾飞机的基础气动力分布如下：

A. 弯扭贡献基础气动力分布。

$\Delta C_{P0,T0}(i,j)$，积分可得 $C_{L0,T0}$。

B. 迎角贡献基础气动力分布。

$$\Delta C_{P\alpha,T0}(i,j)=\Delta C_{P\alpha,WB}(i,j)-\Delta C_{P0,T0}(i,j) \tag{5-19}$$

积分可得 $C_{L0,T0}^{\alpha}$。

C. 滚转阻尼基础气动力分布。

$\Delta C_{P\omega x}(i,j)$ 及 $C_l^{\omega x}$。

D. 副翼基础气动力分布。

$\Delta C_{P\delta a}(i,j)$ 及 $C_l^{\delta a}$。

上述基础气动力分布中的压力计算点 (i,j)，对于机翼、平尾、垂尾而言，遍布翼面展向 i 及弦向 j 上。对于机身而言，应为纵向各框上的升力分布及侧力分布(即经过周向积分的升力及侧力分布)。值得指出的是，机身的气动载荷主要包含在翼身基础气动力之中(单独机身及机翼对机身的干扰)，同时，也包含在平尾及垂尾的基础气动力中(平尾及垂尾对机身的干扰气动升力及侧力分布)，而机身侧向载荷主要由垂尾计算中的 $\Delta C_{P\beta,B}(i,j)$ 给定。

2) 载荷分布计算中的计算迎角、计算侧滑角及舵偏角

(1) 平尾载荷分布计算的计算迎角及舵偏角。

平尾总载荷计算，是将试验得到的气动力导数(或系数)代入动力学方程中求出飞机姿态参数 α、δ_e 等，从而求出平尾总载荷及相应的 α、δ_e。但在进行分布计算时，理论方法所得气动力导数与试验数据总会有些差异，如果简单地以方程解得的姿态角 α、δ_e 作为分布计算的迎角及舵偏角，最后求出由载荷分布积分得到的总载荷，将会与原先由运动方程解出的总载荷不协调。因此，可采用所谓的计算迎角及计算舵偏角来替代由运动方程解得的相应迎角及舵偏角，以确保总载荷的协调，并遵循下列原则。

A. 仅取用理论计算得出的载荷分布形态。

B. 保证总载荷的协调一致。

C. 保证 α、δ_e 对载荷贡献的比例协调一致。

满足以上要求的计算迎角及舵偏角为

$$\alpha_j = \frac{\dfrac{F_H(\alpha)}{q_t S_H} - C_{L0,H}}{C_{L,H}^{\alpha}} \tag{5-20}$$

$$\delta_{ej} = \frac{F_H(\delta_e)}{q_t S_H C_{L,H}^{\delta e}} \tag{5-21}$$

式中，$F_H(\alpha)$、$F_H(\delta_e)$ 为总载荷计算得到的平尾迎角 α 贡献总载荷及舵偏角 δ_e 贡献总载荷。

(2) 垂尾载荷分布计算的计算侧滑角及舵偏角（含机身侧向载荷）。

用类似平尾的方法可得

$$\beta_j = \frac{F_V(\beta)}{C_{C,V}^{\beta} q_t S_V} \tag{5-22}$$

$$\delta_{rj} = \frac{F_V(\delta_r)}{C_{C,V}^{\delta r} q_t S_V} \tag{5-23}$$

机身为

$$\beta_{Bj} = \frac{F_{T0}(\beta) - C_{C0} q S_V}{C_{C,B}^{\beta} q S_V} \tag{5-24}$$

式中，$F_V(\beta)$、$F_V(\delta_r)$、$F_{T0}(\beta)$ 为总载荷计算中得出的值。

(3) 翼身载荷分布计算的计算迎角及副翼偏角。

用类似平尾的方法可得

$$\alpha_{T0j} = \frac{F_{T0} - C_{L0,T0} q S_W}{C_{L,T0}^{\alpha} q S_W} \tag{5-25}$$

若有副翼偏转及阻尼，则有

$$\delta_{aj} = \frac{M_x(\delta_a)}{C_l^{\delta a} q S_W b} \tag{5-26}$$

$$\omega_{xj} = \frac{M_x(\omega_x)}{C_l^{\omega x} q S_W b} \tag{5-27}$$

式中，F_{T0} 为由对称机动及其他情况计算得到的总载荷，$M_x(\delta_a)$、$M_x(\omega_x)$ 为滚转情况计算中得到的 δ_a、ω_x 对力矩的贡献。

3) 压力分布组合计算

应用前述的基础气动力分布以及计算迎角与操纵面偏角，并应用叠加原理，通过组合计算，可得到待求的压力分布结果。

本来可以利用亚声速有限基本解方法，直接对所求问题进行绕流场计算，之所以要将其分解为几个基本情况，再线性组合成所需状态，是因为要延拓结果的使用范围。

(1) 平尾载荷分布。

$$\Delta C_{PH}(i,j)=\Delta C_{P0,H}(i,j)+\Delta C_{P\alpha,H}(i,j)\alpha_j+\Delta C_{P\delta e,H}(i,j)\delta_{ej} \tag{5-28}$$

A. 将机身部分的 ΔC_P 积分并取矩，求出机身上(实际上是由于平尾干扰而作用在机身上的载荷)的总载荷 $\Delta F_{z,B}(H)$，压心 $x_{C,B}(H)$，$y_{C,B}(H)=0$，$z_{C,B}(H)=0$。

B.外露平尾部分需要作以下计算：沿整个翼面求积分并取矩，求出外露平尾总载荷 F_H 及压心 $x_{C,H}$，$y_{C,H}$。

C. 沿外露平尾展向各条带进行弦向积分并取矩，求出剖面升力 $C_{z,\sec}(y)$ 及压心 $x_C(y)$。

D. 沿展向的相对环量分布为

$$\Gamma(y)=\frac{lb}{F_H} \tag{5-29}$$

式中，l 为沿展向单位长度的升力分布，N/m；b 为平尾展长，m。

根据需要，还可分区(安定面区、舵面区等)，给出上述结果。

(2) 垂尾载荷分布。

$$\Delta C_{P,V}(i,j)=\Delta C_{P\beta,V}(i,j)\beta_j+\Delta C_{P\delta r,V}(i,j)\delta_{rj} \tag{5-30}$$

A. 将机身部分的 ΔC_P 积分并取矩，求出作用于机身上的总载荷 $\Delta F_{y,B}(V)$，压心 $x_{C,B}(V)$，$z_{C,B}(V)$，$y_{C,B}(V)=0$。

B. 用类似于外露平尾部分需要作以下计算，可求出外露垂尾上的下列结果：总力 F_V，总压心 $x_{C,V}$、$y_{C,V}$、$z_{C,V}$。

C. 展向分布结果：用类似于上述平尾载荷分布中的 C、D 的方法，可求得垂尾展向分布结果。根据需要，还可求出各分区的上述结果。

D. 还需要求出由于侧滑引起的机身侧力分布。

$$\Delta C_{P,B}(i,j)=\Delta C_{P\beta,B}(i,j)\beta_{Bj} \tag{5-31}$$

积分并取矩，可得 F_B 及其压心 $x_{C,B}$，$z_{C,B}$，$y_{C,B}=0$。

(3) 翼身载荷分布。

$$\Delta C_{P,T0}(i,j)=\Delta C_{P0,T0}(i,j)+\Delta C_{P\alpha}(i,j)\alpha_{T0j}\pm\Delta C_{P\omega x}(i,j)\omega_{xj}\pm\Delta C_{P\delta a}(i,j)\delta_{aj} \tag{5-32}$$

式中，±号分别对应于左、右翼。

用类似平尾的方法，可以求出其总载荷 F_{T0}、压心 $x_{C,T0}$、$y_{C,T0}$，沿展向的升力等信息。

2. 基于测压试验结果的分布计算

通常做少量低速试验，从中得出分布形态随 C_L(或 α)的变化规律，作为理论方法的修正，以弥补理论方法中位流计算的不足。

该方法是基于理论分析，经试验近似修正的方法，不仅能节省大量人力、物力，而且基本上能满足载荷分布计算的精度要求，常被采用，但最后仍需取得风洞测压试验的验证。

3. 气动力产生的累积弯、剪、扭载荷计算

通过以上讨论，可以获取所需气动力分布信息，经过处理，可以算出由气动力产生的在各个肋位(机翼、尾翼)及各个框位(机身)上的弯、剪、扭等六个力素的分布及累积分布。对这些分布有贡献的各个部分如下。

(1) 翼身载荷分布 $\Delta C_{P,T0}(i,j)$ 在机翼及机身上引起的载荷。

(2) 外露平尾及其对机身的干扰载荷 $\Delta C_{P,H}(i,j)$ 在平尾和机身上引起的载荷。

(3) 外露垂尾及其对机身的干扰载荷 $\Delta C_{P,V}(i,j)$ 在垂尾和机身上引起的载荷。

(4) 侧滑引起的机身侧力分布 $\Delta C_{P,B}(i,j)$ 在机身上引起的载荷。

将上述四部分叠加，即得所需总气动载荷分布。

5.3.2　惯性力分布计算——全机平衡

全机平衡的典型方法之一为，用分布载荷计算之后得到的总压力中心位置及总载荷通过刚体动力学方程重新算出飞机的动态参数 $\dot{\omega}_x$、$\dot{\omega}_y$、$\dot{\omega}_z$（三个角加速度）。线加速度 n_x、n_y、n_z 在重新求解时保持不变，仅三个角加速度的值与用飞行动力学方程求解总载荷时得出的值略有不同。这种差别的原因在于通过理论或测压试验求出的分布载荷的积分等于总载荷，但压心总会与飞行动力学方程中用到的焦点位置或力矩导数中隐含着的压力中心有差异。这种差异，将导致全机不平衡。

为了修正这种不平衡，通过下述步骤处理。

(1)求重心处的过载，n_x、n_y、n_z 三个过载不变，角加速度 $\dot{\omega}_x$、$\dot{\omega}_y$、$\dot{\omega}_z$ 采用重新求解刚体动力学方程得出的新值。

(2)用(1)中给出的重心处过载及角加速度为基础，求解每个待求点处的“局部过载”，该“局部过载”等于由重心线加速度引起的平移过载与由角加速度引起的转动过载叠加。

(3)各计算点上的重力（质量力）乘以该点处的局部过载即得该点处的惯性力。

有了重力分布及各点的局部过载，可以较容易地求解出惯性力分布，也可求解出惯性力的累积分布。

该方法的核心思想如下：将气动力压心的计算误差，用全机惯性力来消除。由于这种误差不是很大，并且通过全机各处的惯性力分布均匀地消除，在工程上是可以接受的，该方法的最大好处是全机平衡方便。

5.3.3　气动弹性修正方法

气动弹性对机翼的载荷分布有着重要的影响，特别是对于后掠机翼，在外载荷的作用下，扭转及弯曲都将造成后掠机翼顺流迎角展向分布的改变。对于直机翼，弯曲并不造成迎角改变，仅扭转引起迎角变化。

一般而言，气动弹性影响将造成机翼的负扭角，并且该弹性扭角的分布从翼根到翼尖逐渐增大，造成机翼压力中心沿展向的内移。所以，在保持总升力不变的条件下，气动弹性对机翼载荷的贡献主要表现在翼根及中外翼弯矩减小，同时机翼扭矩也会变化。计入弹性影响，对降低机翼弯矩从而减小结构重量有着重要的实际意义。

上面所述是指对载荷分布的影响。除此之外，气动弹性还将引起无尾飞机及尾翼气动力导数的变化，虽对全机总载荷无影响，但影响无尾飞机与尾翼载荷的分配。

弹性影响来自两方面，一是由于空气动力引起的机翼或后机身及尾翼变形而产生的气动力；二是由于结构惯性力引起的结构变形而产生的气动力。在载荷计算中，计入气动弹性影响，分下述两个方面。

1. 机动及突风模拟总载荷求解中的弹性修正

一般将经过气动弹性修正后的气动导数引入飞行动力学方程，以此体现弹性影响。例如，将 C_L^n、$C_L^{\omega y}$、C_m^n、$C_m^{\omega x}$、$C_L^{\omega x}$ 等气动弹性导数引入飞行动力学方程。

2. 气动力分布的弹性修正

这部分的处理，国内外各飞机公司采用的方法基本类似，气动力分布改变的原因也是两种——空气动力和结构惯性力。

该问题处理的方法有两种，一是对基础压力分布进行修正，二是先按刚性飞机处理，待求出净载荷后再进行气动弹性修正。

5.4　临界飞行载荷情况的筛选

根据适航标准要求，需要对重量、重心、惯矩、速度、高度的多种组合进行载荷计算。计算中分别求解多种机动与突风载荷，载荷情况将达到数万种之多。如果考虑时间历程法中每个瞬时的载荷，将使载荷点数目达到难以忍受的程度。要从如此浩瀚的数据堆积中，筛选出各个部件的临界载荷情况，是很困难的。为了不遗漏临界载荷情况，又极大地减小计算工作量，筛选是必不可少的。

首先，从分析各参数的影响入手，即先通过分析计算，找出某一参数对载荷的影响规律，以减小参数的组合量。其次，对于一个机动过程的时间历程，采用设计点的概念来选取典型的载荷特征点。设计点方法，对于以气动载荷为主的机翼、尾翼等部件很有效，而对于惯性载荷起主要作用的机身，显得不足。为了不遗漏机身的严重设计情况，采用参数选择法加以补充。

通常，在机动与突风模拟的总载荷求解中，可综合运用上述的方法——参数分析、设计点选取和参数选择解决载荷初选问题。最后，再用单值包线法及组合包线法来解决净载荷的最终选取。

5.4.1　总载荷的初选

1. 设计点法

本节以偏航机动中的垂尾载荷为例，说明设计点方法。如图 5-2 所示，在偏航机动时间历程中，垂尾有三个载荷设计点——对应于 F_V - t 曲线的三个特征值。这三个载荷设计点不仅载荷大小不同，它们所处的状态组合更不相同——由不同的侧滑贡献及舵偏贡献组合而成。对于第一设计点，其载荷几乎全由舵面贡献产生，它的弦向分布形态如图 5-8 所示，属于后压心情况。第二设计点的总载荷由最大侧滑角产生的载荷及最大舵偏角产生的载荷反向叠加而成，它的分布形态如图 5-9 所示，属于前压心情况。第三设计点是由单一的 β_{sta} 侧滑贡献产生，它的分布形态如图 5-10 所示，属于正常压心。由此可见，仅需讨论偏航机动时间历程中的三个载荷设计点，就可以概括整个偏航机动过程的特征。

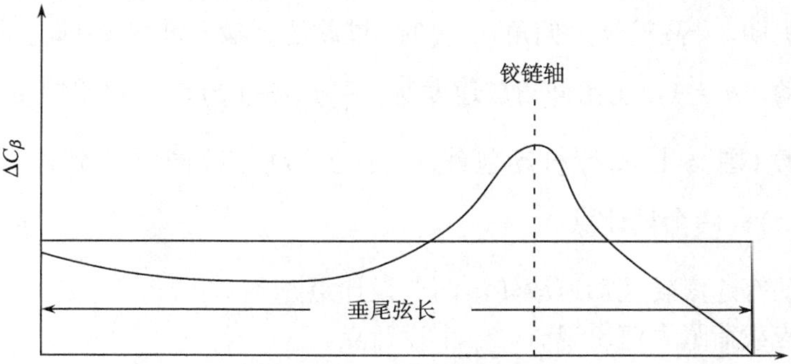

图 5-8　后压心情况弦向分布

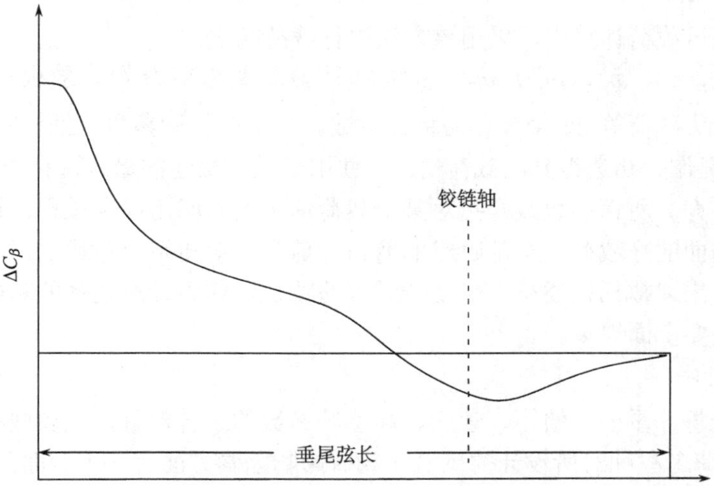

图 5-9　前压心情况弦向分布

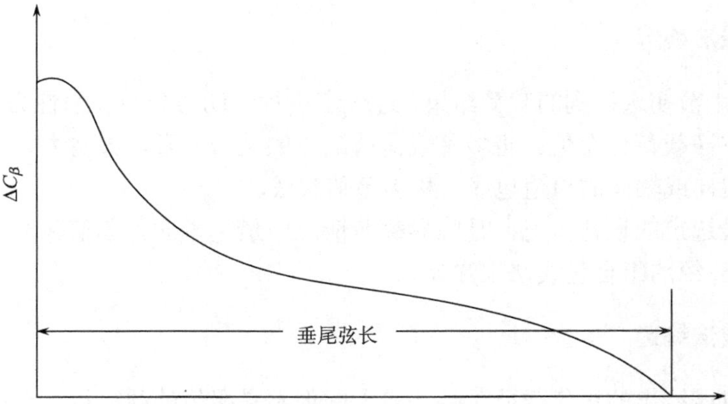

图 5-10　正常压心情况弦向分布

在具体计算中，设定的设计点如下。

(1) 偏航机动，最大舵偏角 $\delta_{r\,\max}$ 时，最大侧滑角 $\beta_{\max}$ 时，稳态侧滑角 β_{sta} 时，三个设计点。

(2) 发动机停车，最大侧滑角 $\beta_{\max}$ 与最大舵偏角 $\delta_{r\,\max}$ 同时出现时，一个设计点。

(3) 非校验机动，升降舵最大偏角 $\delta_{e\max}$ 时，过载达到最大过载 $n = n_{\max}$ 时，两个设计点。

(4) 校验机动，$n = 1$，正俯仰角加速度 $\ddot{\theta}_1 = \dfrac{39}{V}n(n-1.5)$ 时；负俯仰角加速度(低头)与正机动载荷系数(图 5-1 飞行机动包线中 A_2 到 D_2 点)同时达到，负俯仰角加速度 $\ddot{\theta}_2 = -\dfrac{26}{V}n(n-1.5)$；两个设计点。

(5) 滚转机动等速滚转及加速滚转，两个设计点。

(6) 突风响应载荷最大值出现时，一个设计点。

其他还有一些设计点，在此不一一列举。

2. 参数选择法

在机动与突风载荷计算中，采用该方法进行载荷初选。

选择 n_x、n_y、n_z、$\dot{\omega}_x$、$\dot{\omega}_y$、$\dot{\omega}_z$、翼根弯矩 M_x、翼根剪力 Q_z、翼根扭矩 M_y、平尾接头载荷、垂尾接头载荷等 24 个参数为目标参数。将这些目标参数达到极限值(包括最大值及最小值)的情况作为初选得到的载荷情况，并用于随后描述的最终选择中。此外，还采用小包线法作为补充。所谓小包线是指对某一载荷情况的时间历程全过程，通过估算方法求出各瞬时翼根剖面的净载荷，全部瞬时的剪扭、剪弯、弯扭组合包线，形成该机动的小包线。用此包线结果来概括描述整个机动全过程的特征，作为最终选择的基础。显然，该方法比设计点方法要全面得多。

3. 参数分析法

为了减少重量、重心、惯矩、速度、高度等参数的组合数目，减少载荷计算的工作量及机时，便于载荷工程师对所设计的飞机在载荷影响因素方面有一个全面而规律性的了解，常采用参数分析法。

该方法是选定某些重要参数，通过系列计算，画成曲线，以便找出该参数的影响规律。

5.4.2 单值包线法终选

将经过 5.4.1 节初选得到的载荷结果，进一步进行气动力分布及惯性力分布计算，并求出各框位、肋位净载荷分布值。将多种载荷情况中的某一力素，如剪力、弯矩、扭矩等，单独作出它沿展向或轴向的极值包线，称为单值包线。

由单值包线选定的设计情况，是临界载荷情况中最基本的。单值包线法的某些不足，将由 5.4.3 节中介绍的组合包线法来弥补。

5.4.3 组合包线法终选

除了单值包线给出的极值载荷，某些较大的但不是极值的载荷组合也有可能成为设计情况。组合包线法的采用是对单值包线结果的补充，以保证不会遗漏临界载荷情况。一般采用的组合为弯扭、弯剪、剪扭。对于机身，组合类型将更多一些。

通常在机身上选定 6～8 个框位，如前起框，主起框，前段、中段、尾段框及一些结构对接框。在机翼上选定 5～6 个剖面，如翼根剖面、襟翼区剖面、副翼区剖面、翼尖及各结构对接剖面。

做出这些计算剖面或框位上的净载荷组合包线图，再将这些组合包线加以综合，即可最终选定临界载荷设计情况，并得到其全部的数据信息。由此最终选定的临界载荷情况，可以保证严重载荷情况不被遗漏。

5.4.4　粗网格的应力筛选

通常上述方法最终选定的临界载荷情况，可能会有数十种之多(一般为 20～60 种)。如果全部用整体解结构应力分析程序进行详细计算，似乎还多了一些。如果还想再减少一些计算情况，仅对关键的载荷情况进行详细的整体解应力分析，可先采用粗网格分析模型，减小求解的矩阵阶数，对数十种载荷情况进行整体解应力分析。通过这一步应力分析后再最后确定 10 种乃至几种载荷情况，用于强度设计。

载荷计算中，通常应综合采用上面介绍的几种方法，确保载荷计算质量。

应该说，机翼、尾翼的临界载荷情况比较好选一些，而机身临界载荷情况的选择相对来说要复杂与困难一些。

5.5　飞行载荷计算实例

5.5.1　概述

本节给出了某型旅客机飞行载荷计算的部分结果，以便读者对飞行载荷的计算有一些感性认识。

计算飞行载荷，首先应该对原始数据进行预处理，从大量的原始数据中提取计算所需的数据。所谓预处理，就是把现有的原始数据处理成能直接为计算所用的原始数据。例如，测压所得的压力分布数据，可处理成基础气动力数据，为部件分布载荷计算做好准备。一般可按 5.2.2 节的要求准备原始数据。原始数据处理的好坏，直接关系飞行载荷计算的可靠性。计算飞行载荷之前，必须认真做好这项工作，然后应用 5.2 节介绍的方法，求出总载荷。由于计算情况数以万计，为了减少计算工作量，又不遗漏临界载荷情况，可按 5.4.1 节中介绍的方法进行初步筛选，并按初选的结果，计算机翼、机身等主要部件的分布载荷。部件分布载荷包括气动载荷及惯性载荷两部分。气动分布载荷按 5.3.1 节中介绍的方法计算，惯性分布载荷按 5.3.2 节中介绍的方法计算，两者再合成净载荷。这里还包括一个全机平衡的过程。最后绘制单值包线及组合包线图，选出临界载荷情况。这部分可按 5.4.2 节和 5.4.3 节中介绍的方法进行。

由于原始数据一开始可能不太准确，所以飞行载荷计算要进行多次，是一个不断细化的过程。图 5-11 是飞行载荷计算的流程图。

5.5.2　主要飞行载荷情况的计算结果

5.2 节详细讨论了民机飞行载荷中总载荷的计算方法，现结合某型旅客机具体讨论该飞机的主要飞行载荷情况。

1. *稳定俯仰机动*

稳定俯仰机动是假定升降舵以很慢的速率偏转，俯仰角加速度为零的一种理想情况，5.2.4 节详细讨论了该种机动。

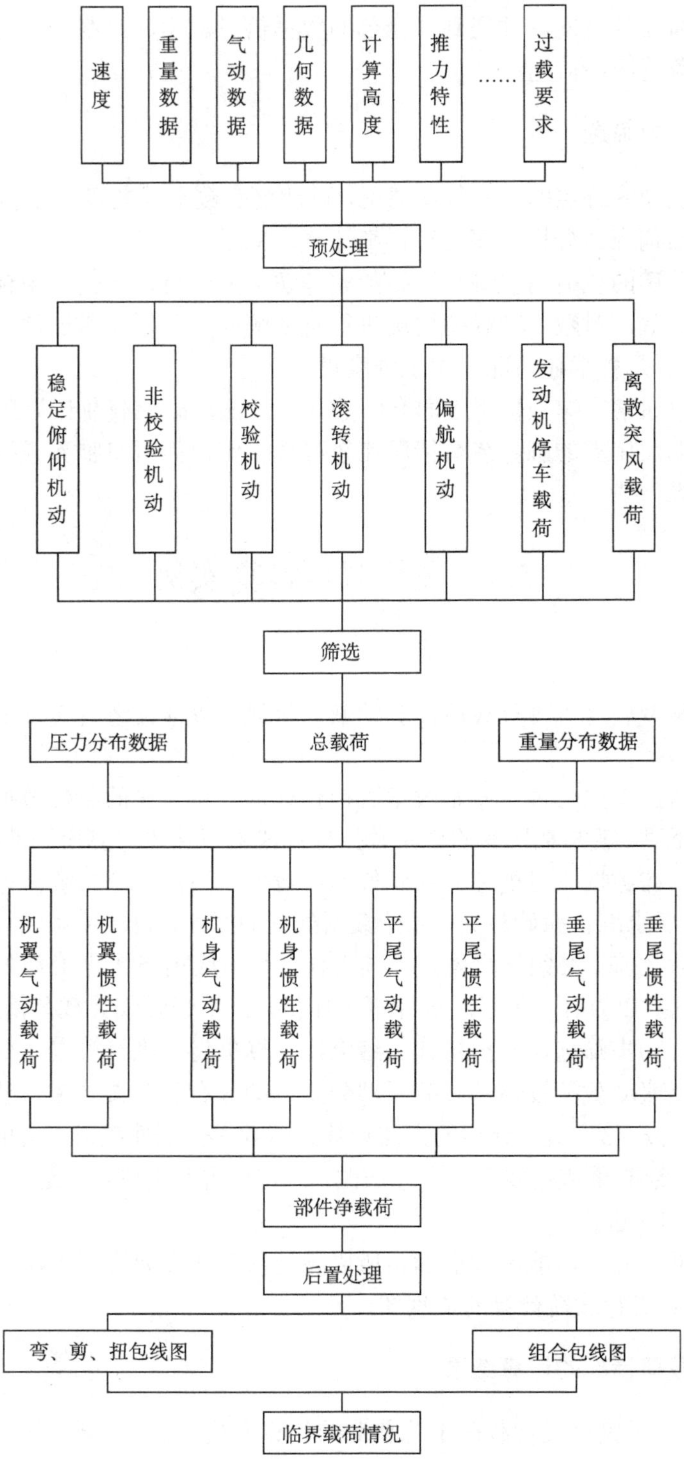

图 5-11 飞行载荷计算流程图

稳定俯仰机动的每种情况，都是在特定重量、重心、过载、速度及高度下的平衡。角速度、迎角、舵偏角可以通过 5.2.4 节中的代数方程求解。由于角加速度为零，推力和所有气动载荷由线惯性力平衡。图 5-1 中机动包线上的 A 到 I 点必须计算。重量变化从最小飞行重量(有备油)到最大总重(包括爬升时燃油消耗)，重心变化从重心前限到重心后限，高度从海平面到最大飞行高度。某型旅客机的 V - n 包线见图 5-12，表 5- 1 给出该型旅客机稳定俯仰机动和垂直突风情况的部分计算结果。

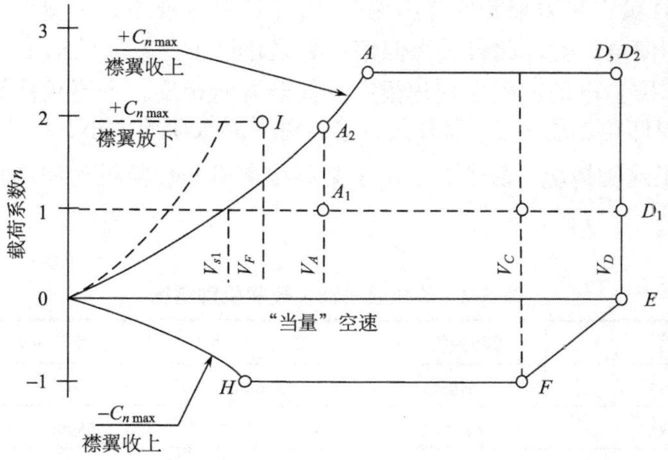

图 5-12　某型旅客机的 V - n 包线

表 5-1　稳定俯仰机动、垂直突风情况

计算情况代号	俯仰机动 1	俯仰机动 2	垂直突风 1	垂直突风 2
装载号	5200G	5102G	1103G	5200G
总重(质)量/kg	57153.6	67268.9	53524.8	57153.6
重心/(%MAC)	−2.90	2.14	33.32	−2.90
高度/m	3500	5180	5180	8000
当量速度/(m/s)	199.0	196.8	146.3	166.3
速压/(N/m^2)	24220.7	23689.5	13090.8	16900.1
马赫数	0.733	0.801	0.596	0.825
发动机推力/N	125685.0	94472.0	70861.8	58491.3
襟翼偏角/(°)	0	0	0	0
扰流片偏角/(°)	0	0	−30	0
迎角/(°)	2.89	4.18	7.03	−2.12
升降舵偏角/(°)	0	0	0	0
平尾偏角/(°)	0	0	0	0
n_x	−0.143	−0.093	−0.100	−0.060
n_z	2.500	2.500	2.274	0.137
俯仰角加速度/(rad/s^2)	0	0	−0.151	0.204
俯仰角速度/(rad/s)	—	—	—	—
平尾总载荷/N	−112700.0	−118791.7	58064.0	−119213.1
无尾飞机升力系数	0.5295	0.6322	0.9806	0.0983
无尾飞机总升力/N	1512963.2	1766879.2	1514466.5	195948.1
无尾飞机过载	2.70	2.68	2.70	3.5

2. 非校验机动

非校验机动是假定飞机正在进行定常平飞时(初始速度为 V_A，过载为 1.0，操纵力配平为零)，突然偏转升降舵来获得极大的正俯仰角加速度(抬头)，升降舵以实际速率偏转的瞬时偏舵情况。整个过程中可假定速度不变。按 CCAR-25-R4 第 25.397 条“操纵系统载荷”(b)规定的飞行员作用力限制值算出速度 V_A 下的升降舵最大上偏角。该偏角若未超过结构上相应的限制偏角，就取此最大上偏角；如果超过了，就取结构上相应的限制偏角。

平尾载荷在非校验机动过程中变化很大，甚至方向相反。平尾载荷的确定与迎角 α、俯仰角速度 ω_y、俯仰角加速度 $\dot{\omega}_y$ 都有关。它们对平尾载荷的大小、压心及分布影响很大。5.2.5 节详细讨论了这种情况。表 5-2 给出了某型旅客机非校验机动和校验机动情况的部分计算结果。

表 5-2 非校验机动、校验机动情况

计算情况代号	非校验机动 1	非校验机动 2	校验机动 1	校验机动 2
装载代号	6101G	5200G	5109G	1103G
总重(质)量/kg	67813.2	57153.6	65998.8	53524.8
重心/(%MAC)	25.0	2.9	2.14	33.32
高度/m			5670	3660
当量速度/(m/s)	139.4	139.4	196.1	137.2
速压/(N/m^2)	11880.5	11880.5	23518.0	11507.2
马赫数	0.409	0.409	0.825	0.505
发动机推力/N	40692.5	36940.1	90586.3	95653.9
襟翼偏角/(°)	0	0	0	0
扰流片偏角/(°)	0	0	0	0
迎角/(°)	10.25	3.23	0.3	11.73
升降舵偏角/(°)	10.5	−20.4	−11.5	0
平尾偏角/(°)	4.22	−1.31	0	0
n_x	−0.052	−0.042	0	0
n_z	2.500	0.994	1.0	2.5
俯仰角加速度/(rad/s^2)	0.0971	0.0819	0.2559	−0.2439
俯仰角速度/(rad/s)	−0.4690	0.3322	0	0.089
平尾增量载荷/N	−17630.2	−53080.2	−94658.2	26440.4
平尾总载荷/N	118791.7	−158950.1	−169147.0	92919.7
安定面铰链力矩/(N·m)			1.4100×10^8	-1.1407×10^8
平尾气动力+惯性力/N	86167.5	−161874.4	−173686.4	64598.7
无尾飞机总升力/N	1542631.7	715418.6	828382.2	1218437.9
无尾飞机过载	2.32	1.28	1.26	2.32

3. 校验机动

校验机动按 CCAR-25-R4 第 25.331 条“对称机动情况”执行，5.2.6 节详细讨论了这种情况。由于最大俯仰角加速度$\ddot{\theta}$出现在最小速度时，并且最大平尾平衡载荷出现在 V_D时，所以 V_A 到 V_D 之间的速度均要考核。整个过程从平飞开始；偏舵使飞机抬头，过载逐渐增加，然后保持舵偏角，在达到最大过载前，舵面开始返回；达到最大过载时，退出校验机动。CCAR-25-R4 第 25.331 条(c)规定的过载为 1 时的正俯仰角加速度的大小，实际上对偏舵的大小作了限制；达到最大过载时负俯仰角加速度的大小，实际上对返舵的大小作了限制。舵偏角大小如果超过结构限制偏角就取该限制偏角。如果舵偏角达到了结构限制偏角，正负角加速度还达不到要求，此时舵偏角也取结构限制偏角。第一峰值和第二峰值临界载荷情况分别出现在前重心、最大惯矩和后重心、最大惯矩时。为了得到临界载荷情况，需要考核不同重心及俯仰惯矩情况。表 5-2 也给出了某型旅客机校验机动的部分计算结果。

4. 滚转机动

滚转机动按 CCAR-25-R4 第 25.349 条“滚转情况”执行。在滚转机动中要求按不同速度、不同过载和副翼偏度组合计算。CCAR-25-R4 第 25.349 条(a)(1)要求考核定常滚转和最大滚转角加速度两种情况，可分别按 5.2.7 节计算。表 5-3 给出了某型旅客机滚转机动的部分计算结果。

表 5-3 滚转机动情况

计算情况代号	滚转机动 1	滚转机动 2	滚转机动 3
装载代号	7180G	7180G	7180G
总重(质)量/kg	37647.9	37647.9	37647.9
重心/(%MAC)	33.4	33.4	33.4
偏航惯矩/(kg·m^2)	527306.6	527306.6	527306.6
滚转惯矩/(kg·m^2)	4459499.8	4459499.8	4459499.8
俯仰惯矩/(kg·m^2)	1523655.0	1523655.0	1523655.0
高度/m	6100	7620	9140
当量速度/(m/s)	169.1	166.8	156.0
速压/(N/m^2)	17479.3	17005.0	14871.5
马赫数	0.733	0.804	0.840
襟翼偏角/(°)	0	0	0
扰流片偏角/(°)	19.0	15.5	8.80
副翼偏角/(°)	11.54	11.73	9.97
方向舵偏角/(°)	0	0	0
左发推力/N	38522.8	42647.6	29129.5
右发推力/N	38522.8	42647.6	29129.5
迎角/(°)	−2.38	−2.38	−2.41
滚转角/(°)	31.435	31.083	33.711
侧滑角/(°)	−4.664	−5.042	−4.951

续表

计算情况代号	滚转机动 1	滚转机动 2	滚转机动 3
n_x	0	0	0
n_y	−0.091	−0.108	−0.030
n_z	0.286	0.309	0.270
滚转角速度/[(°)/s]	45.906	47.813	51.165
偏航角速度/[(°)/s)]	0.245	0.303	−0.125
滚转角加速度/[(°)/ s^2]	−29.257	−38.044	−56.553
偏航角加速度/[(°)/ s^2)]	−3.738	−5.068	−6.384
平尾总气动力/N	−40705.3	−42803.5	−40838.6
平尾滚转力矩/(N·m)	40696.5	49494.9	37678.1
垂尾总气动力/N	74982.7	81913.3	72951.2
外露垂尾气动力/N	61487.2	67168.2	59820.2

5. 偏航机动

偏航机动按 CCAR-25-R4 第 25.351 条“偏航机动情况”(a)执行。偏航机动是由于方向舵偏转引起的侧向机动，这种机动可近似认为是平面运动。5.2.8 节详细讨论了这种机动。

偏航机动应考核从 V_{MC} 到 V_D 的所有速度，飞机法向过载为 1，高度为各种可能的高度。

CCAR-25-R4 第 25.351 条中实际上是偏航机动中的三个不同时刻，相应于 5.4.1 节讨论的三个设计点，即：①$t=0$ 时，方向舵突然偏转到 $\delta_{r\max}$，此时 $\beta=0$；②保持 $\delta_{r\max}$ 到某一时刻，达到最大侧滑角 $\beta_{\max}$；③继续保持 $\delta_{r\max}$ 到侧滑角达到 β_{sta} 时，方向舵突然返回中立位置。方向舵的偏转速率由飞机舵偏的实际速率输入。

值得指出的是，方向舵的最大偏度 $\delta_{r\max}$ 是随速度、高度而变化的，由于速度、高度的变化将引起舵面上的侧力变化。在低速时，方向舵可以偏转到结构限制偏度；随速度增加，可能的舵偏度将减少。表 5-4 给出了某型旅客机偏航机动、发动机停车、横侧突风情况的部分计算结果。

表 5-4　偏航机动、发动机停车、横侧突风情况

计算情况代号	偏航机动 1	偏航机动 2	发动机停车 1	发动机停车 2
装载代号	1002G	1103G	1103G	1103G
总重(质)量/kg	38132.3	53524.8	53524.8	53524.8
重心/(%MAC)	35.27	33.32	33.32	33.32
滚转惯矩/(kg·m^2)	533115.1	660823.8	660823.8	660823.8
偏航惯矩/(kg·m^2)	4388223.4	5469646.6	5469646.6	5469646.6
俯仰惯矩/(kg·m^2)	3978454.1	4951256.0	4951256.0	4951256.0
高度/m	9140	7000	0	6100
当量速度/(m/s)	145.3	123.5	108.1	145.6
速压/(N/m^2)	12899.7	9330.6	7144.2	12967.4
马赫数	0.783	0.570	0.317	0.631

续表

计算情况代号	偏航机动 1	偏航机动 2	发动机停车 1	发动机停车 2
襟翼偏角/(°)	0.0	0.0	0.0	0.0
扰流片偏角/(°)	0.0	24.169	−9.765	0.0
副翼偏角/(°)	0.0	11.796	−10.839	0.0
方向舵偏角/(°)	18.0	8.4	11.7	0.0
左发推力/N	1821.7	24911.6	70902.0	35574.0
右发推力/N	1821.7	24911.6	−2489.2	35574.0
迎角/(°)	−0.26	3.52	4.5	2.56
滚转角/(°)	−93.0	1.042	−0.853	0.0
侧滑角/(°)	22.216	14.683	−5.173	6.83
n_x	1.0	1.0	1.0	1.0
n_y	0.005	−0.061	0.0	−0.04
n_z	−1.048	−0.388	0.174	−0.242
滚转角速度/[(°)/s]	73.96	−0.024	−0.810	0.0
偏航角速度/[(°)/s]	3.908	−1.668	1.851	0.0
滚转角加速度/[(°)/s^2]	−14.359	0.001	−0.475	0.568
偏航角加速度/[(°)/s^2]	−7.338	3.789	−6.090	−0.063
平尾总气动力/N	−21968.7	−21944.8	−1360.2	4338.5
平尾滚转力矩/(N·m)	−70966.7	−90355.0	83756.7	−103616.4
垂尾总气动力/N	−180375.9	−102939.2	73622.5	−83295.1
外露垂尾气动力/N	−144303.0	−82348.4	60370.9	68302.1
无尾飞机总升力/N	395665.2	537487.9	525903.3	520204.6
无尾飞机过载	1.059	1.025	1.00259	0.99173

6. 发动机停车载荷

发动机停车情况按 CCAR-25-R4 第 25.367 条“发动机失效引起的非对称载荷”执行。某台发动机停车后，由于推力的不对称，将引起飞机横侧运动。为了克服或纠正这种运动，飞行员要进行横侧操纵。在这个过程中，飞机将承受很大的不对称载荷，尤其是垂尾、方向舵、背鳍和后机身等。

可以近似地认为发动机停车情况的飞机运动是一种平面运动。CCAR-25-R4 第 25.367 条(b)规定飞行员修正动作的开始时间是在最大偏航角速度出现时，但不能早于停车后 2s。由于发动机停车引起的侧向载荷与方向舵偏转引起的侧向载荷是同向叠加的，飞行员纠正动作过早介入意味着此时并不是临界载荷情况。5.2.9 节具体讨论了这种情况。表 5-4 也给出了某型旅客机发动机停车载荷的计算结果。

7. 离散突风载荷

离散突风按 CCAR-25-R4 第 25.341 条“突风和紊流载荷”执行。5.2.10 节详细讨论了这种情况。垂直突风过载增量应对速度 V_F、V_B、V_C 和 V_D，重量从最大飞行重量到最小飞行重量进行考核计算。飞机的初始平衡状态为 1.0g。

横侧突风过载应对速度 V_F、V_B、V_C 和 V_D，重量为最大飞行重量到最小飞行重量，偏航惯矩从最大到最小进行计算。表 5-1 和表 5-4 也分别给出了某型旅客机垂直突风和横侧突风情况的部分计算结果。

5.5.3 主要部件(机翼、机身)的飞行载荷包线

在 5.5.2 节中是把飞机作为一个整体考核的，有了这部分结果后，再利用机翼、机身等主要部件的压力分布、质量分布，可以计算出各部件的气动载荷和惯性载荷分布(考虑了全机平衡)，并合成得到净载荷。最后，把各种情况的结果综合，可以得到部件各站位的临界载荷情况和相应的载荷，也可以画出各部件的载荷包线图。5.3 节和 5.4 节详细讨论了这部分工作。为使读者能有直观的了解，图 5-13～图 5-15 给出了某型旅客机机翼的弯、扭、剪包线图。图 5-16 和图 5-17 分别为另一型号旅客机垂尾翼根剖面剪扭组合包线图和弯扭组合包线图。

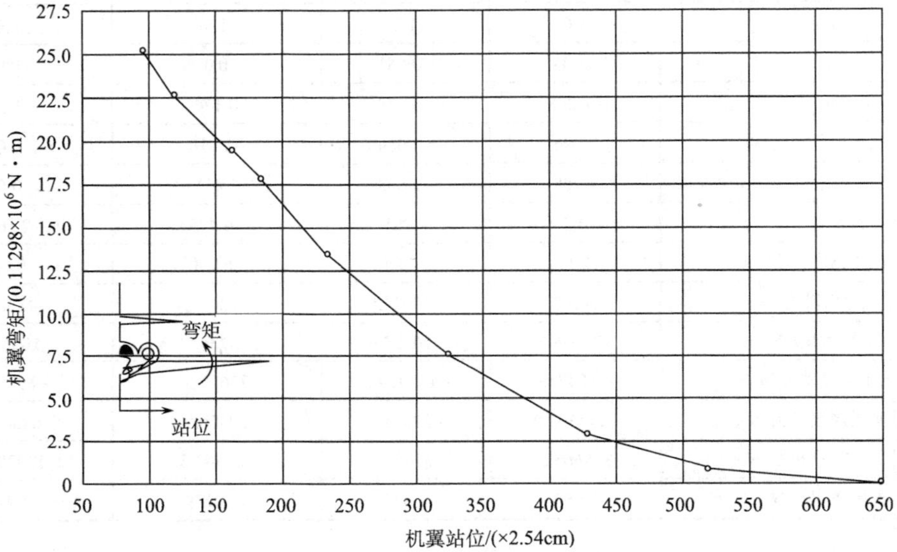

图 5-13　某型旅客机机翼弯矩包线图

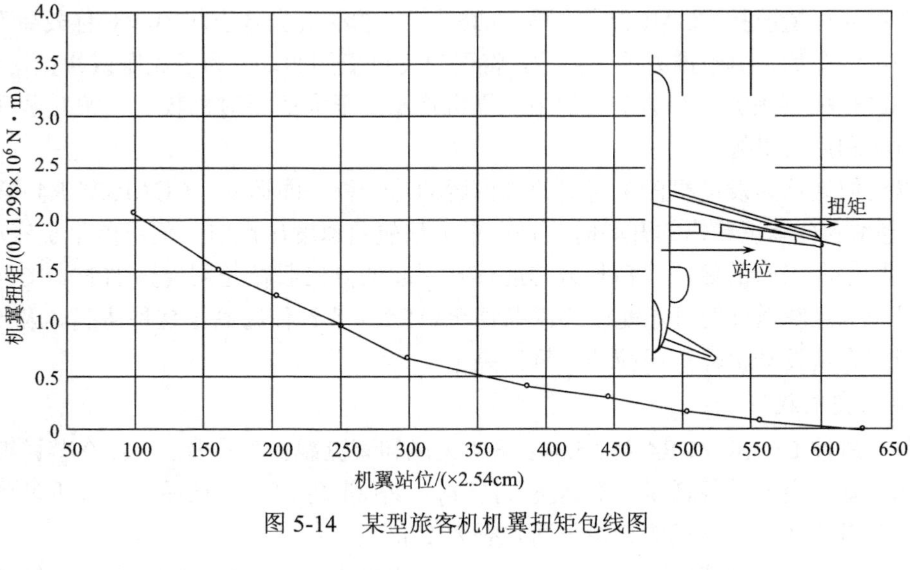

图 5-14　某型旅客机机翼扭矩包线图

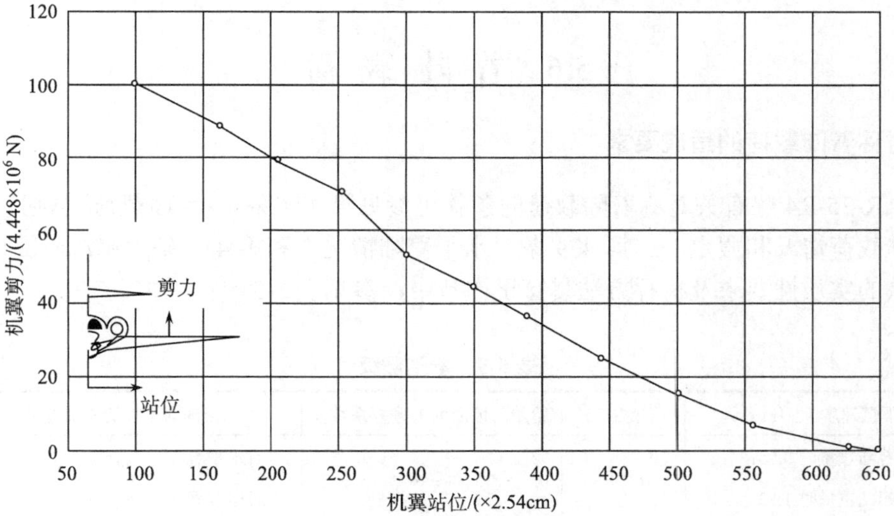

图 5-15　某型旅客机机翼剪力包线图

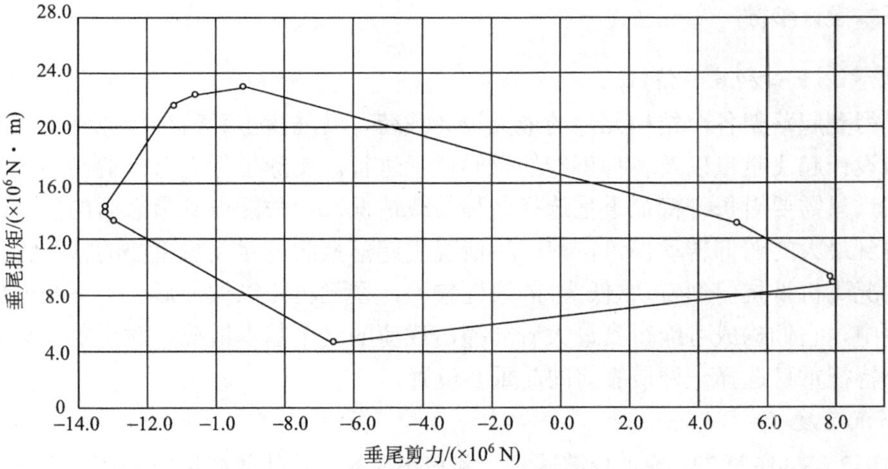

图 5-16　剪扭组合包线图(翼根剖面)

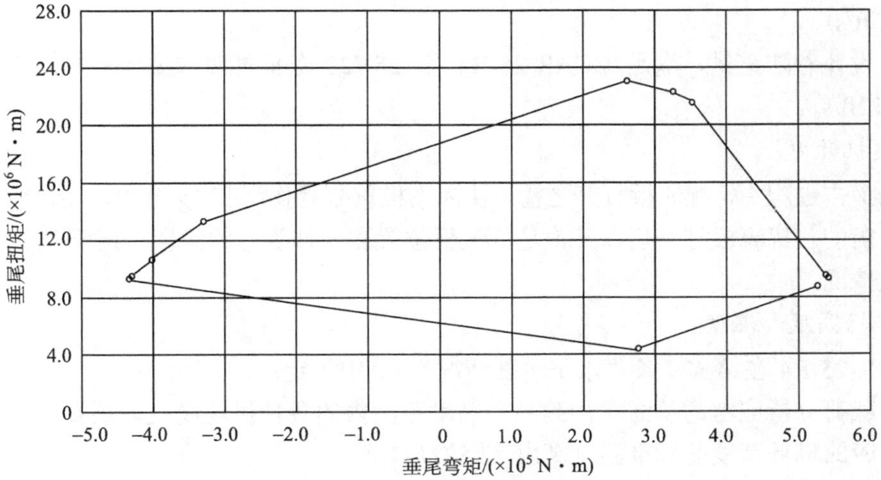

图 5-17　弯扭组合包线图(翼根剖面)

5.6 着陆载荷

5.6.1 对称着陆载荷的适航要求

CCAR-25-R4 中有关对称着陆载荷的条款可参见第 471 条“(地面载荷)总则”、第 473 条“着陆载荷情况和假定”、第 479 条“水平着陆情况”和第 481 条“尾沉着陆情况”。这些条款的实质性要求及执行方法贯穿于本节中，参见表 5-5。

表 5-5 着陆载荷

使用下沉速度 V_z/(m/s)	升力 L	轮胎与地面间的摩擦系数 μ	与地面平行的向前速度分量
对设计着陆重量时 3.05； 对设计起飞重量时 1.83	1.0 W	≤0.8	对水平着陆为 V_{L1}～$1.25V_{L2}$； 对尾沉着陆为 V_{L1}～V_{L2}

5.6.2 基本设计参数

1. 重量、重心和装载情况

为了得到起落架各个结构元件的最大设计载荷，着陆撞击载荷分析原则上应对设计着陆重量和设计起飞重量以及各种可能的重心位置进行。实际上行之有效的简便方法，对于主起落架，只需要对每一特征重量选择两种装载情况。一种能得到最靠后的重心位置，另一种能得到最大的俯仰转动惯量，前一种情况主起落架载荷对飞机重心的低头力矩较小，后一种情况飞机抵抗俯仰转动(低头)的惯性较大，在飞机可以做前后、上下和俯仰运动的分析模型中，它们构成可能得到最大着陆撞击载荷的两个基本情况。对于前起落架只需要对每一个特征重量选择一种最靠前的前重心位置。

2. 下沉速度

CCAR-25-R4在第723条“减震试验”和第473条“着陆载荷情况和假定”(a)中规定：

对于设计着陆重量和设计起飞重量，限制下沉速度 V_z 分别为 3.05m/s(10ft/s)和 1.83m/s(6ft/s)。

对于设计着陆重量，满足 CCAR-25-R4 第 25.723 条储能吸收要求的极限下沉速度为 3.66m/s(12ft/s)。

3. 飞机升力

着陆撞击过程中，扰流板打开之前，认为飞机重心处作用有 1g 升力，接地前假定飞机是气动平衡的。扰流板打开后，升力是扰流板位置和俯仰姿态的函数。1g 升力同样施加于储能吸收情况。

4. 机场高度和温度

CCAR-25-R4 在第 479 条“水平着陆情况”(a)中规定：

着陆载荷分析应考虑从海平面到某一高度范围内的各种机场高度，还要考虑机场地面温度比相应的机场高度的标准温度高出 22.8℃(41℉)。

5. 地面风速

CCAR-25-R4 在第 479 条“水平着陆情况”(a)中规定：

当申请获准地面风速超过 10kn 的顺风着陆时，必须研究其对接地速度的影响。

6. 飞机姿态

应考虑两种姿态。

1) 水平姿态

指飞机水平基准线平行于地面的姿态或主轮接地前轮稍离地面的姿态。

2) 尾沉姿态

飞机处于失速迎角或者主起落架的压缩行程为一半，主起落架轮胎为静态压缩变形，后机身的最低点刚要触地时的飞机姿态角，两者中取小者。

5.6.3 着陆载荷分析情况的选取

着陆载荷的分析情况可综合成表 5-6 和表 5-7。

表 5-6　各种设计重量下应选择的基本装载情况

	主起落架着陆				前起落架着陆	
重量	设计着陆重量		设计起飞重量		设计着陆重量	设计起飞重量
装载情况	后重心情况	最大俯仰转动惯量情况	后重心情况	最大俯仰转动惯量情况	前重心情况	前重心情况

表 5-7　主起落架分析情况汇总

情况代号	载荷状态	飞机姿态	下沉速度/(m/s)	着陆速度	机轮转动惯量	轮胎半径	非弹性质量
1	起转回弹	水平	3.05	最大	最大	最大	最大
2					平均	平均	平均
3					最小	最小	最小
4				平均	最大	最大	最大
5					平均	平均	平均
6					最小	最小	最小
7				最小	最大	最大	最大
8					平均	平均	平均
9					最小	最小	最小
10	落震			0	平均	平均	平均
11	储能吸收		3.66				
12	起转回弹	尾沉	3.05	最大	最大	最大	最大
13					平均	平均	平均
14					最小	最小	最小
15				平均	最大	最大	最大
16					平均	平均	平均
17					最小	最小	最小
18				最小	最大	最大	最大
19					平均	平均	平均
20					最小	最小	最小

表 5-6 为各种设计重量下应选择的基本装载情况。表 5-7 则是设计着陆重量某一种装载情况下，应该对主起落架进行分析的 20 种情况。其中情况 11 是一个极限载荷情况。对前起落架只需进行表 5-7 中前面 11 种情况的分析。在设计起飞重量条件下，主、前起落架均不分析情况 11。

主起落架的起转回弹载荷在 1～9 和 12～20 的情况中选取，而最大垂直载荷只在 1～11 的情况中选取(参见 CCAR-25-R4 第 25.479 条“水平着陆情况”和第 481 条“尾沉着陆情况”)。

对于最大起转载荷情况，模拟使机轮滚动组件加速到规定的地面速度时所需力的阻力分力，必须与阻力载荷峰值出现瞬间所产生的垂直地面反作用力相组合，并使用该瞬间对应的压缩行程。可考虑滑动速度和轮胎压力的影响来确定轮胎与地面间的摩擦系数，但此摩擦系数不必大于 0.8。

对于最大回弹载荷情况，随着起转阻力载荷急剧减少而产生的向前作用的最大水平载荷必须与峰值出现瞬间的地面垂直反作用力相组合，并使用相应的支柱压缩行程。

对于最大垂直载荷情况，一个向后作用且不小于最大地面垂直反作用力 25%的阻力分力必须与该最大垂直载荷相组合，并使用相应的压缩行程。本情况仅在水平着陆条件下考虑。

5.6.4 起落架对称着陆撞击载荷

本节以支柱式起落架为例，讲解应用动态分析法计算载荷的基本思路。

动态分析法模拟飞机的真实着陆情况，考虑起落架的弹性和具体特点以及缓冲系统的充填情况，列出微分方程组，求解起落架各种载荷和参数的时间历程。由于该法能够具体问题具体分析，被认为是最合理的方法

1. *力学模型与基本动力方程*

1) 主起落架着陆载荷分析的力学模型

主起落架的着陆撞击载荷应根据两点着陆的条件导出，并要考虑起落架的柔性和非线性特性，但飞机假设为刚体。

(1) 刚性飞机简化为一个集中质量，并且有上下、前后和俯仰运动自由度。

(2) 起落架支柱简化为连接在机体 B 点处(图 5-18)的悬臂梁，起落架非弹性质量的质心假设在悬臂梁下端 A 点(轮轴)处，它具有沿支柱轴线上下运动和垂直于支柱轴线前后运动的自由度。

(3) 机轮触地后，由于地面摩擦力的作用，进行围绕轮轴的起转运动。

(4) 飞机重心处作用有 1g 定常升力 L，并认为在着陆撞击过程中不变。

上述力学模型参见图 5-18 和图 5-19。

2) 基本动力方程

用机体坐标系建立，参见图 5-18 和图 5-19。

(1) 图中符号的说明。

q_1 ——刚性机体航向运动自由度；

q_2 ——刚性机体浮沉运动自由度；

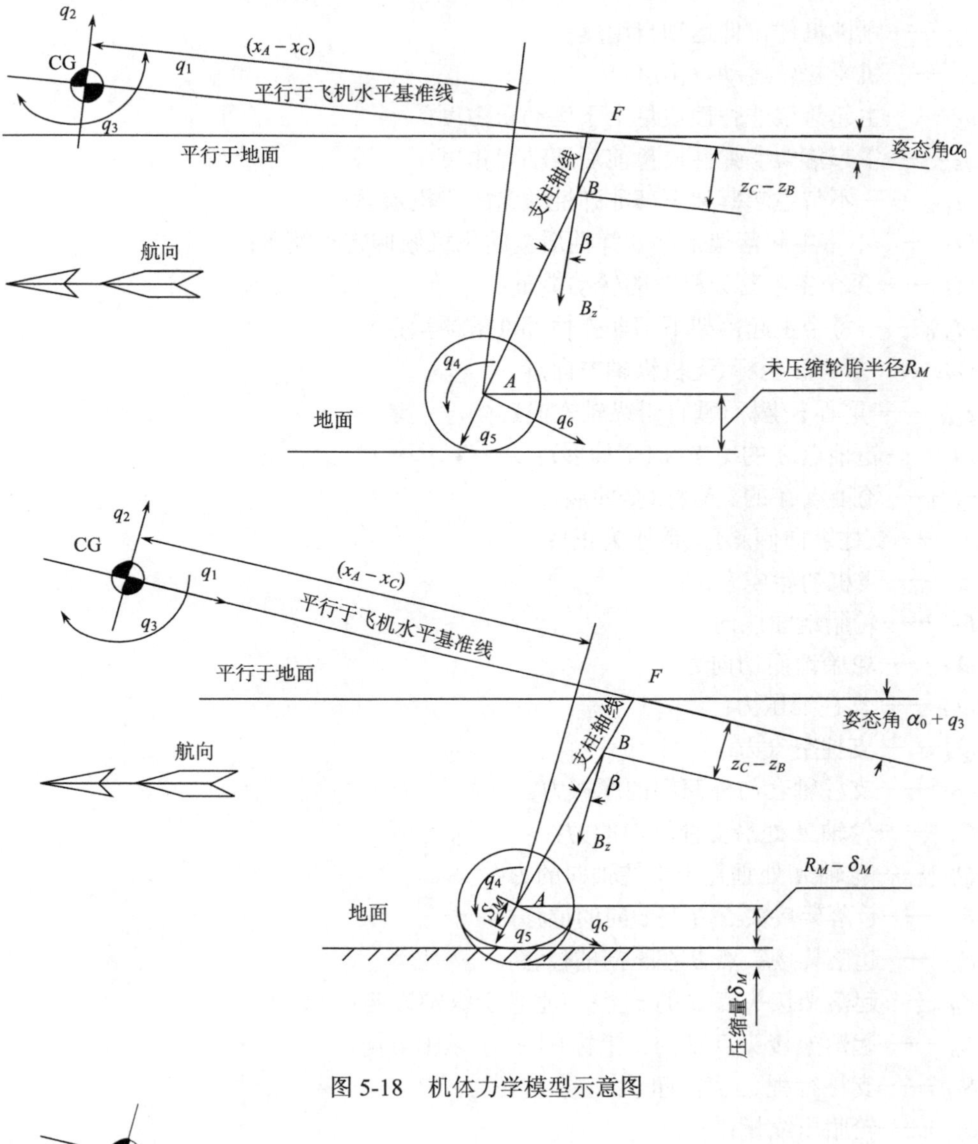

图 5-18 机体力学模型示意图

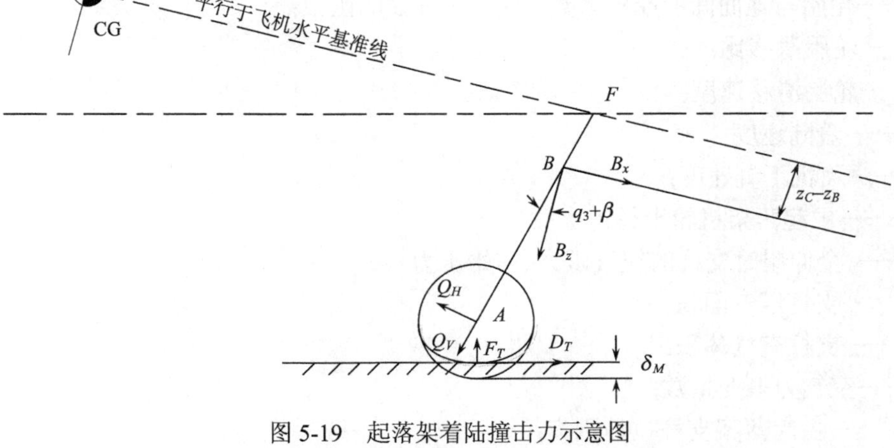

图 5-19 起落架着陆撞击力示意图

Q_H、Q_V 为支柱对机轮的作用力；B_x、B_z 为 B 点的位移

q_3 ——刚性机体俯仰运动自由度；
q_4 ——机轮起转运动自由度；
q_5 ——主起落架非弹性质量上下运动自由度；
q_6 ——主起落架非弹性质量前后摆动自由度；
$M_{1,2}$ ——不带主起落架下部非弹性质量的飞机质量；
M_3 ——不带主起落架下部非弹性质量的飞机俯仰转动惯量；
M_4 ——每个主起落架机轮的转动惯量；
$M_{5,6}$ ——每个主起落架下部非弹性部件的质量；
x_{CG} ——重心 x 坐标(飞机纵轴方向)；
z_{CG} ——重心 z 坐标(垂直于纵轴方向)；
x_A ——轮轴点 A 的 x 坐标(全伸展)；
z_A ——轮轴点 A 的 z 坐标(全伸展)；
β ——支柱纵向倾斜角(前倾为正)；
α_0 ——飞机初始姿态角；
F_T ——轮胎地面法向力；
D_T ——轮胎地面切向力；
Q_O ——支柱油压力；
Q_A ——支柱空气力；
Q_F ——支柱轴套与外筒间的摩擦力；
Q_V ——轮轴 A 处沿支柱轴向的力；
Q_H ——轮轴 A 处垂直于支柱轴向的力；
B_z ——起落架接头点 B 在 z 向的位移；
B_x ——起落架接头点 B 在 x 向的位移；
Z_B ——起落架接头点 B 的 z 坐标(垂直于纵轴方向)；
X_B ——起落架接头点 B 的 x 坐标(平行于纵轴方向)；
S_M ——支柱行程(压缩为正)；
δ_M ——轮胎压缩量；
μ ——轮胎与地面间的摩擦系数，它是 ζ 或 $\bar{S}$ 的函数；
ζ ——轮胎滑移比；
$\bar{S}$ ——轮胎滑移速度；
V_L ——着陆速度；
V_z ——飞机下沉速度；
R_M ——主起落架机轮半径；
P_0 ——全伸展时支柱的空气压力(初始压力)；
F_A ——支柱压气面积；
V_A ——支柱充气体积；
n ——空气力多变指数；
AJ_M ——主起落架支柱拉伸刚度；
ρ_O ——油液密度；

F_O ——支柱压油面积；
A_O ——支柱油孔面积；
A_p ——支柱油针面积；
C_d ——支柱油孔泄流系数；
μ_S ——支柱轴套与外筒间的摩擦系数；
$\bar{A}$——支柱下轴套到轮轴间的距离(全伸展时)；
$\bar{B}$——支柱上、下轴套间的距离(全伸展时)；
Δ ——轮轴 A 点沿支柱轴线垂直方向的弹性位移；
$\bar{C}$ ——支柱前后摆动的结构阻尼；
λ——支柱弯曲变形柔度系数；
L——全机升力。

(2)基本动力方程。

按达朗贝尔原理，可写出上述起落架系统的动力方程如下。

A. 刚性机体航向运动。

$$M_1\ddot{q}_1 = 2Q_V \sin\beta + 2Q_H \cos\beta - (L - M_1 g)\sin q_3 \tag{5-33}$$

B. 刚性机体浮沉运动。

$$M_2\ddot{q}_2 = 2Q_V \cos\beta - 2Q_H \sin\beta + (L - M_1 g)\cos q_3 \tag{5-34}$$

C. 刚性机体俯仰运动。

$$M_3\ddot{q}_3 = 2(L_1 + L_2) \tag{5-35}$$

$$L_1 = -\left[Q_H - M_5 g\sin(q_3+\alpha_0)\right](DL - S_M)$$

$$L_2 = -x_B\left\{\left[Q_V + M_5 g\cos(q_3+\alpha_0)\right]\cos\beta - \left[Q_H - M_5 g\sin(q_3+\alpha_0)\right]\sin\beta\right\}$$
$$-(Z_C - Z_B)\left\{\left[Q_V + M_5 g\cos(q_3+\alpha_0)\right]\sin\beta + \left[Q_H - M_5\sin(q_3+\alpha_0)\right]\cos\beta\right\}$$

$$L - M_1 g = 2M_5 g$$

式中，L_1 为 A 点处各力绕 B 点的力矩；L_2 为 B 点处各力绕飞机重心的力矩。

$$DL = (Z_B - Z_A)/\cos\beta \tag{5-36}$$

D. 机轮起转运动。

$$M_4\ddot{q}_4 = D_T\,(R_M - \delta_M/2) \tag{5-37}$$

式中，$(R_M - \delta_M / 2)$为机轮有效半径。

E. 起落架非弹性质量上下运动。

$$M_5\ddot{q}_5 = Q_V - (F_T - M_5 g)\cos(\beta + q_3) - D_T\sin(\beta + q_3) \tag{5-38}$$

F. 起落架非弹性质量前后摆动。

$$M_6\ddot{q}_6 = -Q_H - (F_T - M_6 g)\sin(q_3 + \beta) - D_T\cos(q_3 + \beta) \tag{5-39}$$

3) 动力方程中各外力的确定

(1)轮胎法向力 F_T。轮胎法向力 F_T，是轮胎压缩量 δ_M 的函数，可按每一时刻的轮胎压缩量，由各轮胎载荷-变形曲线插值得到。

(2)轮胎切向力 D_T。轮胎切向力 D_T，是指轮胎与地面间的摩擦力，它使机轮起转。

在起转阶段，

$$D_T = \mu F_T \tag{5-40}$$

起转结束后，

$$D_T = 0 \tag{5-41}$$

式中，μ 为地面摩擦系数，它是机轮滑移速度或滑移比的函数，常用的函数关系为

$$\begin{cases} \mu(\bar{S}) = \dfrac{\mu_m}{\bar{S}_r^2}\dfrac{\bar{S}}{V_E}\left(2\bar{S}\dfrac{\bar{S}}{V_L}\right) & \left(0 \leqslant \dfrac{\bar{S}}{V_L} \leqslant \bar{S}_r\right) \\ \mu(\bar{S}) = \mu_m\left[1 - C\left(\dfrac{\bar{S}}{V_L} - \bar{S}_r\right)\right] & \left(\dfrac{\bar{S}}{V_L} \geqslant \bar{S}_r\right) \end{cases} \tag{5-42}$$

式中，控制参数 $\bar{S}_r = 0.3$；$\mu_m = 0.8$；$C = 0.7$。

(3) 机轮轴 A 处的支柱轴向力 Q_V。

$$Q_V = Q_A + Q_O + Q_F \tag{5-43}$$

式中，Q_A 为空气力，

$$Q_A = P_O F_A \left(\frac{V_A}{V_A - F_A S_M}\right)^n \tag{5-44}$$

Q_O 为油压力，

$$Q_O = D_O(S_M)\left|\dot{S}_M\right|\dot{S}_M; D_O(S_M) = \frac{\rho_O F_O^3}{2C_d^2(A_O - A_P)^2} \tag{5-45}$$

Q_F 为摩擦力，

$$Q_F = \frac{\dot{S}_M}{\left|\dot{S}_M\right|}\left[\left|Q_H\right|\mu_S\left(2\frac{\bar{B} - S_M}{\bar{A} - S_M} + 1\right)\right] \tag{5-46}$$

(4) 轮轴 A 处的支柱垂向力 Q_H。

$$Q_H = \frac{\Delta}{\lambda} + \bar{C}\dot{\Delta} \tag{5-47}$$

4) 关键的几何关系式

(1) 轮胎压缩量 δ_M。

$$\delta_M = q_5\cos(q_3 + \beta) + q_6\sin(q_3 + \beta) \tag{5-48}$$

(2) 支柱行程 S_M。

$$S_M = B_z\cos\beta - q_5 - B_x\sin\beta \tag{5-49}$$

$$B_z = -q_2 + x_B(q_3 - \alpha_0)$$

$$B_x = q_1 - (Z_C - Z_B)(q_3 - \alpha_0)$$

(3) 支柱轮轴点 A 在垂直于支柱轴线方向的弹性变形 Δ。

$$\Delta = q_6 - \left[B_z\sin\beta - (DL - S_M)(q_3 + \alpha_0) + B_x\cos\beta\right] \tag{5-50}$$

5) 初始值确定

$t=0$ 时，

$$q_i=\begin{cases}q_{10}=0\\q_{20}=0\\q_{30}=\alpha_0\\q_{40}=0\\q_{50}=0\\q_{60}=0\end{cases}\tag{5-51}$$

$$\dot{q}_i=\begin{cases}\dot{q}_{10}=V_z\sin\alpha_0\\\dot{q}_{20}=-V_z\cos\alpha_0\\\dot{q}_{30}=0\\\dot{q}_{40}=0\\\dot{q}_{50}=V_z\cos(\alpha_0+\beta)\\\dot{q}_{60}=V_z\sin(\alpha_0+\beta)\end{cases}\tag{5-52}$$

6) 运动方程求解

在确定了上述各外力、各有关的几何关系式和初始条件后，基本动力方程中所列的微分方程组，即可用分步积分法(如龙格-库塔法等)求出其数值解。从而求得撞击过程中各种载荷和参数的时间历程。

7) 前起落架着陆载荷的分析

前起落架的着陆载荷可以用类似方法求得，关键是要弄清楚前起落架分析模型的特点。前起落架着陆载荷发生在水平着陆条件下，有关该着陆条件的 CCAR-25-R4 在第 25.479 条(c) 中规定，对于前轮式飞机的水平着陆，假定飞机处于下列姿态。

(1) 主轮接地，前轮稍离地面。

(2) 前轮和主轮同时接地。

在后一种姿态下，又有如下规定：①前、主起落架可分别按起转、回弹载荷条款进行检查；②对于最大垂直载荷，假定俯仰力矩由前起落架载荷平衡。

上述要求表明：

(1) 前、主起落架同时接地的三点着陆状态是为前起落架规定的载荷状态。

(2) 由于三点着陆状态的飞机俯仰角加速度为零，在分析模型中不考虑飞机的俯仰自由度。

(3) 在此状态下，前、主起落架的载荷分析可分开进行，但要分别使用各自的当量质量，此时前、主起落架的当量质量如表 5-8 所示，表 5-8 中 W 为用于着陆载荷分析的设计重量(指重力)，a、b、h 见图 5-20。

表 5-8　前、主起落架的当量质量

	三点着陆		两点着陆
	起转回弹载荷情况	最大垂直载荷状况	
前起落架	$\frac{W}{g}\frac{b}{a+b}$	$\frac{W}{g}\frac{b+0.25h}{a+b}$	
主起落架	$\frac{W}{2g}\frac{a}{a+b}$	$\frac{W}{2g}\frac{a-0.25h}{a+b}$	$\frac{W}{2g}$

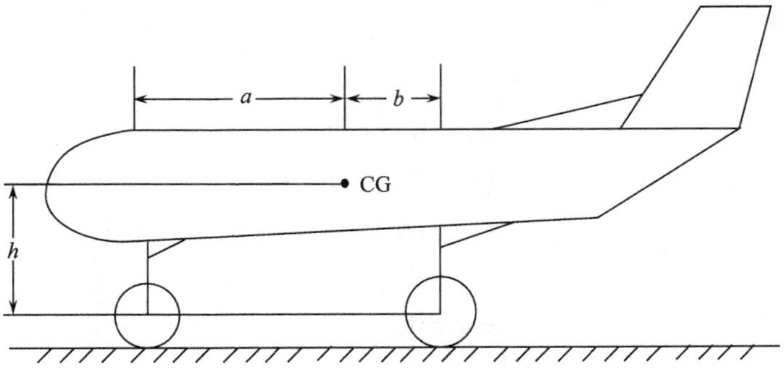

图 5-20　起落架载荷计算的主要参数

(4) 主起落架的当量质量在两点着陆状态较大，主起落架的着陆载荷分析应在该状态下进行。

2. 动力着陆载荷的典型分析结果

表 5-9 是根据表 5-7 所列 20 个分析情况所得的典型分析结果。

表 5-9　动力着陆载荷的典型分析结果

起转载荷						
分析情况	Q_V/N	Q_H/N	V/N	D/N	S/N	EXT/cm
1	334924	279646	324658	291398	0	18.245
2	313581	214885	305726	225921	0	21.753
3	301723	182466	295033	193102	0	24.285
4	311940	198373	304676	209364	0	21.961
5	292986	176674	286505	186999	0	26.589
6	283805	278565	276870	199592	0	28.992
7	287777	195077	280643	205205	0	28.364
8	274019	214502	262645	224128	0	31.29
9	266070	216228	258197	225569	0	32.687
回弹载荷						
分析情况	Q_V/N	Q_H/N	V/N	D/N	S/N	EXT/cm
1	345849	−217558	353380	−205099	0	12.68
2	333576	−182568	339871	−170567	0	15.524
3	326553	−161319	332091	−149580	0	17.325
4	333381	−168165	339159	−156177	0	15.403
5	317981	−157231	323363	−145804	0	18.801
6	308084	−127146	314022	−161057	0	20.549
7	311073	−173129	317047	−161933	0	19.862
8	298529	−195032	305290	−184268	0	22.428
9	293062	−199698	299992	−189129	0	23.599

续表

	最大垂直载荷			油液-空气载荷		
分析情况	F_T/N	S/N	EXT/cm	$Q_{O,\max}$/N	$Q_{A,\mathrm{cor}}$/N	$Q_{A,\max}$/N
1	369536	0	9.357	221490	98457	331500
2	370550	0	10.632	220365	104547	332162
3	368362	0	11.077	218875	93475	335405
4	369500	0	10.437	219680	104431	330761
5	367165	0	8.9	218488	120565	335249
6	370034	0	8.89	224012	111459	336161
7	366796	0	8.847	221677	114177	332807
8	371466	0	9.223	224804	103830	335160
9	372992	0	9.528	225120	99453	335787
10	372463	0	9.71	224119	113149	340787
11	506096	0	7.719	333536	113901	480813

起转载荷

分析情况	Q_V	Q_H	V	D	S	EXT
	N					cm
12	335450	162774	295922	226828	0	20.897
13	319351	155554	281603	216522	0	24.889
14	310980	157827	272947	217069	0	27.069
15	318844	159833	280247	220614	0	25.768
16	304850	161123	266275	219066	0	29.144
17	294401	157098	256854	213025	0	30.803
18	294655	159669	256582	215596	0	30.856
19	277302	140915	243353	193738	0	33.297
20	267254	127735	236152	178810	0	34.549

回弹载荷

分析情况	Q_V/N	Q_H/N	V/N	D/N	S/N	EXT/cm
12	296140	−227317	335760	−163210	0	14.958
13	281150	−224475	320503	−163437	0	18.075
14	270563	−229003	311042	−169998	0	19.82
15	278325	−226486	318141	−165972	0	18.44
16	263673	−230867	304668	−173209	0	21.138
17	257908	−228220	298485	−171777	0	22.507
18	260087	−228247	300629	−171359	0	22.156
19	254238	−213127	291861	−157731	0	24.178
20	251596	−202465	287133	−147810	0	25.237

续表

油液-空气载荷			
分析情况	$Q_{O,\max}$/N	$Q_{A,\mathrm{cor}}$/N	$Q_{A,\max}$/N
12	251040	86118	336788
13	246409	73191	350369
14	243745	67351	354577
15	246543	71323	345943
16	240604	62555	354118
17	246084	114012	353269
18	243843	113608	353015
19	248184	108056	351681
20	248767	103452	350048

注：$Q_{O,\max}$——最大油压力；$Q_{A,\mathrm{cor}}$——与最大油压力相应的气压力；$Q_{A,\max}$——最大气压力

表 5-9 给出了起转载荷、回弹载荷、最大垂直载荷和油液-空气载荷的信息以及对应的支柱伸展量(EXT)。最大起转和回弹载荷分别对应于 Q_H 的最大和最小值。V 和 D 分别为作用于轮轴并垂直于地面和平行于地面的力，可以通过坐标转换由 Q_V 和 Q_H 得到。表中的 S 代表侧力。

图 5-21 和图 5-22 为水平和尾沉着陆两个典型分析情况的 Q_V-S_M、Q_H-S_M、F_T-S_M 曲线。图 5-23(a)和图 5-23(b)为情况 1～9 和情况 12～20 的 Q_H-S_M 综合曲线。

由以上信息可以方便地挑选出起落架的临界载荷。最后选出的临界载荷情况列于表 5-10。表中 SU1、SU2、SU3 为起转载荷，SB1、SB2 为回弹载荷，MVL1 为最大垂直载荷的临界情

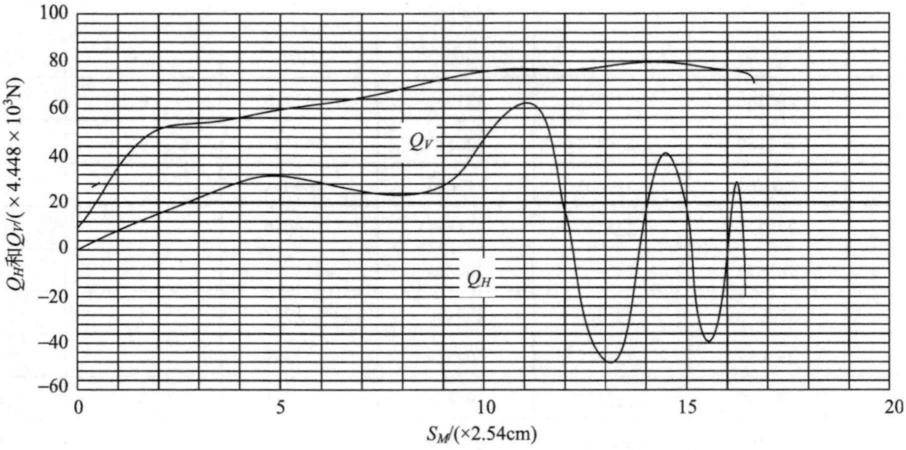

(a) 情况1 重力=578269N，下沉速度=3.048m/s，姿态角=0°

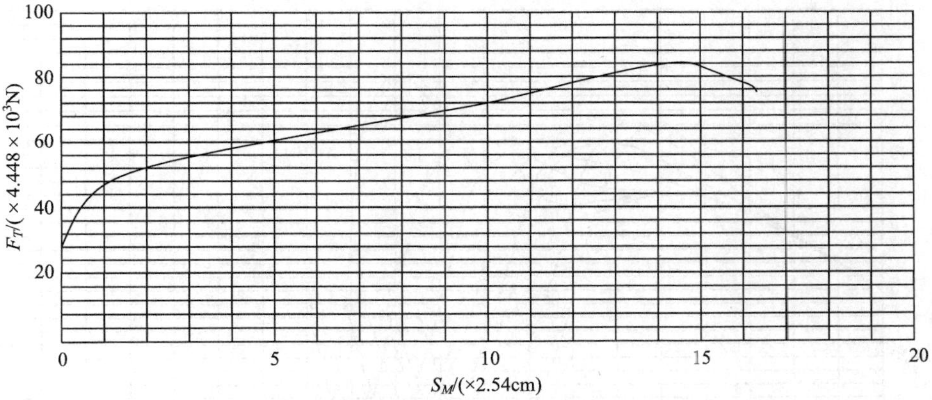

(b) 情况1 重力=578269N，下沉速度=3.048m/s，姿态角=0°

图 5-21 水平着陆主起落架载荷与行程的典型关系曲线

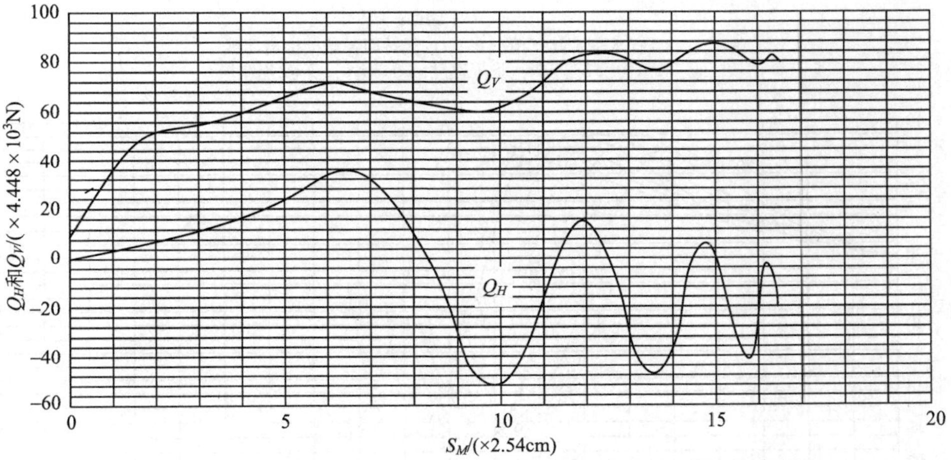

(a) 情况16 重力=578269N，下沉速度=3.048m/s，姿态角=9.544°

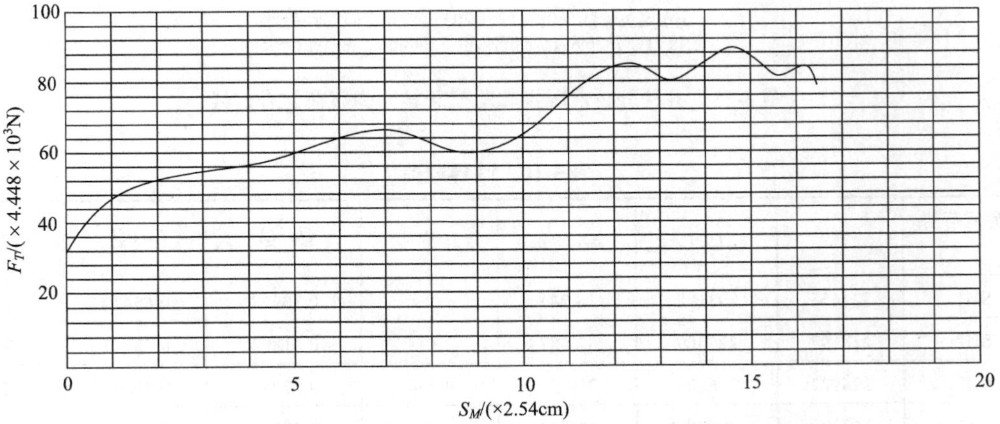

(b) 情况16 重力=578269N，下沉速度=3.048m/s，姿态角=9.544°

图 5-22 尾沉着陆主起落架载荷与行程的典型关系曲线

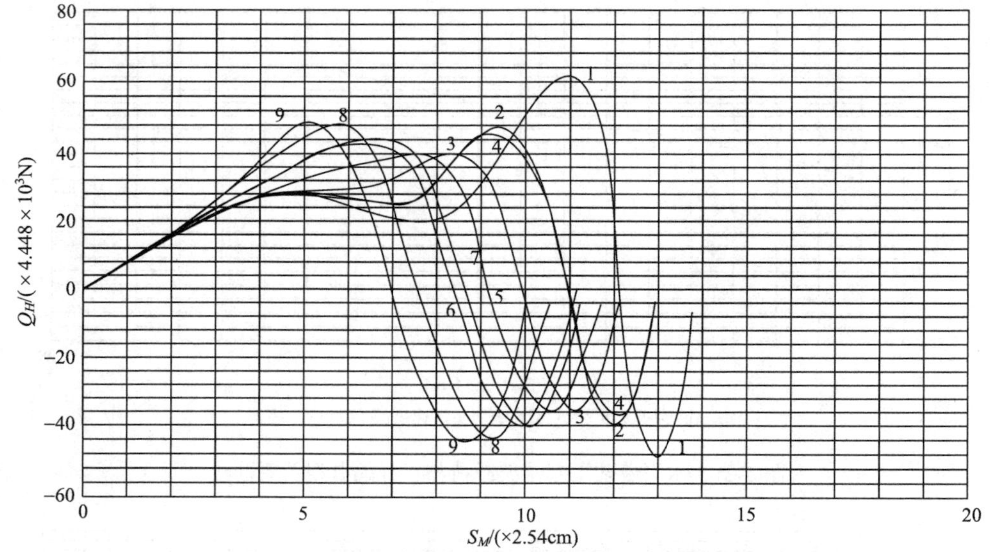

(a) 水平着陆（情况1～9）起转回弹载荷综合曲线
重力=578269N，下沉速度=3.048m/s，姿态角=0°

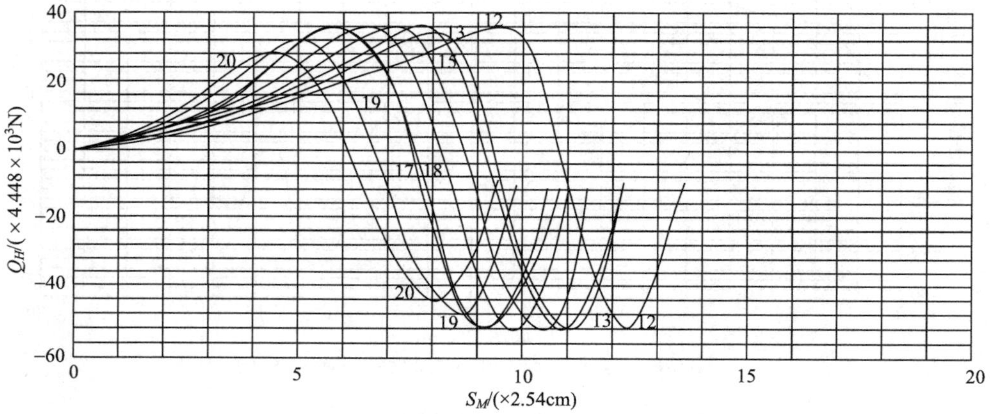

(b) 尾沉着陆（情况12～20）起转回弹载荷综合曲线
重力=578269N，下沉速度=3.048m/s，姿态角=9.544°

图 5-23　各种分析情况主起落架起转回弹载荷综合曲线

表 5-10　临界载荷

临界载荷情况	F_V/N	D/N	EXT/cm	α/(°)	Q_A/Q_V	Q_O/Q_V	情况号
SU1	324658	293198	18.245	0	0.30968	0.65422	1
SU2	258197	225569	32.687	0	0.21802	0.73147	9
SU3	295922	226828	20.897	9.544	0.27097	0.70691	12
SB1	353380	−205099	12.680	0	0.42134	0.55371	1
SB2	304668	−173209	21.138	9.544	0.34085	0.61767	16
MVL1	372992	93248	9.528	0	0.51504	0.47410	9

况。在挑选各种载荷的临界情况时，不仅要考虑载荷的大小，也要考虑起落架的伸展量，后者直接影响载荷的力臂。最大垂直载荷情况的 D 根据规范要求应大于或等于 $0.25V$。

前起落架的分析结果与临界载荷情况选取与主起落架类似，不再赘述。

5.6.5　非对称着陆状态下的起落架载荷

1. 适航要求

非对称着陆状态包括单轮着陆和侧偏着陆两种情况。CCAR-25-R4 第 483 条“单起落架着陆情况”和第 485 条“侧向载荷情况”是计算这两种载荷的基本依据。

对于单轮着陆情况：假定飞机处于水平姿态，仅一侧主起落架接地，作用在该侧主起落架上的垂直载荷等于两点水平对称着陆时一个主起落架上的最大垂直载荷，阻力载荷等于该垂直载荷的 0.25 倍；不平衡的外载荷由飞机的惯性力以合理或保守的方式予以平衡。

对于侧偏着陆情况：假定飞机处于水平姿态，仅以主轮接地，每个主起落架上作用的垂直载荷为两点水平着陆时最大垂直载荷的 1/2，向内作用且等于垂直载荷 80%的侧向载荷(在一侧)和向外作用且等于垂直载荷 60%的侧向载荷(在另一侧)必须与其垂直载荷相组合。假定侧向载荷作用在轮胎接地点上，并为飞机的惯性力所平衡。阻力载荷为零。

根据上述假设和两点水平对称着陆得到的最大垂直载荷，即可导出单轮着陆和侧偏着陆的起落架载荷。

2. 典型分析结果

由表 5-10 的 MVL1 最大垂直载荷，可得到表 5-11 所列的单轮着陆 OWL 情况和侧偏着陆 LD 情况的载荷。表中对侧偏着陆情况，假设主起落架为全伸展状态。

表 5-11　非对称着陆状态下的起落架载荷典型分析结果

	临界载荷情况	F_V/N	D/N	S/N	EXT/cm	Q_A/Q_V	Q_O/Q_V
左侧主起落架	OWL1	372992	93248	0	9.528	0.51504	0.47410
	LD1	186496	0	−149198	40.64	1.0	0
右侧主起落架	LD1	186496	0	111899	40.64	1.0	0

5.7　地面操作载荷

5.7.1　设计参数与有关定义

1. 重量参数

在所有的地面操作情况中，将涉及下列重量。

(1) 设计机坪重量，地面操作情况均要使用。

(2) 设计着陆重量，仅在滑行刹车情况中使用。

重心航向位置的变化，对起落架载荷有较大的影响，一般而言，重心前限和后限位置分别对应于前起落架和主起落架载荷的临界状态。重心高度方向的变化，对起落架载荷也有一些影响。计算时也应作为一个变量予以考虑。

2. 有关定义

1) 飞机俯仰角(α)

在机体坐标系 xOz 平面内，机体坐标系的 x 轴与平行地面坐标系的 x_0 轴之间的夹角定义为飞机的俯仰角。规定以飞机抬头为正。

2) 飞机滚转角(δ)

机体坐标系的 y 轴在机体坐标系 yOz 平面内与铅垂地面坐标系 y_0 轴的夹角定义为飞机的滚转角。规定从机尾向机头看，以飞机向左倾斜为正。

3) 重心至地面的垂直距离(Z_A)

从飞机的重心处 Z 向地平线作垂线交地平线于 A，则 Z_A 即为重心至地面的垂直距离。

4) 载荷正负号的定义

对于前起落架和左主起落架：以向左、向后、向上为正，力矩矢量及转动加速度的正向采用右手法则确定。

对于右主起落架：以向右、向后、向上为正，力矩矢量以向上、向前、向左为正，并符合右手法则。

5) 左、右主起落架的规定

在机体坐标系内，位于 y 轴负方向上的主起落架为左主起落架，位于 y 轴正方向上的主起落架为右主起落架。

5.7.2 计算方法

1. 物理模型

本节所指的地面操作情况包括起飞滑跑、滑行刹车、转弯、前轮侧偏、回转和倒行刹车情况。在地面操作情况中，机体视为刚体，重力作用于重心处，起落架所承受的地面载荷作用于轮胎与地面接触点上，不考虑气动力的作用，通过全机的平衡方程，计算相应的地面载荷。每个起落架上轮胎的变形及缓冲支柱的压缩行程由作用于该起落架上的地面载荷计算确定。其简化的计算模型如图 5-24 所示。飞机的状态用飞机的俯仰角、滚转角和重心至地面的垂直距离来表征。

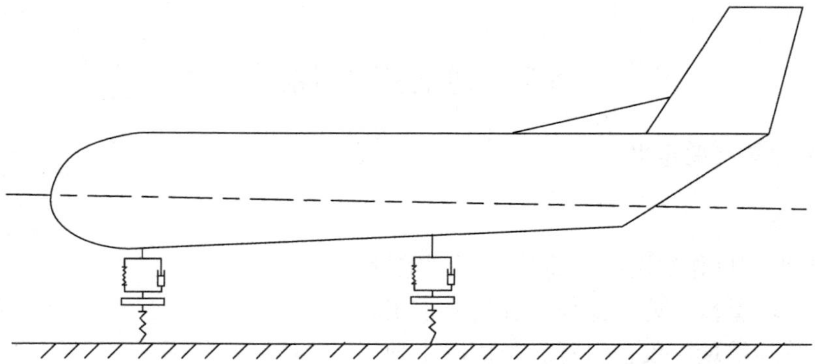

图 5-24 物理模型示意图

2. 计算公式

1) 物理关系

轮胎压缩变形与轮胎所承受的垂直载荷以及轮胎个数的关系为

$$\Delta R = f(V, N)$$

式中，ΔR 为单个轮胎的压缩量；V 为作用于一个起落架上的总的地面垂直载荷，以下同；N 为实际承载的轮胎个数；函数 f 为轮胎压缩曲线所表示的方程，在实际使用中，可选用多项式函数来拟合。

缓冲支柱压缩行程与沿支柱轴线方向所受的外载荷之间的关系为

$$S_T = g(P_A)$$

式中，S_T 为缓冲支柱的压缩行程；P_A 为作用于起落架缓冲支柱轴线方向的载荷；g 为缓冲支柱内气体等温压缩过程所表示的方程。

在考虑缓冲支柱的环向膨胀，并计及标准大气压力 p_0 情况下，其表达式为

$$S_T = \frac{(P_A - P_E)V_E}{(P_A + p_0 A)A} + K_V \frac{(P_A - P_E)}{A^2} \tag{5-53}$$

若不考虑支柱的环向膨胀，也不计及标准大气压力 p_0，考虑 5%的摩擦阻力，则表达式为

$$S_T = V_E(1 - 1.05P_E / P_A)/A \tag{5-54}$$

沿支柱轴线方向所受的外载荷 P_A 为

$$P_A = (V - W_U)\cos(\alpha + \theta)\cos\delta \tag{5-55}$$

式中，A 为起落架缓冲支柱的活塞面积(m^2)；P_E 为起落架缓冲支柱全伸展时的空气载荷(N)；V_E 为起落架缓冲支柱全伸展时的空气体积(m^3)；K_V 为起落架缓冲支柱的膨胀系数(m / N)；W_U 为起落架机轮和滚动组件的重力(N)；α 为飞机的俯仰角(rad)；δ 为飞机的滚转角(rad)；θ 为起落架的缓冲支柱倾斜角(rad)，前倾为正。

2) 几何关系

飞机的状态用俯仰角 α、滚转角 δ 及重心至地面的垂直距离(Z_A)来表示。此状态下各起落架上所受的地面载荷如下：垂直载荷 V_1、V_2、V_3，侧向载荷 S_1、S_2、S_3，阻力载荷 D_1、D_2、D_3，其中下标 1、2、3 分别表示前起落架、左主起落架和右主起落架。其状态示意图见图 5-25 和图 5-26。

压缩后轮胎半径为

$$R_1 = R_{ui} - \Delta R_i \tag{5-56}$$

式中，R_u 表示轮胎的名义半径；ΔR 为轮胎压缩量；下标 i 取值范围为 1、2、3。

两主起落架轮轴连线与机体坐标系 xOz 平面交点的离地高度和前起落架轮轴点离地高度之差在机体坐标系 xOz 平面内的投影距离为

$$U = \left[(R_2 + R_3)/2.0 - R_1\right]\cos\delta \tag{5-57}$$

各起落架轮轴点沿机体坐标方向的距离为

z 向：
$$H_i = -z_i - S_{Ti}\cos\theta_i \tag{5-58}$$

x 向：
$$F_{Si} = x_i + S_{Ti}\sin\theta_i \tag{5-59}$$

式中，x_i、z_i 分别表示起落架轮轴点(全伸展状态下)的机体坐标值，下面将出现的 y_i 也表示起落架轮轴点(全伸展状态下)的机体坐标值；S_{Ti} 为起落架行程。

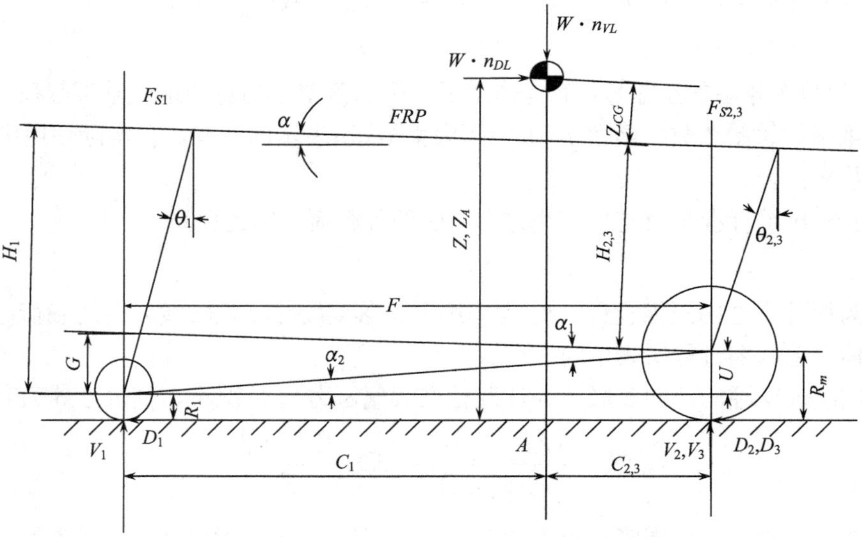

图 5-25　$\delta=0$ 时的侧视图

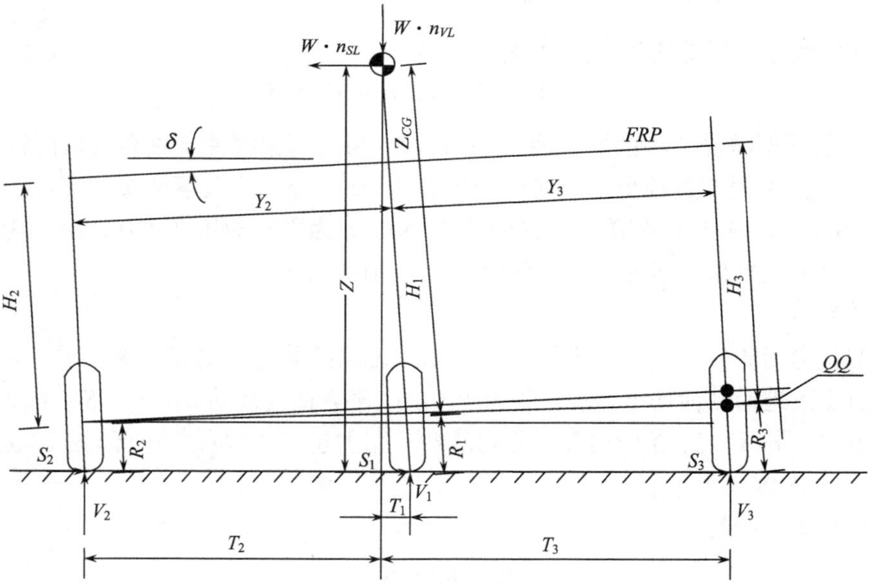

图 5-26　$\alpha=0$ 时的后视图

两主起落架轮轴点连线与机体坐标系 xOz 平面的交点和前起落架轮轴点的高度差在机体坐标系 xOz 平面内的投影距离为

$$G=H_1-(H_2+H_3)/2.0 \tag{5-60}$$

两主起落架轮轴点连线在机体坐标系 xOz 平面内交点的 x 向机体坐标值为

$$F_{Sm}=(F_{S2}+F_{S3})/2.0 \tag{5-61}$$

两主起落架轮轴点连线在机体坐标系 xOz 平面内的交点至前起落架轮轴点沿 x 轴方向的距离在机体坐标系 xOz 平面内的投影距离为

$$F = F_{Sm} - F_{S1} = (F_{S2} + F_{S3})/2.0 - F_{S1} \tag{5-52}$$

在机体坐标系 xOz 平面内，飞机的俯仰角为

$$\alpha_1 = \arctan(G/F) \tag{5-53}$$

$$\alpha_2 = \arcsin(U\cos\alpha_1/F) \tag{5-54}$$

$$\alpha = \alpha_1 - \alpha_2 \tag{5-55}$$

考虑飞机的滚转角与俯仰角之间的正交性，计算滚转角时只需考虑在图 5-26 中平行于机体坐标系 yOz 平面内的 y 轴与地面的夹角。缓冲支柱压缩后，左右主起落架轮轴点的高度差在平行于机体坐标系 yOz 平面内的投影为

$$QQ = H_3 - H_2 \tag{5-66}$$

在机体坐标系 yOz 平面内，飞机的滚转角为

$$\delta = \arctan\left(\frac{QQ}{y_3 - y_2}\right) + \arctan\left[\frac{(R_3 - R_2)\cos\alpha}{\sqrt{QQ^2 + (Y_3 - Y_2)^2}}\right] \tag{5-67}$$

重心至地面的高度(Z_A)为

$$Z_a = (Z_{CG} + H_m)\cos\alpha + (F_{Sm} - X_{CG})\sin\alpha + R_m \tag{5-68}$$

$$Z_A = Z_a\cos\delta + Y_{CG}\sin\delta \tag{5-69}$$

式中，$H_m = (H_2 + H_3)/2$；$R_m = (R_2 + R_3)/2$。

图 5-25 中重心至各起落架轮胎接地点的水平航向距离为

$$\begin{aligned} C_1 &= (Z_{CG} + H_1)\sin\alpha + (X_{CG} - F_{S1})\cos\alpha \\ C_2 &= -(Z_{CG} + H_2)\sin\alpha + (F_{S2} - X_{CG})\cos\alpha \\ C_3 &= -(Z_{CG} + H_3)\sin\alpha + (F_{S3} - X_{CG})\cos\alpha \end{aligned} \tag{5-70}$$

图 5-26 中重心至各起落架轮胎接地点的水平侧向距离为

$$\begin{aligned} T_1 &= (Z_{CG} + H_1 + R_1)\sin\delta - Y_{CG}\cos\delta \\ T_2 &= -(Z_{CG} + H_2 + R_2)\sin\delta + (-Y_2 + Y_{CG})\cos\delta \\ T_3 &= (Z_{CG} + H_3 + R_3)\sin\delta - (-Y_3 + Y_{CG})\cos\delta \end{aligned} \tag{5-71}$$

式中，X_{CG}、Y_{CG}、Z_{CG} 为重心在机体坐标系中的位置。

3) 全机平衡方程

对于飞机地面操作情况，其载荷可用下列平衡方程来描述：

$$\begin{aligned} \sum F_i &= 0 \\ \sum M_i &= 0 \end{aligned} \tag{5-72}$$

式中，$i = 1, 2, 3$，分别表示地面坐标系的三个坐标轴方向。

根据各坐标轴方向上的过载 n_{SL}(侧向)、n_{DL}(阻力方向)、n_{VL}(垂直方向)，可以得到作用于飞机重心处的合力(除重力外)表达式

$$S_1 + S_2 - S_3 = Wn_{SL} \tag{5-73a}$$

$$D_1 + D_2 + D_3 = Wn_{DL} \tag{5-73b}$$

$$V_1 + V_2 + V_3 = Wn_{VL} \tag{5-73c}$$

$$\sum M_Y = -V_1C_1 + V_2C_2 + V_3C_3 + (D_1 + D_2 + D_3)Z_A \tag{5-73d}$$

$$\sum M_X = -(S_1 + S_2 - S_3)Z_A + V_1T_1 - V_2T_2 + V_3T_3 \tag{5-73e}$$

$$\sum M_Z = -D_1T_1 + D_2T_2 - D_3T_3 + S_1C_1 - S_2C_2 + S_3C_3 \tag{5-73f}$$

假设：各起落架轮胎与地面间的最大滑动摩擦系数为 μ_j，各起落架上的侧向载荷与其垂直载荷比值为一常数，记 μ_{Sj}，则

各起落架上的阻力载荷可表示成

$$D_j = \mu_j V_j \tag{5-74a}$$

各起落架上的侧向载荷可表示成

$$S_j = \mu_{Sj} V_j \tag{5-74b}$$

若已知每种地面操作情况的最大滑动摩擦系数 μ_j、侧向系数 μ_{Sj}，那么各情况的载荷计算就变为计算前起落架、左主起落架和右主起落架上的垂直载荷 V_1、V_2、V_3。

对于一般的地面操作情况可以认为飞机的俯仰力矩由前、主起落架的垂直载荷共同平衡，飞机的滚转力矩由左、右主起落架垂直载荷来平衡，重心垂直方向载荷通过前、主起落架垂直载荷来平衡，其他两个方向即侧向和航向载荷以及偏航力矩均由飞机的惯性力来平衡。因此，可选用方程式(5-73c)～方程式(5-73e)并令这些方向上的合力为零来计算 V_1、V_2、V_3。

$$\sum F_Z = 0 \qquad V_1 + V_2 + V_3 = Wn_{VL} \tag{5-75a}$$

$$\sum M_Y = 0 - V_1C_1 + V_2C_2 + V_3C_3 + (D_1 + D_2 + D_3)Z_A = 0 \tag{5-75b}$$

$$\sum M_X = 0 - (S_1 + S_2 - S_3)Z_A + V_1T_1 - V_2T_2 + V_3T_3 = 0 \tag{5-75c}$$

在考虑有轮胎泄气的地面操作情况时，参看 CCAR-25-R4 在第 25.511 条“地面载荷：多轮起落架装置上的非对称载荷”(c)、(e)要求将无泄气轮胎的相应设计情况下重心处垂直过载、阻力过载、侧向过载乘以某一相应的折减系数，并考虑由于轮胎泄气引起起落架轮胎压缩量的变化，就可计算得到有泄气轮胎状态下地面操作情况的载荷。

3. 载荷计算方法

在计算地面载荷时，采用迭代法。给定任意初值：飞机姿态，俯仰角 α_0，滚转角 δ_0，前、主起落架上的垂直载荷 V_{10}、V_{20}、V_{30}。

根据初始的垂直载荷确定起落架轮胎及缓冲支柱的压缩量，计算下一步的飞机姿态：俯仰角 α_1、滚转角 δ_1 以及相应的几何参数，并且由每种情况确定的阻力摩擦系数 μ_1、μ_2、μ_3 或侧向摩擦阻力系数 μ_{S1}、μ_{S2}、μ_{S3}，根据初始的垂直载荷 V_{10}、V_{20}、V_{30} 计算阻力载荷 D_1、D_2、D_3 或侧向载荷 S_1、S_2、S_3 及围绕重心处的力和力矩：

$$M_\alpha = -V_1C_1 + V_2C_2 + V_3C_3 + (D_1 + D_2 + D_3)Z_A \tag{5-76a}$$

$$M_\beta = -D_1T_1 + D_2T_2 - D_3T_3 + S_1C_1 - S_2C_2 + S_3C_3 \tag{5-76b}$$

$$M_\delta = V_1T_1 - V_2T_2 + V_3T_3 - (S_1 + S_2 - S_3)Z_A \tag{5-76c}$$

为满足平衡方程式(5-75c)，可令全机围绕重心处的滚转力矩 M_δ 由左、右主起落架的垂直载荷来平衡：

$$V_{20}^{(1)} = V_{20} + M_\delta/(T_2 + T_3) \tag{5-77a}$$

$$V_{30}^{(1)} = V_{30} - M_\delta/(T_2 + T_3) \tag{5-77b}$$

为满足平衡方程式(5-75b)，可令全机围绕重心处的俯仰力矩 M_α 由前、主起落架的垂直载荷平衡，并且假设左、右主起落架在平衡俯仰力矩时的垂直载荷按承载比例分配：

$$V_{10}^{(2)} = V_{10} + M_\alpha/\left[C_1 + (C_2 + C_3)/2\right] \tag{5-78a}$$

$$V_{20}^{(2)} = V_{20}^{(1)} - \left\{M_\alpha/\left[C_1 + (C_2 + C_3)/2\right]\right\}\left[V_{20}^{(1)}/\left(V_{20}^{(1)} + V_{30}^{(1)}\right)\right] \tag{5-78b}$$

$$V_{30}^{(2)} = V_{30}^{(1)} - \left\{M_\alpha/\left[C_1 + (C_2 + C_3)/2\right]\right\}\left[V_{30}^{(1)}/\left(V_{20}^{(1)} + V_{30}^{(1)}\right)\right] \tag{5-78c}$$

为满足平衡方程式(5-75a)，可假设垂直方向的不平衡载荷按承载比例分配：

令

$$V_{10}^{(2)} + V_{20}^{(2)} + V_{30}^{(2)} = W_s \tag{5-79a}$$

则

$$V_{10}^{(3)} = V_{10}^{(2)} W n_{VL}/W_s \tag{5-79b}$$

$$V_{20}^{(3)} = V_{20}^{(2)} W n_{VL}/W_s \tag{5-79c}$$

$$V_{30}^{(3)} = V_{20}^{(2)} W n_{VL}/W_s \tag{5-79d}$$

将$(V_{10}^{(3)}-V_{10})$、$(V_{20}^{(3)}-V_{20})$、$(V_{30}^{(3)}-V_{30})$与所给的绝对误差精度要求(EPS)比较，若$(V_{10}^{(3)}-V_{10})$或$(V_{20}^{(3)}-V_{20})$或$(V_{30}^{(3)}-V_{30})$小于 EPS，则认为所要求的载荷满足精度要求，此时迭代终止；否则，将 $V_{10}^{(3)}$、$V_{20}^{(3)}$、$V_{30}^{(3)}$赋值给 V_{11}、V_{21}、V_{31} 作为下一轮迭代的初值，重复进行，直至所求的载荷满足精度要求。

这样得到的起落架地面载荷与相应的飞机载荷是完全协调的。

对于各种不同的地面操作情况，可在上述平衡方式中作部分修改，并采用不同的过载得到相应的载荷。

5.7.3　滑行刹车载荷

1. 适航要求

CCAR-25-R4 在第 493 条“滑行刹车情况”对前三点式飞机规定如下：

(b) 对于前轮式飞机，限制垂直载荷系数，在设计着陆重量时为 1.2，在设计机坪重量时为 1.0。阻力载荷(等于垂直反作用力乘以数值为 0.8 的摩擦系数)必须与地面垂直反作用力相组合，并作用在每个带刹车机轮的接地点上，按附录 A 图 6，必须考虑下列两种姿态：

(1) 所有机轮都接地的水平姿态，载荷分配给主起落架和前起落架，并假定俯仰加速度为零；

(2) 仅以主轮接地的水平姿态，俯仰力矩由角惯性力平衡。

(c) 如果证实在每一很可能的受载情况下，有效阻力载荷均不能达到垂直反作用力的 80%，则可取低于本条规定的阻力载荷。

(d)装有前起落架的飞机必须承受由于突然施加的最大刹车力使飞机动态俯仰运动而产生的载荷。假定飞机在设计起飞重量下，前起落架和主起落架接地并且稳态垂直载荷系数为1.0。稳态前起落架反作用力必须与本条(b)和(c)所规定的由于突然施加最大刹车力而产生的最大前起落架垂直反作用力增量相组合。

(e)在缺乏更合理的分析的情况下，本条(d)所规定的前起落架垂直反作用力必须依照下式计算：

$$V_n = \frac{W_T}{A+B}\left(\mathrm{B}+\frac{f\mu AE}{A+B+\mu E}\right)$$

式中，V_n为前起落架垂直反作用力；W_T为设计起飞重量；A为飞机重心与前起落架之间的水平距离；B为主轮中心连线与飞机重心间的水平距离；E为在$1.0g$静态情况飞机重心距地面的垂直高度；μ为摩擦系数，取0.8；f为动态响应系数；除能证实更低的系数外，采用2.0。在缺乏其他资料的情况下，可由下式确定动态响应系数f：

$$f = 1+\exp\left(\frac{-\pi\xi}{\sqrt{1-\xi^2}}\right)$$

式中，ξ为针对主起落架有效接地点的刚体俯仰模态的有效临界阻尼比。

2. 三点滑行刹车载荷(3P·BR情况)

该情况是对称刹车情况，飞机处于所有机轮都接地的水平姿态，载荷分配给主起落架和前起落架，并假定俯仰加速度为零。

刹车阻力施加于每个带刹车的机轮上。对于绝大多数的民用飞机，一般仅在主起落架上装有刹车装置，前起落架为未刹车机轮，不承受阻力载荷。由于俯仰加速度为零，本情况的平衡方程应选取如下。

(1)垂直方向合力为零；

(2)俯仰合力矩为零；

(3)滚动合力矩为零。

即方程组(5-75)，并附加下列条件：主起落架摩擦阻力系数$\mu_2=\mu_3=0.8$，前起落架摩擦阻力系数$\mu_1=0$，侧向摩擦系数$\mu_{S1}=\mu_{S2}=\mu_{S3}=0$。代入5.7.2节的计算方法即可计算出相应的地面载荷。

该情况起落架的受载状态见图5-27。

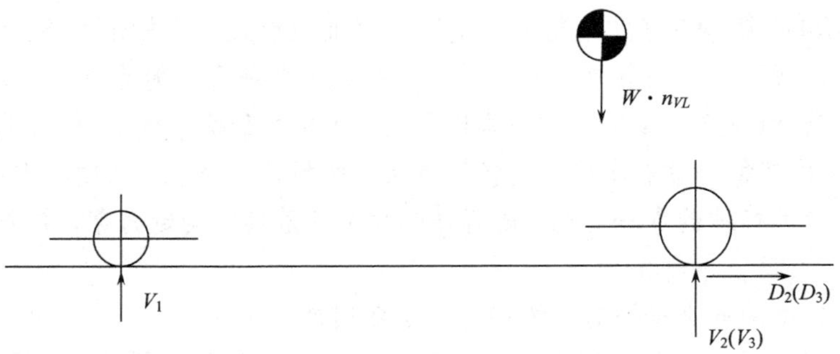

图5-27 三点滑行刹车起落架受载示意图

在该情况中，必须考虑设计机坪重量下重心前限和重心后限以及设计着陆重量下重心前限和重心后限等四个临界状态，并分别选出前起落架和主起落架的垂直载荷最大者作为前起落架和主起落架的设计载荷。

3. 两点滑行刹车载荷(2P·BR 情况)

该情况下飞机处于两轮接地的水平姿态，接触地面的两个机轮对称刹车。此时，由于前起落架的机轮与地面处于虚接触，既不能承受阻力载荷，也不能承受垂直载荷，该情况为主起落架的载荷设计情况，仅主起落架承受阻力和垂直载荷。本情况的平衡方程应选取如下。

(1)垂直方向合力为零；

(2)滚转合力矩为零。

即方程 (5-75a)和方程(5-75c)，并附加下列条件：主起落架摩擦阻力系数 $\mu_2 = \mu_3 = 0\ 8$，前起落架摩擦阻力系数 $\mu_1 = 0$，侧向摩擦阻力系数 $\mu_{S_1} = \mu_{S_2} = \mu_{S_3} = 0$。代入 5.7.2 节的计算方法，即可计算出相应的地面载荷。

此情况中由主起落架力产生的俯仰力矩由飞机的惯性力矩平衡。

该情况起落架的受载状态见图 5-28。

在本情况中，重心位置的变化对主起落架载荷大小无任何影响，只需考虑设计机坪重量和设计着陆重量两个临界状态，并选出主起落架垂直载荷较大者作为主起落架的设计载荷。

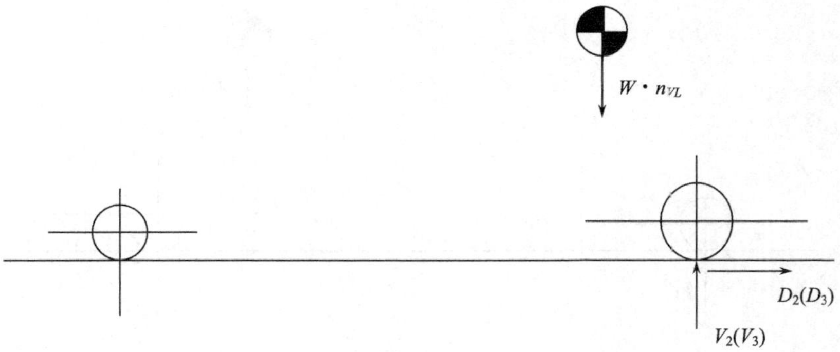

图 5-28　两点滑行刹车起落架受载示意图

5.7.4　倒行刹车载荷

1. 适航要求

CCAR-25-R4 在第 507 条“倒行刹车”对前三点式飞机规定如下：

(a) 飞机必须处于三点静止地面姿态，与地面平行的向前水平反作用力必须施加在每个带刹车机轮的接地点上，此限制载荷必须等于每一机轮垂直载荷的 55%，或等于由 1.2 倍名义最大静刹车扭矩产生的载荷。两者中取小值。

(b) 对于前轮式飞机，俯仰力矩必须由角惯性力平衡。

2. 倒行刹车载荷计算

倒行刹车情况系指前三点式飞机在地面操作时，飞机向后牵引或使用反推力装置使飞机向后运动中刹车产生的载荷。飞机重心处的垂直过载为 1.0，对于前三点式飞机，刹车产生的俯仰力矩必须由角惯性力平衡。倒行刹车载荷情况所计算的状态是飞机使用刹车后，飞机要响应还未来得及响应的瞬间。因此，该情况的平衡方程如下：

(1) 垂直方向合力为零；

(2) 仅有前、主起落架垂直载荷产生的俯仰合力矩为零；

(3) 滚转合力矩为零。

即

$$\begin{aligned} &V_1 + V_2 + V_3 = Wn_{VL} \\ &-V_1C_1 + V_2C_2 + V_3C_3 = 0 \\ &V_1T_1 - V_2T_2 + V_3T_3 = 0 \end{aligned} \tag{5-80}$$

并附加下列条件：主起落架摩擦阻力系数 μ_2 和 μ_3 按飞机类别取值后，代入 5.7.2 节的计算方法，就可得到该情况的地面载荷。计算中取 1.2 倍名义静刹车扭矩产生的摩擦阻力系数与 0.55 两者中的较小值。

在整个倒行刹车过程中，前起落架仅承受垂直载荷，并且所计算的状态为该过程中前起落架垂直载荷处于最大的状态。由于该载荷值未超过起飞滑跑情况的前起落架载荷，故倒行刹车情况不是前起落架的设计情况。而在此过程中，主起落架将承受反向的阻力载荷，是主起落架的一种设计情况。必须考虑设计机坪重量下重心后限的临界状态。

该情况起落架的受载状态见图 5-29。

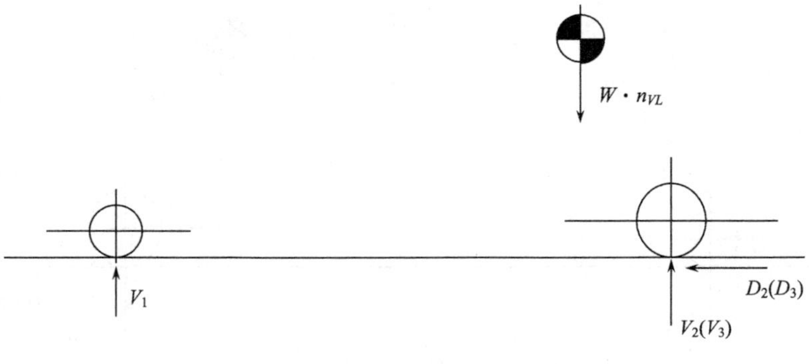

图 5-29 倒行刹车情况起落架受载示意图

5.7.5 转弯载荷

1. 适航要求

CCAR-25-R4 在第 495 条“转弯”规定如下：

假定飞机处于静态位置，用操纵前起落架或采用足够的发动机动力差的方法进行定常转弯，以使作用在重心处的限制载荷系数在垂直方向为 1.0，在横向为 0.5。每一个机轮的侧向地面反作用力必须是垂直反作用力的 50%。

2. 转弯载荷计算

转弯情况系指飞机处于三点滑行时所进行的稳定转弯状态下的受载，此时起落架仅承受垂直载荷和侧向载荷，没有阻力载荷。该情况的平衡方程应考虑如下：

(1) 垂直方向合力为零；

(2) 俯仰合力矩为零；

(3) 侧向滚转合力矩为零；

(4) 侧向合外力为 0.5 倍的飞机重力。

若引入侧向摩擦系数 μ_S，并且每一个起落架上侧向力为该起落架上垂直载荷与侧向摩擦系数的乘积，则上述第 4 个条件就简化为

$$M_{S1} = \mu_{S2} = \mu_{S3} = 0.5$$

在进行载荷计算时，只需使用平衡方程组(5-75)，并附加侧向摩擦系数 $\mu_{S1} = \mu_{S2} = \mu_{S3} = 0.5$ 及阻力摩擦系数 $\mu_1 = \mu_2 = \mu_3 = 0$ 的条件，就可算得转弯情况的地面载荷。

转弯情况是前、主起落架侧向受载较为严重的情况，必须考虑设计机坪重量下重心前限和重心后限两个临界状态。

该情况起落架的受载状态见图 5-30。

5.7.6　地面回转载荷

1. 适航要求

CCAR-25-R4 在第 503 条“回转”规定如下：

(a) 假定飞机绕一侧主起落架回转，且该侧的刹车刹住。限制垂直载荷系数必须为 1.0，摩擦系数为 0.8。

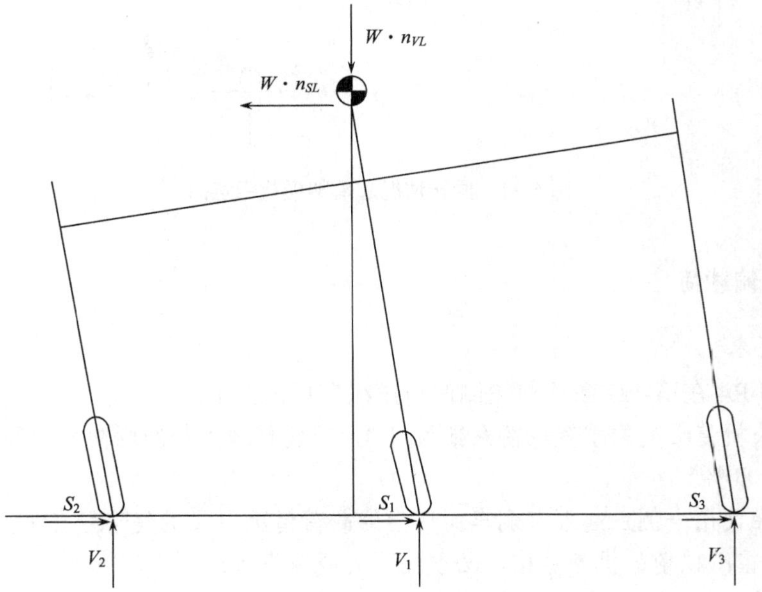

图 5-30　转弯情况起落架受载示意图

(b) 假定飞机处于静态平衡，而载荷作用在轮胎接地点上。

2. 地面回转载荷计算

地面回转(打地转)情况是地面机动中的一种情况，在该情况中，对于多轮起落架，飞机将绕起落架所有机轮接触面的形心打转；对于单轮式起落架，一般是指小半径转弯。此

时飞机处于停机状态，除了在一侧刹住的起落架上作用有回转扭矩和垂直载荷，其他两个起落架上仅作用垂直地面反力。因此，摩擦阻力系数 $\mu_1 = \mu_2 = \mu_3 = 0$，侧向阻力系数 $\mu_{S1} = \mu_{S2} = \mu_{S3} = 0$，各起落架上的垂直载荷如下：

(1) 垂直方向合力为零；

(2) 滚转合力矩为零；

(3) 俯仰合力矩为零。

即方程组(5-75)算得。

而作用于一侧刹住机轮上的地面回转扭矩为

$$M = 0.8VL / 2$$

式中，V 为刹车机轮上所受的垂直总载荷；L 为对于共轴双轮主起落架为左、右轮距；对前、后双轮式主起落架为前、后轮距；对于小车架式起落架为四轮接地点的对角线长度；对于单轮式主起落架取轮胎在上述垂直载荷作用下压缩时与地面接触图形长轴的长度。

该情况是主起落架结构设计的一种临界情况，必须考虑设计机坪重量下后重心位置。

该情况起落架的受载状态见图 5-31。

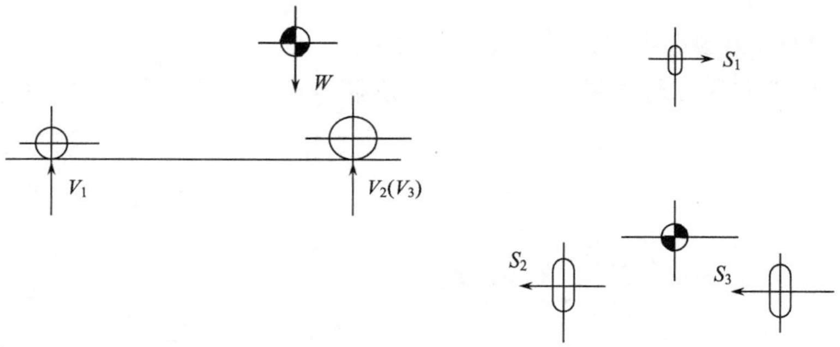

图 5-31 回转情况起落架受载示意图

5.7.7 前轮侧偏载荷

1. 适航要求

CCAR-25-R4 在第 499 条“前轮侧偏与操纵”规定如下：

(a) 假定飞机重心处的垂直载荷系数为 1.0，前轮接地点处的侧向分力等于该处地面垂直反作用力的 80%。

(b) 假定在使用一侧主起落架刹车而产生的载荷情况下飞机处于静态平衡，前起落架及其连接结构和重心以前的机身结构，必须按下列载荷设计:

(1) 飞机重心处的垂直载荷系数为 1.0;

(2) 飞机重心处向前作用的载荷为一侧主起落架上垂直载荷的 80%;

(3) 作用于前起落架接地点处的侧向载荷和垂直载荷是为保持静态平衡所需的载荷;

(4) 飞机重心处的侧向载荷系数为零。

(c) 如果本条 (b) 款规定的载荷导致前起落架的侧向载荷超过前起落架垂直载荷的 80%，则可以把设计前起落架的侧向载荷限制为垂直载荷的 80%，而未被平衡的侧偏力矩假定由飞机的惯性力所平衡。

(d) 除前起落架及其连接结构和前机身结构以外的其他结构，受载情况即为本条 (b) 款规定的情况，但作如下补充：

(1) 如果在每一很可能的受载情况下，有效阻力载荷均不能达到垂直反作用力的 80%，则可取用较低的阻力载荷；和

(2) 重心处向前作用的载荷，不必超过按第 25.493 条 (b) 规定的作用于一个主起落架上的最大阻力载荷。

(e) 在设计前起落架及其连接结构和前机身结构时，必须考虑正常满操纵扭矩和等于前起落架最大静态反作用力 1.33 倍的垂直力的组合作用，此时，取飞机设计机坪重量，前起落架处于任一转向操纵位置。

2. 直接侧向载荷 (NWY 情况)

CCAR-25-R4 第 25.499 条规定：假定飞机重心处的垂直过载为 1.0，前轮接地点处的侧向分力等于该处地面垂直反作用力的 80%。

对于该情况，CCAR-25 未给出相应的平衡方式。根据其受载特点，可假定两种平衡方式。

(1) 认为前轮突然受到一个较大的侧向载荷，此时主起落架还未来得及响应，于是侧向力由飞机的惯性力平衡，但侧向力引起的滚转力矩由左、右主起落架垂直载荷平衡，在载荷计算中，应考虑如下：

A. 垂直方向合力为零；

B. 俯仰合力矩为零；

C. 滚转合力矩为零。

取方程组 (5-75) 作为平衡方程，并选取：摩擦阻力系数 $\mu_1 = \mu_2 = \mu_3 = 0$；侧向摩擦阻力系数 $\mu_{S1} = 0.8$、$\mu_{S2} = \mu_{S3} = 0$。

代入 5.7.2 节的计算方法，得到前轮在突然受到一个较大的侧向载荷情况下的地面载荷。

(2) 若前轮在较大的侧向载荷作用下，缓慢地进行偏航运动，此时可认为主起落架能够提供足够大侧向载荷来平衡前起落架的侧向载荷，使得机体重心处的侧向载荷系数为零，而侧向力引起的偏航力矩由飞机的惯性力平衡。为计算主起落架的侧向载荷，可假设左、右主起落架的侧向载荷相等，因此，该情况的平衡方式为式 (5-75) 并附加下列条件：摩擦阻力系数 $\mu_1 = \mu_2 = \mu_3 = 0$，侧向摩擦阻力系数 $\mu_{S1} = -0.8$，左、右主起落架的侧向载荷分别为前起落架侧向载荷的 0.5 倍，就可求得相应的地面载荷。采用第二种平衡方式的侧向载荷情况起落架受载状态见图 5-32。

3. 非对称刹车引起的前轮侧向载荷 (UB 情况)

该情况是指飞机三点直线滑行时，一个主起落架机轮突然使用刹车，而前轮与另一主起落架不使用刹车，飞机由直线运动变为曲线运动，正好处在将要转弯而还未转弯的瞬间受载状态。CCAR-25-R4 第 25.499 条规定：

(1) 飞机重心处的垂直过载为 1.0；

(2) 飞机重心处向前作用的载荷为一侧主起落架上垂直载荷的 80%；

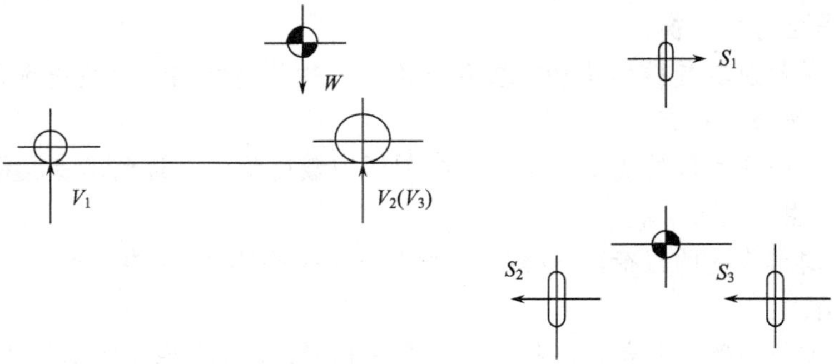

图 5-32 直接侧向载荷情况起落架受载示意图

(3) 飞机重心处侧向过载为零；

(4) 作用于前起落架接地点处的侧向载荷和垂直载荷是为保持静态平衡所需的载荷。

此时，侧向载荷 S_1、S_2、S_3，不通过侧向摩擦系数和垂直载荷来计算，而是通过假设左、右主起落架的侧向载荷相等及偏航合力矩为零来计算，故该情况的平衡方程式如下：

(1) 垂直方向合力为零；

(2) 侧向合力为零；

(3) 俯仰合力矩为零；

(4) 滚转合力矩为零；

(5) 偏航合力矩为零。

即

$$
\begin{aligned}
&V_1 + V_2 + V_3 = Wn_{VL} \\
&S_1 + S_2 - S_3 = 0 \\
&-V_1C_1 + V_2C_2 + V_3C_3 + \left(D_1 + D_2 + D_3\right)Z_A = 0 \\
&V_1T_1 - V_2T_2 + V_3T_3 = 0 \\
&-D_1T_1 + D_2T_2 - D_3T_3 + S_1C_1 - S_2C_2 + S_3C_3 = 0
\end{aligned}
\tag{5-81}
$$

并附加：左、右主起落架侧向载荷相等的条件，即 $|S_2| = |S_3|$，代入 5.7.2 节的计算方法(在代入前，必须令 $\mu_{S1} = \mu_{S2} = \mu_{S3} = 0$、$\mu_1 = \mu_2 = \mu_3 = 0$)，计算出该情况的地面载荷。

如果根据上述方程式计算得到的前起落架侧向载荷超过其垂直载荷的 80%，则可以把设计前起落架的侧向载荷限制为垂直载荷的 80%，而未被平衡的偏航力矩假定由飞机的惯性力所平衡。

该情况起落架受载状态见图 5-33。

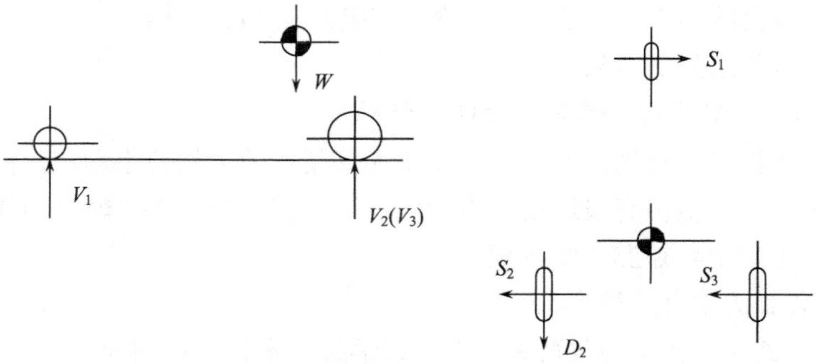

图 5-33 非对称刹车情况起落架受载示意图

对于除前起落架及其连接结构和前机身结构以外的其他结构，在本受载情况下，还需补充两个条件。

(1) 如果在每一个很可能的受载情况下，有效阻力载荷均不能达到垂直反作用力的80%，则可取用较低的阻力载荷。

(2) 重心处向前作用的载荷，不必超过对称刹车情况所规定的作用于一个主起落架上的最大阻力载荷。

4. 扭矩载荷(PIV_{NOSE} 情况)

将扭矩载荷作为一个设计情况，是前起落架操纵安全的必要保证。在设计前起落架及其连接结构和前机身结构时，必须考虑正常满操纵扭矩和等于前起落架最大静态反作用力的垂直力的组合作用，此时取飞机设计机坪重量，前起落架处于任一转向操纵位置。主起落架仅承受垂直载荷，前起落架除了承受垂直地面载荷，还承受一扭矩。前、主起落架上垂直地面载荷通过方程组(5-75)所表示的平衡方程由迭代法计算得到。地面施加给前起落架的扭矩与飞行员的操纵扭矩相平衡。

地面施加于前起落架的最大摩擦扭矩的计算可参见 5.7.6 节。

该情况为前起落架的设计情况，必须以设计机坪重量的前重心作为计算的临界状态。

5.7.8 地面操作载荷计算综合示例

本节以国外某型民用飞机为例，说明各地面操作情况下，起落架所受地面载荷的类型和大小。

1. 飞机原始数据

(1) 起落架缓冲支柱全伸展状态轮轴点的机体坐标值见表 5-12。

表 5-12　对起落架全伸展状态轮轴点的机体坐标

轮轴点	Y/m	X/m	Z/m	缓冲支柱倾斜角/rad
前起落架	0	2.4409	−2.2174	0.139626
主起落架	2.5654	24.5625	−2.49136	0.03564

(2) 缓冲支柱压缩行程的确定。

对于该型号飞机，缓冲支柱压缩行程取如下形式：

$$S_T = -\left(\frac{P_E + 1.0325\times10^5 A}{P_A + 1.0325\times10^5 A}V_E - V_E\right) / A + K_V\left(P_A - P_E\right) / A^2$$

式中，各物理参量和控制变量数据见表 5-13，符号说明见 5.7.2 节。

表 5-13　起落架的充填参数

缓冲支柱压缩行程参数	前起落架	主起落架
活塞面积 A/m^2	5.3387×10^{-3}	1.97667×10^{-2}
支柱全伸展时的空气载荷 P_E/N	4640.516	40883.669
支柱全伸展时的空气初始体积 V_E/m^3	2.0571×10^{-3}	9.3806×10^{-3}
支柱的膨胀系数 K_V/(m/N)	1.8535×10^{-12}	7.3188×10^{-12}
起落架的非弹性重量(力) P_A/N	986.0486	6815.729
名义轮胎半径/m	0.3226	0.5588

(3) 轮胎压缩曲线的处理。

轮胎压缩曲线一般选用多项式函数来表示。考虑轮胎实际受载范围，将整段压缩曲线简化成局部线性函数。通过线性拟合，直线方程的形式如下：

$$\delta = a + bV / N_G$$

其系数见表 5-14。

表 5-14　起落架的充填参数

起落架单元	系数 a/m	系数 b/m	一个起落架上的轮胎个数 N_G
前起落架	7.112×10^{-3}	7.9411×10^{-7}	2
主起落架	1.6116×10^{-2}	3.8329×10^{-7}	2

(4) 飞机重量和重心范围参数见表 5-15。

表 5-15　飞机重量和重心参数

重量(力)	重心前限			重心后限		
	Y/m	X/m	Z/m	Y/m	X/m	Z/m
设计机坪重量(力) 669604.6N	0	22.6369	0.05118	0	23.5316	0.09853
设计起飞重量(力) 662930.8N	0	22.6257	0.05306	0.02	3.5397	0.04524
设计着陆重量(力) 578396N	0	22.4606	0.1745	0.02	3.7168	0.1431

(5) 前起落架操纵扭矩。

为克服地面静摩擦，施加于前起落架机轮上操纵扭矩的地面分量必须大于：

当机轮处于 0° 时为 4817.2636N・m；

当机轮处于 45° 时为 4080.5535N・m。

(6) 主起落架缓冲支柱左、右轮距为 0.7148m。

(7) 摩擦阻力系数一般取为 0.8，如果有实测的摩擦阻力系数并低于 0.8，或受刹车阻力限制，则应取较小的摩擦阻力系数。对于该型号飞机，参考美国国家航空航天局(NASA)的技术报告，并根据该飞机起落架轮胎的静承载压力，通过经验数据曲线插值，得到刹车产生的最大摩擦阻力系数为 0.74。

2. 地面操作载荷示例

本节根据前面列出的某民用飞机的有关参数，采用 5.7.2 节所介绍的计算方法，计算各地面操作情况下的地面载荷。表 5-16 列出的仅仅是各设计情况中部分计算状态，以说明在每个地面操作情况下，各起落架上承受地面载荷的类型、大小及起落架在这些地面载荷作用下产生的压缩变形。此外，还给出了飞机机体和起落架轮胎接地点间的相对位置关系，给读者以具体的感性认识。

表 5-16　地面操作载荷示例表

	情况	起飞滑跑	两点刹车	三点刹车	侧行刹车	转弯	前轮偏转(A)	非对称刹车	回转
	状态说明	设计机坪重量/后重心	设计着陆重量/后重心	设计着陆重量/前重心	设计机坪重量/后重心	设计机坪重量/后重心	设计机坪重量/后重心	设计机坪重量/后重心	设计机坪重量/后重心
垂直载荷/N	前起落架	65278.2	0	119966.0	32768.4	32877.4	59979.0	87306.2	32786.4
	左主起落架	636965.3	347037.6	287054.8	318418.1	506220.6	330410.9	291149.4	318418.1
	右主起落架	636965.3	347037.6	287054.8	318418.1	130506.2	279214.4	291149.4	318418.1
阻力载荷/N	前起落架	0	0	0	0	0	0	0	0
	左主起落架	0	256807.8	212420.4	−175129.9	0	0	232919.6	0
	右主起落架	0	256807.8	212420.4	−175129.9	0	0	0	0
侧向载荷/N	前起落架	0	0	0	0	−16438.9	−47983.3	−27055.6	0
	左主起落架	0	0	0	0	−253110.1	0	13527.8	0
	右主起落架	0	0	0	0	65253.3	0	13527.8	0
扭矩/(N·m)	前起落架	0	0	0	0	0	0	0	0
	左主起落架	0	0	0	0	0	0	0	−91.03[illegible]
	右主起落架	0	0	0	0	0	0	0	0
压缩后的轮胎半径/m	前起落架	0.2896	0.3226	0.2687	0.3205	0.3024	0.2917	0.2808	0.3025
	左主起落架	0.4206	0.4276	0.4877	0.4817	0.4457	0.4794	0.4869	0.4817
	右主起落架	0.4206	0.4762	0.4877	0.4817	0.5177	0.4892	0.4869	0.4817
缓冲支柱压缩行程/m	前起落架	0.3581	0	0.3759	0.3248	0.3250	0.3550	0.3674	0.3248
	左主起落架	0.4534	0.4026	0.4069	0.4147	0.4425	0.4173	0.4080	0.4147
	右主起落架	0.4534	0.4206	0.4069	0.4147	0.3140	0.4047	0.4080	0.4147
飞机姿态	俯仰角/rad	−0.013879	−0.000324	−0.020799	−0.016313	−0.017959	−0.018444	−0.01975	−0.016313
	滚转角/rad	0	0	0	0	0.039032	0.00437	0	0
沿飞机航向距离/m	前起至重心	21.0116	21.2751	19.9211	21.0101	21.0062	20.1086	20.1024	21.0101
	主起至重心	1.0767	0.8515	2.1630	1.08107	1.0851	1.9785	1.9511	1.0811
沿飞机侧向距离/m	前起落架	0	0	0	0	0.0896	0.0097	0	0
	左主起落架	2.5654	2.5654	2.5654	2.5654	2.4623	2.5540	2.5654	2.5654
	右主起落架	2.5654	2.5654	2.5654	2.5654	2.6725	2.5769	2.5654	2.5654
重心至地面的垂直高度/m		2.5427	2.6899	2.7024	2.6398	2.6724	2.5799	2.5830	2.6398

5.7.9　动力滑行载荷

1. 适航要求

CCAR-25-R4 对动力滑行载荷规定如下。

1) 第 235 条“滑行条件”

当飞机在正常运行中可合理预期的最粗糙地面上滑行时，减震机构不得损伤飞机的结构。

2) 第 491 条“滑行、起飞和着陆滑跑”

在相应的地面速度和批准的重量范围内，假定飞机结构和起落架承受不小于飞机在正常运行时可以合理预期的最粗糙地面上得到的载荷。

3) 第 305 条“强度和变形”

如果结构的柔度特性使在飞机运行情况中很可能出现的任一加载速率会产生比相应于静载荷的应力大得多的瞬态应力，则必须考虑这种加载速率的影响。

2. 概述

飞机动力滑行分析的外激励是规范或有关资料规定的跑道不平度输入。

分析时应考虑各种可能的重量、重心位置和质量分布，并包括与飞机性能相应的气动升力和发动机推力的影响。对飞机结构和起落架原则上应采用俯仰、平动和滚转刚体模态以及所有重要的对称和反对称弹性模态。同时还应考虑起落架缓冲支柱和轮胎非线性空气弹簧以及液压阻尼的模拟。如果飞机不具备会导致明显非对称载荷的设计特征，也可以不考虑刚体滚转模态和反对称弹性模态，仅进行对称动力滑行分析。

本部分重点介绍可用于对称和非对称动力滑行的时域分析方法，分析中所用的参数符号仅在本部分内适用。关于动力滑行的功率谱密度分析方法可查阅有关文献。

3. 几何参数

本节所述方法中使用的几何参数如图 5-34 所示。所有几何参数均按飞机的参考位置测量，该位置对应于各个起落架全伸展、轮胎未压缩、飞机与一水平面相接触的状态。通常，由于跑道的不平度，地面高出水平面 S(变量)距离。在图 5-34 中 $S=0$，地面与水平面重合。

d_i、f_i、v_i、y_i、ξ、φ 和 ψ 的正方向如图 5-34 和图 5-35 所示。下标 $i=1, 2, 3$ 分别用来表示右主起落架、左主起落架和前起落架。当飞机处于参考位置时，v_i、y_i、ξ、φ 和 ψ 都等于 0。

当起落架支柱全伸展且刚接触弹性伸展止动块时，$y_i=0$；当支柱完全压缩且刚接触弹性压缩止动块时，$y_i=y_{\max i}$。

4. 动力模型

飞机用四个集聚质量组成的动力系统来表示。这些集聚质量分别位于飞机重心处和三个起落架的轮轴处。重心处的惯性特性有飞机的弹性质量(M_i)、飞机俯仰惯性矩和滚转惯性矩(I_p 和 I_r)。每个轮轴处的惯性特性是相应起落架的非弹性质量(M_{2i})。此外，飞机结构的弹性用正交模态、模态固有频率、广义质量和临界阻尼比来代表。并假设起落架支柱垂直于飞机参考平面。该动力模型的自由度计有每个轮轴处的垂直位移 v_i，飞机重心处的位移 ξ、φ、ψ 以及代表正交模态的广义坐标。

5. 运动关系

由图 5-35 可知，支柱行程为

$$y_i=\frac{1}{\cos\varphi}\left(x_i-v_i\right) \tag{5-82a}$$

$$x_i=\xi-d_i\sin\varphi-b_i\left(1-\cos\varphi\right)-f_i\psi-x_{fi} \tag{5-82b}$$

式中，v_i 为轮轴的垂直位移(m)；x_i 为 $v_i=0$ 时支柱行程 y_i 的垂直分量(m)；x_{fi} 为结构弹性位移的垂直分量(m)。

x_i 和 y_i 对时间求导得方程

$$\dot{x}_i = \dot{\xi} - \left(d_i\cos\varphi + b_i\sin\varphi\right)\dot{\varphi} - f_i\dot{\psi} - \dot{x}_{fi} \tag{5-83a}$$

$$\dot{y}_i = \frac{1}{\cos\varphi}\left(\dot{x}_i - \dot{v}_i\right) + y_i\dot{\varphi}\tan\varphi \tag{5-83b}$$

式中，x_{fi} 和 $\dot{x}_{fi}$ 的表达式见式(5-96)和式(5-97)。

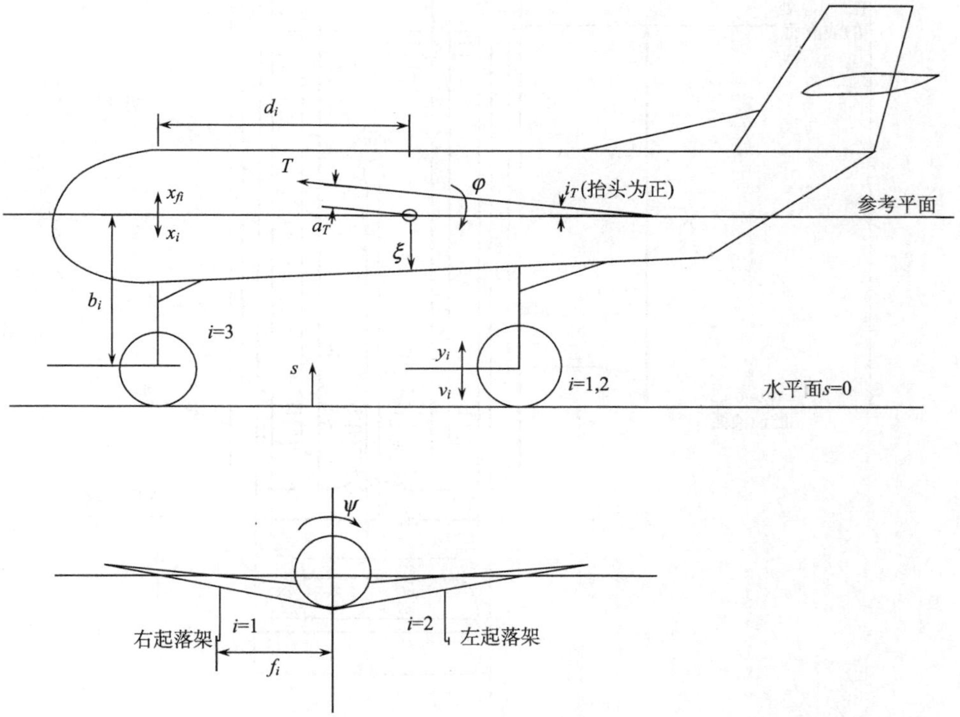

图 5-34　几何参数

ξ——重心的垂直位移，m；φ——从飞机参考面度量的俯仰角，rad；ψ——滚转角，rad；T——发动机推力，N；i_T——推力线与飞机参考线之间的夹角，rad；v_i——起落架轮轴的垂直位移，m；y_i——由未受载起落架的伸展位置度量的支柱行程，m；a_T——重心至发动机推力线间的距离，m；d_i——重心至轮轴的纵向距离，m；f_i——重心至轮轴中心线的横向距离，m

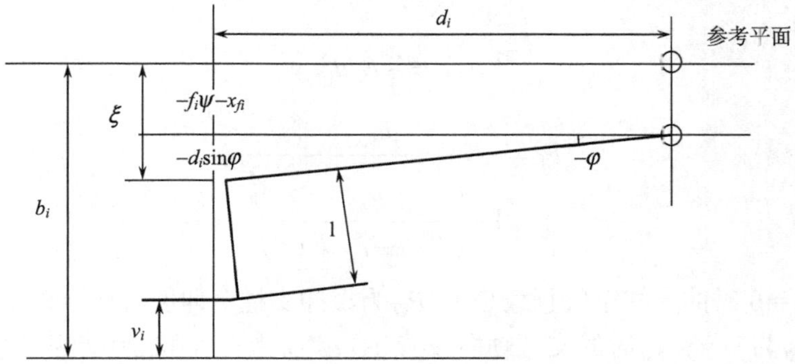

图 5-35　运动关系

6. 起落架支柱轴向载荷

假设缓冲支柱内部构造与几何参数见图 5-36。

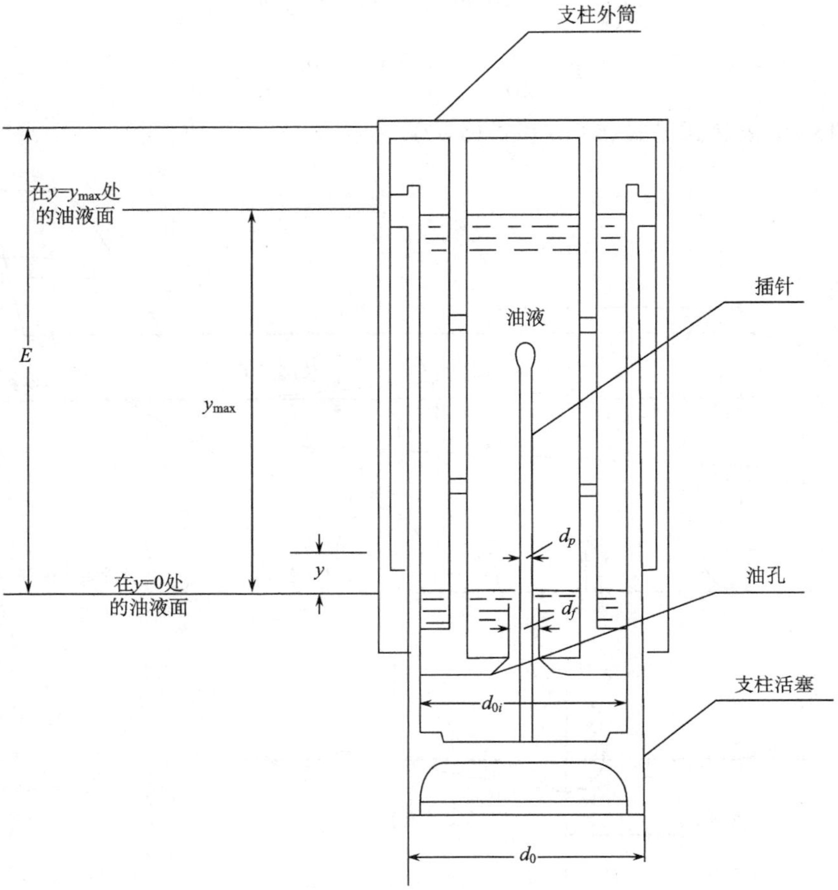

图 5-36 缓冲支柱示意图

1) 空气力 F_{Ai}

$$F_{Ai}=F_{A0i}\left(\frac{E_i}{E_i-y_i}\right)^n-F_{AAi} \tag{5-84a}$$

$$F_{A0i}=\frac{\pi}{4}P_{0i}d_{0i}^2 \tag{5-84b}$$

$$E_i=\frac{y_{\max i}}{1-\left(\dfrac{F_{A0i}}{F_{Ay\max i}+F_{AAi}}\right)^{\frac{1}{n}}} \tag{5-84c}$$

式中，F_{A0i} 为 $y_i=0$ 时的支柱空气预载(N)；P_{0i} 为缓冲支柱全伸展时($y_i=0$)的空气绝对压力$(\mathrm{N/m^2})$；$F_{Ay\max i}$ 为 $y_i=y_{\max i}$ 时的支柱轴向载荷(N)；F_{AAi} 为大气压力引起的支柱外筒载荷(轴向力)(N)；n 为空气多变指数；d_{0i} 为压气面积的直径(m)。

2）液压阻尼力 F_{0i}

$$F_{0i}=\frac{\dot{y}_i}{B_i^2}\left|\dot{y}_i\right| \tag{5-85a}$$

$$B_i^2=\frac{2g\left(A_{fi}C_d\right)^2}{\gamma A_{hi}^3} \tag{5-85b}$$

式中，$A_{fi}=\pi d_{fi}^2/4$（无插针情况油孔面积）(m^2)；$A_{fi}=\pi(d_{fi}^2-d_{pi}^2)/4$（有插针情况油孔面积）($m^2$)；$C_d$ 为油孔泄流系数；γ 为油液密度(kg / m^3)；A_{hi} 为压油面积(m^2)；d_{pi} 为插针在 y_i 处的直径(m)；d_{fi} 为油孔直径(m)。

3）摩擦力 F_{Fi}

$$F_{Fi}=C_i f\left(\dot{y}_i\right) \tag{5-86a}$$

式中，C_i 为摩擦力的绝对值，与缓冲支柱活塞杆和外筒接触表面间的摩擦系数及法向载荷有关。表达式可参考式(5-46)。$f(\dot{y})$ 是用来表示摩擦力符号的一个因数。摩擦力的方向与活塞杆的速度方向相反；滑行时，活塞杆相对于外筒反复压缩和伸展，摩擦力经常改变方向，为了避免剧烈的不连续性，可假设

$$f\left(\dot{y}_i\right)=\text{th}(a\dot{y}_i) \tag{5-86b}$$

图 5-37 示出了该函数不同 a 值的曲线，a 值应足够大以便足够精确地模拟摩擦力。此值的选取还与积分间隔有关，通常可选取 $a=2$。

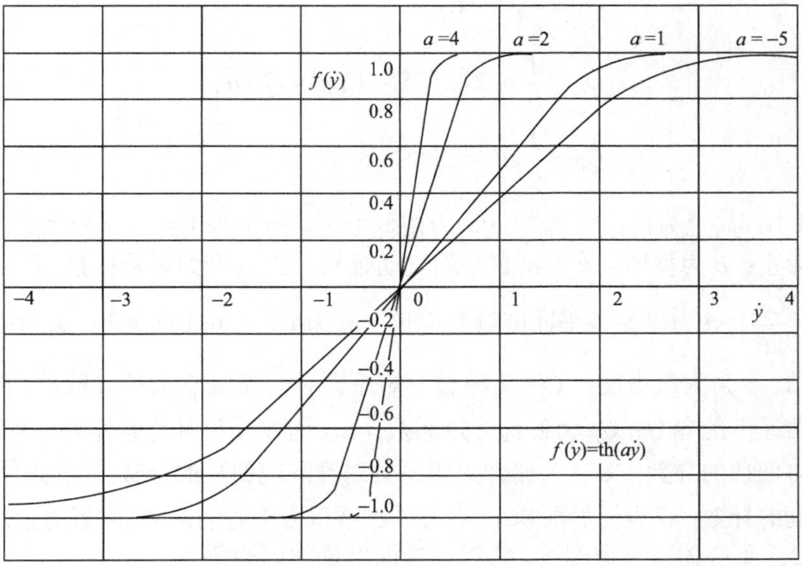

图 5-37　$f(\dot{y})$ 与 $\dot{y}$ 的关系曲线

起落架支柱总轴向力 F_i 为

$$F_i=F_{Ai}+F_{Oi}+F_{Fi}-K_{Ei}y_i+K_{ci}\left(y_i-y_{\max i}\right) \tag{5-87}$$

式中，K_{Ei} 为限制支柱伸展的弹性止动块刚度(N/m)，$y_i\geqslant 0$ 时，此值为 0；K_{ci} 为限制支柱压缩的弹性止动块刚度(N/m)，$y_i\leqslant y_{\max}$ 时，此值为 0。

7. 轮轴的运动方程式

$$\ddot{v}_i = -\frac{1}{M_{2i}}\left[K_{Ti}\left(v_i + \dot{s}_i\right) + K_{Di}\left(\dot{v}_i + \dot{s}_i\right) - F_i\cos\varphi\right] + g \tag{5-88}$$

式中，K_{Ti}为轮胎垂直刚度(N / m)；K_{Di}为轮胎阻尼常数((N·s) / m)；g为重力加速度(m / s^2)。

8. 空气动力

假设空气动力作用在飞机重心处，表达式为

$$\begin{aligned}
L &= Q_1\left(\alpha_0 + \varphi + \frac{\dot{\xi}}{V_F}\right)V_F^2 \\
N_P &= \left[Q_2\left(\frac{\dot{\xi}}{V_F} + \varphi\right) + Q_3\frac{\dot{\varphi}}{V_F}Q_P\right]V_F^2 \\
N_R &= \left(Q_4\frac{\dot{\psi}}{V_F} + Q_R\right)V_F^2 \\
Q_1 &= \frac{1}{2}\rho SC_L^{\alpha} \\
Q_2 &= \frac{1}{2}\rho S\overline{c}C_m^{\alpha} - Q_1\overline{x} \\
Q_3 &= \frac{1}{4}\rho S\overline{c}^2 C_m^{\varphi} \\
Q_4 &= \frac{1}{4}\rho Sb^2 C_L^{P} \\
Q_P &= \frac{1}{2}\rho S\overline{c}\left(C_m^{\delta e}\delta_e + C_{m0}\right) - Q_1\overline{x}\alpha_0 \\
Q_R &= \frac{1}{2}\rho Sb^2 C_L^{\delta a}\delta_a
\end{aligned} \tag{5-89}$$

式中，L为升力，向上为正；N_P为空气动力俯仰力矩，抬头为正；N_R为空气动力滚转力矩，左机翼向下为正；b为翼展；$\overline{c}$为机翼平均气动弦长；C_L为升力系数；C_L^a为升力系数曲线斜率，$C_L^a = \dfrac{\partial C_L}{\partial a}$；$\alpha$为以参考平面度量的迎角；$\alpha_0$为$C_L = 0$时的迎角；$\delta_a$为副翼偏角；$\delta_e$为升降舵偏角；$\rho$为大气密度；$C_L^{\delta\alpha}$为滚转力矩系数对副翼偏角$\delta_a$的导数；$C_L^P$为滚转力矩系数对滚转角速度的导数；$C_m$为俯仰力矩系数；$C_{m0}$为零升角时的俯仰力矩系数；$C_m^a$为俯仰力矩系数对迎角的导数；$C_m^{\delta e}$为俯仰力矩系数对升降舵偏角的导数；$C_m^{\varphi}$为俯仰力矩系数对俯仰角速度的导数；$S$为机翼面积；$\overline{X}$为重心至压力中心的距离(向后为正)；$V_F$为飞机对地速度；$\xi$为重心的垂直速度；$\varphi$为以参考面度量的俯仰角。

9. 飞机运动方程式

$$\dot{V}_F = \frac{1}{M_1 + \sum_{i=1}^{3} M_{2i}}\left[T\cos\left(\varphi + i_T\right)\right] \tag{5-90}$$

$$\ddot{\xi} = -\frac{1}{M_1}\left[T\sin\left(\varphi + i_T\right) + L + \cos\varphi\sum_{i=1}^{3}F_i\right] + g \tag{5-91}$$

$$\ddot{\varphi}=\frac{1}{I_P}\left(N_P-Ta_T+\sum_{i=1}^{3}d_iF_i\right) \tag{5-92}$$

$$\ddot{\psi}=\frac{1}{T_R}\left(N_P+\sum_{i=1}^{3}f_iF_i\right) \tag{5-93}$$

10. 结构弹性模态

结构的弹性用若干阶弹性正交模态来考虑。人们感兴趣的是作用力方向的位移。令 v_{ik} 代表模态弹性位移，其中下标 k 代表弹性模态自由度，下标 $i=1,2,3$ 分别代表 1、2、3 号起落架与机体连接接头处模态位移的垂直分量。这些连接点相对于机体参考平面的总位移表达式为

$$x_i^t=\sum_{k=1}^{r}v_{ik}q'_k \tag{5-94}$$

式中，q'_k 为第 k 阶弹性正交模态的广义坐标，由下式解得

$$\ddot{q}'_k+2\xi\omega_k\ddot{q}'_k+\omega_k^2q'_k=\frac{1}{m_k}\sum_{i=1}^{3}v_{ik}F_i \tag{5-95}$$

式中，m_k、ω_k 和 ξ 分别为第 k 阶模态的广义质量、固有频率和临界阻尼比。

弹性位移 x'_i 的垂直分量(相对于水平面)

$$x_{fi}=x'_i\cos\varphi\cos\psi=\cos\varphi\cos\psi\sum_{k=1}^{r}v_{ik}q'_k \tag{5-96}$$

对式(5-96)求导得

$$\dot{x}_{fi}=\cos\varphi\cos\psi\sum_{k=1}^{r}v_{ik}\dot{q}'_k-\left(\varphi\dot{\varphi}+\psi\dot{\psi}\right)\sum_{k=1}^{r}v_{ik}q'_k \tag{5-97}$$

11. 结构刚体模态

为了计算载荷加速度，需要有飞机刚体模态的加速度。这可以通过 3×3 的[V_R]矩阵得到。该矩阵将重心处的刚体位移与重心处的模态位移相关起来。矩阵元素 V_{Rij} 的第一个下标表示重心处的浮沉、俯仰和滚转位移；而第二个下标表示刚体浮沉、俯仰和滚转模态。例如，$V_{R1,2}$ 是刚体俯仰模态中重心处的垂直位移。

如果用 $\ddot{q}_{R1}$、$\ddot{q}_{R2}$、$\ddot{q}_{R3}$ 分别表示刚体浮沉、俯仰和滚转模态加速度，则

$$\begin{Bmatrix}\ddot{q}_{R1}\\ \ddot{q}_{R2}\\ \ddot{q}_{R3}\end{Bmatrix}=\left[V_R\right]^{-1}\begin{Bmatrix}\ddot{\xi}\\ \ddot{\varphi}\\ \ddot{\psi}\end{Bmatrix} \tag{5-98}$$

当刚体模态为非耦合刚体模态时，[V_R]是一个对角矩阵。

12. 载荷-加速度矩阵

将飞机各部位的模态位移乘以模态加速度 $\ddot{q}'_k$ 和 $\ddot{q}'_R$ 得各部位的加速度，再乘以惯量矩阵中的相应元素就可得到各部位的惯性力。通常，飞机在前后方向假设为刚体，故在此方向上的惯性力可直接从重心处的向前加速度 $\dot{V}_F$ 得到。除惯性力外，作用在飞机上的其他外力有起落架力、推力和空气动力。作用在重心处的空气动力可以借助于分布矩阵分散到飞机表面。通过这种方法可以得到飞机上的所有外力的平衡力系，再通过一转换矩阵可以将该

平衡力系转换为各主要结构部件切面的弯、剪、扭载荷。

13. 初始条件

需要输入初始值的参数有 v_i、$\dot{v}_i$、ξ、$\dot{\xi}$、φ、$\dot{\varphi}$、ψ、$\dot{\psi}$、D_F、V_F、q'_k、$\dot{q}'_k$，且 $i=1, 2, 3$ 和 $k=1, 2, \cdots, r$。

可以假设系统处于静平衡的初始状态，此时 $\dot{v}_i$、$\dot{\xi}$、$\dot{\varphi}$、$\dot{\psi}$、$\dot{q}'_k$ 均为 0。为了计算 v_i、ξ、φ、ψ、q'_k 可以采用迭代的方法，步骤如下。

(1) 令 $v_i=\xi=\varphi=\psi=q'_k=0$。

(2) 计算机轮力 P_1、P_2、P_3。

$$\left(M_1+\sum_{i=1}^{3}M_{2i}\right)g-T\sin(\varphi+i_T)-Q_1(\alpha_0+\varphi)V_F^2=\sum_{i=1}^{3}P_i \tag{5-99}$$

$$\sum_{i=1}^{3}M_{2i}\left(\frac{d_i}{\cos\varphi}\right)g+Ta_T-(Q_2\varphi+Q_P)V_F^2=\sum_{i=1}^{3}P_i\left(\frac{d_i}{\cos\varphi}\right) \tag{5-100}$$

$$\sum_{i=1}^{3}M_{2i}f_ig-Q_RV_F^2\cos\varphi=\sum_{i=1}^{3}P_if_i \tag{5-101}$$

令

$$a_{pi}=\frac{d_i}{\cos\varphi} \tag{5-102}$$

$$\left(M_1+\sum_{i=1}^{3}M_{2i}\right)g-T\sin(\varphi+i_T)-Q_1(\alpha_0+\varphi)V_F^2=G_V \tag{5-103}$$

$$\sum_{i=1}^{3}M_{2i}a_{pi}g+Ta_T-(Q_2\varphi+Q_P)V_F^2=G_P \tag{5-104}$$

$$\sum_{i=1}^{3}M_{2i}f_ig-Q_RV_F^2\cos\varphi=G_r \tag{5-105}$$

方程式(5-99)～方程式(5-101)可写成

$$\begin{bmatrix}1&1&1\\a_{p1}&a_{p2}&a_{p3}\\f_1&f_2&f_3\end{bmatrix}\begin{Bmatrix}P_1\\P_2\\P_3\end{Bmatrix}=\begin{Bmatrix}G_V\\G_P\\G_r\end{Bmatrix} \tag{5-106a}$$

从而

$$\begin{Bmatrix}P_1\\P_2\\P_3\end{Bmatrix}=\begin{bmatrix}1&1&1\\a_{p1}&a_{p2}&a_{p3}\\f_1&f_2&f_3\end{bmatrix}^{-1}\begin{Bmatrix}G_v\\G_P\\G_r\end{Bmatrix} \tag{5-106b}$$

(3) 计算 v_i、y_i 和 x_i。

v_i 由下式算得

$$v_i=\frac{P_i}{K_{Ti}}-s_i \tag{5-107}$$

因 K_{Ti} 是 v_i 的函数，需用迭代法解式(5-107)。式中的跑道不平度初值根据下述(6)的规定选取。支柱轴向力 F_i 由下式给出：

$$F_i = \frac{P_i - M_{2i}g}{\cos\varphi} \tag{5-108}$$

由式(5-84a)、式(5-85a)、式(5-86a)和式(5-87)，在 $\dot{y}_i = 0$ 时

$$F_i = F_{A0i}\left(\frac{E_i}{E_i - y_i}\right)^n - F_{AAi} + K_{ci}\left(y_i - y_{\max i}\right) \tag{5-109}$$

令

$$v_i = \frac{F_i + F_{AAi} + K_{ci}y_{\max i}}{F_{A0i}} \tag{5-110}$$

$$\lambda_i = \frac{K_{ci}}{F_{A0i}} \tag{5-111}$$

得

$$y_i = E_i\left[1 - \left(v_i - \lambda_i y_i\right)^{-\frac{1}{n}}\right] \tag{5-112}$$

y_i 可用迭代法解，注意 $K_c = 0$（当 $y_i \leqslant y_{\max i}$ 时）。

x_i 可由方程(5-82a)求得

$$x_i = v_i + y_i\cos\varphi \tag{5-113}$$

(4) 计算 q'_k 和 x_{fi}。

q'_k 的初值由式(5-95)，令 $\ddot{q}'_k = \dot{q}'_k = 0$，得到

$$q'_k = \frac{1}{\omega_k^2 m_k}\sum_{i=1}^{3} v_{ik}F_i \tag{5-114}$$

$$x_{fl} = \cos\varphi\cos\psi\sum_{i=1}^{r} v_{ik}q'_k \tag{5-115}$$

(5) 计算 ξ、φ 和 ψ。

ξ、φ 和 ψ 可由式(5-82b)计算，令 $s=\sin\varphi$、$c=\cos\varphi$，可得此式的矩阵形式如下

$$\begin{Bmatrix} x_1 + x_{f1} \\ x_2 + x_{f2} \\ x_3 + x_{f3} \\ 0 \end{Bmatrix} = \begin{bmatrix} 1 & -d_1 & -b_1 & -f_1 \\ 1 & -d_2 & -b_2 & -f_2 \\ 1 & -d_3 & -b_3 & -f_3 \\ 0 & s & -(1+c) & 0 \end{bmatrix}\begin{Bmatrix} \xi \\ s \\ 1-c \\ \psi \end{Bmatrix}$$

$$\begin{Bmatrix} \xi \\ s \\ 1-c \\ \psi \end{Bmatrix} = \begin{bmatrix} 1 & -d_1 & -b_1 & -f_1 \\ 1 & -d_2 & -b_2 & -f_2 \\ 1 & -d_3 & -b_3 & -f_3 \\ 0 & s & -(1+c) & 0 \end{bmatrix}^{-1}\begin{Bmatrix} x_1 + x_{f1} \\ x_2 + x_{f2} \\ x_3 + x_{f3} \\ 0 \end{Bmatrix} \tag{5-116}$$

重复(2)～(5)，直至得到满意的收敛。

(6) 跑道不平度 s_i 的初值。

对于连续不平度跑道首先确定每个起落架的位置 $D_F + d_i$(此处 D_F 是飞机重心的初值位

置)，再从跑道数据中找到相应的不平度初值 s_{0i}。对于(1– cos)型的凸起和凹陷，可按下式计算 s_i：

$$\begin{cases} s_i = \dfrac{h_B}{2}\left(1-\cos\dfrac{2\pi d_{Bi}}{\lambda}\right), & N\lambda \geqslant d_{Bi} \geqslant 0 \\ s_i = 0, & N\lambda < d_{Bi} < 0 \end{cases} \tag{5-117}$$

式中，h_B 为凸起或凹陷的峰值高度；λ 为凸起或凹陷的波长；N 为(1–cos)型凸起或凹陷的连续个数；d_{Bi} 为每个机轮沿跑道的行进距离($i = 1, 2, 3$)，可按式(5-118)计算。

$$\begin{cases} d_{B1} = D_F + d_1 - \dfrac{\varphi'\lambda}{360} \\ d_{B2} = D_F + d_2 \\ d_{B3} = D_F + d_2 - \dfrac{\varphi''\lambda}{360} \end{cases} \tag{5-118}$$

式中，φ'为右主起落架相当于左主起落架的相位角(°)；φ''为前起落架相当于左主起落架的相位角(°)。

作为一个例子，对于如图 5-37 所示的波峰线不垂直于飞机前进方向的(1–cos)型凸起，式(5-118)中 D_F 的初值应取$-d_2$。由于 $d_1 = d_2$，d_{Bi} 的初始值为

$$\begin{cases} d_{B1} = -\dfrac{\varphi'\lambda}{360} \\ d_{B2} = 0 \\ d_{B3} = -\dfrac{\varphi''\lambda}{360} \end{cases}$$

由图 5-38 可知，当左主起落架机轮 2 刚进入(1–cos)凸起时，另外两个起落架的机轮 1 和 3 还在平面上运行，直至分别运动 $\varphi'\lambda/360$ 和 $\varphi''\lambda/360$ 距离，它们才进入相应的凸起。当各个机轮越过 N 个凸起后，s_i 再一次为零。

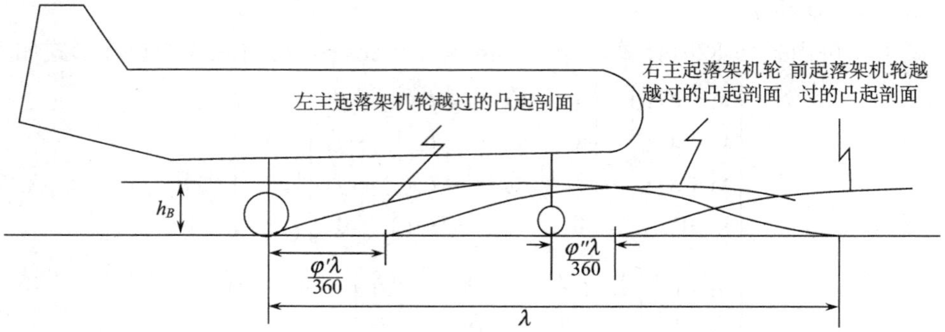

图 5-38　波峰线不垂直于飞机前进方向时，三个机轮的相位关系

规范对(1–cos)型凸起(或凹陷)的波峰与波长关系有规定，图 5-39 为民用运输机经常使用的图线。

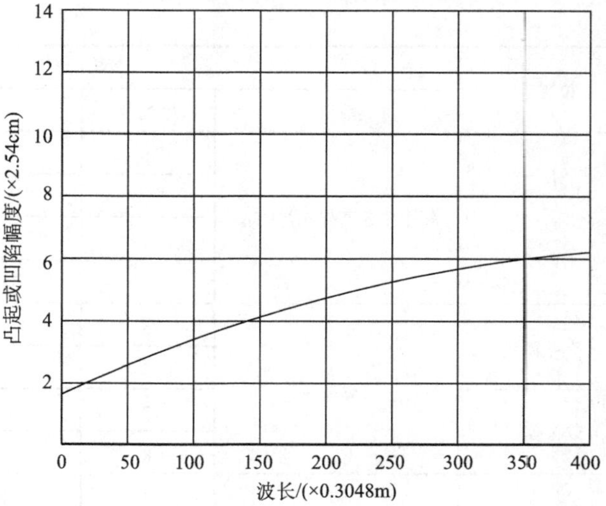

图 5-39　民用运输机使用的(1–cos)型凸起(或凹陷)的波峰波长关系

5.8　地面维护载荷

5.8.1　牵引载荷计算(TOW 情况)

1. 适航要求

CCAR-25-R4 在第 509 条“牵引载荷”规定如下：

(a)本条(d)规定的牵引载荷必须分别考虑。这些载荷必须施加于牵引接头上，且平行于地面。此外，采用下列规定：

(1)作用于重心处的垂直载荷系数必须等于 1.0;

(2)减震支柱和轮胎必须处于其静态位置;

(3) W_T为设计机坪重量，牵引载荷 F_{TOW}取下列数值:

(iii) 0.15$W_{T}g$(牛顿)，对 W_T超过 45400 公斤的飞机；

(b)对于牵引点不在起落架上但靠近飞机对称平面的情况，采用为辅助起落架规定的阻力和侧向牵引载荷分量。对于牵引点位于主起落架外侧的情况，采用为主起落架规定的阻力和侧向牵引载荷分量，在不能达到规定的旋转角时，必须采用可能达到的最大旋转角。

(c)本条(d)规定的牵引载荷必须受到如下的反作用:

(1)在主起落架上的牵引载荷的侧向分量，必须受到侧向力反作用，该侧向力作用于承受此载荷的机轮的静地面线上:

(2)在辅助起落架上的牵引载荷以及在主起落架上的牵引载荷的阻力方向分量，必须受到下述载荷的反作用:

(i)在承受牵引载荷的机轮轴线上，必须施加一个反作用力，其最大值等于垂直反作用力，为达到平衡，必须施加足够的飞机惯性力；

(ii)所有载荷必须由飞机惯性力相平衡。

(d)规定的牵引载荷如下:

牵引点	位置	载荷		
		数值	序列号	方向
主起落架		每个主起落架 $0.75F_{TOW}$	1	向前，平行于阻力轴
			2	向前，与阻力轴成 30°
			3	向后，平行于阻力轴
			4	向后，与阻力轴成 30°
辅助起落架	转向前	$1.0F_{TOW}$	5	向前
			6	向后
	转向后		7	向前
			8	向后
	从前面转 45°	$0.5\ F_{TOW}$	9	向前，在机轮平面内
			10	向后，在机轮平面内
	从后面转 45°		11	向前，在机轮平面内
			12	向后，在机轮平面内

2. 载荷计算

牵引载荷情况分前起落架牵引和主起落架牵引两大类，CCAR-25-R4 第 25.509 条规定了相应的牵引情况和使用载荷。这些载荷必须施加于牵引接头上，且平行于地面，此时，作用于重心处的垂直过载必须等于 1.0。牵引载荷的方向在不能达到规定的旋转角时，必须采用可能达到的最大旋转角。

牵引载荷的大小将根据飞机重量(指重力)计算得到。

对于主起落架牵引，牵引点上牵引载荷的侧向分量由地面侧向反力平衡，而对于作用于前起落架牵引点的牵引载荷以及主起落架牵引点上载荷的阻力分量，可以有两种平衡方式。

(1) 牵引载荷以较缓慢的速度施加给牵引接头，地面与机轮间存在有较大的阻力，此时在承受牵引载荷的机轮轴上，必须施加一个反作用力，其最大值可等于其垂直反作用力。为达到平衡，必须施加足够的飞机惯性力。

(2) 若牵引载荷以较快的速度施加给牵引接头，地面与机轮间摩擦系数较小，此时牵引载荷必须由飞机惯性力相平衡。

作为一个牵引载荷情况，除了起落架上承受牵引载荷和地面阻力或侧向反力，各起落架还承受地面垂直载荷。垂直载荷的大小可根据全机垂直过载为 1.0 及方程组(5-75)所表达的平衡方式，并令摩擦阻力系数 $\mu_1=\mu_2=\mu_3=0$ 和侧向摩擦阻力系数 $\mu_{S1}=\mu_{S2}=\mu_{S3}=0$，采用 5.7.2 节中介绍的计算方法求得。

在前起落架牵引情况中，通常假设前起落架转向作动筒内的液体处于自由流动状态，前起落架可自由旋转，不考虑扭矩载荷。如果对于前起落架牵引除了考虑作用于牵引点上的牵引载荷，还考虑了施加于前起落架上的正常满操纵扭矩，该扭矩由前起落架的转向机构平衡，则 5.7.7 节中规定的前起落架扭矩载荷不必单独考虑。

对于主起牵引情况，考虑设计机坪重量下的重心后限作为计算状态；对于前起牵引情况，必须考虑设计机坪重量下的重心前限作为计算状态。

对于多轮起落架装置有一个或两个泄气轮胎的情况，牵引载荷 F_{TOW} 必须分别为 CCAR-25-R4 第 25.509 条附表中规定载荷的 60%和 50%。

5.8.2 顶升载荷计算(JACK 情况)

1. 适航要求

CCAR-25-R4 在第 519 条“顶升和系留装置”规定如下：

(a) 总则 飞机必须设计成在最临界的重量和重心组合情况下，能够承受本条(b)和（当适用时）本条(c)的地面静载荷情况所引起的限制载荷。必须规定每个千斤顶垫的最大允许限制载荷。

(b) 顶升 飞机上必须有顶升用的设施，当飞机支承于千斤顶上时，这些设施必须能承受下列限制载荷：

(1) 当由起落架顶升飞机的最大停机坪重量时，飞机结构必须设计成能承受单独作用于每个顶升点的垂直静反作用力 1.33 倍的垂直载荷，以及该垂直载荷与 0.33 倍垂直静反作用力的沿任何方向作用的水平载荷的组合；

(2) 当由飞机其他结构顶升飞机的最大批准顶升重量时：

(i) 飞机结构必须设计成能承受单独作用于每个顶升点的垂直静反作用力 1.33 倍的垂直载荷，以及该垂直载荷与 0.33 倍垂直静反作用力的沿任何方向作用的水平载荷的组合；

(ii) 千斤顶垫与局部结构必须设计成能承受单独作用于每个顶升点的垂直静反作用力 2.0 倍的垂直载荷，以及该垂直载荷与 0.33 倍垂直静反作用力的沿任何方向作用的水平载荷的组合。

2. 起落架顶升载荷计算

起落架顶升情况主要是为进行轮胎更换而顶升起落架。它包含前起落架顶升和主起落架顶升两种情况。对主起落架顶升情况选择设计机坪重量下的后重心，对前起落架顶升情况选择设计机坪重量下的前重心。作用于被顶升起落架上的垂直载荷，按照方程组(5-75)选取重心处垂直过载为 1.0，并令摩擦阻力系数 $\mu_1=\mu_2=\mu_3=0$ 和侧向摩擦阻力系数 $\mu_{S1}=\mu_{S2}=\mu_{S3}=0$ 计算得到。

各起落架顶升点的限制载荷是在此起落架垂直载荷基础上乘以下列限制过载得到的：垂直方向过载＝1.33；阻力方向或侧向过载＝0.33。

垂直载荷必须单独施加到各起落架顶升点上，或者与阻力载荷或侧向载荷一起作用于各起落架顶升点上。作用于某一起落架顶升点上的阻力载荷或侧向载荷引起的力及力矩将由未被顶升起落架上的地面载荷平衡。

起落架顶升载荷情况下不考虑轮胎泄气情况。

3. 飞机顶升载荷计算

飞机顶升情况是进行机体维修、更换零件要考虑的状态，将该情况作为设计情况，就意味着机体顶升点的结构及其支持结构必须能够承受正常顶升飞机的载荷。在进行顶升点的载荷计算时，必须依据顶升点的位置、飞机姿态及顶升方式来确定正常顶升的载荷，并在此基础上，乘以下列限制过载得到顶升点的限制载荷：垂直方向过载＝1.33；水平方向过载＝0.33。

垂直载荷必须单独施加到各顶升点上，或者与水平载荷一起作用于各顶升点上。水平方向载荷可以作用在任意方向上。

下面结合某型号飞机来具体说明飞机顶起情况。

某飞机分别在两机翼前梁和后机身上各布置了一个顶起点，在前机身上布置了一个辅助顶起点。根据该飞机的结构形式，允许采用下述四种方式进行飞机顶起操作。

(1) 同时使用机翼和后机身上的顶起点，将整架飞机顶起，并使机身处于水平姿态。

(2) 以主起落架机轮的接地点为轴心，在两机翼处将前机身顶起，并保持机身处于水平姿态。

(3) 以主起落架机轮的接地点为轴心，使用前机身上的顶起点将前机身顶起，并保持机身处于水平姿态。

(4) 对于因前起落架损坏导致前机身触地的情况，此时靠前机身的顶起点顶起前机身已不可能，此时，只能用机翼上顶起点将前机身顶起或者用后机身上的顶起点(必须使用转换接头)将前机身拉起。飞机的姿态见图 5-40。针对上述四种操作方式，要分别计算各顶起点的载荷，供顶起点局部结构及其支持结构设计用。

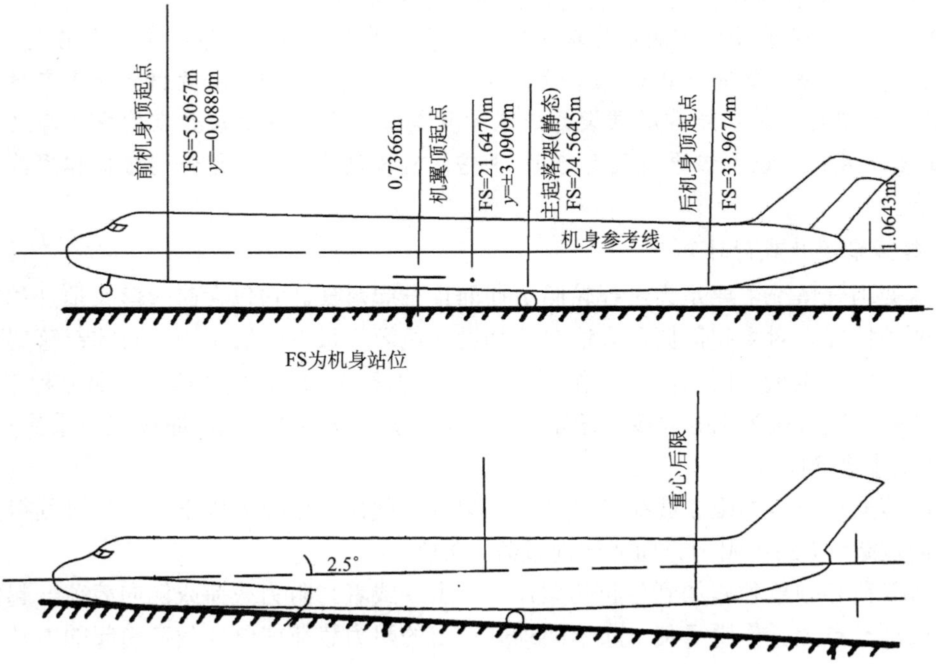

图 5-40　飞机顶起姿态示意图

5.9　多轮式起落架的轮胎载荷

CCAR-25-R4 在第 511 条“地面载荷：多轮起落架装置上的非对称载荷”中规定：

(a) 总则　假定多轮起落架装置承受本分部本条(b)至(f)规定的限制地面载荷。此外，采用下列规定:

(1) 串列支柱式起落架结构是一种多轮装置;

(2) 依据本条(b)至(f)确定起落架装置的总载荷时，可以忽略因轮组上载荷非对称分配所引起的载荷合力作用点的横向位移。

(b) 限制载荷在轮组上的分布、充气轮胎　对于每一着陆、滑行和地面操作情况，必须计及下列因素的影响来确定起落架轮组上限制载荷的分配:

(1) 机轮数目及其实际排列。对于车架式起落架装置，在确定前、后各对机轮的最大设计载荷时，必须考虑着陆撞击过程中车架的任何跷板运动的影响;

(2) 由于制造允差、轮胎膨胀和轮胎磨损的组合引起的各轮胎直径的任何差异。可以假定轮胎直径的最大差异等于计及制造允差、轮胎膨胀和轮胎磨损以后得到的各种直径变化最不利组合的 2/3;

(3) 任何不等的轮胎充气压力，假定最大变化量为轮胎名义充气压力的±5%;

(4) 拱度为零的跑道，以及可近似表示为与水平面成 1.5%斜率的上拱形跑道，对前起落架装置，路拱的影响必须按位于路拱每一侧斜坡上的状态来考虑;

(5) 飞机姿态;

(6) 任何结构变位。

(c) 泄气轮胎　必须根据本条(d)至(f)规定的载荷情况考虑泄气轮胎对结构的影响，并计及机轮的实际排列情况。此外，采用下列规定:

(1) 对于多轮起落架装置，必须考虑其中任何一个轮胎泄气，对于有四个或更多机轮的起落架装置，必须考虑其中任何两个临界轮胎的泄气;

(2) 地面反作用力必须施加在轮胎充气的那些机轮上。但是，对于有一个以上减震支柱的多轮起落架装置，可以考虑由于轮胎泄气引起的减震支柱伸出长度的差异，把地面反作用力合理地分配给泄气和充气轮胎。

(d) 着陆情况　对于有一个和两个轮胎泄气的情况，施加于每个起落架装置上的载荷，假定分别为每一规定着陆情况中作用在每一起落架的限制载荷的 60%和 50%。但是，对于第 25.485 条侧向载荷情况，必须施加垂直载荷的 100%。

(e) 滑行和其他地面操作情况　对于有一个和两个轮胎泄气的情况，采用下列规定:

(1) 重心处施加的侧向载荷系数或阻力载荷系数或同时作用的此两者，必须是最临界的数值，其值可分别达到规定的滑行和其他地面操作情况中最严重情况的限制载荷系数(限制侧向载荷系数或限制阻力载荷系数或同时作用的此两者)的 50%(一轮泄气)和 40%(两轮泄气);

(2) 对于第 25.493 条(a)和(b)(2)的滑行刹车情况，每个充气轮胎上的阻力载荷，不得小于无泄气轮胎载荷对称分配时每个轮胎上的阻力载荷;

(3) 重心处的垂直载荷系数必须分别为无泄气轮胎时载荷系数的 60%(一轮泄气)和 50%(两轮泄气)，但不得小于 1.0;

(4) 不必考虑回转情况。

(f) 牵引情况　对于有一个和两个泄气轮胎的情况，牵引载荷 F_{TOW} 必须分别为规定载荷的 60%和 50%。

5.9.1 轮胎载荷分配的力学分析方法

1. 基本思路

CCAR-25-R4 第 25.511 条(b)明确要求，必须充分研究飞机和起落架所处状态、起落架的结构参数、轮胎特性以及跑道拱度等因素对着陆、滑行和地面操作等情况中机轮载荷分配的影响。为满足上述要求，可采用力学分析方法。

将整个起落架结构从活塞杆和车架连接点处分离成上下两部分。对于上部分结构，采用小变形原理，用支柱柔度系数方法，列出结构的变形和载荷平衡方程式。对于下部分结构，列出车架、机轮等构件在外载荷作用下的相应变形和载荷平衡方程式。再根据上下两部分结构变形协调一致原理，求解各个方程，得到各个机轮的载荷和有关参数。

2. 影响轮胎载荷分配的主要因素

轮胎载荷分配的主要影响因素可大致归纳以下 8 个方面。

(1)轮子数目、轮子排列形式以及轮胎是否出现泄气情况。

对于两轮起落架，应考虑其中任何一个轮胎出现泄气情况，对于双轴四个轮子或更多轮子的起落架，除了要考虑其中任何一个轮胎出现泄气的情况，还应考虑其中任何两个轮胎同时出现泄气的情况。

(2)不同的轮胎半径。

轮胎受力时的计算半径，应考虑轮胎制造公差、轮胎径向膨胀量以及轮胎磨损等因素引起的轮胎半径值的差异。

(3)结构变形。

支柱在三个方向的线位移和角位移(特别是绕航向轴的角位移)、车架梁的扭转角以及轮胎变形。

(4)飞机姿态角和滚转角。

(5)跑道的拱度角。

(6)轮胎的不同充气压力。

(7)起落架的安装角。

(8)起落架的操纵角。

操纵角对前起落架两侧轮子的载荷分配有较大影响。

3. 基本假设

为简化分析，并能得到满足工程精度要求的分析结果，作如下假设。

(1)起落架轮轴为刚性轴。

(2)起落架支柱的线位移对轮胎载荷分配影响很小，计算时忽略。

(3)轮胎的侧向位移与作用在轮胎上的侧向载荷成正比。

(4)轮胎的侧向位移会引起轮胎垂直载荷作用点位置的改变，但对泄气轮胎，可以不予考虑。

(5)轮胎侧向变形量与由它引起的轮胎垂直方向的变形增量 ΔR_S 之比为常数，对于泄气轮胎，ΔR_S 可以不予考虑。

(6)起落架各个轮子上阻力载荷、侧向载荷与垂直载荷之比为常数，即轮胎与轮胎之间的阻力载荷和侧向载荷分配比例与垂直载荷的分配比例相同。

4. 几何参数和轮胎载荷的基本关系式

1）起落架地面载荷转换（图 5-41）

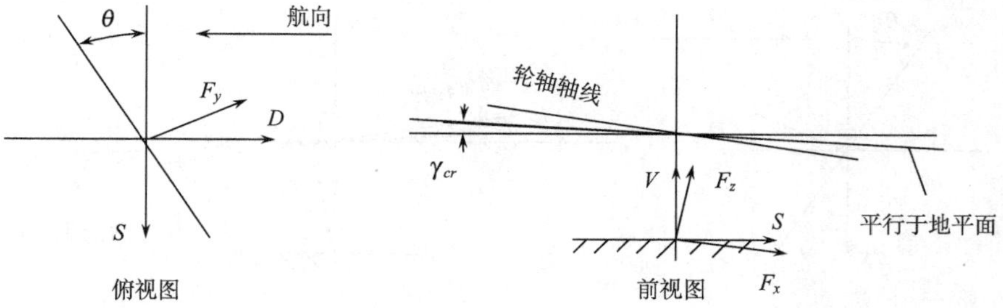

图 5-41　地面载荷

由于跑道拱度角 γ_{cr} 和起落架操作角 θ 的存在，地面载荷的转换公式为

$$F_x = V\sin\gamma_{cr} + (D\sin\theta + S\cos\theta)\cos\gamma_{cr} \quad (5\text{-}119)$$

$$F_y = D\cos\theta - S\sin\theta \quad (5\text{-}120)$$

$$F_z = V\cos\gamma_{cr} - (D\sin\theta + S\cos\theta)\sin\gamma_{cr} \quad (5\text{-}121)$$

式中，γ_{cr} 为跑道拱度角；θ 为起落架操纵角；V 为起落架上垂直载荷；D 为起落架上阻力载荷；S 为起落架上侧向载荷。

2）地平面与轮轴之间的初始角 γ_0（图 5-42）

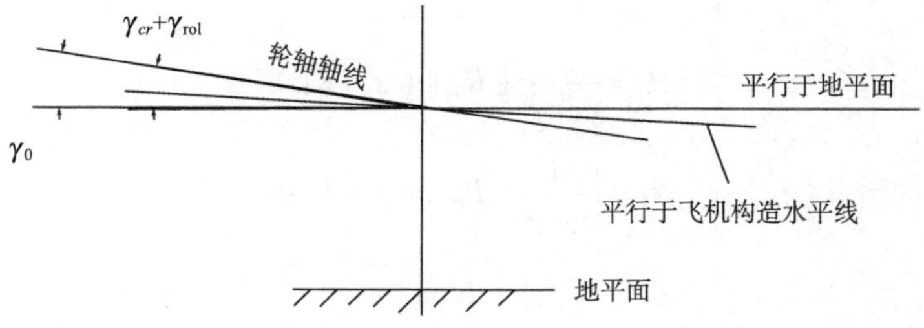

图 5-42　初始角

$$\gamma_0 = \arctan(\tan\lambda\sin\theta) + \gamma_{cr} + \gamma_{rol} \quad (5\text{-}122)$$

$$\lambda = \alpha + \beta \quad (5\text{-}123)$$

式中，β 为起落架安装角；α 为飞机俯仰角；γ_{rol} 为飞机滚转角。

对于主起落架，$\theta = 0°$，则

$$\gamma_0 = \gamma_{cr} + \gamma_{rol} \quad (5\text{-}124)$$

轮胎计算半径为

$$R = R_0 - \Delta R_V - \Delta R_S \quad (5\text{-}125)$$

式中，R_0 为轮胎充气到规定压力，但又不承受外载荷时的半径；ΔR_V 为在垂直载荷作用下引起的径向压缩量；ΔR_S 为在侧向载荷作用下引起的径向压缩量。

5. 轮胎载荷分配的基本平衡方程式

落架轮轴、机轮、车架等主要构件在着陆或地面操作时的几何关系和受力情况，参见图 5-43。

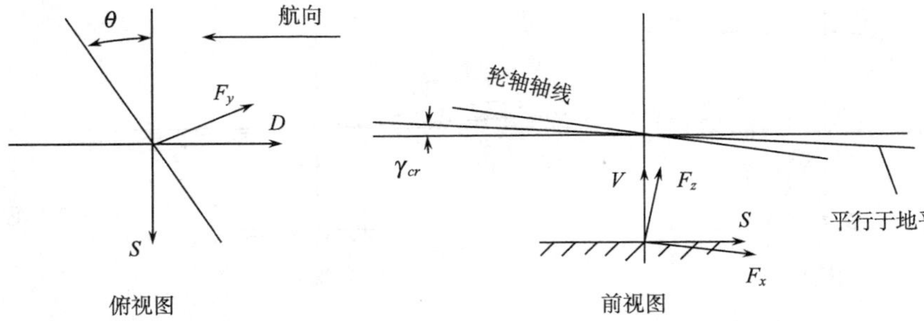

图 5-43 车架、轮轴受力图

(1) 不考虑支柱变形，但计及车架扭转变形后的轮轴轴线；(2) 不考虑支柱变形时的轮轴轴线；(3) 考虑支柱变形后的轮轴轴线

1) 几何关系

$$\Delta_i = S_i / K \tag{5-126}$$

$$\Delta_j = S_j / K \tag{5-127}$$

$$R_m = \frac{R_i + R_j}{2} \tag{5-128}$$

$$\gamma = \arctan \frac{R_i - R_j}{2A} \tag{5-129}$$

$$A_i = \frac{A}{\cos\gamma} + R_m \sin\gamma - K_1 \Delta_i \tag{5-130}$$

$$A_j = \frac{A}{\cos\gamma} + R_m \sin\gamma + K_1 \Delta_j \tag{5-131}$$

$$\gamma = \omega_y + \gamma_T + \gamma_0 \tag{5-132}$$

$$\gamma_T = K_4 M_y \tag{5-133}$$

式中，K 为轮胎侧向刚度系数；R_i 为 i 轮胎在有关载荷作用下的轮胎半径；R_j 为 j 轮胎在有关载荷作用下的轮胎半径；A 为半轮轴长；K_1 为侧向变形有效系数；S_i 为作用在 i 轮胎上的侧向载荷；ω_y 为支柱下端 P 点处绕 Y 轴的转角，参见图 5-44；S_j 为作用在 j 轮胎上的侧向载荷；γ_T 为车架梁扭转角；K_4 为车架梁扭转柔度系数。

2) 轮胎配置

轮胎配置不同，载荷平衡方程式也不同。根据 CCAR-25-R4 第 25.511 条的要求，轮胎配置可能出现如下临界情况。

(1) 前起落架。

一根轮轴上两个轮胎，如表 5-17 所示。

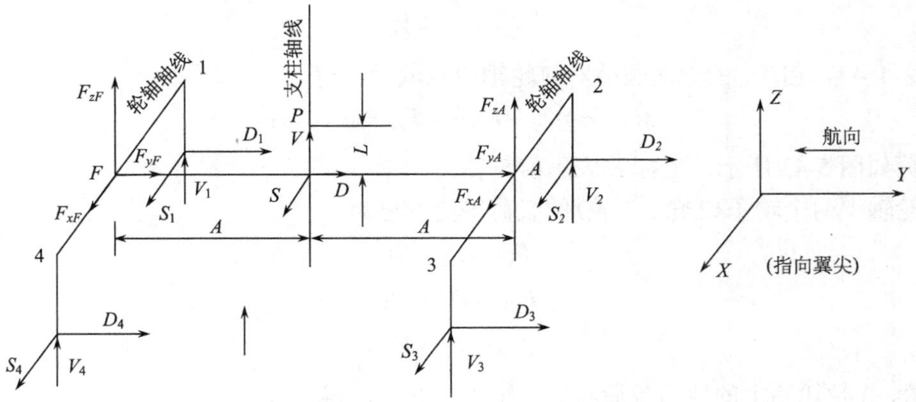

图 5-44 四轮车架式起落架轮胎的上载荷

表 5-17 双轮起落架轮胎充气情况

序号	1 轮	2 轮
1	充气	充气
2	充气	泄气
3	泄气	充气

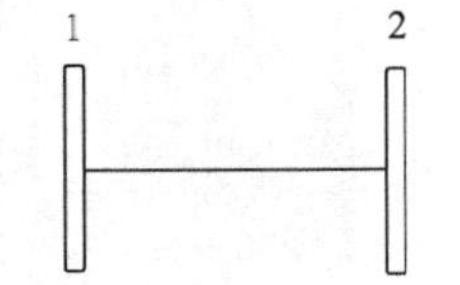

(2) 主起落架。

车架式起落架，共 2 根轮轴，每根轴上两个轮胎，如表 5-18 所示。

表 5-18 四轮起落架轮胎充气情况

序号	1 轮	2 轮	3 轮	4 轮
1	充气	充气	充气	充气
2	充气	充气	充气	泄气
3	充气	充气	泄气	充气
4	充气	泄气	充气	充气
5	泄气	充气	泄气	充气
6	充气	充气	泄气	泄气
7	泄气	泄气	充气	充气

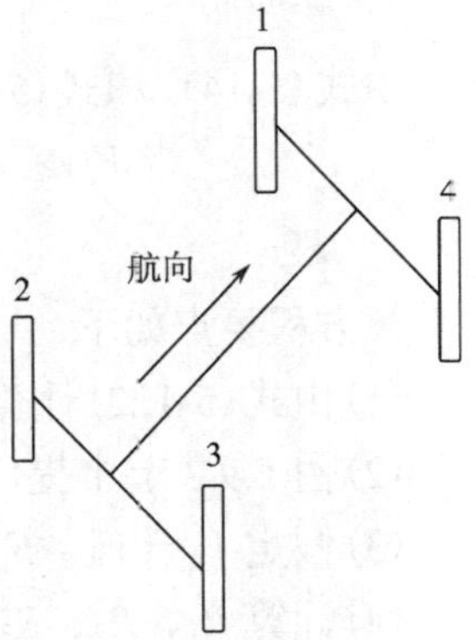

3) 四个轮子均受力情况下的轮胎载荷分配

前轮轴上两个轮子(1 轮、4 轮)的载荷平衡方程为

$$F_{xF} = S_1 + S_4 \tag{5-134}$$

$$F_{yF} = D_1 + D_4 \tag{5-135}$$

$$F_{zF} = V_1 + V_4 \tag{5-136}$$

1 轮和 4 轮轮胎上的地面载荷对前轮轴中点取矩，得

$$M_{yF} = Y_1 A_1 - V_4 A_4 - F_{xF} R_{mF} \cos\gamma_F \tag{5-137}$$

载荷如图 5-43 所示，下标 F 表示前轮轴。

后轮轴上两个轮子(2 轮、3 轮)的载荷平衡方程为

$$F_{xA} = S_2 + S_3 \tag{5-138}$$

$$F_{yA} = D_2 + D_3 \tag{5-139}$$

$$F_{zA} = V_2 + V_3 \tag{5-140}$$

2 轮、3 轮轮胎上的地面载荷对后轮轴中点取矩，得

$$M_{yA} = V_2 A_2 - V_3 A_3 - F_{xA} R_{mA} \cos\gamma_A \tag{5-141}$$

式中，下标 A 表示后轮轴。

各力间存在如下关系：

$$F_x = F_{xF} + F_{xA} \tag{5-142}$$

$$F_y = F_{yF} + F_{yA} \tag{5-143}$$

$$F_z = F_{zF} + F_{zA} \tag{5-144}$$

$$M_y = M_{yF} + M_{yA} \tag{5-145}$$

$$S_i/V_i = S_j/V_j = F_x/F_z \tag{5-146}$$

用支柱的支持系数来描述支柱下端“P”点(图 5-44)处力矩时，力矩表达通式可写成

$$M_y = C_1\omega_y + C_2 F_x + C_3 F_z \tag{5-147}$$

由式(5-137)和式(5-147)可以推导得“P”点前面半段车架的平衡方程式为

$$V_1 A_1 - V_4 A_4 - F_{xF} R_{MF} \cos\gamma_F - C_1\omega_{yF} - C_2 F_{xF} - C_3 F_{zF} = 0 \tag{5-148}$$

$$\omega_{yF} = \gamma_F - \gamma_0 - \gamma_{TF} = \gamma_F - \gamma_0 - K_4 M_{yF} \tag{5-149}$$

由式(5-141)和式(5-149)可以推导得“P”点后面半段车架的平衡方程式为

$$V_2 A_2 - V_3 A_3 - F_{xA} R_{MA} \cos y_A - C_1\omega_{yA} - C_2 F_{xA} - C_3 F_{zA} = 0 \tag{5-150}$$

$$\omega_{yA} = \gamma_A - \gamma_0 - \gamma_{TA} = \gamma_A - \gamma_0 - K_4 M_{yA} \tag{5-151}$$

解方程要点如下。

(1) 由式(5-122)计算 γ_0；

(2) 由 5.9.2 节中提供的公式计算支持系数 C_1、C_2、C_3；

(3) 假定 $V_1 = V_4 = F_{zF}/2$ 和 $V_2 = V_3 = F_{zA}/2$；

(4) 计算 R_1、R_2、R_3 和 R_4；

(5) 求解方程(5-134)～方程(5-151)，确定式(5-148)和式(5-150)力矩的不平衡量；

(6) 修正 V_1、V_2、V_3 和 V_4，采用迭代法求出各轮胎载荷和有关参数，直至满足工程精度要求。

4) 一个轮胎泄气，其余三个轮胎充气情况下的载荷分配

前轮轴的载荷平衡方程式如下。

设 4 轮轮胎泄气，1 轮轮胎受力时，

$$S_1 = F_{xF} \tag{5-152}$$

$$D_1 = F_{yF} \tag{5-153}$$

$$V_1 = F_{zF} \tag{5-154}$$

1 轮轮胎上的地面载荷对前轮轴中点取矩，得

$$M_{yF} = F_{zF} A_1 - F_{xF}\left(R_1 \cos\gamma_F - A\sin\gamma_F\right) \tag{5-155}$$

参照式(5-147)，可推导出如下关系式：

$$\omega_{yF} = \frac{M_{yF}}{C_1} - \frac{C_2}{C_1}F_{xF} - \frac{C_3}{C_1}F_{zF} \tag{5-156}$$

$$\gamma_F = \gamma_0 + \gamma_{TF} + \omega_{yF} = \gamma_0 + \gamma_{TF} + \frac{M_{yF}}{C_1} - \frac{C_2}{C_1}F_{xF} - \frac{C_3}{C_1}F_{xF} \tag{5-157}$$

$$A_1 = \frac{A}{\cos\gamma_F} + \left(R_1 - A\tan^{-1}\gamma_F\right)\sin\gamma_F \tag{5-158}$$

由方程式(5-158)代入方程式(5-155)，可推导得

$$M_{yF} = F_{zF}\left[\frac{A}{\cos\gamma_F} + \left(R_1 - A\tan\gamma_F\right)\sin\gamma_F\right] - F_{xF}\left(R_1\cos\gamma_F - A\sin\gamma_F\right) \tag{5-159}$$

后轮轴的载荷平衡方程式，可参照四个轮子均受力的情况。

解方程要点如下。

解后轮轴载荷平衡方程式的方法和过程，可参照前一种情况进行。解前轮轴载荷平衡方程式过程大致如下。

(1)由 5.9.2 节提供的公式计算支柱的支持系数 C_1、C_2、C_3；

(2)用式(5-152)和式(5-154)计算得来的载荷计算 1 轮轮胎半径 R_1；

(3)由式(5-122)计算初始角 γ_0；

(4)假设 $\gamma_F = 0$，并代入式(5-159)，解出 M_{yF} 值，把此值代入式(5-157)，解出新 γ_F 值。然后再用新的 γ_F 代入式(5-159)，反复运算，直至前一次 γ_F 值比后一次 γ_F 值之差小于 0.001°，停止运算。那么，最后一次计算得到的有关参数，即为前轮轴的实际参数。

对于表 5-18 中所列的其他轮胎配置情况，可参照上述两种基本情况进行类推。

5.9.2 起落架支柱的支持系数

1. 支柱柔度系数

可采用有限元法计算支柱下端“P”点(图 5-44)处的柔度系数，并按照如下形式给出：

	δ_x	δ_y	δ_z	ω_x	ω_y	ω_z
$V=1$	d_{31}	d_{21}	d_{11}	d_{61}	d_{51}	d_{41}
$D=1$	d_{32}	d_{22}	d_{12}	d_{62}	d_{52}	d_{42}
$S=1$	d_{33}	d_{23}	d_{13}	d_{63}	d_{53}	d_{43}
$M_V=1$	d_{34}	d_{24}	d_{14}	d_{64}	d_{54}	d_{44}
$M_D=1$	d_{35}	d_{25}	d_{15}	d_{65}	d_{55}	d_{45}
$M_S=1$	d_{36}	d_{26}	d_{16}	d_{66}	d_{56}	d_{46}

其中，δ_x、δ_y、δ_z 为沿 X、Y、Z 轴三个方向的线位移；ω_x、ω_y、ω_z 为绕 X、Y、Z 轴三个方向的角位移；V、D、S 为施加于"P"点的三个方向单位载荷；M_V、M_D、M_S 为施加于"P"点的三个方向单位力矩。

所列位移和载荷都是在支柱坐标系中度量的。

2. 扭转角的关系式

支柱下端"P"点的扭转角与支柱柔度系数之间关系式为

$$\omega_{xP} = d_{61}V_P + d_{62}D_P + d_{63}S_P + d_{64}M_{VP} + d_{65}M_{DP} + d_{66}M_{SP} \tag{5-160}$$

$$\omega_{yP} = d_{51}V_P + d_{52}D_P + d_{53}S_P + d_{54}M_{VP} + d_{55}M_{DP} + d_{56}M_{SP} \tag{5-161}$$

$$\omega_{zP} = d_{41}V_P + d_{42}D_P + d_{43}S_P + d_{44}M_{VP} + d_{45}M_{DP} + d_{46}M_{SP} \tag{5-162}$$

在地面坐标系中，绕 Y 轴的转角与起落架安装角、迎角和操纵角之间的关系式为

$$\omega_y = -\omega_{xP}\sin\theta + \omega_{yP}\cos\lambda\cos\theta + \omega_{zP}\sin\lambda\cos\theta \tag{5-163}$$

3. 支持系数确定

地面坐标系中的载荷 F_y、M_x、M_z 对轮胎分配无影响。这样在有 θ 和 λ 角的情况下，支柱坐标系中的"P"点载荷与起落架地面载荷之间关系式为

$$V_P = F_z\cos\lambda + F_x\sin\theta\sin\lambda \tag{5-164}$$

$$D_P = -F_z\sin\lambda + F_x\sin\theta\cos\lambda \tag{5-165}$$

$$S_P = F_x\cos\theta \tag{5-166}$$

$$M_{VP} = M_y\cos\theta\sin\lambda \tag{5-167}$$

$$M_{DP} = M_y\cos\theta\cos\lambda \tag{5-168}$$

$$M_{SP} = -M_y\sin\theta \tag{5-169}$$

由式(5-160)～式(5-169)可推导出支柱下端"P"点处转角 ω_y 与起落架安装角 β、飞机迎角 a、操纵角 θ 和柔度系数 d_{ij} 之间的关系式，因关系式很繁杂，本书仅用函数形式表示如下：

$$\omega_y = F_x f_1(\lambda,\theta,d_{ij}) + F_z f_2(\lambda,\theta,d_{jk}) + M_y f_3(\lambda,\theta,d_{ki}) \tag{5-170}$$

式(5-170)可表示为

$$M_y = -\frac{F_x f_1(\lambda,\theta,d_{ij})}{f_3(\lambda,\theta,d_{ki})} - \frac{F_z f_2(\lambda,\theta,d_{jk})}{f_3(\lambda,\theta,d_{ki})} + \frac{\omega_y}{f_3(\lambda,\theta,d_{ki})} \tag{5-171}$$

由式(5-147)与式(5-171)相比较，可得

$$C_1 = -\frac{1}{f_3(\lambda,\theta,d_{ki})} \tag{5-172}$$

$$C_2 = -\frac{f_1(\lambda,\theta,d_{ij})}{f_3(\lambda,\theta,d_{ki})} \tag{5-173}$$

$$C_3 = -\frac{f_2(\lambda,\theta,d_{ik})}{f_3(\lambda,\theta,d_{ki})} \tag{5-174}$$

5.9.3 算例

某旅客机两轮共轴式主起落架轮胎载荷分配计算结果如表 5-19 所示。

表 5-19　计算结果

	国外文献的计算结果			本书方法的计算结果		
情况	V_1/N	D_1/N	S_1/N	V_1/N	D_1/N	S_1/N
TOR2101	344252	0	−5166	345013	0	−5175
BR2101	215178	159248	−32292	215312	159346	−3229
RT2101	210608	0	−109286	214150	0	−111121
PIV2101	190277	0	−2855	190224	0	−2855
TOR2101	255262	0	−3830	254505	0	−3817
BR2101	132174	97817	−1982	132044	97724	−1982
RT2101	244515	0	−126874	240979	0	−125043
PIV2101	109411	0	−1643	109468	0	1643

注：TOR——起飞滑跑；BR——刹车滚动；RT——右转弯；PIV——回转

由表 5-19 可知，本书算法分析结果与国外提供的结果十分接近。载荷相对误差最大为 2%。

5.10　损伤容限和疲劳评定简介

5.10.1 概述

1. 适航要求

CCAR-25-R4 在第 571 条“结构的损伤容限和疲劳评定”中规定如下：

(a) 总则　对强度、细节设计和制造的评定必须表明，飞机在整个使用寿命期间将避免由于疲劳、腐蚀、制造缺陷或意外损伤引起的灾难性破坏。对可能引起灾难性破坏的每一结构部分(诸如机翼、尾翼、操纵面及其系统，机身、发动机架、起落架，以及上述各部分有关的主要连接)，除本条(c)规定的情况以外，必须按本条(b)和(e)的规定进行这一评定。对于涡轮喷气飞机，可能引起灾难性破坏的结构部分，还必须按本条(d)评定。此外，采用下列规定：

(1) 本条要求的每一评定，必须包括下列各点：

(i) 服役中预期的典型载荷谱、温度和湿度；

(ii) 判明其破坏会导致飞机灾难性破坏的主要结构元件和细节设计点；

(iii) 对本条(a)(1)(ii)判明的主要结构元件和细节设计点，进行有试验依据的分析。

(2) 在进行本条要求的评定时，可以采用结构设计类似的飞机的服役历史，并适当考虑它们在运行条件和方法上的差别；

(3) 根据本条要求的评定，必须制订为预防灾难性破坏所必需的检查工作或其他程序，并必须将其载入第 25.1529 条要求的“持续适航文件”中的“适航限制章节”中。对于下列结构类型，必须在裂纹扩展分析和/或试验的基础上建立其检查门槛值，并假定结构含有一个制造或使用损伤可能造成的最大尺寸的初始缺陷：

(i) 单传力路径结构；和

(ii) 多传力路径“破损-安全”结构以及“破损-安全”止裂结构，如果不能证明在剩余结构失效前传力路径失效、部分失效或止裂在正常维修、检查或飞机的使用中能被检查出来并得到修理的话。

(b) 损伤容限评定 评定必须包括确定因疲劳、腐蚀或意外损伤引起的预期的损伤部位和形式，评定还必须结合有试验依据和服役经验(如果有服役经验)支持的重复载荷和静力分析来进行。如果设计的结构有可能产生广布疲劳损伤，则必须对此作出特殊考虑。必须用充分的全尺寸疲劳试验依据来证明在飞机的设计使用目标寿命期内不会产生广布疲劳损伤。型号合格证可以在全尺寸疲劳试验完成前颁发，前提是适航当局已批准了为完成所要求的试验而制定的计划，并且在本部第 25.1529 条要求的持续适航文件适航限制部分中规定，在该试验完成之前，任何飞机的使用循环数不得超过在疲劳试验件上累积的循环数的一半。在使用寿命期内的任何时候，剩余强度评定所用的损伤范围，必须与初始的可觉察性以及随后在重复载荷下的扩展情况相一致。剩余强度评定必须表明，其余结构能够承受相应于下列情况的载荷(作为极限静载荷考虑)：

(1) 限制对称机动情况，在直到 V_C 的所有速度下按第 25.337 条“限制机动载荷系数”的规定，以及按第 25.345 条“增升装置”的规定；

(2) 限制突风情况，在直到 V_C 的速度下按第 25.341 条“突风和紊流载荷”的规定，以及按第 25.345 条“增升装置”的规定；

(3) 限制滚转情况，按第 25.349 条“滚转情况”的规定；限制非对称情况按第 25.367 条“发动机失效引起的非对称载荷”的规定，以及在直到 V_C 的速度下，按第 25.427 条“非对称载荷”(a) 到 (c) 的规定；

(4) 限制偏航机动情况，按第 25.351 条“偏航机动情况”(a) 对最大到 V_C 诸规定速度下的规定；

(5) 对增压舱，采用下列情况：

(i) 正常使用压差和预期的外部气动压力相组合，并与本条 (b) (1) 到 (4) 规定的飞机载荷情况同时作用(如果后者有重要影响)；

(ii) 正常使用压差的最大值(包括 1g 平飞时预期的外部气动压力)的 1.15 倍，不考虑其他载荷。

(6) 对于起落架和直接受其影响的机体结构，按第 25.473 条“着陆载荷情况和假定”、25.491 条“滑行、起飞和着陆滑跑”和 25.493 条“滑行刹车情况”规定的限制地面载荷情况。如果在结构破坏或部分破坏以后，结构刚度和几何形状，或此两者有重大变化，则必须进一步研究它们对损伤容限的影响。

(c) 疲劳(安全寿命)评定 如果申请人确认，本条 (b) 对损伤容限的要求不适用于某特定结构，则不需要满足该要求。这些结构必须用有试验依据的分析表明，它们能够承受在其服役寿命期内预期的变幅重复载荷作用而没有可觉察的裂纹。必须采用合适的安全寿命分散系数。

(d) 声疲劳强度 必须用有试验依据的分析，或者用具有类似结构设计和声激励环境的

飞机的服役历史表明下列两者之一:

(1)承受声激励的飞行结构的任何部分不可能产生声疲劳裂纹;

(2)假定本条(b)规定的载荷作用在所有受疲劳裂纹影响的部位，声疲劳裂纹不可能引起灾难性破坏。

(e)损伤容限(离散源)评定 在下列任一原因很可能造成结构损伤的情况下，飞机必须能够成功地完成该次飞行。

(1)受到 1.80 公斤(4 磅)重的鸟的撞击，飞机与鸟沿着飞机飞行航迹的相对速度取海平面 V_C 或 2450 米(8000 英尺)$0.85V_C$，两者中的较严重者;

(2)风扇叶片的非包容性撞击;

(3)发动机的非包容性破坏;

(4)高能旋转机械的非包容性破坏。

损伤后的结构必须能够承受飞行中可合理预期出现的静载荷(作为极限载荷考虑)。不需要考虑对这些静载荷的动态影响。必须考虑驾驶员在出现事故后采取的纠正动作，诸如限制机动，避开紊流以及降低速度。如果在结构破坏或部分破坏以后引起结构刚度或几何形状，或此两者有重大变化，则须进一步研究它们对损伤容限的影响。

2. 条款解读

1)评定目的

结构的损伤容限和疲劳评定的目的在于，保证飞机在整个使用寿命期内避免由于疲劳、腐蚀或意外损伤引起的灾难性破坏。这是保证飞机结构最低限度的安全要求。

2)结构设计原则

结构设计中，需要考虑采用哪种结构设计原则更合适。基本思想是，凡是能按损伤容限设计的结构都应按损伤容限设计思想设计。在机体结构中，除了类似于起落架的单传力结构和一些局部不可检结构属于安全寿命设计结构，其他多为损伤容限设计结构。

进行疲劳评定时，对于安全寿命设计结构，需要进行疲劳分析和试验，以验证其设计使用寿命是否满足目标寿命要求；对于损伤容限设计结构，也需要先进行疲劳分析和试验，确定设计使用寿命，然后进行损伤容限分析与试验，给出裂纹扩展寿命，根据裂纹扩展寿命确定合理的检修周期。

3)评定依据

进行损伤容限和疲劳评定的结构应该是重要结构件。重要结构件是指能够承受飞行、地面和增压载荷的主要结构件，而且在重复载荷作用下，这些结构件的损伤可能导致飞机灾难性破坏。重要结构件应该包括机翼、尾翼、操纵面及其系统、机身、发动机吊架、起落架以及所述各部分结构的主要连接结构。

对于可能引起灾难性破坏的每一部分结构，除了按(c)款进行疲劳评定的结构，需要按(b)款进行损伤容限(破损安全)评定和按(e)款进行损伤容限(离散源)评定。

对于涡轮喷气飞机，除了按上述条款评定，还需按(d)款进行声疲劳评定。

4)评定内容

结构的损伤容限和疲劳评定至少应包括下述内容。

(1)提供服役中预期的典型载荷谱、温度和湿度。

载荷谱应当根据所评定飞机的实测统计数据确定。当缺少实测数据时，应当根据飞机的预期使用情况进行保守的估算。在确定载荷谱时应当考虑的主要载荷是飞行载荷(突风和机动)、地面载荷(滑行、着陆撞击、转弯、发动机启动、刹车与牵引)及增压载荷。载荷谱的编制工作还应包括预期使用的飞行任务剖面，确定每一任务剖面所包含的任务段以及对应于各任务段的飞行参数。飞行参数包括高度、速度、载荷系数及大致的飞行持续时间。对于训练飞行情况和其他有关因素(如紊流对某个柔性子结构造成的动态响应)在编制载荷谱时也应予以考虑。对于增压座舱，载荷谱应当包括反复施加的正常工作压差和飞行载荷与外部气动压力的叠加影响。

对于运输类飞机的使用载荷及载荷谱，推荐按飞机典型飞行任务剖面的27种标准使用情况确定。

在载荷谱编制中，除了考虑重复载荷的作用，还应考虑热带及寒冷大气环境的作用和气动加热、动力装置及其他热源的影响，以及预计服役寿命期内温度载荷时间历程的累积损伤。

在飞行结构热影响区，需要考虑温度场热环境谱对材料性能的影响，并要考虑热环境谱与设计载荷联合作用时对疲劳性能的影响。

应力腐蚀开裂是在持续的拉伸应力和腐蚀介质的共同作用下产生的，腐蚀性介质主要是潮湿空气，考虑环境谱时应该计入温度环境的影响。

(2)选取疲劳危险结构件和疲劳薄弱部位。

在评估疲劳损伤程度时，应对结构细节设计进行检验，以确定疲劳危险结构件和疲劳薄弱部位，选择疲劳薄弱部位主要依据下述准则。

A. 静强度裕度；

B. 应力集中；

C. 谱的严重程度；

D. 材料特性；

E. 疲劳试验和使用经验；

F. 易受偶然损伤的区域。

服役经验表明，应当特别注意重要的不连续区、主要连接接头、拉伸连接部位、搭接板以及开口(如窗、门和其他洞口)的细节设计部位，还应考虑易于受到意外损伤(例如，撞击靠近飞机舱门的地面服务设施)或易于腐蚀的部位。

(3)分析与试验。

除非经检查已经确认，在特定结构区域的正常工作应力相当低，以致严重的损伤不可能发生，否则应对前述的重要结构件进行重复载荷分析与试验。试验件应当包括接头、主要连接部位、截面变化区、开口和不连续区。并应当根据试验或服役经验来验证分析方法的准确程度。

3. 相关咨询通告

AC25.571-1D “Damage Tolerance and Fatigue Evaluation of Structure”。

5.10.2　损伤容限(破损安全)评定

1. 条款解读

1)评定目的

通过评定估算裂纹扩展寿命，给出预计的检修周期。如果飞机在使用寿命期内发生严重的疲劳、腐蚀或者意外的损伤，在损伤被查明之前，剩余结构仍能承受合理的载荷而不会破损或产生过分的结构变形。

2)评定内容

损伤容限评定的内容应包括针对按损伤容限设计的部件，在规定载荷情况和损伤范围下，进行足够的典型试验和(或)分析来证实飞机结构设计已经达到目标要求(例如，裂纹发生前寿命、裂纹扩展率和剩余强度)，提供检查大纲所需的数据资料。使用试验结果时，应当考虑裂纹扩展率和裂纹发生前寿命的分散性。考虑试验件与飞机部件之间的尺寸差异，应当对试验结构进行修正。这种评定既适用于单路传力结构又适用于多路传力结构。

2. 分析步骤

损伤容限分析是为了预测结构零件破坏前的使用时间，典型步骤如图 5-45 所示。

这种方法需要确定飞机结构在使用过程中所遇到的飞行和地面载荷，建立飞机结构危险部位的数学模型，编制计算程序，计算出这些危险部位的裂纹扩展速率，最后得到裂纹长度与飞行小时数的关系曲线。所绘制的曲线描述了裂纹缓慢扩展特性，如果裂纹是可检的，在此阶段可以进行检查。当裂纹接近其临界长度时，裂纹由缓慢扩展转变为不稳定扩展或快速扩展，最后导致零件完全断裂。因此对某一给定结构部位以飞行小时数表示的安全极限由该部位的临界裂纹长度决定，如图 5-46 所示。

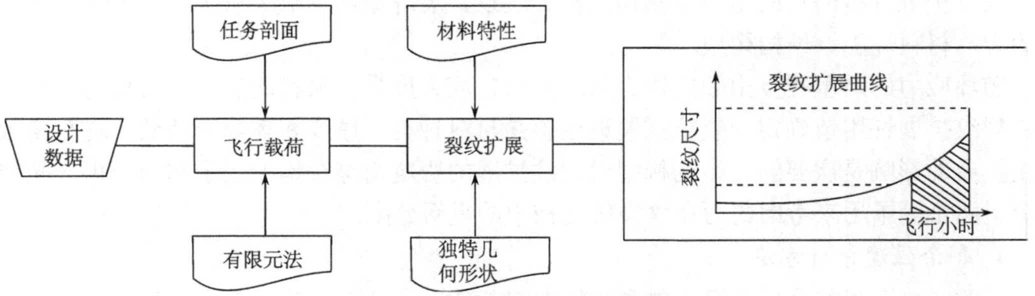

图 5-45　损伤容限分析步骤

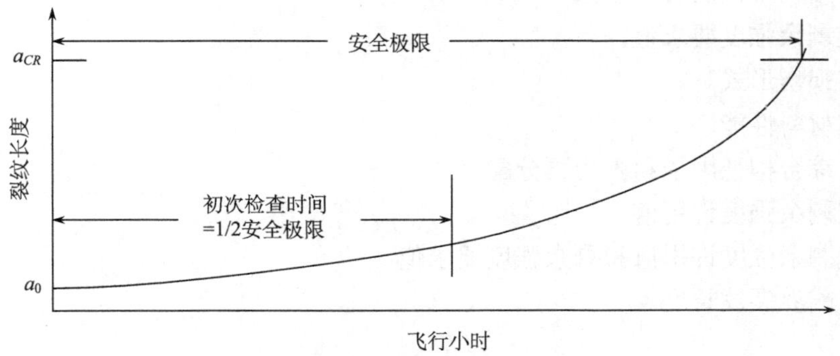

图 5-46　安全极限和初次检查间隔

需要用剩余强度分析确定临界裂纹长度，通过裂纹扩展分析画出其扩展曲线。在裂纹扩展曲线计算出来以前，必须完成三项基本评估任务：确定结构的危险区域，评估这些危险区域的初始生产质量，制定出这些部位的应力谱。

在确定危险区域时，必须考虑如下因素：结构工作应力水平、材料断裂性能、传力路线、破坏后果和检测水平。然而，最有价值的数据还是从全尺寸疲劳试验件中得出的试验结果或从使用中得到的实际破坏情况。通常飞机越大，危险区域的数目越多，例如，运输机一般危险区域都超过 100 处。

一般估计飞行结构的初始质量是很困难的。初始缺陷的分布多数是未知的概率函数，它需要大量的子样才能定量。因此，在安全极限计算中硬性规定根据无损检测的极限检测能力来假设初始缺陷尺寸。于是必须假设所用的无损检测技术都有可能漏检的最大缺陷，并把它作为裂纹扩展曲线的起点。也采用全尺寸疲劳试验件或使用破坏的构件的裂纹断口检查得出的数据结果，将其作为耐久性或经济寿命估算中需要的初始缺陷尺寸。在安全极限和经济寿命分析中还必须用到分析部位的缺陷最基本的走向和缺陷的形状。

确定飞行载荷谱需要将空中飞行、地面操作、训练等飞行任务划分为滑行、起飞、巡航等不同任务段。在每一任务段飞机结构都将经受由于机动飞行、紊流和座舱压力而引起的载荷。飞机结构经受的载荷次序产生特殊的应力分布，其次序和大小决定了裂纹的扩展速率。

确定了应力谱之后，就可以着手进行裂纹扩展分析，得出每个危险部位裂纹扩展曲线。根据曲线中表达的裂纹长度与时间的关系，选择无损检测技术和确定检查间隔。

3. 裂纹扩展分析

裂纹扩展分析的目的是估算损伤结构的裂纹扩展寿命。影响裂纹扩展的主要因素有循环应力、材料性能、结构构型。

循环应力的严重程度由额定应力与有效额定应力度量。材料的裂纹扩展抗力主要由材料的裂纹扩展许用值确定，裂纹扩展许用值是材料种类、厚度和环境的函数。材料参数对裂纹扩展的影响是次要的。结构构型对裂纹扩展的影响由综合构型因子和内力再分配因子确定，两个因子用来考虑内力在含裂纹结构中的重新分配。

4. 剩余强度分析方法

目前，剩余强度分析多采用单参数的表观断裂韧性准则，基本步骤如下。

(1) 确定结构形式及有关参数。

(2) 确定剩余强度要求值。

(3) 假定损伤形式。

(4) 确定材料性能。

(5) 确定综合构型因子和内力再分配因子。

(6) 确定剩余强度许用值。

(7) 比较剩余强度许用值和剩余强度要求值。

(8) 确定临界裂纹长度。

5.10.3　疲劳(安全寿命)评定

1. 条款解读

1)评定目的

通过评定给出预计的使用寿命，以保证在整个结构的使用寿命期间，避免发生灾难性疲劳破坏。

2)评定内容

疲劳评定应包括下列内容。

(1)估算和测定结构的预期载荷谱。

(2)进行结构应力分析，包括考虑应力集中的影响。

(3)进行疲劳寿命分析与试验验证。

(4)研究加载历程、疲劳试验数据、服役经验，进行疲劳分析，以确定可靠的更换时间。

(5)提供维护和检查的有关资料。

(6)根据对设计和服役经验的检查来考虑由于腐蚀、应力腐蚀、脱胶、意外损伤和制造缺陷等引起的疲劳。

2. 计算分析

对全机结构进行审查，经分析找出疲劳薄弱部位，最后筛选出危险部位。对选定的疲劳危险部位，首先进行细节应力分析，然后采用合适的寿命估算方法进行疲劳寿命估算。

从设计使用载荷谱到疲劳寿命评定的全过程见图 5-47。

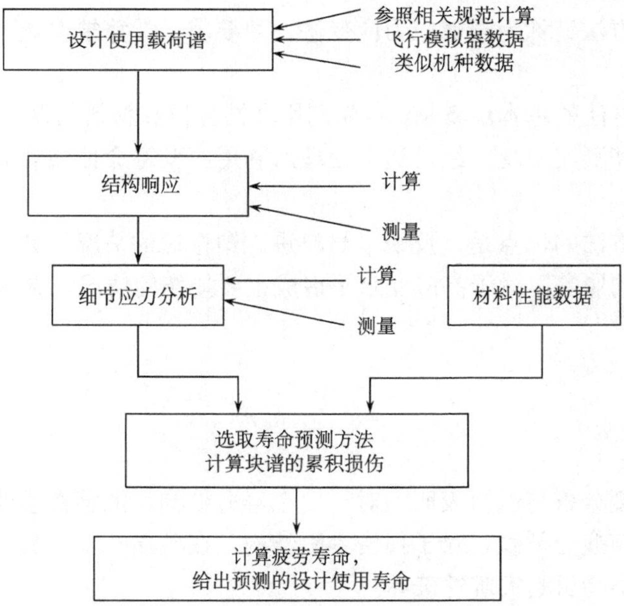

图 5-47　疲劳寿命评定过程

1)细节应力分析方法

疲劳评定中所选的结构细节多是局部应力水平高或应力集中严重的危险部位，这些危险部位可归纳为两种基本类型，一种是带有缺口的部位，如孔或沟槽，另一种是连接部位，如螺栓、销钉等重要连接处。对于所选定结构细节，进行应力分析的基本步骤如下。

(1)建立细节分析模型。

(2)确定节点载荷。

(3)确定边界约束条件。

(4)准备原始数据。

(5)编程求解内力。

2)疲劳寿命分析

疲劳寿命分析方法很多。常用的有两种方法，即应力疲劳分析方法和应变疲劳分析方法。进行寿命估算时，应根据所掌握的材料疲劳性能数据和寿命估算经验选取适当的分析方法。

(1)应力疲劳分析方法。

应力疲劳分析方法又分传统的S-N曲线法、应力严重系数法和DFR(细节疲劳额定值)法。目前应用比较广泛的是应力严重系数法。

应力严重系数法是常用于结构连接件寿命估算的一种工程计算方法。这种计算方法的基本思路是，通过有限元细节分析得到钉孔处的旁路载荷和紧固件的传递载荷，进而求出孔边的应力严重系数。根据应力严重系数，利用相应的材料疲劳性能曲线，按照累积损伤理论，计算出所分析部位的疲劳寿命。

应力严重系数法的优点是比较简单方便，对于局部应力水平不高的部位，选用此方法估算的寿命与试验结果比较吻合。

(2)应变疲劳分析方法。

应变疲劳分析方法又称为局部应力应变法，主要用于计算缺口边上应力集中严重区域的疲劳寿命。

应变疲劳分析方法的基本步骤是，首先利用塑性分析和材料的循环应力-应变曲线计算出孔边的真实应力和真实应变，经过当量处理后利用应变寿命曲线计算出累积损伤，然后计算出寿命。

应变疲劳分析方法的优点是，反映了材料进入塑性后的情况，计入了加载次序和大载荷系数对疲劳寿命的影响。对于高应变水平造成主要损伤的情况，选用此法比较适合。

5.10.4 声疲劳强度

1.条款解读

1)评定目的

通过声疲劳强度分析与试验表明，对于安全寿命结构，能够在承受声激励作用下，任何部位都不会产生声疲劳裂纹。对于损伤容限结构，在破损一安全载荷作用下，受声疲劳裂纹影响的部位，不会引起灾难性破坏。

2)评定内容

进行声疲劳评定，首先需要确定声载荷环境，给出声谱。然后分析飞机结构，确定哪些部位受声激振环境影响，对于受声载影响比较严重的部位进行声疲劳分析，给出结构的声疲劳寿命，对于声疲劳分析结果，需要有试验支持。

2. 分析计算

1) 分析部位

从理论上讲，应该对所有产生疲劳的结构部位进行声疲劳分析。但实践表明，对大多数结构，在声压级低于 140dB 时，航空声疲劳将不会成为一个问题，所以声疲劳分析部位应该用声压级是否大于 140dB 来控制，对于非常轻的结构，在声压级低于 140dB 时要求作粗略的分析即可。

2) 分析步骤

(1) 计算基本结构响应频率。

(2) 确定细节声疲劳额定值(DSR)。

(3) 确定有效飞行段和各段时间。

(4) 计算每一飞行段的循环数。

(5) 计算声疲劳应力。

(6) 计算声疲劳损伤。

(7) 确定声疲劳总寿命。

(8) 确定声疲劳目标寿命。

(9) 计算要求的细节声疲劳额定值。

(10) 计算声疲劳裕度。

5.11　气动弹性稳定性简介

5.11.1　概述

颤振、发散和其他气动弹性不稳定现象对飞机的飞行安全构成极大的威胁，在现代飞机设计中，飞机气动弹性的设计与研究越来越重要。气动弹稳定性分析已作为结构设计的临界条件之一，成为飞机总体设计和气动布局中不可忽略的因素。随着飞机性能的提高，飞机刚度的不断下降，飞机更易发生各种气动弹性不稳定现象。

1. 飞机设计中气动弹性问题

飞机结构在气动力和惯性力作用下发生静、动态弹性变形，而弹性变形又会反过来影响作用的气动力、惯性力和弹性力。这种气动力、惯性力和弹性变形(弹性力)的交互作用，称为气动弹性效应，它往往会直接影响飞机的飞行品质、性能和安全性。图 5-48 用气动弹性力三角形简要地说明主要的气动弹性问题。力三角形的顶点，表示系统的每种作用力，即弹性力、惯性力和空气动力。每种气动弹性问题可以按与这些作用力所处的相互关系，直观区分。所有气动弹性动力学问题，都处于三角形内部。而气动弹性静力学问题，则处于三角形左边线外侧。气动弹性力学问题是复杂而多面的，现对此作一简要说明。

1) 气动弹性静力学问题

气动弹性静力学是研究空气动力和弹性力交互作用下，结构达到的静态平衡，或不能平衡而发散。其主要问题如下。

(1) 静气动弹性效率。弹性气动广义力(力、力矩等)与刚性气动广义力的比值，称为效率。效率也可以用弹性、刚性下气动力作用的效应(如稳定滚转角速率)的比值来衡量。静

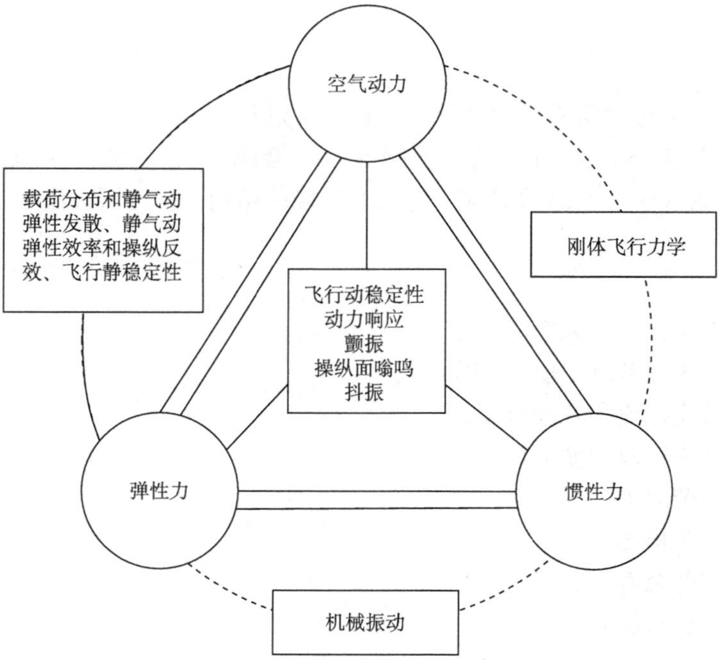

图 5-48　气动弹性力三角形

气动弹性效率最常见的为操纵效率，它表征弹性飞机与刚性飞机操纵品质的差异。

(2) 操纵反效。在某个临界速度(速压)，某个操纵效率为零。超过此临界速压，则操纵响应与操纵操作预期的响应相反。

(3) 弹性载荷。由于弹性变形影响而使作用于结构的气动力载荷，在数值和分布上均发生变化。

(4) 发散。升力面等结构的静气动弹性不稳定性。在速度(速压)超过发散临界值时，结构将发生变形发散，即理论上其弹性变形可无限增大，最常见的如翼面结构的扭转发散。

(5) 气动弹性对飞行安定性效应。由于静、动态变形，飞机气动力导数发生变化，而对飞行力学安定性产生影响。

2) 气动弹性动力学问题

气动弹性动力学问题，是研究气动力、弹性力、惯性力作用下结构的动态响应。由于它不仅是弹性力学类型，而且是空气动力学类型的非定常过程，这类问题的分析处理十分困难。其中最重要问题为气动弹性动不稳定性——颤振，因为它直接关系飞行安全。可由线弹性力学和势流空气动力学理论分析的颤振，称为经典颤振。除此之外有些由于流动分离、旋涡或激波等形成的颤振，称为非经典颤振。飞机设计中气动弹性动力学问题，主要有以下五个方面。

(1) 动力响应。着陆冲击、突风、操纵面偏转等的激励，产生的结构响应的瞬态过程。

(2) 颤振。当相对运动气流达到某一速度(速压)时，结构以某一形态振荡运动，能从气流吸取能量，当吸取能量大到能克服结构阻尼对运动能量的消耗时，振荡运动的幅值具有随时间扩大的性质，这种结构动力不稳定现象，称为颤振。颤振具有自激的性质，往往会在数秒钟内使结构破坏，而酿成灾难性后果。

(3)嗡鸣。形态为操纵面偏转的单自由度颤振。嗡鸣有时可在势流流场下发生，但更常见的是翼面超过临界马赫数后的跨声速嗡鸣。操纵面偏转造成上、下翼表面激波位置的变化或气流分离，而导致操纵面区域上、下翼表面气动压力的变化，与操纵面弹性、惯性品质耦合作用而发生的单自由度颤振。

(4)抖振。在黏性流中由于不良外形使流动分离，在流动后部发生的周期性旋涡脱出，激励结构发生振动。

(5)气动伺服弹性。现代飞机许多具有自动飞行控制系统，则气动弹性现象除了与气动力、惯性力和弹性力有关，还与飞行控制系统动力学(控制律)有关，飞行控制系统动力学参加作用的气动弹性力学，称为气动伺服弹性力学。其中最重要的为研究气动伺服弹性动稳定性问题。

2. 适航要求

CCAR-25-R4 在第 629 条“气动弹性稳定性要求”中规定如下：

(a)总则 本条所要求的气动弹性稳定性评定包括颤振、发散、操纵反效以及任何因结构变形引起的稳定性、操纵性的过度丧失。气动弹性的评定必须包括与产生显著动态力的任何螺旋桨或旋转装置有关的旋转模态。必须通过分析、风洞试验、地面振动试验、飞行试验或中国民用航空局适航部门认为必要的其他方法来表明对本条的符合性。

(b)气动弹性稳定性包线 飞机必须设计成在下述气动弹性稳定性包线内的所有形态和设计情况下，都不发生气动弹性的不稳定性：

(1)对于无失效、故障或不利条件的正常情况，在将 V_D/M_D 对高度的包线上所有点的当量空速按等马赫数和等高度两种方式各放大 15%后所包围的所有高度和速度的组合。此外，在直至 V_D/M_D 的所有速度下，都必须有适当的稳定性余量，而且在接近 V_D/M_D 时，飞机的稳定性不得有大幅度的迅速减小。当所有设计高度上的 M_D 都小于 1.0 时，放大后的包线可以限制在马赫数 1.0;

(2)对下面第 25.629 条(d)所述的情况，在所有经批准的高度，任何空速直至下述两项中确定的大者:

(i)由第 25.335 条“设计空速”(b)确定的 V_D/M_D 包线;

(ii)由以下条件确定的高度-空速包线：在从海平面至 $1.15V_C$ 线与等巡航马赫数 M_C 线延长线交点的高度范围内，按等高度，将当量空速在 V_C 以上放大 15%，然后，在最低的 V_C/M_C 交点的高度，当量空速线性变化到 M_C+0.05 之后，在更高的高度直至最大飞行高度，按等高度，由 M_C 的 0.05 马赫数增量所限定的边界。

(c)配重 如果采用集中配重，则这些配重及其支持结构的有效性和强度必须得到证实。

(d)失效、故障与不利条件 在表明对本条的符合性时必须考虑的失效、故障与不利条件为:

(1)未被表明为极不可能的任何临界燃油装载情况，这类情况可能是由于燃油配置不当而引起的。

(2)任何颤振阻尼器系统的任何单一失效。

(3)对于没有批准在结冰条件下运行的飞机，由于偶然遭遇结冰条件所预期的最大可能的冰积聚。

(4) 任何发动机、独立安装的螺旋桨轴、大型辅助动力装置或大型外挂气动力物体(如外挂油箱)的支持结构的任何单个元件的失效。

(5) 对于其发动机带有螺旋桨或具有能产生显著动态力的大型旋转装置的飞机，将引起降低旋转轴刚度的发动机结构的任何单一失效。

(8) 第 25.571 条“结构的损伤容限和疲劳评定”要求或选择进行审查的任何损伤或失效情况。在表明符合本条要求时，如存在下列条件，不必考虑本条(d)(4)和(d)(5)所规定的单一结构失效:

(i) 结构元件不会因第 25.571 条(e)所述情况造成的离散源损伤而失效;

(ii) 根据第 25.571 条(b)进行的损伤容限审查表明，用于剩余强度评定所假设的最大损伤程度不涉及结构元件的完全失效。

(9) 按第 25.631 条“鸟撞损伤”、第 25.671 条“总则(操纵系统)”、第 25.672 条“增稳系统及自动和带动力的操纵系统”和第 25.1309 条“设备、系统及安装”考虑的任何损伤、失效或故障。

(10) 任何未表明为极不可能的其他失效、故障或不利条件的组合。

3. 条款解读

1) 总则

包含预防飞机的颤振、发散和操纵反效以及任何因结构变形引起的稳定性、操作性过度丧失的一般要求，指出必须用由适航当局认为必要的分析、风洞试验、地面振动试验、飞行试验或其他认为必要的试验来表明飞机是否满足这些要求。

2) 气动弹性包线

确定了防止颤振、发散和操作反逆以及任何因结构变形引起的稳定性、操作性过度丧失的飞机设计要求，具体如下。

(1) 要求证明在下述封闭线内的所有高度和空速的组合，都不会发生颤振、发散和操纵反逆，该封闭线是由设计俯冲速度(V_D)和设计马赫数(M_D)对高度组成的包线上所有点的当量空速在马赫数不变和高度不变两种条件下方的 15%形成的。图 5-49 给出了一个扩展到所要求的颤振许可边界的典型的设计包线。注意：某些要求的马赫数与空速的组合与低于海平面的高度相对应。

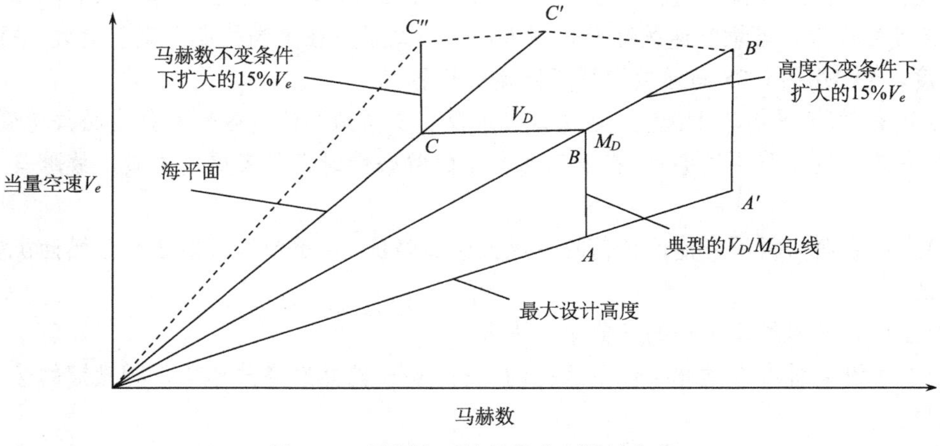

图 5-49　颤振许可边界的典型设计包线

(2) 当 M_D 小于 1.0，并且当趋近 M_D 时阻尼没有大的和急剧的减小时，颤振许可边界可以限于最大马赫数 1.0。

(3) CCAR-25-R4 第 25.629 条和 25 部其他一些条例所要求研究的某些构型和状态包括故障、失效或不利条件。只需要在设计空速对高度的包线直至 V_D/M_D 范围内，对这些状态进行气动弹稳定性研究。

V_D/M_D 包线，要求 V_D 满足 $V_D \geqslant 1.25V_C$，M 数限制高度上满足 $M_D \geqslant 1.25V_C$；或由以下条件确定的高度-空速包线：在从海平面至 $1.15V_C$ 线与等巡航马赫数 V_C 线延长线交点的高度范围内，按等高度，将当量空速在 V_C 以上放大 15%，然后，在最低的 V_C/M_C 交点的高度，当量空速线性变化到 M_C+0.05 之后，在更高的高度直至最大飞行高度，按等高度，由 M_C 的 0.05 马赫数增量所限定的边界。

图 5-50 给出了气动弹稳定性失效-安全包线，对应 V_C 和 M_C 的每一高度的最高速度的 V_D 包线或高度-空速包线。失效-安全设计速度，除了上述方法确定，根据飞机其他条件或特定条件下审定机构认可，也可以作用于系统失效条件。

3) 配重

如果操纵面上采用了单个或多个集中配重防止颤振，则配重及其支持结构的有效性和强度，必须用颤振和强度分析(或试验)加以证实。

在整个设计飞行包线内，按预定的极限载荷系数对配重及其支承结构进行验证。在缺乏合理的研究情况下，可以下述限制载荷系数作用于配重上：100g 垂直于操纵面方向；30g 平行于铰链线的方向；30g 在操纵面平面里垂直于铰链线方向。

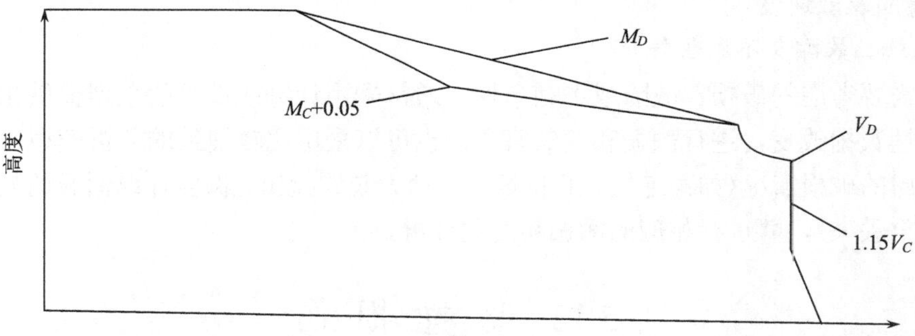

图 5-50　气动弹稳定性失效-安全包线

4) 失效、故障与不利条件

要用分析和试验表明，飞机在所列举的每一种失效、故障或不利条件发生后，在速度直到 V_D 围内不得有影响安全飞行的颤振和发散现象。

4. 相关咨询通告

AC25.629-1B “Aeroelastic Stability Substantiation of Transport Category Airplanes”。

5.11.2　分析计算

1. 总则

分析计算包括颤振特性、发散和反效速度计算。当飞机装有自动飞行控制系统(如增稳系统、控制增稳系统)时，尚应进行气动伺服弹性稳定性分析。用于分析的结构模型应能很好地反映实际的结构特性。一般情况下，颤振(和气动伺服弹性稳定性)分析应采用经飞机地面共振试验结果修正后的计算模型(使计算频率和节线位置与试验结果基本吻合)，颤振特性最好是全机耦合分析的对称与反对称计算结果。

2. 气动弹性稳定性包线

为了表明飞机设计满足气动弹稳定性的要求，必须就整架飞机进行符合性验证。其中分析验证包括结构设计刚度、质量、燃油、商载、自动飞行控制系统的特性以及在飞行包线范围内高度和马赫数变化等有关方面。分析计算项目应包括(但不限于)如下内容。

(1)机翼颤振分析；

(2)尾翼颤振分析；

(3)操纵面颤振分析；

(4)其他方面的颤振分析(如旋转颤振、气动伺服颤振)；

(5)机翼发散分析；

(6)尾翼发散分析。

分析计算报告的内容应包括下列内容。

(1)计算状态的说明(如燃油、商载)；

(2)计算方法的说明(含结构分析模拟)；

(3)飞机正常状态的颤振特性(含 v-g 图、数据)；

(4)气动伺服弹性稳定性(当飞机有自动飞行控制系统时)；

(5)翼面发散速度。

3. 失效、故障与不利条件

对于需要考虑的破损、故障或不利条件，通常采用计算或试验的数据提供相应的刚度变化或惯性数据改变，进行颤振和发散研究，也可以采用比较细致的分析模型，准确地模拟所要考虑的破损情况(如某连接元件的断开、动力装置抛出、调整片或伺服调整片操纵杆脱落、配重丢失)，并进行相应的颤振和发散分析。

5.12 鸟撞损伤

5.12.1 概述

1. 适航要求

CCAR-25-R4 在第 631 条“鸟撞损伤”中规定如下：

尾翼结构的设计必须保证飞机在与 3.6 公斤(8 磅)重的鸟相撞之后，仍能继续安全飞行和着陆，相撞时飞机的速度(沿飞机飞行航迹相对于鸟)等于按第 25.335 条“设计空速”(a)选定的海平面 V_C。通过采用静不定结构和把操纵系统元件置于受保护的部位，或采用保护装置(如隔板或吸能材料)来满足本条要求是可以接受的。在用分析、试验或两者的结合来表明符合本条要求的情况下，使用结构设计类似的飞机的资料是可以接受的。

2. 条款解读

1) 鸟撞损伤与抗鸟撞设计指标

前进中的飞机与飞鸟相撞在尾翼结构上可能产生危及飞行安全的损伤。飞机的前进姿态包括滑行、起飞、低空飞行、巡航、下降、进场、着陆。尾翼结构系指水平安定面和升降舵，垂直安定面和方向舵，但最可能受鸟撞的部位是水平安定面前缘和垂直安定面前缘，尾翼结构可以是金属结构，也可能为纤维增强的复合材料结构。

由鸟撞造成的尾翼结构损伤可能是前缘蒙皮压坑、凹陷、蒙皮撕裂，连接破坏，蒙皮及大梁腹板击穿，复合材料分层、脱胶，甚至可能发生骨架断裂，安定面破坏。为确保飞行安全，CCAR-25-R4 第 25.631 条规定了尾翼结构抗鸟撞的设计要求，包括结构损伤和系统保护两种情况。

2) 穿透速度

前进中的飞机与飞鸟相撞，造成结构被击穿，或使鸟的尸体或部分尸体及结构碎片进入尾翼前缘内部时，飞机所具有的最低速度。

结构的穿透速度是衡量结构抗鸟撞能力的一个指标，它是与飞鸟的质量、前缘蒙皮厚度、入射角和前缘半径等有关的量，可以通过工程计算或试验确定，衡量尾翼结构是否满足要求，实际上就是比较结构穿透速度与飞机海平面巡航速度 V_C 的关系。

3) 结构的鸟撞防护

结构的鸟撞防护应贯穿于飞机设计的全过程，在总体设计阶段进行结构布置和系统设备安排时，对尾翼的易受鸟撞部位，不布置液压、操纵管路。由于某些因素限制而不得不在前缘布置时，应在该处采用一些保护装置(如隔板和吸能材料)，当前缘部位一旦遭受飞鸟撞击时，应使保护装置吸收鸟撞动能而使被保护对象安全。

在结构设计时，用静不定结构，增加抗鸟撞的生命力，在可能遭受飞鸟撞击部位，按其内部是否装有操纵、液压管路等，设计前缘结构。

5.12.2 分析计算

一般说来，分析方法需要有结构类似飞机的设计经验及鸟撞取证试验数据做基础，目前 Boeing、Airbus 公司多采用能量比较法；同时，也在积极地发展有限元分析法，采用有限元法分析鸟撞结构需要试验支持，并经适航当局认可。下面简单介绍较为成熟的能量比较法。

能量比较法从能量观点研究撞击瞬间的能量关系，如果飞鸟的动能全部被结构吸收，则满足鸟撞要求的结构应为

$$mV_P^2/2 > mV_C^2/2$$

式中，m 为飞鸟质量；V_P 为尾翼结构的穿透速度；V_C 为飞机巡航速度。V_P 多由大量前缘鸟撞试验结果中总结出来的经验公式计算，例如，

$$V_P = 13.87\delta_m^{-1/3}\cos^{-0.7}\varphi\left(\frac{34.95}{\sqrt[5]{r}}+\frac{645}{r^3}\right),\ \text{km/h}$$

式中，δ_m 为前缘蒙皮厚度；φ 为入射角；r 为前缘半径。

5.13 应急设施

5.13.1 水上迫降

1. 适航要求

CCAR-25-R4 在第 25.801 条“水上迫降”中规定：

(b) 必须采取同飞机总特性相容的各种切实可行的设计措施，来尽量减少在水上应急降落时因飞机的运动和状态使乘员立即受伤或不能撤离的概率。

(d) 必须表明，在合理可能的水上条件下，飞机的漂浮时间和配平能使所有乘员离开飞机并乘上第 25.1415 条所要求的救生筏。如果用浮力和配平计算来表明符合此规定，则必须适当考虑可能的结构损伤和渗漏。如果飞机具有可应急放油的燃油箱，而且有理由预期该油箱能经受水上迫降而不渗漏，则能应急放出的燃油体积可作为产生浮力的体积。

(e) 除非对飞机在水上降落时可能的运动和状态（如本条(c)和(d)所述））的研究中，考虑了外部舱门和窗户毁坏的影响，否则外部舱门和窗户必须设计成能承受可能的最大局部压力。

2. 验证技术

1) 第 25.801 条(b)

通过分析计算（运动姿态分析、飞行品质和稳定性分析和载荷计算），表明符合性。

2) 第 25.801 条(d)

水上迫降后飞机的漂浮姿态是通过重心向下作用的重力和通过浮心向上作用的浮力的函数。这两个力大小相等并作用在通过同一点的垂直线上时，漂浮的飞机就处于平衡状态，这时机身排开水的形心就是浮心，根据飞机的重心，漂浮的姿态角和吃水深度确定。

(1) 飞机的平衡计算。

飞机在水中漂浮下沉的深度可通过使机身姿态角保持不变，飞机沉入各深度范围的分析来决定。对各种机身姿态角重复这一过程，直到总的排水量和浮心包括飞机整个重量和重心使用范围。所得结果绘成以机身姿态角与漂浮深度为参数的飞机漂浮重量与重心的关系曲线，称为漂浮综合曲线，把使用的重心限制也绘在这张曲线上。因此，一旦飞机迫降时的重量重心已知，其漂浮姿态和深度应可以直接从漂浮综合曲线查得。

(2) 漂浮时间计算。

主要渗漏源是流入机内的水流量，根据流体力学原理，按下式计算：

$$Q = \rho A \cdot (2gh)^{1/2}$$

式中，Q 为水流量(kg/s)；ρ 为水的密度(kg/m^3)；A 为进水口截面积(m^2)；g 为重力加速度(m/s^2)；h 为水压头(m)。

飞机水上迫降漂浮时间就是从飞机在水面上停下来的时刻开始，到水线至应急出口为止所经历的时间。漂浮时间的计算程序如下。

取时间间隔 Δt。

A. 对开始时刻 $t = t_0 = 0$、飞机重量 $W = W_0$、重心 X_{cg0} 已知，由漂浮综合曲线求出漂浮

姿态角 θ_0 和参考水线 RWL_0，相据几何关系求出渗漏的水压头 h_{i0}，近似计算出从时间 $t–t_0+\Delta t$ 流入机内的水流量 $\Delta W_0=\sum Q_{i1}\cdot\Delta t$ 和重心变化 ΔX_{cg0}。

B. 对于时刻 $t_1=t_0+\Delta t$、$W_1=W_0+\Delta W_0$、$X_{cg1}=X_{cg0}\pm\Delta X_{cg0}$，由漂浮综合曲线求出 Q_{i1}、RWL_1，算出 h_{i1}，近似计算从 t_1 到 $t_1+\Delta t$ 时间流入机内的水量 $\Delta W_1=\sum Q_{i2}\cdot\Delta t$。

C. 对于时刻 $t_2=t_1+\Delta t$、$t_3=t_2+\Delta t$……进行同样的计算，直到参考水线到达应急出口，这时相应的时间 t_i 即为飞机漂浮时间。

3) 第 25.801 条(e)

进行强度计算，表明符合性。

5.13.2 应急出口

1. 适航要求

CCAR-25-R4 在第 25.807 条“应急出口”中规定：

(e) 均匀性 出口应考虑乘客座椅的分布，尽可能均匀布置。

(i) 水上迫降旅客应急出口 无论是否申请水上迫降合格审定，必须根据下列规定设置水上迫降应急出口，除非满足本条(g)要求的应急出口已满足这些要求：

(2) 客座量(不包括驾驶员座椅)等于或大于 10 座的飞机，对每 35 名旅客(或不足 35 名的尾数)在飞机侧面水线以上要有一个至少符合Ⅲ型尺寸的出口，但客舱内此类出口不得少于两个，飞机每侧各一个。可以通过采用更大出口或其他措施提高客座量与出口之比，只要能表明在水上迫降期间飞机的撤离能力有相应提高；

(3) 如果侧面出口不能设在水线以上，则必须用同等数量、尺寸不小于Ⅲ型尺寸的出口，易于接近的顶部带盖舱口来代替侧面出口，但对于客座量(不包括驾驶员座椅)等于或小于 35 座的飞机，只需要一个顶部带盖舱口来代替所要求的两个Ⅲ型侧面出口。

2. 验证技术

1) 第 25.807 条(e)

为了满足“均匀分布”的要求，必须同时考虑客舱内部座椅的布置情况和应急出口与机身的相对关系，以下是一种可接受的、但不是唯一的分析计算方法，来验证飞机的应急出口是否满足“均匀分布”的要求。

(1) 为了便于分析计算，将应急出口分析计算中用到的有关参数定义如下。

A. 旅客分区。

客舱的一段。通常两相邻应急出口之间构成一旅客分区；若在最前的应急出口之前或最后的应急出口之后布置有座椅，则从客舱的前段或后段到最近的应急出口之间也构成一旅客分区。在具体确定旅客分区的界限时，以应急出口的中线为界；对第二种情况，以离应急出口最远的座椅的前螺桩为界。

B. 最大载客量。

由应急出口的形式和数量所确定的飞机最大载客能力。

C. 客舱长度。

通常指最前面与最后面的应急出口中线之间的距离；如果在最前的应急出口之前或最后的应急出口之后布置有四排以上座椅，则客舱的起点或终点从最前或最后的座椅的前螺桩的中心线算起。

D. 应急出口系数。

与撤离率有关的无量纲系数，其计算方法为，所求应急出口的撤离率除以Ⅲ型出口的撤离率，然后近似到下一个 1/4 上。典型应急出口的系数如表 5-20 所示。

表 5-20 典型应急出口的系数

应急出口类型	系数	应急出口类型	系数
Ⅲ型(35)与Ⅱ型(40)	1.0	B 型出口(75)	2.0
三排座椅内布置的两个Ⅲ型出口(70)	2.0	A 型出口(100)	3.0
Ⅰ型出口(45)	1.25		

E. 机身长度因子。

客舱长度除以各个旅客分区的应急出口系数之和。

F. 应急出口偏差。

理论计算出的应急出口中心线与实际飞机上应急出口中心线的距离。

(2)旅客应急出口均匀分布的分析计算方法。

在进行应急出口的分析时，应分别考虑以下两个方面：一是应急出口与客舱内部座椅布置的关系；二是应急出口在机身上的相对位置。只有同时满足这两方面，应急出口的布置才算满足条例中的“均匀分布”的要求。

A. 应急出口布置与座椅布置的关系。

应急出口布置与座椅布置的关系非常密切。在布置座椅时，首先要满足条例中有关应急出口对通路的要求；应急出口布置与座椅布置的关系就是在满足各种要求的情况下充分利用有限空间，以便布置最多的座椅；在确定了应急出口的布置和舱内座椅布置以后，应按下列两条要求验证它们的关系是否满足要求。

a. 任何旅客分区的座椅布置不能超过分区载客能力。分区载客能力即构成此旅客分区的应急出口的撤离率之和。

若一架飞机在最前的应急出口之前或最后的应急出口之后布置有座椅，则第一个或最后一个区为从客舱前端或尾端到最近的一个应出口之间。在这些区内，分区载客能力不能超过应急出口撤离率的 75%。

b. 飞机的最大座椅布置不能超过由应急出口的形式和数量确定的最大载客能力。

B. 应急出口布置与机身的相对关系。

在分析应急出口布置与机身的相对关系，同时考虑应急出口的形式时，应进行以下步骤的计算。

a. 确定客舱长度；如果在最前的应急出口之前或最后的应急出口之后有一个区，而这个区有三排或小于三排座椅，则在计算客舱长度时不计算这个区。

b. 先确定各个出口的应急出口系数；然后计算各个区的应急出口系数；最后计算出整个飞机的应急出口系数。由于中间的分区的出口是相邻两区共用的，故计算时要相邻两区联算，并从头到尾和从尾到头分别计算。

c. 计算飞机的机身长度因子。

d. 计算各应急出口的理论位置站位，其计算方法如下：客舱起点的站位加上机身长度因子乘以第Ⅰ区的应急出口系数即为下一对应急出口的理论站位(如果在飞机的第一对应急出口之前布置有四排或四排以上的座椅，同时小于第一对应急出口撤离率的 75%，则求出的理论站位为第一对应急出口的理论站位)；然后用上面求出的理论站位加上机身长度因子乘以第Ⅱ区的应急出口系数即为下一对应急出口的理论站位；以此类推，直到计算出所有应急出口的理论站位。

e. 计算每个出口的应急出口偏差及其占客舱长度的百分比。

f. 计算出每个应急出口的偏差不能超过客舱长度的 15%，否则不满足条例中的"均匀分布"的要求。

另外，计算出来的理论位置和允许的 15%偏差不能位于对旅客紧急撤离有害的区域；这些有害区域包括发动机进气道、起落架和机翼前后缘等区域。

2) 第 25.807 条(i)

需作漂浮特性计算，验证应急出口位置及有效性。

思 考 题

5-1　飞行总载荷需要考虑哪些载荷？它们是哪些部件的临界条件？如何进行分析？

5-2　气动力与惯性力分布计算的典型方法有哪些？

5-3　临界飞行载荷情况的筛选思路是什么？

5-4　飞行载荷的典型计算流程包括哪些步骤？

5-5　起落架对称着陆撞击载荷的分析思路是什么？非对称着陆应如何处理？

5-6　地面操作载荷主要包括哪些情况？它们的分析思路是什么？

5-7　地面维护载荷主要包括哪些情况？如何进行分析？

5-8　多轮式起落架轮胎载荷的分析思路是什么？

5-9　损伤容限和疲劳评定的目的是什么？评估内容与步骤是什么？

5-10　气动弹性稳定性分析的内容是什么？

5-11　鸟撞损伤如何进行分析？

5-12　应急设施相关条款的验证包括哪些典型分析计算内容？

第 6 章　结构强度的典型验证试验

结构强度验证试验涵盖内容十分广泛，从零组件级的试验室试验(如起落架减震试验、风挡鸟撞试验等)、整机级的地面试验(如全机静力试验、全尺寸疲劳试验等)，到飞行试验(如飞行载荷试验、气动弹性试验等)。

本章以单通道、翼吊双涡轮风扇发动机、150 座级、前三点式常规布局的机型为例，讲述运输类飞机适航标准(CCAR-25-R4)中结构强度相关的部分条款验证所需典型试验技术。

6.1　飞行载荷试飞验证

6.1.1　概述

1. 适航要求

第 301 条“载荷”(b)，参见 5.1.1 节。

2. 条款解读

(1) CCAR-25-R4 规定了一系列载荷情况，如飞行载荷、地面载荷、增压载荷、惯性载荷及发动机和 APU 载荷。CCAR-25-R4 第 25.301 条要求必须对这些载荷计算所用方法通过飞行试验进行验证，除非有充分的证据能够证明这些方法是充分保守或可靠的。

(2) 除了对计算方法的验证，CCAR-25-R4 第 25.301 条(b)中还要求保证对整个载荷计算过程中包含的所有内容进行验证，包括数据和分析过程，以确保整个载荷产生过程能够可靠或保守地符合条款中对飞行载荷的规定。

(3) 某些试验测量会补充甚至替代理论模型和方法分析结果。某些飞行载荷分析中(如颤振载荷)，以试验数据推断出典型限制情况下的结果可作为设计基础。

3. 试飞验证的目的

载荷是飞机结构强度设计的基础，对保证飞机的安全有着重要的意义，载荷试飞验证的目的是验证载荷设计方法和所使用的数据是否准确有效。在获取载荷试飞数据后，需要按试飞状态下的载荷分析计算结果与实测结果进行对比，如果实测结果小于分析结果则认为载荷的分析方法是可靠保守的，如果实测结果大于分析结果则申请人需要修正载荷分析方法并重新得到分析结果，必要时对飞机进行设计更改以满足规章的要求。在此类试飞过程中，一般控制飞机主要结构部件的载荷在 80%最大限制载荷范围内。

除了上述要求，有时飞机会进行关于载荷的演示飞行，用于演示飞机各个特征速度的定义是否满足规章的要求(如设计巡航速度 V_C 与设计俯冲速度 V_D 的余量，设计襟翼速度的可信性等)及验证飞机整体结构可以安全飞行到 2.5g 设计过载，以确认该飞机是否可以安全使用。此时，飞机的载荷可能达到最大设计载荷，这种演示不但可以用于证明载荷的可靠性，同时也演示了飞机结构设计能够满足对设计性能的要求。

4. 需要进行试飞验证的情况

在对国外某些机型的研究过程中发现，一些机型在验证过程中并没有进行相关的飞行载荷测试或只进行了少量的测试项目。这是因为国外的飞行载荷分析手段已经相当成熟，计算流体力学和风洞测试技术已具有相当高的精度，并经过多个机型长时间的服役验证，确认其可信性，如果新的型号没有什么特殊而新颖的设计，那么对载荷的分析方法就不必进行验证了。

我国民机处在设计发展初期，分析方法和手段从未进行过验证，也没有强大的技术理论水平作为后盾，因此这是一项按条款保证飞机安全所必须要做的工作，在至少有 2～3 个型号的数据和经验积累后才可以考虑像国外一样省掉这一步的工作。

1) 飞行载荷试飞验证的确认

(1) 申请方与局方应根据每个不同的型号，具体讨论是否需要载荷测量及其扩展要求，这样的评估应建立在以下基础之上。

A. 申请人在已认证过的型号上进行研制，对新的、重要的不同特性进行确认和评估。

B. 申请人在之前对确定载荷大小及分布的分析和风洞试验方面的经验，这些经验是由申请方经过前面的型号研制和适航审查积累起来的。验证活动通过制定载荷测试大纲完成，由申请人主导实施并经局方认可能够证明对条款的符合性。

C. 各项参数的实际变化及对分析方法和风洞试验的持续适用性。

(2) 新取证的飞机通常需要进行飞行载荷方法的验证，除非申请方有充分证据能够向局方证明不需要。

如果申请的型号与之前研制并取证过的型号构型相似，那么申请方所使用的分析方法如经过风洞试验验证，并有以前飞行载荷验证及载荷测量经验支持的计算流体力学(Computational Fluid Dynamics，CFD) 方法，可以作为确定飞行载荷的充分依据而不需要进一步的飞行载荷测量。

(3) 申请方如果在需要进行型号合格证更改，但无权进行型号飞行载荷验证的情况下，将要求进行载荷的分析来证明所进行的更改符合规范的要求。

(4) 在适航验证计划过程中，申请方应尽早提交用于证实飞行载荷方法可靠性的支持性数据和试验计划。

2) 新的或重要的不同设计特性

如果所申请飞机存在(但不限于) 如下列新的或重要的设计特征区别，将必须进行载荷的试飞验证。

(1) 发动机安装位置由机翼改为机身；

(2) 两台发动机变更为三发；

(3) 下单翼变为上单翼；

(4) 从典型低平尾布局变为“T”尾；

(5) 首次使用大后掠角机翼；

(6) 飞行包线的大幅扩展；

(7) 加装翼梢小翼；

(8) 操作面构型的大改；

(9) 翼型、尺寸(展长、面积)大的更改；

(10) 高升力装置构型的大改；

(11) 动力装置的安装或构型的大改；

(12) 飞机尺寸的大更改。

3) 其他考虑

(1) 如果与申请人之前认证过的型号或载荷试飞试验没有类似之处，不能可靠地表明下面部件的载荷，则必须进行飞行载荷测量试验。

A. 高升力装置；

B. 操纵面铰链力矩；

C. 尾翼处的抖振载荷；

D. 其他非典型装置。

(2) 对于不确定的载荷状态如失速抖振，申请人必须进行一系列具有适用性的测量试验，研发出一种可靠的方法来得出合适的载荷。

6.1.2 飞行载荷测量内容

1. 测试项目

飞行载荷测量(如使用应变片、测压带、加速度计)可以包括如下六个方面。

(1) 主升力面上的压力/气体载荷/净剪力、弯矩、扭矩；

(2) 飞行试验数据结果中用来修正分析模型的空气动力学参数；

(3) 高升力装置载荷及其作用点；

(4) 主操纵面的铰链力矩及其作用点；

(5) 由飞机的滚转、偏航机动和抖振引起的飞机尾翼非对称载荷；

(6) 对载荷分析或测量中不确定或不可靠的部位进行应变和响应的测量。

2. 记录的飞行参数

载荷的测量状态应当考虑影响飞机载荷的不同参数，包括飞机设计限制下的载荷系数、飞行速度、高度、重心、惯量、推力设置、油载、减速装置设定、襟翼和起落架位置。这些参数必须足以推导出设计载荷情况，通常飞行试验中的载荷不必超过设计载荷的 80%。

3. 飞行状态

飞行载荷测量通常包括以下状态。

(1) 坡度转弯、拉起、俯冲等(验证机翼和平尾载荷)；

(2) 进入失速和抖振边界状态(验证平尾抖振载荷)；

(3) 偏航机动包括方向舵规定输入和稳定侧滑；

(4) 滚转机动。

一些飞行载荷状态通过载荷试验很难准确测量，因为它的输入条件(如突风)不能被准确地控制和触发。因此这种状态不需要进行载荷的测量，并且通常也不专门进行用于验证故障和失效的测量。

下面给出两种典型状态下的具体试飞要求。

(1) 滚转状态，通常选择 30° 倾斜角对应的对称载荷系数，副翼偏转时采用逐渐增大偏角的方式，从一侧的 30° 倾斜角滚转到另一侧的 30° 。

(2)偏航状态，通常首先在试飞中逐步提高到 80%的设计载荷，在将试验结果及分析进行评估后扩展到 100%的设计载荷，试飞中使用到的典型机动状态包括协调转弯、俯冲、拉起、侧滑(有反舵和无反舵)及滚转改出。禁止来回反复偏转舵面。只允许舵面单次回到中立位置或方向舵反舵一次。飞机在零侧滑和非加速飞行时，方向舵突然偏转到操纵系统的偏转限制位置或操纵面的限制点；在飞机达到稳定平衡侧滑角时，方向舵突然回到中立位置。

4. 载荷减缓及操纵系统的影响

如果飞机安装了某种载荷减缓装置并认为其有效，则必须通过制定合适的飞行试验大纲项目，来证明其影响。如果飞机具有自动控制系统，则需要考虑自动控制系统对载荷测量结果的影响。对于有主动控制的飞机，其飞行载荷一般会低于常规控制飞机，特别是机动载荷控制(Maneuvering Load Control，MLC)的应用导致修改飞机的载荷分布形态，从而减少特殊部件上的极限载荷。但是通常而言，涉及较多的操纵面，而且每个操纵面有较高的循环次数。

适航规范中没有给出主动控制的飞机和常规飞机间的差别，波音和空客飞机在进行电传操纵飞机的审定时都制定了相关的专用条件。

试飞项目的制定需要参考分析如何考虑电传操纵系统对飞机的影响，通常保守的方法是，考虑电传操纵系统在工作与不工作两种状态下飞机的结构强度都能满足规章要求。

6.1.3　载荷测量结果

1. 数据的对比

飞机载荷测量所获得的载荷不是直接测量获得的，而是通过相应的应变、压力、加速度获取的。飞行试验中得到的载荷密度与分布需要与通过分析方法得到的载荷结果相比较。在飞行试验和后来的修正中不确定的项目需要仔细考虑并比较分析试验数据使用的假设和可能性。因为通常飞行载荷状态都不是设计载荷情况，需要进行新的分析来产生相应状态的载荷与测试结果相比较。

2. 影响测量因素

影响应变片的校正从而造成载荷不确定的因素包括温度、结构的非线性、零点、大的局部载荷(如发动机安装、起落架、襟翼滑轨或作动器引起的载荷)。静态和动态的加载也会影响应变和压力的测量。

3. 修正方法

应有确定的修正方法能够按照静或动弹性的载荷加载特性或现存的局部载荷状况或多或少地反映出可靠的真实载荷。所能达到的修正精确性还要依赖于申请人在应变片位置选择和校准试验大纲制定上的技术水平和经验。

应变片在飞机结构上的安装位置和校准可根据相应的指导性材料。

4. 修正的结果

无论获得什么程度的比较结果，申请人都应该能够判断修正过程中的因素，包括外推真实试验状态到设计载荷状态所产生的影响。如果比较的结果很差，特别是如果分析方法

低估了飞机的真实载荷，那么申请方应重新评估对所有部件的分析，而不是申请一个全面的修正系数。例如，

(1) 如果差异随马赫数的变化而变化，那么马赫数修正需要评估和更正。

(2) 如果减速装置打开的状态差异比干净机翼状态的差异要大，那么减速装置打开状态下的气动导数和展向载荷分布需要评估和更正。

6.1.4 载荷试飞验证的流程

飞行载荷的试飞验证在典型型号设计过程中的位置如图 6-1 所示。作为验证试验，申请人应按照相关规章(如 AP-21-AA-2011-03-R4“航空器型号合格审定程序”)中的规定进行工作安排，及时获得局方的型号检查核准书(Type Inspection Authoraty，TIA)并配合相应的制造符合性检查工作，参照程序中的相关要求编制飞行试验大纲及试验报告供局方审查。申请人可以根据自己的研制计划和进度制定飞行试验大纲并与局方协商修改后最终报局方批准。从降低风险保障飞行安全的角度来考虑，飞行试验分为两个阶段，并与静力试验的大纲中规定的加载顺序联系。第一阶段是在飞机的静力试验进行到极限载荷之前，在这一阶段中飞机进行一些典型正常状态的试飞，根据这一阶段的试验结果，在静力试验进行到极限载荷前，申请人可以根据试验数据与分析数据的对比情况，阶段性评估自己的分析方法，并在评估后根据评估的结论对加在静力试验机体的载荷的大小和分布作一些修正，飞机的载荷不能超过 80%的限制载荷。随后进行 100%的极限载荷静力试验，在静力试验完成后，试飞进入第二阶段，飞行状态向外扩展至整个包线，并进行一些演示性飞行，可能会出现高载荷的飞行科目。

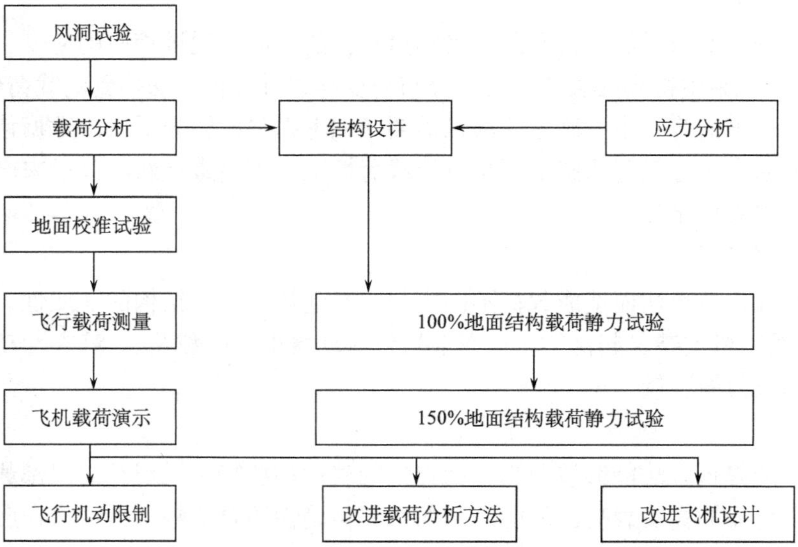

图 6-1 载荷试飞验证在型号设计中的过程示意图

6.1.5 示例

国外的型号设计审查也经历了这样的过程，波音 727 和波音 747 的试飞过程中都进行

了大量的飞行载荷试验项目，它们分别于 1963 年 12 月和 1969 年 12 月取得型号合格证。在之后的波音新型号飞机试飞内容中，在目前掌握的资料中没有载荷验证项目。空客 A320 机的试飞过程中也进行了压力分布和载荷的测试。

1. 波音 727 飞行载荷测量

在波音 727 的飞行试验中进行了广泛的飞行载荷测量。在试验机上共装有 170 个带温度补偿的应变计电桥和 14 个加速度计，用于进行飞行载荷和阵风载荷测量。大多数应变计是在制造飞机时安装在结构内部的，共设置 6 个部位：左翼根站位、右翼根站位、前机身 2 个站位、后机身 2 个站位、垂直安定面和水平安定面。安装加速度计是为了测量在 3 个机身站位、4 个发动机站位、翼尖和水平安定面翼尖的法向加速度和侧向加速度。此外，在飞机制造期间，安装了大约 235 个压力引气器，以测出前缘襟翼和前缘缝翼及三缝后缘襟翼的压力分布情况。组合的调频/脉宽调制（FM/PDM）磁记录系统作为机载记录设备。

在开始飞行载荷测量计划前，3 号试验飞机进行了全面的地面校准。校准时，把试验机放在地面结构试验台上，当用一系列液压作动筒施加载荷时，记录下应变计的输出量。加载状态包括沿机翼、机身和尾翼的单点和多点载荷。用计算机程序来分析各个应变计电桥的响应，以便确定哪种电桥组合能提供最精确的剪力、弯矩和扭矩。测量许多应变计电桥组合之后，取那些最精确的应变计电桥组合测量值，供机载磁带系统记录载荷数据用。

上述试飞共 21 飞行小时，其中 15.9 飞行小时用于飞行载荷和襟翼压力测量，5.1 飞行小时用于阵风载荷测量。为了获得最大的飞行安全和最一致的驾驶员技术，试验状态通常在低于预计的许用结构载荷的 80%载荷值时进行。在飞行载荷测量大纲期间，研究了几种通用的机动飞行形式。其中包括下滑拉起、收敛转弯、带滚转跃升、稳定侧滑、急蹬方向舵、失速以及方向舵快速输入。在载荷系数从 0～2g 时进行了下滑拉起机动飞行，在 1g～2g 内进行了收敛转弯。完成了带滚转跃升机动飞行，以便测量非对称飞行状态的载荷。

以三种额定高度：10000ft（3048m）、20000ft（6096m）和 30000ft（9144m）完成飞行载荷测量试验。试验进行到襟翼放下的标牌速度。在飞机为干净构型时，试验进行到最大使用限制速度（V_{MO}），以直至设计俯冲 M 数（M_D）的速度完成改出俯冲。

在整个飞机襟翼放下的升力能力范围内实施各个试飞状态时，获得了在前缘襟翼、缝翼以及后缘襟翼的气动载荷。

除了为获得低载荷系数时的精确值而增加了应变计电桥的灵敏度，阵风载荷测量使用了与飞行载荷测量试验相同的测试仪表。飞机谨慎地穿过预定的大气紊流区飞行，以获得阵风载荷。低空试验在额定高度 4000ft（1219m）进行，飞机为干净构型状态时以 250kn 和 350kn 的当量空速、在后缘襟翼放下 20° 时以 160kn 的速度进行。在自动驾驶仪接通和断开以及偏航阻尼器接通和断开的情况下实施低空试验条件。在低空，在±1g 偏差时遇到了大的紊流。在 20000～25000ft（6069～7620m）的高度范围内、在空速为 0.85M 时进行了高空阵风载荷测量。在自动驾驶仪断开和偏航阻尼器接通时进行了高空试验。

2. 波音 747 飞行载荷测量

当时生产的 3 号机进行了非常广泛的飞行载荷测量。其主要目的是获取气动载荷，用以验证或修改原始设计时的风洞试验或计算给出的载荷数据。此外，飞行实测载荷还可用来确定施加于静力试验和机体疲劳试验的载荷。试验中，在整个设计速度包线内及所有襟翼和起落架位置时，以 3 种高度进行。其机动飞行包括拉起、收敛转弯、滚转、侧滑、突然升降舵阶跃、扰流器工作、升降舵到平尾协调、失速、加速、减速、起飞、着陆、滑行转弯以及地面操纵。整个试验共飞行 14 起落，累计 51 飞行小时。

3. 某机型的试飞测试数据分析实例

图 6-2 是国外某飞机的飞行载荷测试顺序，载荷试飞按照飞行高度从高到低，马赫数由低到高的顺序进行。所挑选的飞行情况对应的载荷在整个载荷包线中的位置如图 6-3 所示。通过图 6-4～图 6-6 中的曲线可以看出，飞机在对称机动中的机翼和平尾的翼根弯矩的实测值与分析值吻合得相对较好，只是在个别状态中有实测值大于分析值的现象，但都是在载荷的包线范围内，因此申请人针对实测载荷对原分析方法进行了改进。

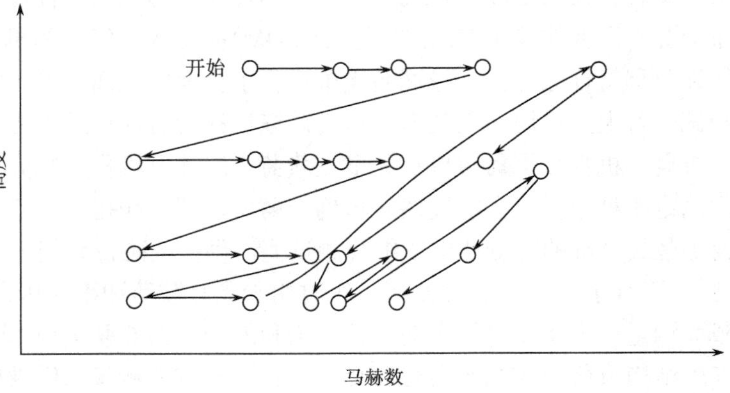

图 6-2 载荷测试顺序

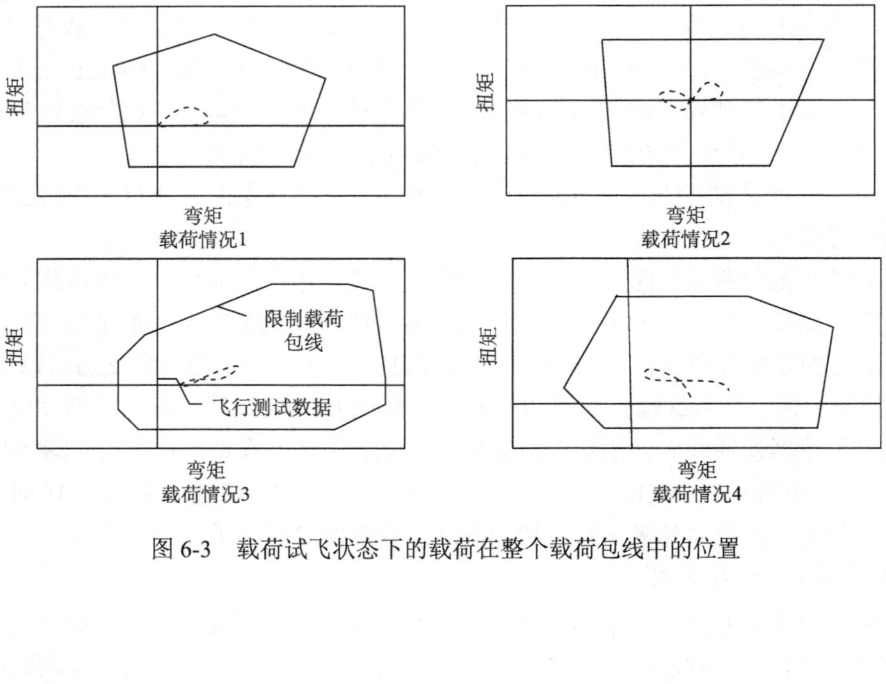

图 6-3 载荷试飞状态下的载荷在整个载荷包线中的位置

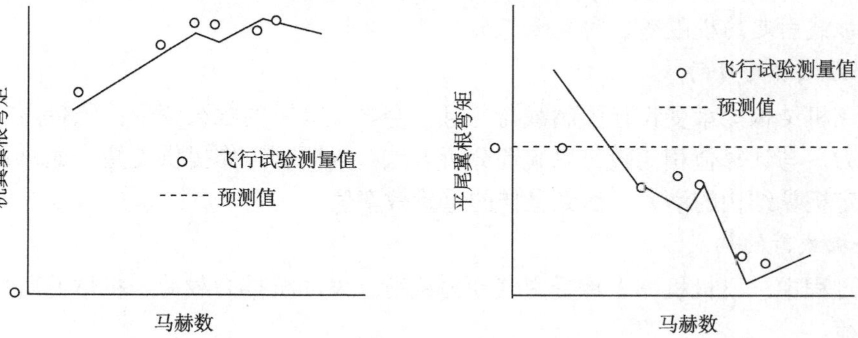

图 6-4　对称状态机翼及平尾翼根弯矩曲线对比

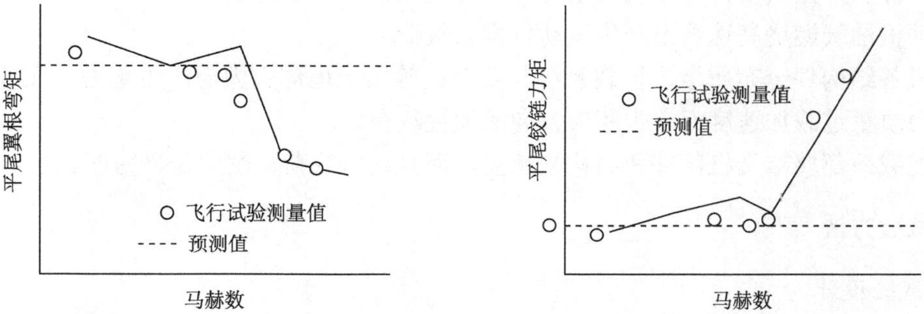

图 6-5　滚转状态平尾翼根弯矩与铰链力矩曲线对比

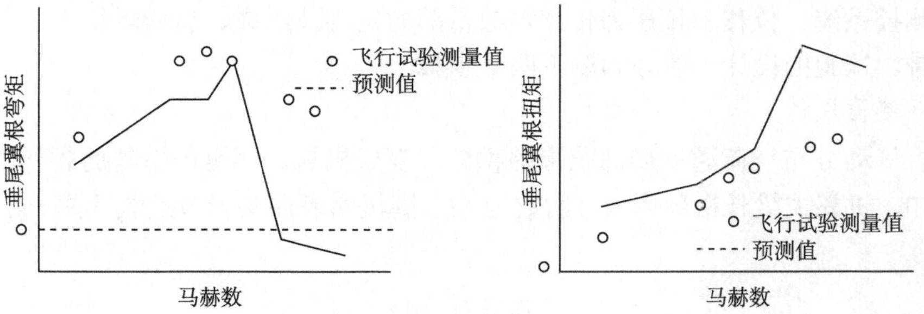

图 6-6　横向状态垂尾翼根弯矩与扭矩曲线对比

6.2　全机静力试验

6.2.1　概述

1. 适航要求

CCAR-25-R4 在第 305 条“强度和变形”中规定：

(a) 结构必须能够承受限制载荷而无有害的永久变形。在直到限制载荷的任何载荷作用下，变形不得妨害安全运行。

(b) 结构必须能够承受极限载荷至少 3 秒钟而不破坏，但是当用模拟真实载荷情况的动力试验来表明强度的符合性时，则此 3 秒钟的限制不适用。进行到极限载荷的静力试验必须包括加载引起的极限变位和极限变形。

2. 静力试验的目的

证明飞机结构能承受设计限制载荷并且不会产生有害的永久变形；测量限制载荷下的应变和应力，与计算值相比较，以验证分析方法；为研制工作提供支持，如机翼破坏试验可用于确定机翼结构的潜力，达到最佳的重量效率值。

3. 全机载荷的构成

飞行过程中，飞机机体上承受空气动力载荷、发动机推力载荷、机体的质量惯性载荷与重力载荷。

飞机相对空气流动在机翼、襟翼、副翼、垂尾、方向舵、平尾、升降舵、机身、风挡、机翼等部件上产生气动升力、气动阻力等，构成飞机空气动力载荷。

发动机油气燃烧高速喷出产生发动机推力载荷。

飞机各结构件分布质量、机载系统与发动机等由于地球引力而产生重力，在各种机动飞行中由质量过载加速度而产生相应方向的惯性载荷。

上述载荷都要靠飞机部件和结构来承受，而且这些载荷在空中是平衡的。

6.2.2 试验方法

1. 试验设计

首先根据全机静力试验任务书，确定全机载荷总吨位大小，初步估算全机悬空静力加载点的数量，选定试验加载方法；然后，对试验布局和规模、加载设备加以选择，如对加载系统、测控系统、位移和拉压力传感器数量等的定制及组成、试验场地大小等有一个总体规划安排。试验的设计一般分为以下四个步骤。

1) 节点载荷设计

将飞机气动分布载荷通过局部范围的积分，变成机翼、尾翼的桁与肋相交的节点集中载荷。例如，机翼大梁长桁数为 N，肋数为 M，则机翼表面某一节点载荷为 P_{ij}，总节点载荷数 $N\times M$。

$$P_{ij}=\iint \rho \,\mathrm{d}s$$

式中，ρ 为气动载荷压力分布函数；ds 为表面积微分。

每一节点载荷 P_{ij} 可用专用加载胶布带或金属加载块来传递施加模拟气动载荷，见图 6-7。

这两种节点加载方法的不同之处如下：专用加载胶布带可以对试验件的法向和切向承受拉力载荷，但不能承受压载荷；金属加载块可以对试验件的法向轴线旋转 20° 范围承受拉压力载荷，但不能承受切向拉压力载荷。

机身和尾翼布置节点载荷的方法与上述相同。此外，机身结构及附件质量过载力可直接加载到机身框上，也可通过机身框金属卡板加载块来施加，卡板通过螺栓与飞机机身框固定，优点是专用加载卡板能三个方向加载，方便安装和试验；缺点为局部结构与设计图纸不同，造成飞机局部载荷传递不真实。

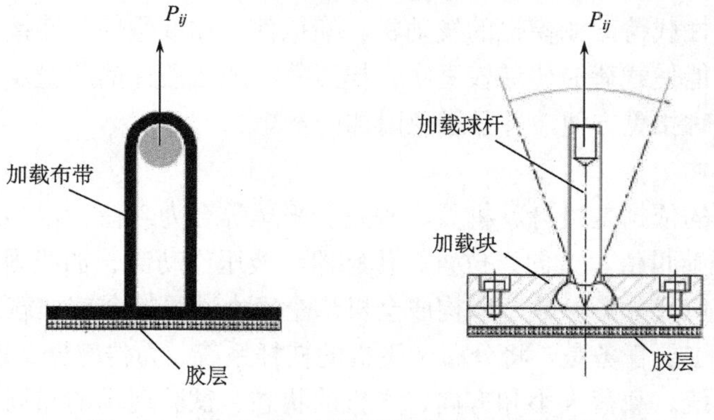

图 6-7　节点载荷专用加载胶布带和金属加载块

2) 组合载荷设计

节点载荷 P_{ij} 通过某切面节点载荷的组合构成了某 j 切面合力载荷 F_j。

$$F_j = \Sigma P_{ij} \ (i = 1,\cdots,M, j = 1,\cdots,N)$$

式中，i 为机翼某切面的节点数；j 为机翼切面数。

N 个切面合力载荷 F_j 通过多级切面杠杆和联合杠杆的组合构成了飞机某一段的合力载荷 Y_i。

$$Y_i = \Sigma F_j \ (j = 1,\cdots, N)$$

式中，Y_i 为全机静力试验的某通道加载值。

全机机身、机翼、垂尾、平尾等合力载荷 $Y_1, Y_2, \cdots, Y_K$ 就构成了全机悬空静力试验的所有加载通道数，其总数量为 K。

载荷组合的原则如下：节点载荷每两点合并，杠杆长度按力臂比来确定，逐级合成切面载荷。切面载荷每两切面合并，杠杆长度按力臂比来确定，逐级合成一组切面联合载荷。组合的原则如下：载荷比值通常不小于 1/3，也就是每根杠杆的力臂比值通常不小于 1/3，以减少杠杆重量偏心力矩对试验件附加影响。杠杆所承受最大弯矩是试验最大力矩的 3 倍(即安全系数为 3)，保证 100%载荷时的试验安全，参见图 6-8。

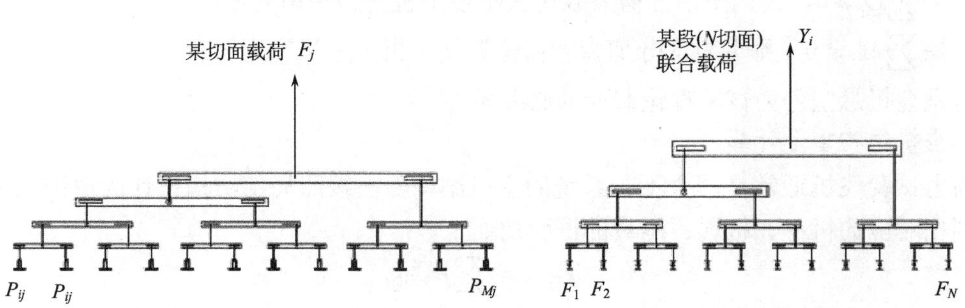

图 6-8　切面载荷杠杆和某段(N 切面)联合载荷杠杆

3) 试验模拟件、专用加载假件设计

全机静力试验使用不安装完整飞机系统的飞机来进行试验，为此需要设计某些设备的试验模拟件、专用加载假件，通过试验模拟件、专用加载假件来模拟其质量和施加不同部位、不同方向的惯性载荷，如模拟的发动机。模拟件、加载假件的连接部位形式和约束尽可能与真件相同，能使载荷的传递较真实。模拟件、加载假件的质量及质心位置尽可能与真件相同，使试验时扣重方便，并且避免附加的弯矩。

4）试验安装设计

试验安装设计的依据是机身、机翼、垂尾、平尾等合力载荷 Y_1, Y_2, …, Y_K（总数量为 K）。安装图具有载荷量值、方向、位置、传感器、液压作动筒、加载固定架、试件装夹方式、通专用设备接口尺寸等参数，以构成全机悬空静力试验的全部加载点载荷信息。

安装图设计的主要任务是，将分布于飞机的杠杆系统、力传感器、连接设备、承力梁、承力立柱、液压系统、载荷大小和方向、飞机的状态、试验现场的布局以图的形式详尽地表示出来。

美欧的全机静力试验多在自平衡钢构架框内进行。其优点是，试验安装简单，现场整齐，更换下一工况周期短；缺点是，全机静力试验一次性投资大，需要大量的液压作动器和伺服系统，需要按飞机尺寸专门定制自平衡钢构架，需要制造大量的专用加载设备、连接设备、机身框专用卡板，试验前准备时间长，气动载荷局部模拟性差。

2. 全机平衡与姿态控制

全机静力试验的载荷模拟飞机飞行中的空气动力载荷、发动机推力载荷、结构及组件质量惯性载荷、结构及附件重力载荷。全部载荷处于平衡状态，而试验机是一架构件不完整的飞机，如何施加各种载荷，保证飞机试验姿态平衡非常重要。下面介绍平衡与姿态控制方法。

1）全机理论载荷计算

首先，对全机静力试验中机身、机翼、尾翼上的切面载荷，各框段的惯性载荷进行平衡计算，使全机上下剪力载荷及合力矩满足下面计算式：

$$\sum Q_i = 0 \qquad (i = 1, \cdots, U)$$

$$\sum M_i = 0 \qquad (i = 1, \cdots, V)$$

式中，Q_i 为全机某切面载荷；M_i 为全机某切面载荷距机头力矩。

如果 $\sum Q_i \neq 0$，则调整部分剪力载荷大小使全机剪力平衡为零。

如果 $\sum M_i \neq 0$，则调整部分剪力载荷位置使全机力矩平衡为零。

这是全机悬空静力试验理论载荷的必要条件。

2）全机结构重量计算

静力试验飞机通常是一个不带系统的空机结构件，按照局部结构设计的理论重量分别合计到相对应的机身、机翼、尾翼的框肋切面上。

$$W_{理论} = \sum W_{理论 i}$$

式中，$W_{理论}$ 为全机理论计算重量；$W_{理论 i}$ 为各框肋局部结构理论计算重量。

将实际静力试验飞机称重得 $W_{实际}$，如果 $W_{理论} \neq W_{实际}$，则修正系数 $\eta = W_{实际}/W_{理论}$。

$W_{扣重} = \sum \eta W_{理论 i}$，并且使重心位置 $L_{扣重} = L_{实重}$，即扣重重心与飞机实际重心吻合，消除试验理论重心与实际重心偏离的不平衡力矩。

这是试验加载过程中，作为每个加载点 $Y_1, Y_2, \cdots, Y_K$（总数量为 K）预制重量固定载荷的依据之一。

3) 全机试验平衡处理方法

全机理论载荷满足下式后理论上是平衡的状态，

$$\sum Q_i = 0 \quad (i = 1,\cdots,U)$$
$$\sum M_i = 0 \quad (i = 1,\cdots,V)$$

式中，Q_i 为全机上下某切面载荷；M_i 为全机上下某切面载荷距机头力矩。

但是，实际重心和结构理论重心难以绝对重合，存在不平衡力矩。需要通过局部扫重调节来消除。

杠杆系统重心位置与每个加载点位置一般也不重合，存在杠杆系统偏心不平衡力矩。在相关的杠杆系统中逐级加配重块消除，或直接在重心位置反向扣除，参见图 6-9 和图 6-10。

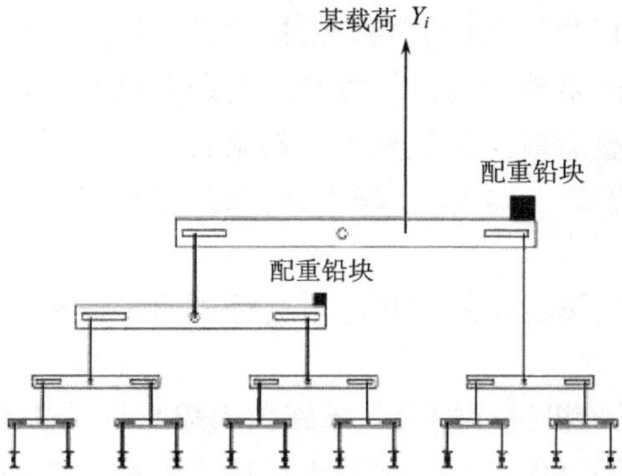

图 6-9　杠杆系统中逐级配重

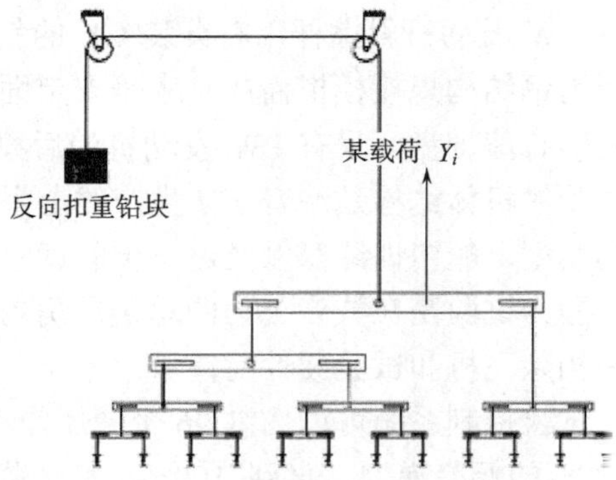

图 6-10　杠杆系统反向扣重

4) 全机结构、加载杠杆扣重方法

全机结构、加载杠杆系统扣重的原则如下：每个加载点处的固定重量由飞机结构、加载杠杆系统和配重块的重量组成，每个加载点处的固定重量为 G_i。向上加载点试验载荷应加上 G_i，向下加载点试验载荷减去 G_i。试验载荷用下式表达：

$$Y_{试K} = Y_K - G_i$$

向上加载点 G_i 为负，向下加载点 G_i 为正。

输入加载控制机中有下列参数。

Y_K——每点加载点处的 100%设计载荷；

G_i——每点加载点处的固定重量(向上为负，向下为正)；

ΔY——每点加载点处的误差控制限，一般在 1%～5%。

5) 全机试验姿态控制

全机悬空静力试验中，全机试验姿态影响试验加载的准确性。按试验规程要求，飞机俯仰偏差角、滚转偏差角均小于 5°。

试验姿态控制的方法如下。

在机身前后选一组较大载荷点，当飞机俯仰偏差角为 0° 时，液压作动系统全伸展，单向约束飞机俯仰姿态。液压作动器施加载荷时可承受机身的弹性变形，也能约束飞机俯仰姿态。

在机翼左右选一组较大载荷点，当飞机滚转偏差角为 0° 时，液压作动系统全伸展，单向约束飞机滚转姿态。液压作动器施加载荷时可承受机翼的弹性变形，也能约束飞机滚转姿态。

6.2.3　示例

在波音 777 的研制过程中，波音公司除了用分析方法对结构完整性和安全进行估算，还通过结构试验对分析结果进行了验证。结构试验着眼于新飞机的各个方面，包括用于新材料性能研究的小试片试验、机身长桁等结构元件试验、机翼上壁板等组件试验、机身部件试验乃至全机静力试验。

用于静力试验的飞机是一架整机，不加商载，不装系统，但包括与主要结构相连的支架。左翼是完整的，安装了所有的操纵面和增升装置。右翼只有翼盒和固定的前缘。左翼连有 PW 发动机斜撑杆，右翼装 GE 的斜撑杆。每个斜撑杆上装有模拟的发动机。水平安定面用钢结构焊接模拟而成，水平安定面本身的试验单独进行。客舱地板是完整的，货舱地板装有滚轴盘。只有 PW 发动机的后撑杆装有整流罩，其他整流罩都略去不装。用于静力试验的机体结构是波音 777 生产线上生产出来的第二架飞机，静力试验成功后将其分解，作为模型、舱门训练器以及进一步的试验。

静力试验是在波音公司的总装厂房内进行的。飞机在悬浮状态下进行试验，许多配重用来扣除飞机和试验硬件的重量。

试验控制系统可以控制 96 个液压作动筒对试验机进行加载。所施加的载荷从零开始，以 20%的幅度递增，直到 100%，每个载荷值都要“保载”，试验人员在试验控制室内修正载荷值、测量应变。一般，加载速率为每分钟 5%。在模拟飞行载荷情况时，对机身施加增压载荷。

为了控制结构应变和应力，全机共安装了 430 个应变片，应变片与数据采集系统之间的电线长度超过 500mile（1mile=1.609km），结构工程师对大约 1500 个通道进行实时控制，监视所有的意外高载区。安装了 20 多个电子变形指示器，测量结构变形，控制飞机的位置。为确保加在结构上的载荷准确无误，对起落架支柱、襟翼支持结构、发动机连接结构等大量元件进行标定。试验过程中测量得到的所有数据都存入计算机供结构工程师分析使用。

加载方式有接头、卡板和拉压胶布带。在机翼前、后梁上，所有的梁/肋交接处和梁/加强件交接处，都通过接头施加机翼载荷。机身载荷是通过客、货舱接头，机身外的板条，主起落架上位锁接头和水平安定面假件施加的。在垂直安定面上有 9 个卡板，夹在前、后梁上，通过这 9 个型材对前、后梁加载。辅助梁载荷用接头施加。方向舵和调整片载荷用拉胶布带的方式来施加。活动翼面如内、外襟翼，襟副翼，副翼，4 号和 6 号扰流片，2 号、6 号、7 号缝翼上的载荷通过拉压胶布带来施加。起落架的外筒是真实的，在批生产的外筒内装入模拟的内筒。通过模拟的内筒施加垂直、向前、向后、侧向和扭转载荷。对于发动机短舱，在批生产的撑杆上装模拟的发动机，通过模拟的发动机施加垂直、向前和反推力以及侧向载荷。

波音 777 飞机静力试验包括 20 多个载荷情况。所选出的载荷情况可以验证所有重要结构元件的临界承载能力。FAA/JAA 要求的试验和波音应变测量试验所考核的载荷情况包括如下六个方面。

(1)模拟正、负机动飞行；

(2)突风或发动机停车造成的侧向载荷；

(3)机身增压；

(4)发动机推力载荷；

(5)着陆、滑行和牵引等地面载荷；

(6)缝翼、扰流片和副翼上的气动载荷。

所施加的载荷能产生设计载荷值的剪力、弯矩和扭矩，每个限制载荷试验后对关键区域进行检查，检查结构是否产生了有害的永久变形。

静力试验的主要部分与波音 777 飞机的试飞同时开始。开始试飞时，限制试飞飞机的使用包线在设计限制载荷的 80%。在静力试验成功证明结构能承受设计限制载荷后，取消了该限制。这些关键试验包括正负机动、侧向载荷、压力验证、操纵面、撑杆、安定面载荷。

6.3 全尺寸疲劳试验

6.3.1 概述

1. 适航要求

第 25.571 条“结构的损伤容限和疲劳评定”，参见 5.10.1 节。

2. 全尺寸疲劳试验与全机静力试验的区别

两者的不同之处表现在以下两个方面。

(1)静力试验时，飞机施加的载荷为预期在飞机整个服役期间承受的极端飞行载荷或地面载荷情况下可能出现的最大载荷，称限制载荷。实际试验时，通常加载至限制载荷的 1.5 倍，称极限载荷。疲劳试验则是模拟在飞机实际使用时一天又一天所经历的飞行和地面载荷，称使用载荷。这些载荷远小于极限载荷，然而，却重复循环，特别是每次飞行从地面的最小载荷到飞行时空中最大载荷，又回到地面最小载荷，组成“地-空-地循环”，对飞机结构造成较大损伤。由于金属材料在重复载荷作用下易于发生疲劳的特性，加上材料、制造或工艺可能造成的初始缺陷，随着飞机的使用，损伤不断扩展，使结构不再具有承受足够静强度的能力，如果不及时控制和预防，就可能导致灾难性破坏。

现代民机结构设计运用耐久性和损伤容限设计技术，从打样开始，即将此技术贯穿于设计、制造，直至使用各阶段，使飞机结构有足够好的抗疲劳和断裂性能，通过预定的有计划的结构检查大纲及时发现损伤并将其修复，以确保飞机安全运营。

全尺寸疲劳试验就是为了验证飞机的疲劳和损伤容限特性所必须进行的一项关键工作。

(2)全机静力试验必须在整架飞机上进行。全尺寸疲劳试验可以在整机上做，也可以按结构分部段做。分段做的好处是可以加速试验进程，但各试验段边界的模拟及准确的加载需要较高的技术与丰富的经验。

波音 757 飞机全尺寸疲劳试验分三个试验段进行：机翼/机身、水平安定面和垂尾/后机身。而波音 767 和波音 777 基本在整机上做，但水平尾翼分开单独做。波音 757 疲劳试验分段试验件如图 6-11 所示。

全尺寸疲劳试验耗资巨大，往往历时数年，其艰巨性和复杂性显而易见。

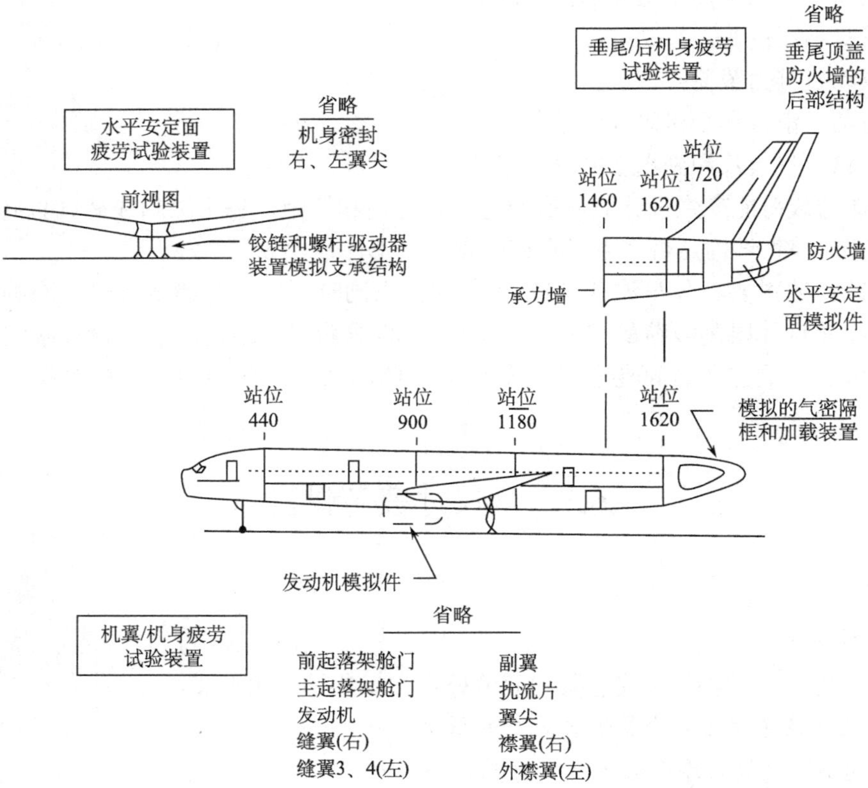

图 6-11 波音 757 疲劳试验件

3. 全尺寸疲劳试验的目的

(1) 探明飞机结构中可能出现早期疲劳问题的薄弱部位，以便及时更改设计。

(2) 为制定结构检查维护大纲(包括检查门槛值和检查间隔等)提供依据。

(3) 验证裂纹检测方法和修理方案，为制定维修大纲提供依据。

(4) 为飞机结构的疲劳和损伤容限分析评定方法提供试验验证。

(5) 最重要的是，通过试验最终确定有效性限制[Limit Of Validity (of the engineering data that supports the structural maintenance program)，LOV]，证明在达到 LOV 前，飞机结构不发生广布疲劳损伤。

6.3.2 示例

1. 波音民用飞机结构全尺寸疲劳试验结果一览

国外民用飞机在研制过程中均进行结构全尺寸疲劳试验。现将波音系列民用飞机结构全尺寸疲劳试验结果汇总，如表 6-1 所示。

2. 波音 777 全尺寸疲劳试验简介

波音 777 飞机是波音第三代喷气客机，也是继波音 747、波音 767 后的大型宽体客机，机长 63.7m，翼展 60.9m，全经济舱布局的最大载客量为 440 人。

表 6-1　稳定俯仰机动、垂直突风情况

机型	最小设计服役目标（飞行次数）	疲劳试验循环次数（飞行次数）	说明	起止时间
波音 707	20000	50000	机身液压疲劳试验	
波音 727	60000	(a) 60000	整个机体航线使用 47000 次起落后	
		(b) 170000	整个机身再加上 123000 次增压试验	
波音 737	75000	(a) 150000	机身段/增压和剪切	
		(b) 129000	航线使用 59000 次起落后，整个机身再加上 70000 次增压试验	
波音 737NG	75000	225000		
波音 747	20000	(a) 20000	整个机体航线使用 20000 次起落后	
		(b) 40000	整个机身再加上 20000 次增压试验，	
		(c) 60000	波音 747-400 的机身 41 和 42 段增压试验 60000 次	
波音 757	50000	100000	整个机体	1982.10～1984.11
波音 767	50000	100000	整个机体	1982.04～1984.10
波音 777	40000	120000 加上 20000 次增压循环	整个机体（机翼和机身）	1995.01～1997.03 1997.7～1997.10

1）试验机的构型

疲劳试验由一个完整机体和一组分开的水平安定面组成。试验机如图 6-12 所示，图的右下方为分开试验的水平尾翼。

图 6-12　波音 777 疲劳试验机

机体不加商载，系统也不安装，但其支架连在主结构上。右机翼除了翼盒和前缘，还包括内缝翼和4个外缝翼、外襟翼和襟副翼。副翼和扰流板不是疲劳危险项目，因而不安装。内襟翼则另外分开试验。左机翼安装模拟的操纵面以平衡右机翼相应操纵面的载荷。发动机架连在机翼上试验，但左机翼装的是PW发动机架，右机翼装的是GE发动机架，每个机架各连一台模拟发动机。

水平安定面因分开另做试验，所以在机体上仅用一个焊接的钢结构来模拟。旅客舱地板完整，货舱地板滑轨也安装在上面。所有整流包皮除掉，但留下PW发动机后支架的整流包皮。

2) 试验方法

(1) 试验场地——室外。

波音777飞机全尺寸疲劳试验在波音公司宽体客机总装厂房室外的试验平台上进行。试验平台的面积达50000ft^2(4645m^2)。机体由起落架支撑，对一些重的试验设备利用配重平衡。据称，在室外做试验原因之一是让试验环境更接近飞机的真实使用环境。图6-13是波音777全尺寸疲劳试验场地的鸟瞰图。

(2) 液压系统。

位于全机各处共100个液压作动筒，通过一系列组合的加载装置同时将载荷施加到机体上。作动筒的液压动力由13个液压泵提供，每一个为250hp(1hp=745.7W)，在3500PSI(24.15MPa)压力下，每分钟能提供100gal[1gal(US)=3.785L]液压油。

(3) 充气系统。

A. 为模拟在巡航高度的座舱压力，机身每次飞行需要充压至8.6PSI(0.059MPa)，此充压过程每次在不到15s内完成。

B. 两台1500hp的空气压缩机，每分钟将6500ft^3(184m^3)的空气通过62个改装后的客舱窗打入机身客舱内，全机总计充压体积为46000ft^3(1302m^3)。通过客舱窗将空气打入客舱的充气装置如图6-14所示。

图6-13 波音777全尺寸疲劳试验场地鸟瞰图

图6-14 通过客舱窗将空气打入客舱的充气装置

(4) 测试系统。

A. 液压加载系统和空气增压系统均由数台计算机相连的试验控制系统操纵，该系统还同时监测和检查全部反作用载荷系统的运行。

B. 为监测结构的应变和应力水平，全机安装了约 1450 个应变片，其中一部分贴在与静力试验相同的位置，以比较内部剪力、弯矩和扭矩的分布。另一部分贴在飞机的开口、不连续部位，以监测局部应变和应力水平。

C. 应变片通过电缆连至具有超过 1000 个通道的数据采集系统。试验从一开始直至整个过程均需要监控和记录，以便通过应力水平的变化及时发现飞机潜在的疲劳损伤。

(5) 试验载荷谱——5×5 谱。

试验载荷谱的编制原则是，既要尽可能真实地加载，又要使试验与研制进度和试验设备的限制相匹配。全尺寸试验通常用随机的飞续飞谱，即模拟真实飞行，一次飞行接一次飞行加载。波音公司在 20 世纪 80 年代早期即着力进行了编谱的试验研究，研制成 5×5 谱，成功地应用于波音 757、波音 767 和波音 777 飞机的全尺寸疲劳试验。

对波音 777 试验而言，试验施加的载荷谱应代表波音 777 飞机至少两倍设计服役目标期内所承受的重复载荷谱。在短程、中程和长程三种运营情况中，由于短程使用起降频繁，大多数情况下造成的机体损伤最严重，故选择短程运营的飞行任务剖面来导出载荷谱。它代表 20 年设计服役目标期内 40000 次飞行，每次飞行 1.5h。

试验谱按块谱施加，以 5000 次飞行为一载荷块，重复施加。

每次飞行代表一个地-空-地飞行剖面，包括地面操纵、滑出、起飞、座舱增压、巡航、减压、下降、抖振、着陆、滑入等。一次典型飞行剖面及各飞行段相应施加载荷如图 6-15 所示。

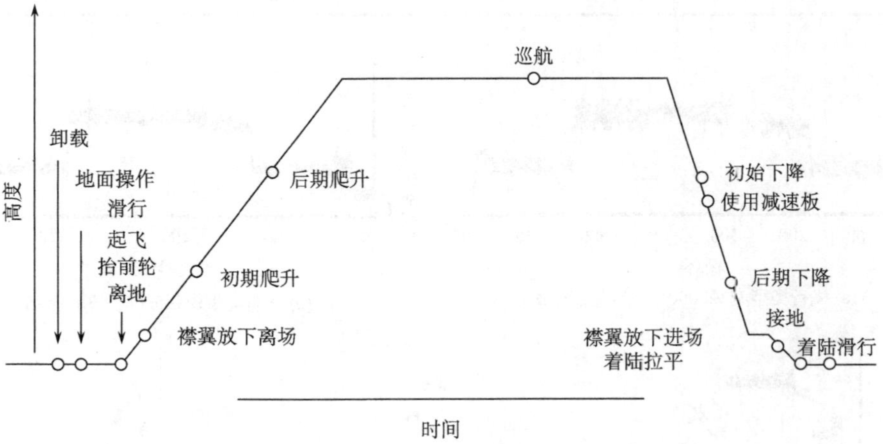

地面载荷	飞行载荷
·牵引	·垂直和侧向载荷
·转弯	·机动——5级载荷
·滑行——5级载荷	·突风——5级载荷
·刹车	·机身增压
·着陆撞击	·发动机加速
·偏航着陆	·操纵面载荷

图 6-15 一次典型飞行剖面及各飞行段相应施加载荷

每一块的 5000 次飞行由 5 个不同类型组成，按载荷的严重程度由高到低依次分为 A、

B、C、D、E 五类飞行。A 类飞行代表典型机队使用中引起损伤最严重的飞行，出现频率最低，每 5000 次飞行只施加一次；E 类飞行代表引起损伤最轻，但出现频率最多的飞行，每 5000 次飞行中施加 3704 次。表 6-2 描述五类飞行的施加频率。每次飞行中突风、机动和滑行各飞行段的载荷谱(通常称超越曲线)是在国际公认的统计资料基础上根据数十年来波音机队的记录数据加以修正而得到的。每一飞行段的载荷水平分成 5 种不同等级。根据编谱准则，可确定各级载荷值和对应的循环数。

在两个层次上进行随机排序，一是 5 种飞行类型的顺序随机编排，二是对每一给定的飞行类型，含 5 级载荷水平的相关飞行段内所有载荷循环随机编排，最终构成 5×5 谱。

作为一个参照的例子，与波音 777 飞机试验相似的波音 767 飞机试验的机身顶部细节 5×5 谱的 5 种飞行类型应力谱如图 6-16 所示。波音 777 试验中，每一次飞行的平均加载时间不到 4min。5 种飞行类型的施加次数、控制点数和实际加载时间如表 6-2 所示。

表 6-2 波音 777 试验中 5 种飞行的施加次数、控制点数和加载时间

飞行类型	每块中施加次数	控制点数	加载时间/(分:秒)
A	1	1834	49:02
B	13	1564	33:47
C	215	760	14:33
D	1067	432	6:44
E	3704	220	2:02
	总计 5000	平均 292	平均 3:40

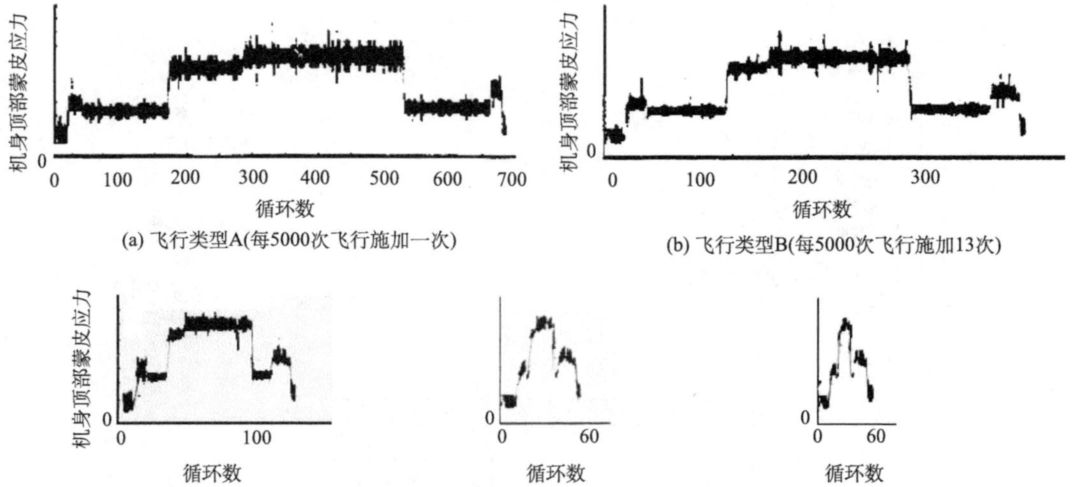

(a) 飞行类型A(每5000次飞行施加一次) (b) 飞行类型B(每5000次飞行施加13次)

(c) 飞行C(每5000次飞行加215次) (d) 飞行D(每5000次飞行加1067次) (e) 飞行E(每5000次飞行加3704次)

图 6-16 波音 767 全尺寸机体疲劳试验谱

疲劳试验加载方式与静力试验类似，主要区别是机翼载荷通过 9 个卡板施加而不是接头，以便于施加较低的疲劳载荷。每个卡板向 4 个梁/肋交接处的胶布带施加载荷。胶布带施加压力，使机翼上下摆动。机身、垂尾、翼面和撑杆的加载方式与静力试验相同。起落架作为支撑点，通过向下压和向上拉机体实现起落架载荷的模拟。

(6) 损伤检查。

检查要求是根据波音 777 飞机用户(航空公司)编制并获得适航当局批准的结构检查大纲提出的，包括检查区域、检查间隔和检查方法等。

最常用的检查方法是目视检查，对试验中的飞机结构随时进行目视检查，以检查出任何可能发生的疲劳损伤，并确定位置。对有怀疑的损伤，通过无损检测技术(Nondestructive Inspection，NDI)来进一步确定。无损检查包括着色渗透、X 射线、超声波和涡流等。

每天对损伤进行巡视检查，以监控裂纹扩展信息。每两周对危险的疲劳区域或已经发生损伤的区域进行一次协同检查。在达到 1 倍的设计服役目标时进行整个飞机的全面检查。如果有需要维修的部位，则由波音机械师根据波音 777 结构维修手册描述的方法进行维修。这也为航空公司客户在类似情况所用的维修方法提供了验证的机会。

(7) 试验结果。

试验于 1995 年 1 月开始，到 7 月完成相当于 25000 次飞行循环的试验。试验达到 100000 次时，在一些危险结构细节进行人工切口，再继续进行试验，以进一步考核波音 777 飞机的损伤容限特性。至 1997 年 3 月，完成了 120000 次飞行循环的试验，结束了相当于 3 倍设计服役目标的疲劳试验。

1997 年 7 月开始，在前面完成全尺寸疲劳试验的飞机机身上又进行了延伸疲劳试验，即再附加加载 20000 次，直至总计达到 140000 次飞行循环。

疲劳试验及其延伸试验证明了，波音 777 飞机具有优良的抗疲劳性能和损伤容限特性，在设计服役目标期内不会发生广布疲劳损伤，同时为波音公司发展的广布疲劳损伤分析计算方法所用参数提供了试验依据。

(8) 水平尾翼全尺寸试验。

在一个单独的试验装置上进行了全尺寸平尾的静力和疲劳综合试验，这既节约开支又节省试验时间。平尾试验件为生产线上的完整产品，省略了一些非结构构件和系统，因它们对结构性能及其受载无实质性影响，试验也在室外常温环境下进行。

复合材料的安定面和升降舵装在左、右枢轴接头以及螺杆驱动器上。这三点支撑系统使分开进行的安定面试验最简化和最有效。

先进行三种情况的静力限制载荷试验(上弯、下弯和反对称弯曲)，然后进行了超过 2 倍设计服役目标的疲劳试验。该试验主要考核安定面结构金属部分的疲劳性能。复合材料的疲劳品质和分析方法已经通过早些时候完成的平尾盒段复合材料部分试验验证，这一试验包括离散源损伤和维修评定。

在疲劳试验后，三种限制载荷情况继续试验直至设计极限载荷。最后，对蒙皮壁板引入几乎不可见的冲击损伤，进行结构破坏性试验。通过上述试验进一步验证复合材料的特性、破坏模式及分析方法。

波音 777 平尾的全尺寸疲劳试验于 1995 年 2 月结束，仅用 8 个月时间完成 120000 次当量飞行循环。

波音 777 垂尾的金属结构及其与后机身的连接已在机体全尺寸试验中一起考核验证。与平尾一样，垂尾的复合材料部分另外单独进行试验予以验证，试验证明其特性超过了预期目标。

6.4 结构刚度试验

6.4.1 概述

结构刚度试验的基本内容是测定试件在定态载荷下的变形。飞机研制中常用的试验内容有以下几种：切面刚度和剪心位置、柔度影响系数、试件指定点变形、操纵系统柔度等。刚度试验的结果，可用来验证变形计算的准确性，或者直接作为气动弹性分析的原始数据，表明符合 CCAR-25-R4 中关于变形的要求(如第 25.305 条“强度和变形”)。

6.4.2 一般要求

刚度试验系统由支持系统、试件、加载系统、测量系统和数据采集处理系统组成。刚度试验的精度取决于这些环节的精度。

1. 加载和测量点的选择

(1)加载和测位移点应选在承力构件上，以避免局部变形，绝对不应把加载和测位移点选在整流片之类的薄板上。

(2)在气动弹性分析中，柔度测量点必须同空气动力作用点和惯性力作用点(质量点)协调，最好重合。但一般做不到，这就要对柔度试验值进行插值。因此，加载和测位移点要在试件上分布均匀，排列合理，以便插值。应该绝对避免误差难以控制的外插。

(3)加载和测量点最好沿展向、弦向(或肋向)有规律地分布，以便对试验结果进行直观检查。

2. 对测试仪器的一般要求

(1)对于所有用于试验的仪器必须严格进行标定，并给出它们的误差范围，认为合格后才能使用。

(2)在选择测量仪器设备时，应绝对避免用大量程的仪器去测量小量，或用超量程测量。

3. 试件的非线性

试件的非线性是普遍存在的，对于操纵面、操纵系统、外挂物悬挂系统等，非线性就更加显著。对于试件非线性的处理，取决于试验目的。为了求得试件的线性特性，就需要设法消除试件的非线性。办法如下：

(1)设法排除试件的非线性，如设法消除间隙、摩擦，或者用线性元件来代替非线性元件，如用等效杆来代替液压助力器或作动筒等。

(2)在试验中先加预载荷，消除试件的非线性效应。如果试验的目的是检查试件的非线性，在试验中，进行正向和反向加载，针对不同的位移幅度作出阻滞回线。

4. 对试验结果的检查

1)线性检查

在试件弹性范围，加载和位移保持线性关系，对试验数据应该进行线性检查，确定试验数据偏离线性关系的量值是否在允许范围之内。为此，加载应至少分五级，每级之间应尽量加大间隔，减少误差。

2)重复性检查

应对试验结果进行重复性检查，对于像柔度影响系数矩阵试验这样大规模的试验，完全重复可能会有困难，但也应选择典型性情况进行重复性检查，重复性试验应不少于三次。

3)柔度影响系数的特性检查

对柔度影响系数矩阵，不仅应检查其对称性，还必须检查其正定性(对称而非正定的柔度影响系数矩阵完全无用，也不符合其物理本质)。对于悬臂长直翼面的切面转角影响系数，应检查位于加载切面以外(向翼梢方向)的测量切面处的变形是否保持常值，对广义柔度影响系数应检查其互逆性是否合格。

6.4.3 支持系统

支持系统往往决定试验的成败。

(1)在确定试验件柔度时，需要减去支持系统的变形，支持系统的变形包括平移和转动，平移修正对靠近支持部位的测量点影响较大，而转动修正则主要影响远离支持部位的测量点，特别是支持系统的转动，在乘以支持点到测量点的距离换算成线位移后，数值将较大地放大。如果支持系统变形过大，在从试验得到的测量点位移减去支持系统位移时，往往形成同量级数字相减，使试验结果的有效数字严重损失，甚至全部成为误差，导致试验的失败。因此，在确定支持方案时，一定要设法使因支持系统变形而引起的测量点位移在主要测量部位比试件在该点的变形至少小一个数量级。

(2)支持系统的非线性是难以完全避免的，但是，必须保证这些非线性效应可以在施加预载后消除，使支持系统处于线性工作范围，否则也会导致试验的失败。

(3)支持系统应该是静定的，才便于修正支持系统变形。

6.4.4 加载系统

加载系统一般由力发生器、传力装置和测力装置组成。

1. 力发生器

1)重力加载

用经过标定的砝码和重块加载，优点是载荷可以保持不变。对于要求载荷很小的试验，重力加载比较简单。

2)机械加载

用螺旋加载器加载，适合于中等大小的加载要求。应该注意的是，加载路线要短，连接环节要少，所用到的钢丝绳的直径选得合理。

3)液压加载

用液压作动筒加载，适合于要求施加较大载荷的试验。液压加载的缺陷是油压难以保持恒定，但只要加载的间隔足够大，而且测量位移用的时间不长，载荷波动还是可以容许的。

2. 传力装置

刚度试验中需用的外载无非是力和力矩两种，加力的方法或是直接向试件加载点加力，或是通过滑轮转向；加力矩的方法或是加大小相等、方向相反的力，或是用杠杆或卡板。

应该注意的是传力装置的摩擦力，因此测力装置最好是同加载点直接连接。另外，要注意加载时不要造成试件的局部损伤。

3. 测力装置

常用的测力装置是测力计、应变计或测力环，后者可以直接输出电信号，便于采集处理。

6.4.5 测位移系统

1. 挠度测量

1) 百分表或千分表

在一些简单的试验中，有时可用百分表或千分表测位移。使用中要注意以下三点。

(1) 表支在试件上，会对刚度低的试件产生可观的附加刚度。

(2) 表的螺杆有间隙，必须保证向一个方向加载而不是退载，以免间隙造成误差。

(3) 测量点的平面应与表杆垂直，否则因滑动而产生数据的跳动。

2) 位移传感器

用电感式位移传感器测量挠度，便于进行数据的采集和处理，在试验前，对传感器和放大器组成的测量系统要标定。一般用工具显微镜确定传感器中衔铁棒相对壳体的移动量，然后读出电压表(或电流表)相应的电压(或电流)，建立电压(电流)与衔铁棒相对壳体移动量的关系曲线，所测量的挠度应在关系曲线的线性段内。

2. 角位移的测量

1) 机械杠杆

用机械杠杆测量转角是最简单的，机械杠杆安装到试件的测量点上，测出机械杠杆上两点的线位移，就可算出该测量点的转角。机械杠杆安装到结构上时，不应使载荷传给机械杠杆，而且机械杠杆应具有足够的刚度。

2) 角位移传感器

用角位移传感器测量结构转角的方法，测量原理与测定挠度相似。角位移传感器的感受元件是用三根康铜丝悬挂着一个衔铁棒摆锤，摆锤底面上的凹陷与传感器底座上的凸起之间保留一定的间隙，并用黏性很大的硅油充满其间。这样，凸起不影响摆锤的摆动，但增加摆动时的阻尼。试件未加载时，摆锤处于中心位置，可以调节次级线圈回路中的可变电阻，使电桥处于平衡(输出为零)。当向试件施加载荷时，测量点处的结构平均斜率使传感器壳体转动一个角度，固定在壳体上的两个线圈也转动同样大小的角度，而摆锤总是指向地面，保持原状。这样摆锤与两个线圈的相对位置起了变化，引起电桥不平衡，电桥不平衡的信号输给放大器，经放大后信号输给采集或显示器。

角位移传感器测量系统的标定，与位移传感器测量系统的标定相似。由于角位移传感器反应很灵敏，试验场地周围的振动、较强的噪声，都会使指示器的指针来回摆动，影响试验的正常进行。由于传感器内的两个线圈分别置于摆锤的两侧，测量转角时具有明显的方向性，所以，要求线圈、摆锤所在平面与结构转角运动的平面重合。

由于角位移的测量问题较多，所以，往往采取测量挠度后转换成角位移的办法。这样，可信性反而较高，而且节省试验时间。

6.4.6　数据的采集和处理

对于测量数据很少的情况，当然可以人工采集和处理。但是，在大多数情况下，对于需要处理大量数据的刚度试验，使用计算机控制的自动采集和处理系统是必要的。

对于位移传感器和力传感器，首先需要通过标定得到标定常数，标定常数都对应于传感器的线性工作范围。

对于每个测量点上进行 m 次加载和每次 n 级加载得到的位移，首先进行支持系统柔度修正。需要根据测量得到的支持位移，换算出整个试件因支持位移而产生的刚体位移，减去支持位移后，把对应于每级加载增量的位移加以平均，再与经过平均处理的力联系起来，就可得到单位载荷下的位移。

对测量数据的平均，应选择合适的方法，应该舍弃那些误差较大的数据。同时，给出试验数据的线性和重复性的信息，以便判断试验结果的可靠性程度。

6.5　结构固有振动特性试验

6.5.1　概述

结构固有振动特性，指的是结构的固有频率、振动形态(振型)、阻尼系数和广义质量等。这些特性，是气动弹性分析的原始数据之一。试验测定这些特性的目的是，识别飞机在静态空气中的振动特性，为气动弹性分析提供数据，并用于验证计算用的结构模型，表明对 CCAR-25-R4 第 25.629 条“气动弹性稳定性要求”的符合性。结构固有振动特性试验(通常称为地面共振试验)的最大难点是把相邻很近的固有形态识别出来。现有工程试验方法多基于无阻尼耦合的线性系统假设，主要为频率域方法，常用正弦式激振方法中的相位共振法。

6.5.2　试验系统

图 6-17 是一个利用相位共振方法的典型试验系统，它由试件、支持系统、激振系统、传感器系统、数据采集处理和显示系统组成，整个系统由中央处理机控制。

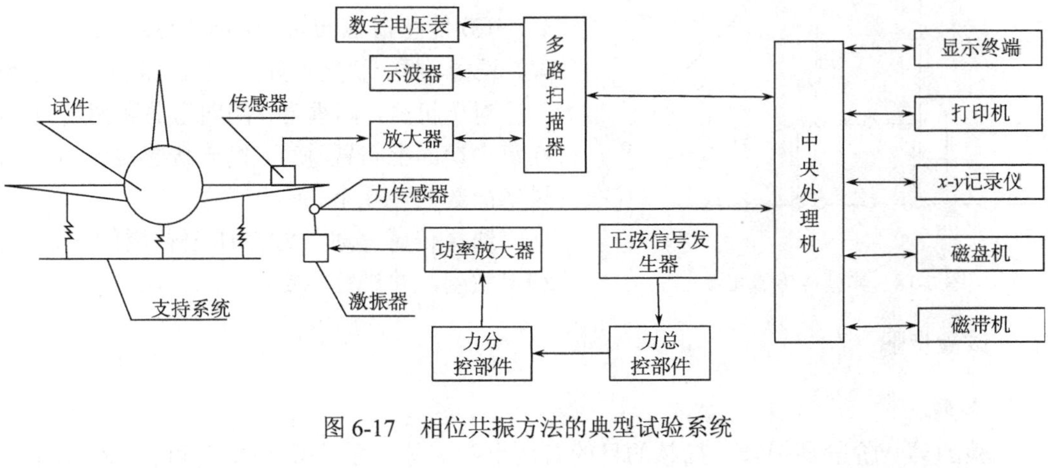

图 6-17　相位共振方法的典型试验系统

6.5.3 飞机的试验状态和支持系统

飞机的试验状态应能反映实际的飞行情况，具体的装载根据所要模拟的飞行情况而定。当测定操纵面的固有特性时，操纵系统中的液压系统应正常工作。

飞机的支持系统要能模拟自由-自由飞行状态，支持系统的固有频率应不超过飞机最低固有频率的 1/3。

飞机的支持部位，应该不对飞机的固有特性产生不可接受的影响。

6.5.4 激振器的配置

激振器的数量和布置是相位共振法中最难解决的问题，实际上是个试凑的过程，激振器的布置应该注意以下三点。

(1) 激振器的支持应该简便，利于移动和调整。

(2) 不能在有兴趣的频率范围里，由于激振器的支持增加新的固有频率。

(3) 每个形态的节线都把整个飞机分成若干区，原则上，每个区里有一个激振器，在保证精度的前提下，激振器用得越少越好。

激振器通过连杆和飞机相连。在飞机上的连接可以采用：飞机上的螺栓孔和用胶粘在飞机的接头上。

试验前，激振器的力常数应进行标定。

6.5.5 传感器的配置

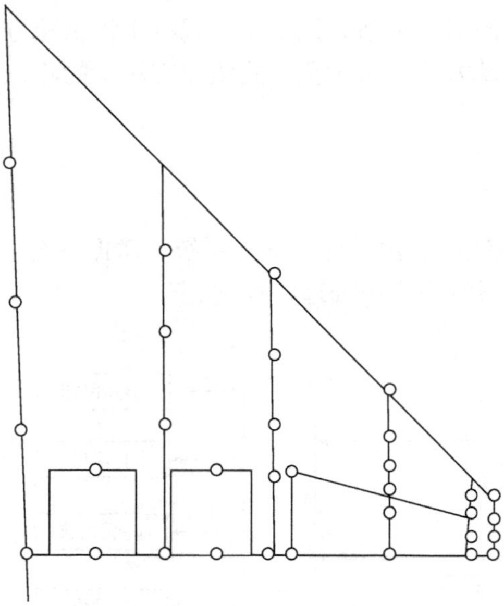

图 6-18 典型传感器布置

传感器的布置，需要考虑以下三个方面的因素。

(1) 适应将来把试验形态用于气动弹性分析时的插值需要，传感器应该布置到结构的各个边缘，如翼面的前、后、侧缘；适应插值方法对某一个方向的插值基点最小数量的要求。

(2) 传感器的布置应该尽量规则，以利于进行直观分析。

(3) 传感器应布置在结构交点上(纵、横向梁，长桁、框、肋交点处)，图 6-18 是一个示例。

对于机身，测垂直、侧向弯曲和扭转时，应在每个切面上布置垂直、侧向传感器各两个，测量切面数 8～10 个。

选择传感器时要注意所要使用的频率范围和灵敏度，并进行标定。

6.5.6 试验步骤

1. *扫频*

试验的第一阶段是扫频，扫频的目的有两个：一是全面了解在感兴趣的频率范围里的全部固有频率；二是为下一阶段分离形态提供激振力配置的初步信息。因此，扫频应在不同激振方案下进行，一般应包括机翼、尾翼弯曲扭转，机身垂直、水平弯曲和扭转等，求出指示函数随频率变化的曲线。

常用的指示函数形式有以下两种。

$$\varDelta_1 = 1 - \frac{\sum_{i=1}^{n} \left|\mathrm{Re}(x_i)\right| \left|x_i\right|}{\sum_{i=1}^{n} \left|x_i\right|^2}, \qquad \varDelta_2 = 1 - \frac{\sum_{i=1}^{n} \left|\mathrm{Re}(x_i)\right| \left|x_i\right| m_i}{\sum_{i=1}^{n} m_i \left|x_i\right|^2}$$

式中，x_i 为位移响应；n 为测量点个数；m_i 为质量；Re 为实部。

$\varDelta_1$ 适用于以质量比较小的部件为主的固有形态；$\varDelta_2$ 适用于以质量较大而响应较小的部件为主的固有形态。

2. 分离形态

这是试验的关键阶段，典型的分离形态步骤如下。

(1) 根据扫频结果，选定主激振器，即在这种激振方案下，指示函数较高。

(2) 细调频率。

(3) 观察共振分量，了解形态形状。

(4) 观察非共振分量，了解干扰响应严重的部位和性质。

(5) 决定增加新激振器，一般是加到非共振分量严重的区域，或者根据非共振分量的分布形态，采取抑制措施。

(6) 细调新增加的激振力。

(7) 重复 (2)～(6) 步，直到初步认为形态精度基本上满意，一般以 $\varDelta > 0.9$ 为良好，$0.9 > \varDelta > 0.8$ 为可以接受。

(8) 打印形态，逐点检查各点相位角，除了节线附近和响应很小 (差一个量级) 的部位，各点相位如果不超过 10°，一般即可满足正交性要求。如果不满足要求，重复 (3)～(8) 步。

(9) 计算广义质量，并检查 $\eta_{ij} = M_{ij} / \sqrt{M_{ii} M_{jj}}$ (其中 M_{ij}、M_{ii}、M_{jj} 为广义质量) 小于 10% 为良好，大于 10%小于 15%为可以接受。

6.6 颤振试飞

6.6.1 概述

飞机进行飞行颤振试验的意义如下。

(1) 全面了解飞机各主要模态阻尼特性变化规律，掌握飞机的颤振特性。

(2) 对可能产生的小阻尼、极限环等不安全模态进行及时处理和解决，增加飞机的安全性。

(3) 确认飞机颤振特性满足 CCAR-25-R4 第 25.629 条“气动弹性稳定性要求”。

严格地说，飞机飞行颤振试验应该称为飞行振动试验，这是因为在一般情况下空中飞行试验不可能将飞机飞入颤振状态，而是在颤振亚临界条件下，通过对飞机的激励、飞机重要部位响应信号的测量和分析获得飞机各个模态的重要参量——频率和阻尼，从而判断飞机的稳定性能和颤振余量，再通过外插方法确定飞机颤振临界速度。总体上，飞行颤振试验分成振动激励、信号检测和地面数据处理三大部分，相互关系如图6-19所示。

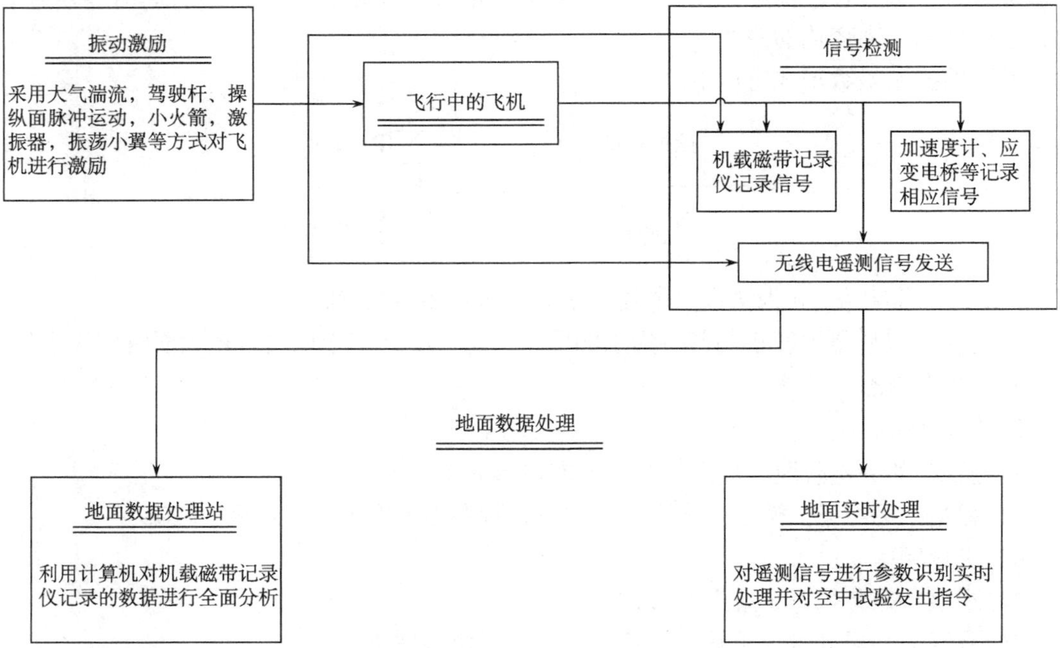

图6-19　飞行颤振试验

6.6.2　试验方法

飞行颤振试验必须在地面理论分析和试验的基础上，进行充分准备和周密安排，严格按预定的实施步骤操作。

(1) 飞行试验前必须进行全机地面振动试验以及考虑这一试验结果的全机各部件颤振理论分析和计算。通过这些试验和计算，掌握飞机各部件的固有频率，模态和阻尼以及包括颤振临界速度、频率、耦合形式及速度-阻尼变化规律在内的飞机颤振特性。

(2) 根据理论分析结果，确定试飞状态下飞机的飞行高度、速度、马赫数和典型的飞机负载状态，在飞行包线中确定试验点。一般颤振试验点总是在某一高度上逐步增速，到达包线某限制线后再改变飞行高度。所选高度常常是由高到低，较大的当量空速飞行通常安排在低空进行，参见图6-20。

(3) 根据飞机布局特点，选择适当的激励方法，并完成激励设备的研制、调试和地面试验以及飞机局部改装以安装激振设备。在飞机舱内安装记录各类测量信号的磁带记录仪和无线电信号遥测装置，完成飞机各部位信号传感器的布置和安装。同时进行与激励方法相协调的数据处理软硬件开发工作。

(4) 机组人员除了能熟练操纵有关设备，还应全面了解试验方案，并且对飞机的振动在感性上要有认识。遇有异常情况应具有快速应变能力，立即切断激励信号的传递通道，并采取必要的其他安全保障措施。

(5) 选择适当气候和空域进行试验。若不采用大气湍流激振方法，最好选择湍流较小的晴朗天气进行颤振试验。

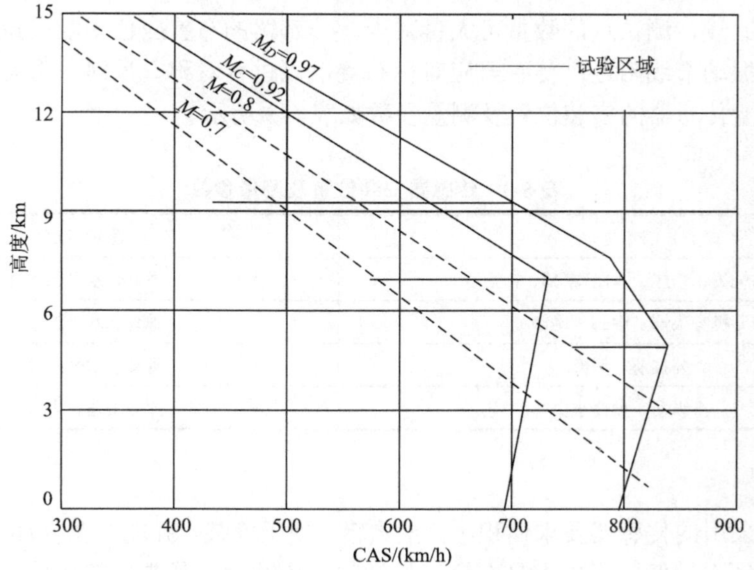

图 6-20　某型民用飞机的飞行颤振试验

(6) 试验中机组人员与地面指挥要密切配合，严格保证在规定的高度、速度下进行试验。重要的响应信号在试验中由无线电遥测设备传输到地面站进行处理后，实时得到该次试验条件下飞机重要模态的频率和阻尼值，根据这些结果，地面站通知机组下一步行动。若试验继续进行，则飞行参数（飞行高度、飞行速度或马赫数）的改变量需要慎重确定，并确保精确实现。对于民用飞机，通常每次速度增量为 15～20km/h（EAS），马赫数增量在马赫数较小时取 0.1，在马赫数为 0.8 以上的跨声速范围内，取 0.01～0.02。

6.6.3　飞机试验参数的测量和传输

飞行颤振试验所涉及的测量信号从被测参数种类来分，可分为飞行参数和振动参数两大类，见图 6-21(a)；从信号特性分，可分为确定量信号和随机量信号，见图 6-21(b)。

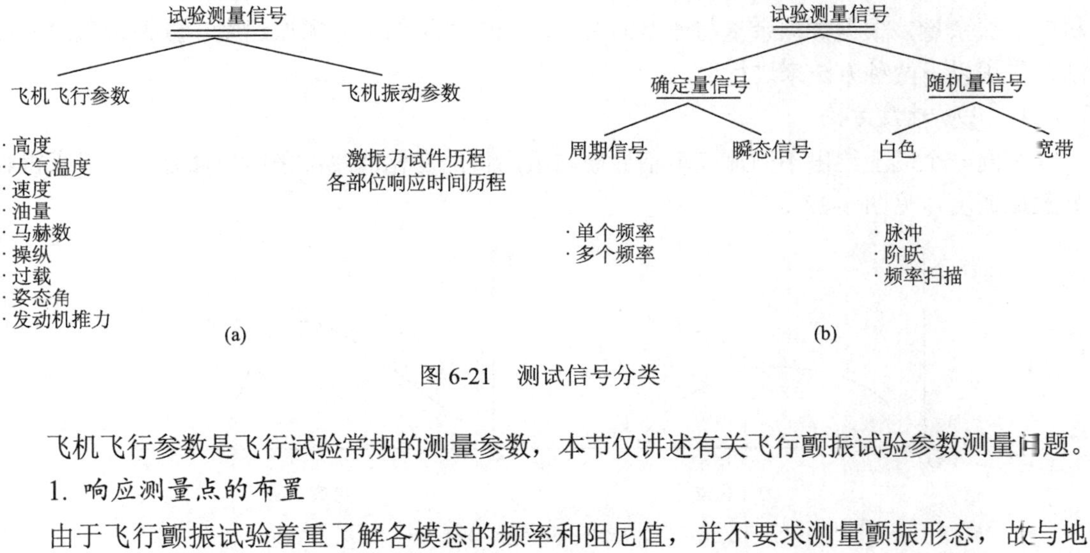

图 6-21　测试信号分类

飞机飞行参数是飞行试验常规的测量参数，本节仅讲述有关飞行颤振试验参数测量问题。

1. 响应测量点的布置

由于飞行颤振试验着重了解各模态的频率和阻尼值，并不要求测量颤振形态，故与地面振动试验相比较，测试点的数量可大量减少。传感器的布置应位于响应量较大的部位，而不应放置在振动节线附近。传感器应对称布置，以进行对称、反对称形态的区分。通常飞机上振动测量传感器的安装位置及测量参数如表 6-3 所示。

表 6-3 传感器安装位置及测量参数

部 位	测量参数
翼面(机翼、平尾、垂尾)梢部、前后缘	垂直、水平加速度
机身头部、中部、尾部	垂直、水平加速度
外挂前、后部	垂直、水平加速度
操纵面、振荡小翼	偏角、力

2. 传感器

振动测量采用的传感器要求体积小，重量轻，便于安装，并能在飞行环境下正常工作。由于工作范围频率较低，还要求具有良好的低频响应特性。最常用的传感器有压电式加速度计和应变电桥两种。

3. 测量信号的记录与传输

所有测量信号经过放大后记录在多通道磁带记录仪上。磁带记录仪分为模拟式与数字式两类。常用模拟记录方式有直接记录方式和 FM(调频)方式。数字式磁带记录仪常用 PCM(脉冲编码调制)记录方式，具有精度高且能直接与计算机接口相连的优点。

飞行颤振试验中记录的部分数据需要实时传输到地面站进行处理，为此需要在飞机上安装遥测数据传输系统，这种系统由遥控信息处理器、发射机、接收机和信息处理器组成。

遥测系统也有模拟式和数字式两类。常用模拟式系统为 FM - FM 方式，常用数字式遥测系统也采用 PCM 方式。

6.6.4 颤振余量估计

飞行颤振试验通过某确定飞行速度下飞机各模态频率和阻尼的测量，判断该状态下飞机的颤振余量，根据颤振余量与速度的关系，推断飞机的临界颤振速度。颤振余量的估计通常采用以下两种方法来进行。

1. 阻尼-速度方法

在同一个图上绘出不同速度下临界模态阻尼值的变化曲线，采用外插方法即可求得临界颤振速度，见图 6-22(a)。

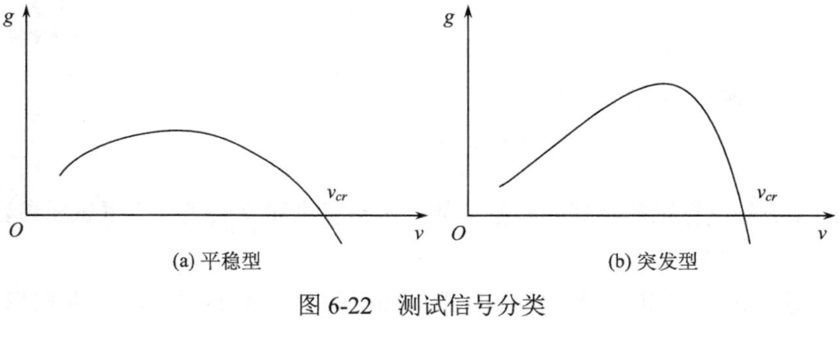

图 6-22 测试信号分类

与图 6-22(a)中所表示的平稳型颤振形式不同，图 6-22(b)中的颤振是突发型颤振，这类颤振在临界点附近阻尼随速度的变化斜率突然增大，在颤振点较近的范围内试飞是危险的，不宜采用根据阻尼的变化来判断颤振临界速度。

2. 颤振余量函数

对于一个二自由度颤振运动系统，Zimmerman 定义了颤振余量函数 F 为

$$F=\left(\frac{\omega_2^2-\omega_1^2}{2}+\frac{\beta_2^2-\beta_1^2}{2}\right)^2+4\beta_1\beta_2\left[\frac{\omega_1^2+\omega_2^2}{2}+2\left(\frac{\beta_1+\beta_2}{2}\right)^2\right]$$
$$-\left[\left(\frac{\beta_2-\beta_1}{\beta_1+\beta_2}\right)\left(\frac{\omega_2^2-\omega_1^2}{2}\right)+2\left(\frac{\beta_1+\beta_2}{2}\right)^2\right]^2$$

式中，ω、β 分别为第 1 阶或第 2 阶的频率和阻尼

$$\omega=2\pi f$$
$$\beta=-c/2m=-\pi fg$$

当 $F>0$ 时，系统稳定；$F=0$ 为中性稳定，是颤振的开始点。

试验时，测量不同速度下的 ω_1、ω_2 和 β_1、β_2 值，计算颤振余量函数 F，然后用外插法即可得到颤振速度。

采用颤振余量函数的优点是，F 函数随速度的变化通常总是平稳下降的，与阻尼随速度变化特性是否具有突发性关系不大。但是 F 函数判断只适用于二自由度系统，在多模态情况下，颤振模态通常是由两个或两个以上的模态耦合形成的。只有对典型二自由度耦合颤振，采用本法较为准确。另外，数据离散度和外推范围的大小也影响本方法的判断精度(图 6-23)。

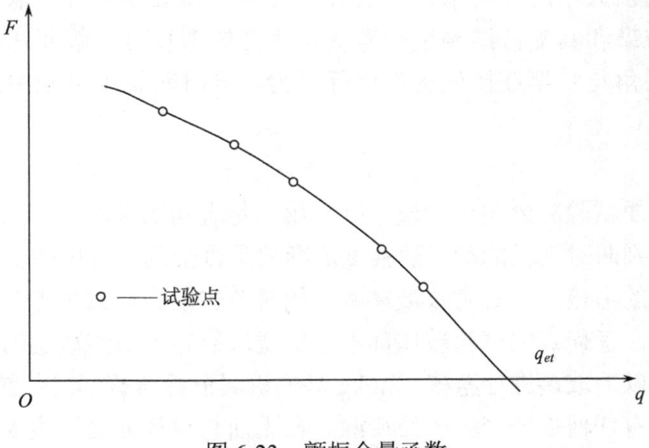

图 6-23　颤振余量函数

6.6.5　示例

我国的 ARJ21-700 新支线飞机采用驾驶员抖杆激励、操纵面扫频激励和惯性激励器激励 3 种激励方法，共进行了 6 架次颤振研制试飞(未获得特许飞行证以前)与 18 架次局方代表目击的验证试飞。分别在 3500m、6400m、8000m、10000m 4 个高度的 37 个颤振试验点

上进行了试飞，最大俯冲飞行 M 数达到 0.889，瞬间最大飞行 M 数达到 0.904，试飞识别模态达到 19 种。

6.7 鸟撞损伤的地面试验

6.7.1 概述

鸟撞损伤的地面试验验证是当今适航审查多采用的符合性方法，这种试验要求用真实的机翼或真实的机头，模拟真实的边界条件，使用空气炮，用鸡或鹅等家禽制作鸟弹炮击目标，考核防鸟撞能力。

试验时，按照设计所要求的撞击载荷大小，向气管内输入一定压力的高压气体，然后通过控制开关，快速释放，冲出高速气流推动炮管中的鸟弹(一般由活鸡代替)出膛，撞击试件。一般在试验件的某些撞击点位置上贴上应变片用有关的仪器设备测出其速度、位移、应变和撞击力等参数，也常用高速摄影机拍摄鸟撞瞬态的全过程。

6.7.2 试验方法

1. 考核点的选取

考核点的选取一般要考虑特征点，机翼结构在靠近机身处前缘曲率大，蒙皮较厚，外形尺寸也大。应该说机翼靠近机身处的结构适于吸收能量，但其刚度差。翼尖处曲率半径和外形尺寸小，但刚度大。点的选取一般要考虑在机翼根部选取一点，在翼尖处选取一点，更重要的是要考虑油箱和受影响系统的薄弱环节所在点的选取。尾翼结构的考核点主要看其对操纵系统的影响，考虑到 3.6kg 鸟的巨大冲击能量，点的选取要顾及翼身的连接、结构的刚度、强度的损失，所以考核点一般会在翼根、翼尖和中段选取三点来进行。风挡的鸟撞试验要对玻璃和其支持结构进行考核，风挡的考核点一般要在风挡玻璃正中弯矩最大处及玻璃的四角与骨架连接处选点进行试验，同时对正中骨架中点弯矩最大处也要进行考核。

2. 试验的判断

鸟撞损伤的地面试验应分两个阶段进行，第一是现场的判断，第二是将现场测得的损伤情况进行计算，判断对飞机的动、静强度的影响是否会危及飞机的安全。

风挡鸟撞损伤的考核，一是考核玻璃本身的抗冲击能力，二是考核玻璃与风挡骨架连接处的抗冲击能力。任何点的试验玻璃都不得出现破裂。考虑到玻璃的分散性，每一点的冲击都必须对三块以上玻璃进行考核。3.6kg 鸟的机翼前缘考核，在布置有油箱的位置，撞击不得使前梁腹板有任何裂缝产生燃油泄漏。在无油箱设计处允许腹板穿透，但不得对操纵系统造成损坏，使飞机失控。有前缘襟翼和缝翼设计的飞机，在对系统的最薄弱处撞击试验之后，要试验系统是否运转自如。对冲击致使结构破坏和变形的要有测量及记录，以便校核飞机在遭受飞鸟撞击之后的动、静强度是否满足飞行安全的要求。

3. 鸟弹的制作

国内鸟弹制作方法各不相同。一种是在鸟弹制作中要求鸡或鹅的头部要处于鸟弹的弹头位置，在弹头模具中将鸡或鹅填压成圆锥形弹头后捆扎，仅在鸟弹后部用成型泡沫塑料形成圆柱弹体与炮管内壁相贴合；另一种是在制作鸟弹时将鸡包扎后直接放入泡沫塑料成型的弹壳中，而无需填压成型。应当说将鸡或鹅的头放置在前进行炮击试验的方式更严格些，而包扎后整体装入泡沫塑料弹壳中，准确性更高些。我国在进行鸟撞试验时，多是在试验前才将家禽杀死以更加接近活体鸟撞的真实情况，国外在进行此类试验时，除了采用试验前杀死，还采用将用于试验的一批鸡先杀死，快速冷冻在–18℃的环境中，不得超过30 天，使用时在室温下解冻，试验时体内温度为 21℃±5. 5℃。

4. 试验过程的控制

鸟撞试验考核点的准确性对试验影响很大，但是由于机翼、尾翼前缘形状的影响使得鸟弹很难准确击中目标，再加上鸟弹的不规范外形也使得击中考核点的命中率不高。试验时的外界环境温度、湿度也会有很大影响。如果某一次的鸟击偏离目标，未击中考核点，但又对试验件造成伤害，那么下一次还对此件炮击可能就不会很真实，如果更新试验件，特别是盒段的更换，就会造成巨额费用投入。与此相类似，鸟撞速度的控制也至关重要，在误差范围之外的大速度撞击，如若未通过考核将会致使试验件的更换，在误差范围之外的小速度撞击，可能会引发结构的损伤，下一次的试验很难沿用原试验件，也会有试验件的更换问题。通常都需要在试验前应用鸟撞击防护屏来校验速度和炮击点的准确性。

6.8　水 上 迫 降

1. 适航要求

CCAR-25-R4 在第 25.801 条“水上迫降”中规定：

(a) 如果申请具有水上迫降能力的合格审定，则飞机必须满足本条和第 25.807 条“应急出口”(i)、第 25.1411 条“总则(安全设备)”和第 25.1415 条“水上迫降设备”(a) 的要求。

(b) 必须采取同飞机总特性相容的各种切实可行的设计措施，来尽量减少在水上应急降落时因飞机的运动和状态使乘员立即受伤或不能撤离的概率。

(c) 必须通过模型试验，或与已知其水上迫降特性的构形相似的飞机进行比较，来检查飞机在水上降落时可能的运动和状态。各种进气口、襟翼、突出部分以及任何其他很可能影响飞机流体力学特性的因素，都必须予以考虑。

(e) 除非对飞机在水上降落时可能的运动和状态(如本条(c)和(d)所述)的研究中，考虑了外部舱门和窗户毁坏的影响，否则外部舱门和窗户必须设计成能承受可能的最大局部压力。

2. 验证技术

1) 第 25.801 条(a)

实施水上迫降演示试验，要求参加试验时充当旅客的人员符合实际情况，人员组成合理。水上迫降演示试验时，记录旅客撤离飞机的时间，检查安全救生设备是否适用，救生筏的存放设施、充气、投放及救生衣的存放设施是否合理，远距离信号发射装置的效果。

对于不同类型的飞机实施水上迫降，可以同实际的水上迫降演示试验结果对比分析，说明旅客逃生的安全设备和应急出口是否符合水上迫降要求。

2) 第 25.801 条(b)

进行模型水池试验，要求模型的几何尺寸、重量、重心位置和惯量同实机相似，并模拟迫降时下降速度和水平速度及姿态角，试验按傅氏数(*Fn*)相等组织试验。

3)第25.801条(c)

模型试验时参数的选择，应模拟真实飞机着水时的运动参数值和形态(如襟翼和起落架位置等)，测出模型在不同速度、下滑角、静水和波浪条件下的运动状态，试验方法参考第25.801条(b)的验证。

4)第25.801条(e)

用模型水池试验的方法，确定飞机外部舱门和窗户是否遭受水载荷作用，若受其作用，则给出在最大浪高情况下，波长等于机身长度的1～2倍时的压力值。

试验应根据飞机着水的配平状态，选择较大的垂直和水平速度进行波浪模拟试验，测量其部位的压力。根据测得的压力分析计算试验毁坏的可能性。一旦可能毁坏，则应在(c)、(d)的分析和试验中考虑这些影响。

6.9 防　　火

6.9.1 货舱和行李舱

1. 适航要求

CCAR-25-R4在第25.855条“货舱和行李舱”中规定：

每个货舱和行李舱必须满足以下要求：

(a)必须满足第25.857条等级要求中的一种。

(c)C级货舱的天花板和侧壁的衬垫必须满足本部附录F第Ⅲ部分规定的试验或其他经批准的等效试验方法的要求。

(d)构成货舱或行李舱的所有其他材料必须满足本部附录F第Ⅰ部分或其他经批准的等效试验方法规定的适用试验准则。

(h)必须进行飞行试验以表明符合第25.857条“货舱等级”中涉及下列方面的规定：

(2)阻止危险量的烟或灭火剂进入机组舱或客舱；和

(3)C级舱内灭火剂的消散。

(i)进行上述试验时必须表明，在灭火过程中或灭火后，任何货舱内的烟雾探测器或火警探测器不会由于任何另一货舱内的着火而产生误动作，除非灭火系统同时向每个货舱喷射灭火剂。

2. 验证技术

1)第25.855条(a)(c)(d)

应对货舱和行李舱内所用材料按CCAR-25-R4附录F的适用部分或其他经批准的等效方法进行试验室燃烧试验，以证明这些材料是可以接受的。

2)第25.855条(h)(i)

(1)地面试验。

必要时在飞行试验前进行地面座舱泄漏试验与通风换气速率试验。

(2)飞行试验。

FAA认可的阻止危险量烟雾或灭火剂从货舱、厨房或盥洗室进入机组舱或旅客舱所采用的演示方法如下。

以正常巡航状态，在座舱增压和非增压飞行期间分别进行试验。对于座舱增压的飞行状态，使座舱增压到最大工作压差，在货舱、厨房和盥洗间内产生烟雾，直到局方观察员认定产生的烟雾达到了满意的含量，观察客舱和机组舱是否有烟雾透入。

C 级舱内灭火剂分散的飞行试验验证参见第 25.857 条(c)的验证方法。

6.9.2　货舱等级

1. 适航要求

CCAR-25-R4 在第 25.857 条“货舱等级”中规定：

(c) C 级　C 级货舱或行李舱是指不符合 A 级和 B 级要求的舱，但是这类舱应具备下列条件：

(1) 有经批准的、独立的烟雾探测或火警探测器系统，可在驾驶员或飞行工程师工作位置处给出警告；

(2) 有从驾驶舱处可操纵的、经批准的固定式灭火或抑制系统；

(3) 有措施阻止危险量的烟、火焰或灭火剂进入任何有机组或旅客的舱；

(4) 有控制舱内通风和抽风的措施，使所有灭火剂能抑制舱内任何可能的着火。

2. 验证技术

1) 地面试验

必要时做地面货舱泄漏试验或抽风隔断效率试验。

2) 飞行试验

(1) 对于“有从驾驶舱处可操纵的、经批准的固定式灭火或抑制系统”需要通过飞行试验进行验证。FAA 认可的试验方法与程序如下。

在最大座舱压差时进行试验，如果希望具有非增压座舱飞行的能力，则在零压差时进行试验。在非增压座舱验证试验之前，必须注意保持舱门密封及压力控制活门不会引起货舱吸入空气，而且按照第 25.857 条(c)(4)的规定关闭所有的空调入口。(有的飞机负释压活门位于货舱门上，如果放气活门完全打开时应进行鼓风以防负压。)

把灭火剂加入试验舱，在浓度达到峰值之后，描绘数据曲线图，直至舱中的平均浓度到达灭火所需的最小值。然后再把第二瓶灭火剂加进试验舱，按照与第一瓶相同的方法描绘浓度曲线。在试验期间，采集机组舱和客舱范围内的空气，以验证是否符合第 25.857 条(c)(3)的规定。

该试验要求舱内至少有 15 个采样点的数据检测，并记录在硅酸、二氧化碳和氟利昂气体抽样及分析系统上。这些抽样点遍及舱内所有三维方向，以求得舱内浓度的平均值。最后画出数据曲线图表明最小浓度-时间特性。

足以灭火并防止复燃的灭火剂的最低浓度及保持最低浓度的最少时间见第 25.1195 条“灭火系统”的验证。

(2) 对于“有措施阻止危险量的烟、火焰或灭火剂进入任何有机组或旅客的舱”，仅需要进行烟雾透入试验即可表明符合性，试验方法参见第 25.855 条“货舱和行李舱”(h)。

6.9.3 防火墙后面的短舱区域和包含可燃液体导管的发动机吊舱连接结构

1. 适航要求

CCAR-25-R4 在第 25.1182 条“防火墙后面的短舱区域和包含可燃液体导管的发动机吊舱连接结构”中规定：

(a) 每个直接位于防火墙后面的短舱区域和包含可燃液体导管的发动机吊舱连接结构的每一部分，必须满足第 25.1103 条(b)、第 25.1165 条(d)和(e)、第 25.1183 条、第 25.1185 条(c)、第 25.1187 条、第 25.1189 条以及第 25.1195 至 25.1203 条中的每项要求，包括指定火区的有关要求。但是，发动机吊舱的连接结构不必具有火警探测或灭火措施。

2. 验证技术

1) 相关咨询通告

AC20-135 “Powerplant Installation and Propulsion System Component Fire Protection Test Methods, Standards and Criteria”。

2) 试验室试验

本条可通过发动机舱着火模拟试验来验证。试验采用与真实飞机相同的发动机舱及防火墙，防火墙后各系统也按真实情况安装(包括它们的工作状态)。在防火墙前用专门的燃烧器冲着防火墙喷射火焰，使防火墙温度达 1100℃，持续 15min。试验中各系统模拟飞机的实际工作情况进行工作，如燃油系统按正常工作流量和压力循环，防火切断开关进行正常的开、关操纵等。试验时对防火墙后的几个典型位置进行温度测量。试验后对各附件及导管、电缆等进行外观和功能检查，不应出现危险的损坏。

6.9.4 火区的排液和通风

1. 适航要求

CCAR-25-R4 在第 25.1187 条“火区的排液和通风”中规定：

(a) 指定火区的每个部位必须能完全排放积存的油液，使容有可燃液体的任何组件失效或故障而引起的危险减至最小。排放措施应满足下列要求：

(1) 当需要排放时，在预期液体会存在的各种情况下，必须是有效的；

(2) 必须布置成使放出的液体不会增加着火危险。

(c) 通风口不得设置在其他火区的可燃液体、蒸气或火焰会进入的部位。

2. 验证技术

1) 发动机短舱和挂架排液装置试验

(1) 试验目的。

演示由动力装置漏到发动机短舱和发动机挂架内的可燃液体能安全地排出而无积存，并且排出时也不会产生其他危险，以满足本条(a)和(c)的要求。

试验包括地面试验和飞行试验两部分。为了证明出现泄油时，在发动机短舱内腔不会积存达到危险数量的残余液体，要求进行静态地面试验；为了证明在所有飞行状态下都能排放液体，而且不会产生液体冲溅及因此而引起的液体再吸入现象，要求进行飞行试验。

(2) 试验内容。

因为各种发动机短舱和挂架装置的设计差别很大，所以排液措施的差异也相当大的。通常必须进行排液演示试验的部位如下。

A. 挂架内腔；

B. 挂架整流罩内腔，如前整流罩、上整流罩、后整流罩；

C. 风扇整流罩；

D. 核心发动机整流罩（一般分成几个区）。

(3) 测试技术。

在地面试验和飞行试验两种情况下，都必须在飞机上安装着色水喷射系统。该系统由几根管子组成，每一根管子都具有最大的约为 4.4L/min（1gal/min）的喷射量，并且能喷射三种不同的颜色。典型的着色喷射系统可在以下部位喷射染料。

A. 一根 12mm（1/2in）的管子由着色水喷射系统引到发动机舱挂架（一种颜色）。

B. 一根 12mm（1/2in）的管子由着色水喷射系统引到发动机，然后将这根管子分成三根 6mm（1/4in）的管子，并将它们接入风扇和附件舱（另一种颜色）。

C. 一根 12mm（1/2in）的管子从着色水喷射系统引向发动机，然后将这根管子分成三根 6mm（1/4in）的管子，并将它们接到核心发动机舱（第三种颜色）。

(4) 典型试验程序。

A. 地面试验。

开始进行地面试验之前，必须将试验发动机的短舱内外涂上白色的可溶性油漆，以显示排液图谱。如果机翼、襟翼和尾翼可能位于液体排放区域中，其上也应涂漆，涂漆后应拍摄彩色照片。地面试验时是否启动发动机，视进行合格审定的发动机短舱而定。如果液体排入风扇气流中，或者在发动机短舱中有发动机产生的（会影响液体排放的）冷却气流时，一般需要在发动机工作的情况下进行试验。

启动试验发动机（如果需要），应使其在地面慢车状态稳定工作，然后将适当数量的染色剂喷射到发动机短舱和挂架内，并使它们通过排液竖管排出机外。将发动机停车，打开所有整流包皮进行检查。然后拍摄染色图谱的彩色照片。

若发动机短舱设计不要求进行发动机启动，则不需要安装着色喷射系统，将一定数量的水（4.4～8.8L）灌入挂架或发动机短舱内靠近燃油管接头或其他潜在泄漏源的地方，从排液竖管和排液孔排出的水量应非常接近灌入的水量。用一个吊桶或塑料薄膜袋来收集这些水。如果损失的水有 0.95L，则应在发动机短舱或挂架中找到积水的地方。

B. 飞行试验。

进行飞行试验之前，试验发动机短舱内外必须涂上易着色的涂料。如果发动机短舱的涂漆部位与地面试验的不同，则应再拍一次所有刷白色涂料区域的彩色照片。

某机型的试验飞行剖面如下。

a. 进行正常的起飞和爬升，并在起飞推力状态（起飞滑跑抬前轮时）工作 1min 后喷射染色剂 1min。

b. 在向 6096m（20000ft）高度爬升时，从 3048m（10000ft）高度开始再喷射染色剂 1min。

c. 在 6096m（20000ft）高度上，当以 481.5km/h（260kn）的表速巡航和在同一高度上以最大使用限制速度巡航时各喷射染色剂 1min。

d. 从6096m(20000ft)高度紧急下降到3048m(10000ft)高度，并在此过程中喷射染色剂1min。

e. 在3048m(10000ft)高度上进行左、右侧滑，并在每次侧滑稳定后喷射染色剂30s。

f. 从3048m(10000ft)开始进行慢车下滑，在下滑过程中喷射染色剂1min。

g. 使用反推力进行正常进场着陆，并喷射染色剂1min。

发动机停车后，检查发动机短舱或挂架，并拍摄染色图谱的彩色照片。发动机或挂架上的任何明显的液体积存都必须进行记录。对不同型号的飞机可能需要从速度和高度上对飞行剖面进行修改。

2) APU液体排放试验

(1) 地面试验。

APU的排液部位在各个飞机上差别较大，典型的液体排放部位有以下五处。

① APU燃油调节器和供油管；

② APU的内部区域(如涡轮机匣等)；

③ APU的滑油系统；

④ APU的附件传动齿轮箱放液口；

⑤ APU舱内腔。

APU舱内腔的液体排放是借助于舱内底部的桁条和舱门上的小孔，再通过APU舱内腔最低点的排放孔来实现的。这些小孔可以将积聚在舱内和舱门底部的各种泄漏液排掉。

APU各个部件经由各自的排液管道排放液体，这些管道都与通常位于APU舱门前的飞机底部排液总管相连，典型部件和APU内部排液管如下。

①排气管；

②燃烧室；

③涡轮机匣；

④燃油泵；

⑤燃油调节器；

⑥主、副燃油输油管；

⑦压气机轴承封严装置；

⑧附件传动齿轮箱放液口。

A. 排液性能的测试。

无论是地面试验还是飞行试验，飞机上都必须安装染色系统。该系统由几根管子组成，每根管子具有约4.4L/min(1gal/min)的喷射量，并能喷射两种不同颜色的染色剂。典型的染色剂喷射系统可在以下部位喷射染色剂。

a. 从染色系统引出并与液体排放竖管相连。

b. 从染色系统引出通向压气机轴承封严装置排液孔。

c. 从染色系统引出喷射另一种颜色水的管子布置于辅助动力装置舱内，通常把这根管子分成两根小管子，其中一根在舱的后部喷水，另一根在舱的前部(对着防火墙)喷水。

B. 试验程序。

地面试验开始前必须在辅助动力装置舱(舱内下部和舱门内侧)的内外涂上可溶于水的白漆，以便显示喷射图谱，排液竖管和排液孔所在区域也应涂此白漆。

试验时是否启动 APU 可与适航当局商定，典型程序如下。

a. 在飞机顺风停放情况下，向 APU 舱排液竖管和滑油放油孔中注入适量染色剂，并把它们排出机外。打开舱门，拍摄辅助动力装置舱内部及飞机下部排液竖管和滑油放油孔周围的彩照。

b. 在飞机以 111km/h(60kn)的速度滑行时重复上述程序。

(2) 飞行试验。

A. 典型程序。

a. 进行正常起飞，以最大角度爬升至飞机最小使用高度，然后以正常爬升速度爬到试验高度。从松开刹车开始，同时从每个染色剂源喷射染色液 2min。

b. 试验高度和平飞表速下，进行右侧滑和左侧滑及盘旋。在每次机动飞行中同时从每个染色剂源喷射染色液 1min。

c. 在试验高度和平飞表速下，进行水平飞行。从每个染色剂源喷射染色液 1min。

d. 从试验高度到海平面小速度下滑，使用最大着陆襟翼进行正常的进场着陆。当襟翼放下后，同时开始从每个染色剂源喷射染色液，接地后停止喷射。

e. 着陆之后，检查液体冲击机身的情况。检查有液体冲击的地方的内表面以证明无出现液体再次流入现象。

f. 拍摄有液体冲击或有染色水混合物聚积的所有部位的彩色照片，进行评定。

B. 试验数据。

需要记录以下参数。

a. 基本飞行参数：高度、速度、俯仰角、滚转角。

b. APU 舱静压和排液孔静压，染色剂喷射时间。

c. 环境大气压力、温度等。

C. 示例。

B757-200 飞机 APU 排液试验内容如下。

正常起飞，以最大爬升角爬升到 609.6m(2000ft)。然后以 463km/h(250kn)速度正常爬升到 3048m(10000ft)，从 6096m(20000ft)高度急剧下降，在 3048m(10000ft)的高度以 V_{MO} 水平飞行，完成左右侧滑和倾斜转弯，然后低速下降和正常进场着陆。

6.9.5　防火墙

1. 适航要求

CCAR-25-R4 在第 25.1191 条"防火墙"中规定：

(b) 防火墙和防火罩应满足下列要求：

(1) 必须是防火的；

(2) 其构造必须能防止危险量的空气、液体或火焰从该隔舱进入飞机的其他部分；

(3) 其构造必须使每一开孔都用紧配合的防火套圈、衬套或防火墙接头进行封严；

2. 验证技术

1) 相关咨询通告

AC20-135 "Powerplant Installation and Propulsion System Component Fire Protection

Test Methods, Standards and Criteria”。

2) 试验室试验

对于要求“防火”和“耐火”的材料，演示符合性的典型试验是，将试件暴露于要求的火焰温度和热通量密度下(如试验火焰温度为1100℃±65℃、热通量密度为10.56W/cm^2)，经受所要求的时间(如“防火”为15min，“耐火”为5min)。试验样件应在要求的时间内经受火焰穿透，而在背面不出现点燃。对于板材，模拟结构的工作环境应将一个尺寸近似为254mm×254mm(10in×10in)或相应于预期使用尺寸的试件的一侧暴露于合格燃烧器的火焰中，火焰的尺寸和温度应足够维持127mm×127mm(5in×5in)面积范围内上述所要求的试验温度和热通量密度。

3) 模拟试验

防火墙的防火验证试验应和第25.1182条“防火墙后面的短舱区域和包含可燃液体导管的发动机吊舱连接结构”与第25.1183条“输送可燃液体的组件”的验证试验综合考虑。

模拟试验的结构工作环境，应全面考虑防火墙或零部件的结构载荷情况，同时也考虑软管内的燃油和滑油预期的压力、流量和振动等工作情况。

影响真实防火墙和防火表面的试验因素可分为两类，一类是防火墙或耐火表面的“预定用途”，例如，预定用途是发动机大舱门、发动机风扇排气管内壁、进气道或者防火墙隔离板；另一类是防火墙或耐火表面的结构，例如，用树脂黏结且具有阻燃材料包覆的复合材料结构、声学(处理)平板或简单的不锈钢。对于验证防火能力，典型的结构平板(近似0.5m×0.6m)是可接受的。

如果防火墙是一个隔板或简单分隔式非承载隔板，在短舱区域具有低通风和循环空气流及小压力载荷，以周围环境条件进行简单的着火试验演示防火性能是可接受的。

如果防火墙是发动机短舱整流罩，且具有约35kPa或小于此值的发动机短舱增压，则进行防火试验可以不考虑空气流使发动舱的增压。

如果防火墙是发动机风扇空气出口管道或入口转接器，则试验期间应考虑模拟“冷侧”压力和气流情况，试验应在具有空气流量和压力条件下进行，导管应暴露在临界功率工作状态下历时5min，然后在风车条件下历时10min(如果这是最严重的热状态)。风扇排气管在海平面起飞状态下，在导管两端通常存在着临界压差。入口转接器的管道在飞行中发动机停车或允许风车转动时，通常具有最大压力。这些工作状态是否用于着火试验应由申请方确定。

黏结结构的防火墙(复合材料或粉末黏结金属)，试验除了考虑加压，还应考虑振动。对于基体材料加涂层或黏结防护层的样件，振动能使涂层剥落，暴露基体材料。目前不支持膨胀发泡覆盖层作为防火涂层，主要是黏合特性和耐火性差。对于复合材料或其他新材料，可用几块试验板进行上述试验，表明结构的防火特性。

黏结结构的防火墙材料和密封材料的特性，在试验期间易挥发的成分会产生高度易燃的气体，试验中应观察“冷侧”不应有着火点。

如果在着火试验中散发的气体可能进入座舱，那么必须对气体的毒性、挥发性及对人员的损伤进行评价。

思　考　题

6-1　飞行载荷为什么需要试飞验证？需要测量哪些内容？载荷试飞验证流程是什么？

6-2　全机静力试验的目的是什么？试验方法需要考虑哪些因素？

6-3　全尺寸疲劳试验的目的是什么？

6-4　结构刚度试验的目的是什么？试验要求是什么？

6-5　结构固有振动特性试验的目的是什么？典型试验系统包括什么内容？

6-6　颤振试飞的意义是什么？如何开展试验？

6-7　鸟撞试验需要考虑哪些因素？

6-8　水上迫降的验证包括哪些试验内容？

6-9　结构的防火试验涉及哪些条款？包括哪些试验内容？

第7章　飞机系统验证技术

本章以单通道、翼吊双涡轮风扇发动机、150 座级、前三点式常规布局的机型为例，讲述运输类飞机适航标准(CCAR-25-R4)中系统相关部分条款所需验证技术，同时介绍国外某相似机型的合格审定试验项目。

7.1　共性要求

本节讲述的条款均涉及多个飞机系统，故称为共性要求。例如，第 25.1183 条“输送可燃液体的组件”与第 25.1189 条“切断措施”对燃油系统、液压系统及动力装置的滑油系统提出了要求，第 25.1301 条“功能和安装”则适用于绝大多数飞机系统。

7.1.1　输送可燃液体的组件

1. 适航要求

1) CCAR-25-R4 在第 25.1183 条“输送可燃液体的组件”中规定

(a) 除本条(b)规定者外，在易受发动机着火影响的区域内输送可燃液体的每一导管、接头和其他组件，以及在指定火区内输送或容纳可燃液体的每一组件，均必须是耐火的，但是指定火区内的可燃液体箱和支架必须是防火的或用防火罩防护，如果任何非防火零件被火烧坏后不会引起可燃液体渗漏或溅出则除外。上述组件必须加防护罩或安置得能防止点燃漏出的可燃液体。

(b) 本条(a)不适用于下列情况：

(1) 已批准作为型号审定合格的发动机一部分的导管、接头和组件；

(2) 破损后不会引起或增加着火危险的通风管和排放管及其接头。

(c) 在指定火区内，如果暴露在火中或者被火损坏时会出现下列可能，则包括输送管在内的所有组件都必须是防火的：

(1) 导致火焰蔓延到飞机的其他区域；或

(2) 引起对重要设施或设备的无意工作，或者失去工作的能力。

2) TSO-C53a “Fuel and Engine Oil System Hose Assemblies”

3) TSO-C75 “Hydraulic Hose Assemblies”

2. 验证技术

本条可通过着火模拟试验来验证，试验条件与第 25.1191 条“防火墙”的试验相同。

在防火墙和火区中采用的接头，其正常暴露在火区中着火的一侧，应完全包容在火焰中，接头应模拟真实的安装方式安装。液体管路或导管系统可以连接到接头的两端，以模拟典型着火事件发生时的安装。对于接头试验，在火区发动机侧接头的导管中不应有液体，因为可能由于连接被评定接头的导管的失效引起火灾。而且，如果防火墙发动机一侧的导管失效，可能从防火墙上游管至液体切断阀那段排出液体，对于试验连接接头两侧的导管就不应该容纳液体。如果接头是切断阀的一部分，那么阀门上游(或后面)的导管就应容纳液体。对于工作的零部件，例如单向阀或导管等，火焰应完全包容该组件。

TSO-C53a “Fuel and Engine Oil System Hose Assemblies”和TSO-C75 “Hydraulic Hose Assemblies”，规定了软管组件的耐火要求。这些软管组件应暴露于1100℃火焰中5min，此时保持燃油或滑油在临界(最小或最大)工作流量和压力而没有任何泄漏迹象。5min暴露时间为飞行机组判明着火情，关闭相应的发动机，切断相应的切断阀提供了适当的时间。重要的是，评估特殊的安装和获得整个使用包线的最低流量。虽然TSO规定了每分钟3～5倍(内径)^{2}加仑的流量(内径以英寸计)，但是经验表明，液压系统排放或回油导管在系统不需要情况下，可能没有流量或小于3倍(内径)^{2}的规定流量。因此对于耐火或防火试验应采用较低的流量。试验程序参见AC20-104“Revised Powerplant Engineering Report No. 3A Standard Fire Test Apparatus and Procedure (for Flexible Hose Assemblies)”。

如果导管组件是通过火区且带有位于火区外和下游的切断阀的滑油管路，则该管路应经受试验火焰15min而无泄漏或失效。如果试验组件是位于发动机舱火区中的切断阀，那么阀门应暴露于燃烧器或火焰中历时5min，阀门不应泄漏并能用正常的使用方法在5min暴露结束时关闭。阀门关闭后，再在火焰中暴露10min，阀门不应泄漏。工作的零部件应在每种安装中经受着火试验，除非能够表明类似于以前经批准的构型，或者它们是由钢或钢基合金制成的，或者这样的构型在着火条件下具有明显的令人满足的工作性能。

7.1.2 切断措施

1. 适航要求

CCAR-25-R4在第25.1189条“切断措施”中规定：

(d) 可燃液体的切断装置和控制装置必须是防火的，或者必须安置和防护得使火区内的任何着火不会影响其工作。

2. 验证技术

1) 模拟试验

可燃液体的切断装置和控制装置的模拟试验见第25.1182条“防火墙后面的短舱区域和包含可燃液体导管的发动机吊舱连接结构”和第25.1183条“输送可燃液体的组件”有关部分。

2) 试验室试验

位于发动机舱或其他指定火区的切断阀的电和机械式控制装置(钢索、电缆、驱动连杆等)要求耐火。应在1100℃温度下试验5min，5min结束时，控制装置应能完成其预定的功能而没有失效或故障。火焰应完全覆盖控制装置、终端接头和来自一个方向的连接，这些部分作为一个单元。操纵杆或钢索是试验部位时，典型区段全部要进行评价。在大多数试验中，约有200mm(8in)典型区段即可，包括终端连接和接头。对于试验的钢索操纵，应模拟正常的安装载荷。对于承受压缩的操纵杆，火焰应施加于杆长的中间部位，此处操纵杆的压缩载荷将最可能引起材料的失效。可燃液体切断阀控制装置应在每种安装中做耐火试验，除非钢索或操纵杆受纯拉操纵，并且由钢和其他表明是耐火的材料制成，或者将它们设计成在着火条件下工作。

7.1.3 功能和安装

1. 适航要求

CCAR-25-R4 在第 25.1301 条“功能和安装”中规定:

(a) 所安装的每项设备必须符合下列要求:

(1) 其种类和设计与预定功能相适应;

(4) 在安装后功能正常。

2. 验证技术

1) 相关咨询通告

AC25-7C “Flight Test Guide for Certification of Transport Category Airplanes”;

AC20-138D “Airworthiness Approval of Positioning and Navigation Systems (Including Change 1)”;

AC25-15 “Approval of Flight Management Systems in Transport Category Airplanes”;

AC25-11B “Electronic Flight Displays”;

AC20-161 “Aircraft Onboard Weight and Balance Systems”;

AC25-12 “Airworthiness Criteria for the Approval of Airborne Windshear Warning Systems in Transport Category”;

AC20-151B “Airworthiness Approval of Traffic Alert and Collision Avoidance Systems (TCAS II), Versions 7.0 & 7.1 and Associated Mode S Transponders”。

2) 地面试验

地面试验是系统装机后，功能正常验证试验的第一步，用于表明符合性。试验应按规定的程序进行，试验结果应能表明系统功能正常。试验程序多由飞机制造商自行编制。

3) 飞行试验

飞行试验是表明系统功能正常的最后步骤，也用于表明符合性。每个系统的试验方法应经适航当局批准，通常采用适航当局推荐的方法。AC 25-7C“Flight Test Guide for Certification of Transport Category Airplanes”针对如下系统、子系统或设备推荐了飞行试验程序。

(1) 通信：甚高频(VHF)、高频(High Frequency，HF)、音频、飞机通信寻址与报告系统(ACARS)、选择呼叫系统(Selective Calling system，SELCAL)、电池供电的便携式话筒。

(2) 导航：甚高频全向信标(VHF Omnidirection Range，VOR)、航向信标、下滑信标、指点信标、自动定向仪(Automatic Direction Finder，ADF)、测距装置(Distance Measuring Equipment，DME)、应答机、气象雷达、惯性导航系统(INS)、垂直导航(Vertical Navigation，VNAV)、多普勒导航、区域导航(the Rules for Implementation of Area Navigation，RNAV)、多传感器导航、性能管理系统、飞行管理系统、全球导航卫星系统(Global Navigation Satellite System，GNSS)。

(3) 仪表及显示：主姿态指引仪和备份姿态指引仪(Attitude Director Indicator，ADI)、水平状态指示器(Horizontal Situation Indicator，HSI)、无线电磁指示器(Radio Magnetic

Indicator，RMI)、主空速与马赫数指示器及备用空速与马赫数指示器(如果适用)、主高度表及备用高度表、瞬时垂直速度表(Instantaneous Vertical Speed Indicator，IVSI)、备用罗盘、时钟、大气总温探头(Total Air Temperature，TAT)、无线电高度表(Radio Altimeter，R/A)。

(4)传感与警告：罗盘、捷联(Attitude and Heading Reference System & Inertial Reference System，AHRS & IRS)、迎角(Angle Of Attack，AOA)、大气数据系统、机载重量和平衡系统、中央音响警告系统(Central Aural Warning System，CAWS)、超速警告系统、高度指示(或告警)、地形提示与告警系统(TAWS)、主戒备系统(Master Caution System，MCS)和主警告系统(Master Warning System，MWS)、飞行警告计算机(Flight Warning Computer，FWC)、失速警告计算机(Stall Warning Computer，SWC)、起飞警告(Take Off Warning，TOW)、仪表比较系统、反应式风切变警告系统、空中交通警告与防撞系统。

(5)记录：驾驶舱录音机(Cockpit Voice Recorder，CVR)、数字式飞行数据记录器(Digital Flight Data Recorder，DFDR)。

7.1.4 电子设备

1. 适航要求

CCAR-25-R4在第25.1431条“电子设备”中规定：

(a)在表明无线电和电子设备及其安装符合第25.1309条(a)和(b)的要求时，必须考虑临界环境条件。

(b)无线电和电子设备的供电必须按照第25.1355(c)条的要求。

(c)无线电和电子设备、控制装置和导线，必须安装成在任一部件或系统工作时，对中国民用航空规章所要求的任何其他无线电和电子部件或系统的同时工作不会有不利影响。

2. 验证技术

1)安全性评估

通过安全性评估，表明无线电和电子设备及其安装符合本条(a)的功能与安全性要求，临界环境条件是指设备装机后可能遇到的最恶劣环境条件，包括气候、机械和电磁三部分内容。

2)地面试验

应在地面电源和机上主电源两种供电情况下进行地面相互作用试验，验证机载设备之间电磁兼容符合本条(c)的要求。

试验前应编制飞机全机电磁兼容试验大纲，提交适航当局批准。该试验大纲至少应包括如下内容。

(1)飞机状态；

(2)可能的干扰源和敏感设备组，以及这些设备组的工作状态；

(3)分别操作的干扰源和敏感设备组，观察前者对后者影响的方法和顺序；

(4)用以评定干扰源对敏感设备影响程度的性能降低判据，如故障、不合格响应和非预期响应；

(5)测试用仪器及其他。

3) 飞行试验

应在完成地面试验的基础上，进行飞行相互作用试验，由飞行员观察和注意同时工作的设备或分系统之间是否存在不可接受的干扰，表明本条(c)的符合性。

试验前应编制飞机全机电磁兼容性飞行试验大纲，并和地面试验大纲一起提交适航当局批准，两者内容也基本相同。

7.2 空 调

7.2.1 通风

1. 适航要求

CCAR-25-R4 在第 25.831 条“通风”中规定：

(a) 在正常操作情况和任何系统发生可能的失效而对通风产生有害影响条件下，通风系统都必须要能提供足够量的未被污染的空气，使得机组成员能够完成其职责而不致过度不适或疲劳，并且向旅客提供合理的舒适性。通常情况下通风系统至少应能向每一乘员提供每分钟 250 克(0.55 磅)的新鲜空气。

(b) 机组和旅客舱的空气不得含有达到有害或危险浓度的气体或蒸气。为此，采用下列规定：

(1) 一氧化碳在空气中浓度超过 1/20000 即认为是危险的。可使用任何可接受的检测一氧化碳的方法进行测试；

(2) 必须表明飞行期间通常有旅客或者机组乘坐的舱的二氧化碳浓度不得超过 0.5%体积含量(海平面当量)。

(c) 必须有措施保证，在通风、加温、增压或其他系统和设备出现有合理可能的故障或功能失常后，仍能满足本条(b)的规定。

(d) 如果在驾驶舱区域有合理可能积聚危险数量的烟，则必须能在完全增压的情况下迅速排烟，而减压不超出安全限度。

2. 验证技术

1) 相关咨询通告

AC20-32B “Carbon Monoxide (CO) Contamination in Aircraft Detection and Prevention”；

AC25-9A “Smoke Detection, Penetration, and Evacuation Tests and Related Flight Manual Emergency Procedures”。

2) 第 25.831 条(a)

根据设计资料，通过分析计算说明满足新鲜空气量的要求。

3) 第 25.831 条(b)

(1) 地面试验。

对引气口气体进行测定。

(2) 飞行试验。

实测一氧化碳、二氧化碳浓度。经适航当局同意，也可不做飞行试验。

4) 第 25.831 条(c)

(1) 安全性评估。

应当识别系统合理的可能故障状态和条件，评估其对系统功能产生的危害。根据需要，完成系统安全性评估(SSA)，并在飞行试验中验证故障状态下系统功能是否对人员有害。

通常，系统合理的可能故障状态如下。

A. 气源故障导致无供气；

B. 冷却组件故障；

C. 增压系统故障；

D. 再循环系统故障；

E. 电子设备通风冷却系统故障等。

应当分析每种故障产生的可能性及相应的对策，这些措施要在飞行试验或地面模拟试验中加以验证。分析空调系统合理的可能故障状态是本款的重点，再加上飞行试验的验证，就能更好地保障人员在故障状态下的安全。例如，A320 飞机针对其空调系统的特点，分析说明了整个空调系统合理的可能故障状态，并在试飞中加以验证。另外，还对应急冲压和空气冷却系统进行了系统安全性评估和试验室试验，对电子设备通风冷却系统也进行了系统安全性评估。通过评估表明，A320 飞机在空调系统出现合理的可能故障时，不会对人员造成危害。

(2) 飞行试验。

飞行试验的目的是向适航当局表明，系统在合理的可能失效情况下仍能向机组舱和客舱提供足够的通风空气量，并能在通风系统故障期间(如前所述)，保证所提供的空气是无害的或无危险浓度的有害气体或蒸气。

试验时，在飞行高度低于 4000m 时打开应急冲压开关，关闭空调制冷组件，座舱不增压。用探测器测量座舱内的一氧化碳和二氧化碳的浓度。同时记录飞行高度、座舱高度、马赫数、外界大气温度。

5) 第 25.831 条(d)

飞行试验应在飞机压力调节系统正常状态下进行。飞机在巡航期间，在驾驶舱和窗帘关闭的厨房内，以及电气和电子设备舱内产生烟雾，按特定的排除程序排除以空调系统不能控制的速率产生的烟雾，并确定从试验区域排除烟雾所需的时间及烟雾流谱和烟消失特性。

烟雾排除试验是一个非常重要的试验，应在力所能及的条件下，在试飞试验中验证驾驶舱烟雾的排除情况。烟雾的模拟是本试验的关键，FAA AC25-9A“Smoke Detection, Penetration, and Evacuation Tests and Related Flight Manual Emergency Procedures”中较为详细地说明了这个问题，可供试验时参考。

7.2.2 增压座舱

1. 适航要求

CCAR-25-R4 在第 25.841 条“增压座舱”中规定：

(a) 载人的增压座舱和隔舱必须装有设备，以保证在正常运行条件下，在飞机最大使用高度上保持座舱压力高度不超过 2438 米(8000 英尺)。

(1)如果申请在7620米(25000英尺)以上运行的合格审定，则飞机必须设计为在增压系统任何可能的失效情况发生后乘员不会经受到座舱压力高度超出4572米(15000英尺)。

(2)飞机必须设计成在发生任何未经表明是极不可能的失效情况而导致释压后不会使乘员经受超出下列座舱压力高度：

(i) 7620米(25000英尺)，超过2分钟；或

(ii) 12192米(40000英尺)，任何时段。

(3)在评估座舱释压情况时应考虑机身结构、发动机和系统的失效。

(b)增压座舱必须至少有下列控制座舱压力的活门、控制器和指示器：

(1)两个释压活门，当压力源提供最大流量时能将正压差自动限制在预定值(当内压大于外压时，压差为正值)。释压活门的组合排气量必须足以保证任一活门的失效不会引起压差显著升高；

(2)两个负压差释压活门(或其等效装置)，能自动防止会损坏结构的负压差出现。然而，如果设计能合理地预防其故障，则一个活门即可；

(3)使压差能迅速平衡的装置；

(4)一个自动调节器或人工调节器，能控制进气或排气，或控制两者，以维持要求的内压和空气流量；

(5)驾驶员和飞行工程师工作位置处的仪表，用来指示压差、座舱压力高度和压力高度变化率；

(6)驾驶员和飞行工程师工作位置处的警告指示器，当超过压差的安全值或预先调定值时，以及超过座舱压力高度限制时能发出指示。座舱压差指示器上相应的警告标记，要满足对压差限制的报警要求；音响或目视信号(座舱高度指示装置除外)要满足对座舱压力高度限制的要求，当座舱压力高度超过3048米(10000英尺)时向飞行机组发出警告；

(8)本条(b)(5)和(b)(6)及第25.1447(c)条所要求的压力传感器，其分布及传感系统的设计必须保证，一旦任何客舱或机组舱(包括上、下厨房)泄压，上述规定的警告和自动显示装置应能立刻动作，使得减压引起的危险不致过大。

2. 验证技术

1)相关咨询通告

AC25-20“Pressurization, Ventilation and Oxygen Systems Assessment for Subsonic Flight including High Altitude Operation”。

2)第25.841条(a)

(1)安全性评估。

对于座舱压力调节系统合理的可能故障应进行详细的说明和系统安全性评估，表明该故障是合理可能的，而且系统性能是满足本款要求的。

(2)飞行试验。

飞机座舱增压系统应通过飞机飞到最大高度来验证。在最大高度上各种类型的增压源及其组合应保持2438m的最大座舱压力高度。此时发动机为名义巡航状态。

从2438m座舱压力高度对应的飞行高度开始下降，以验证增压系统的增压能力。在此过程中，应记录飞行高度、飞行速度、座舱压力高度、爬升或下降率及发动机功率。

为了验证增压部件合理的可能故障后，座舱压力高度不超过4500m，飞机应在最大高度上以最小供气量飞行，在此情况下一般为一个制冷组件工作。当制冷组件关闭后，座舱警告器应在3000m座舱压力高度上鸣响。然后应紧急下降至3000m(应急下降过程验证也在这时结合进行；在3000m飞行高度上飞机可以不增压飞行而仅带医疗所需的氧气。从开始下降到3000m高度所需的时间要记录下来，以便计算出紧急下降过程所需的氧气量)。在此过程中，应记录飞行高度、座舱压力高度、座舱压力高度增长率、发动机功率及供气流量。

3) 第25.841条(b)

(1) 试验室试验。

针对正压差释压活门、负压差释压活门、压差平衡装置、压力传感器及传感系统等进行试验，试验方法参照第25.843条(b)。

(2) 安全性评估。

对座舱压力高度保持和调节系统的故障情况进行安全性评估。

7.2.3 增压座舱的试验

1. 适航要求

CCAR-25-R4在第25.843条“增压座舱的试验”中规定：

(a) 强度试验 整个增压舱，包括门、窗和活门，必须作为一个压力容器按第25.365条“增压舱载荷”(d)规定的压差进行试验。

(b) 功能试验 必须进行下列功能试验：

(1) 正、负压差释压活门和应急释压活门的功能和排气量试验，以模拟调节器活门关闭的影响；

(2) 增压系统试验，以表明直到申请合格审定的最大高度的每种可能的压力、温度和湿度条件下功能正常；

(3) 飞行试验，以表明在定常和梯度爬升及下降时压力源、压力和流量调节器、指示器和警告信号的性能，爬升和下降的速率应相当于飞机使用限制内能够达到的最大值，高度直至申请合格审定的最大高度为止；

(4) 每一舱门和应急出口的试验，以表明它们在经受本条(b)(3)规定的飞行试验后工作正常。

2. 验证技术

1) 第25.843条(a)

飞机首飞前应对增压舱进行强度试验室试验。在地面，按释压活门最大调定值的压差载荷的1.33倍再考虑1.5倍的安全系数给座舱充压，保持一段时间后，缓慢降压，至压差为零；检查结构有无损坏。充压的速率应适当控制，最好与座舱实际的增长率相同。

2) 第25.843条(b)

(1) 正负压差释压活门和应急释压活门功能试验。

本款的验证方法为飞行试验。

负压差活门的功能试验应在座舱不增压、飞机紧急下降状态下进行试验。在6000m或更高的高度上，关闭座舱供气，手动控制器放在降压位置，此时由于泄漏量使座舱压力高度升高，控制器将会使排气活门在规定的座舱压力高度上关闭。当座舱压力高度接近飞行高度时，飞机以最大速率俯冲，座舱压力高度很快超过飞行高度，检查负压差活门是否打开并调节负压在允许的范围内。

检查正压差活门的功能，飞机在巡航高度时，将座舱起调压力高度调到海平面位置。手动控制器放在增压位置，座舱压力高度将下降，当座舱压力高度低于某一值时，正压活门打开泄压，使座舱压力高度控制在预定值内。

为检验应急释压活门的功能，应分别在地面和座舱压力高度为2438m对应的飞行高度上，当座舱压差为最大时，打开应急释压活门，记录座舱压力的变化率及时间。

(2)增压系统试验。

本条的验证方法为试验室试验和飞行试验。

(3)飞行试验。

应验证飞机在稳定平飞和阶跃爬升及下降期间的供气流量、压力指示器和警告信号的性能。按要求，爬升和下降的速率应以飞机的最大高度范围内的最大速率进行试验。

(4)舱门及应急出口试验。

本条的验证方法为，飞行试验后进行舱门及应急出口工作是否正常的地面检查。

7.2.4 增压系统

1. 适航要求

CCAR-25-R4在第25.1438条“增压系统和气动系统”中规定：

(a)增压系统元件必须分别进行压力值为最大正常工作压力2倍的破坏压力试验和1.5倍的验证压力试验。

(c)可以用分析或分析和试验相结合的方法，来代替本条(a)或(b)要求的各项试验，条件是适航当局认为该方法与所要求的试验等效。

2. 验证技术

1)试验室试验

(1)静力试验。

增压系统和气源系统中的每个元件应按本条(a)的规定进行静力试验，以表明元件能够承受的最严峻状态。

验证压力试验时的压力源必须采用空气压力源，而破坏压力试验时建议采用水压或油压压力源。

当元件经受验证压力试验后恢复正常工作状态时，元件应当工作正常，且没有有害的永久变形。同时，元件应当能经受本条(a)规定的破坏压力试验，而不爆裂或过度渗漏，但允许元件有永久变形，不要求元件在恢复正常工作状态时功能正常。

(2)耐久试验。

当元件失效会导致危险状态时，元件和(或)分系统应当在模拟完整飞行的典型运行条件下进行疲劳试验，以确定它们的寿命。

2) 地面试验

通过地面试验，表明系统工作正常。

3) 飞行试验

在典型飞行状态下，验证系统及其元件的工作性能。

7.2.5 试验项目示例

(1) 地面正常状态时空气的产生和温度控制；

(2) 地面失效状态时空气的产生和温度控制；

(3) 国际标准大气/热天/飞行时空气的产生和性能；

(4) 污染的测量；

(5) 地面和飞行中驾驶舱的通风-除烟雾；

(6) 地面状态时航空电子设备的通风；

(7) 飞行状态时航空电子设备的通风；

(8) 客舱增压(外部原理)；

(9) 客舱增压(内部原理，飞行管理和指引系统工作)；

(10) 客舱增压(内部原理，飞行管理和指引系统不工作)；

(11) 客舱增压(手动控制)；

(12) 客舱增压(负压差时的安全装置)；

(13) 客舱增压(应急下降)；

(14) 通风(冲压空气的进口)。

7.3 自动飞行

7.3.1 飞行导引系统

1. 适航要求

1) CCAR-25-R4 在第 25.1329 条“飞行导引系统”中规定

(b) 对驾驶员人工断开自动驾驶仪或自动推力功能的系统，其失效影响必须按照第 25.1309 条的要求进行评估。

(c) 飞行导引系统、模式或传感器的衔接或转换导致的飞机航迹瞬变，都不得大于本条 (n) (1) 中规定的微小瞬变。

(d) 在正常条件下，飞行导引系统的任何自动控制功能的切断导致的飞机航迹瞬变，都不得大于微小瞬变。

(e) 在罕见的正常和不正常条件下，飞行导引系统的任何自动控制功能的切断导致的瞬变都不得大于本条 (n) (2) 中规定的重大瞬变。

(g) 在适于使用飞行导引系统的任何飞行条件下，飞行导引系统不会对飞机产生危险的载荷，也不会产生危险的飞行航迹偏离。这一要求适用于无故障运行和故障情况，前提是假设驾驶员在一段合理的时间内开始采取纠正措施。

(h) 当使用飞行导引系统时，必须提供措施以避免超出正常飞行包线速度范围可接受的裕度。如果飞机飞行速度偏移超出这个范围，必须提供措施防止飞行导引系统导引或控制导致不安全的速度。

(j) 自动驾驶仪断开后，必须及时地给每一驾驶员提供与驾驶舱其他警告截然不同的警告(视觉和听觉的)。

(k) 自动推力功能断开后，必须给每一驾驶员提供戒备指示。

(l) 当飞行机组对飞行操纵器件施加超控力时，自动驾驶仪不得产生潜在的危险。

(m) 在自动推力工作期间，飞行机组必须不用过大的力气就能移动推力杆。在飞行机组对推力杆施加超控力时，自动推力不得产生潜在的危险。

(n) 对于本条，瞬变指对控制或飞行航迹的一种干扰，这种干扰对飞行机组输入的响应或环境条件不一致。

(1) 微小瞬变不会严重减小安全裕度，且飞行机组的行为能力还很好。微小瞬变会导致轻微增加飞行机组的工作负担或对旅客和客舱机组带来某些身体的不适。

(2) 重大瞬变会引起安全裕度严重减小、飞行机组工作负担增加、飞行机组不适，或旅客和客舱机组身体伤害，可能还包括非致命的受伤。为了保持或恢复到正常飞行包线内，严重瞬变不要求：

(i) 特殊的驾驶技巧，机敏或体力；

(ii) 超过第 25.143 条“(操纵性和机动性)总则”(d) 要求的驾驶员力量；

(iii) 会对有保护或无保护的乘员产生进一步危害的飞机的加速度或姿态。

2) TSO-C9c “Automatic Pilots”

2. 验证技术

1) 相关咨询通告

AC25.1329-1C “Approval of Flight Guidance Systems”。

2) 安全性评估

对飞行导引系统进行安全性评估，表明符合性。

3) 飞行试验

表明符合性所需的典型飞行试验如下。

(1) 保护特性。

A. 低速保护。

a. 高高度巡航。

(a) 高高度以正常巡航速度飞行，开启飞行导引系统(Flight Guidance System，FGS)并设置为高度保持模式以及某一航向或横向导航(Lateral Navigation，LNAV)。

(b) 将自动推力设置为速度模式。

(c) 手动将一台发动机减速至慢车功率(推力)。

(d) 随空速降低，观察 FGS 在维持高度或航向(航线)时的行为。

(e) 当低速保护特性启用时，注意空速及相应的音响或目视告警，包括可能的模式改变通告。

b. 低高度的高度捕获。

(a) 在合理的低高度(例如，地形允许情况下，超过平均海平面约 3000ft)、速度为 250kn，开启 FGS 并设置为高度保持模式以及某一航向或横向导航。

(b) 将自动推力设置为速度模式。

(c) 将高度预选器设置为当前高度+5000ft。

(d) 在 250kn 速度时以最大爬升功率或推力爬升至(c)的预定高度。

(e) 当 FGS 首次进入高度捕获模式时，手动将一台发动机减速至慢车功率(推力)。

(f) 随空速降低，观察飞机飞行轨迹和行为。

(g) 当低速保护特性启用时，注意空速及相应的音响或目视告警，包括可能的模式改变通告。

c. 大垂直速度。

(a) 在很高的爬升率下，将 FGS 设置为垂直速度模式。

(b) 设置推力或功率，使飞机以 1kn/s 的速率减速。

(c) 随空速降低，观察飞机飞行轨迹和行为。

(d) 当低速保护特性启用时，注意空速及相应的音响或目视告警，包括可能的模式改变通告。

d. 进近。

(a) 进行 1 次有垂直航迹基准的仪表进近。

(b) 使 FGS 与航向信标和下滑道信标耦合。

(c) 在慢车功率或推力下以合理的速度飞越固定点和(或)远距离指点信标，直至低速保护启动。

(d) 随空速降低，观察飞机飞行轨迹和行为。

(e) 当低速保护特性启用时，注意空速及相应的音响或目视告警，包括可能的模式改变通告。

(f) 注意飞行员对告警的响应以及为使飞机回到预期的垂直航迹、重新捕获该航迹并加速至预期进近速度而采取的改出措施。

B. 高速保护。

a. 有自动推力功能的高高度平飞。

(a) 如果具有自动唤醒功能，则选择断开自动推力，否则接通自动推力。

(b) 将 FGS 设置为速度保持模式。

(c) 选择一个功率或推力等级，在无干预情况下，将飞机加速超过 V_{MO}/M_{MO}。

(d) 随空速增加，视情况观察高速保护特性以及重新启动自动推力或推力减小。

(e) 评估 FGS 将空速控制到 V_{MO}/M_{MO} 或其他适用速度的能力。

b. 无自动推力功能的高高度平飞。

(a) 选择一个功率或推力等级，在无干预情况下，将飞机加速超过 V_{MO}/M_{MO}。

(b) 随空速增加，观察飞机基本超速警告的启动。

(c) 观察高速保护特性的启动及有效性，注意 FGS 的任何指示和行为。

(d) 保持现有功率或推力等级，观察飞机偏离选定高度。

(e) 经过足够时间验证和记录 FGS 行为后，按需减小推力或功率，使飞机开始下降。

(f) 观察 FGS 在下降期间的行为以及随后对原选定高度的捕获。

c. 有自动推力功能的高高度下降。

(a)关闭自动推力(有自动唤醒功能)，设置功率或推力使空速低于 V_{MO}/M_{MO}10%，同时将 FGS 设置为高度保持模式。

(b)在垂直速度模式下，选择一个垂直速度，将飞机加速超过 V_{MO}/M_{MO}。

(c)随空速增加，观察自动推力功能重新启动并减少功率或推力。

(d)观察高速保护特性的启动及有效性，注意 FGS 的任何指示和行为。

(2)起飞模式。

针对横滚轴的控制功能，没有专门的试验条件，应在飞行试验的正常过程中进行评估。下面确认的关于俯仰轴操纵功能的试验条件，是为了使提供计算指令的系统[飞行指引仪、平视导引系统(Head up Guidance System，HGS)和离地后的自动驾驶]达到并保持第二段爬升所要求的基准速度，应针对下述试验条件评估 FGS 控制正确速度的能力。如果装有 ATTCS，应同时进行功能评定。

A. 对于正常全发工作(All-Engines-Operating，AEO)起飞，基准速度应是申请人选定的 AEO 初始起飞爬升速度(通常为 V_2+10kn)。

B. 起飞机动过程中发生单发失效、空速大于 V_{FE}时，基准速度应如下。

a. V_2，如果单发失效出现在 V_2之前；

b. 即时速度，如果单发失效出现在 V_2与 AEO 初始起飞爬升速度之间；

c. AEO 初始起飞爬升速度，适用其他情况。

C. 在涵盖各种飞行状态的不同襟翼位置或不同装载状态(总重与重心)下评定起飞性能，除非另有说明，采用正常抬前轮、收起落架与襟翼程序。

D. 评定非正常和(或)模拟失效状态如下。

a. 抬前轮过迟；

b. 抬前轮过早；

c. 模拟发动机在 V_{FE}时失效；

d. 模拟发动机在 V_2+20kn 时失效；

e. 模拟发动机在 V_2+5kn 时失效。

(3)爬升、巡航、下降及等待模式。

对如下模式进行飞行试验，通过飞行员的主观判断完成验证。

A. 高度保持和(或)选择；

B. 区域导航；

C. 反航线(Backcourse)；

D. 航向保持和(或)选择；

E. 指示空速(IAS)保持和(或)选择；

F. 横向导航；

G. 飞行高度层改变；

H. 定向信标(单独使用)；

I. 马赫数保持和(或)选择；

J. 非精密进近；

K. 俯仰姿态保持；

L. 滚转姿态保持；

M. 湍流；

N. 垂直导航；

O. 垂直速度保持和(或)选择；

P. VOR 导航。

(4)复飞模式。

A. 在全部总重和重心状态范围内，在每一个着陆襟翼设定位置的正常状态下，评估复飞性能。试验时，采用与复飞襟翼设定相应的正常收起落架和襟翼的程序。

B. 在模拟如下时刻发生发动机失效的情况下，评估复飞性能。

a. 在开始复飞之前；

b. 在开始复飞之后；

c. 爬升过程中，高度捕获模式之前及之后。

(5)仪表着陆系统(ILS)进近模式。

以Ⅱ类(CATⅡ)为例，飞行试验内容如下。

A. 进行一系列进近，沿Ⅱ型标定的 ILS 波束至 100ft 无线电高度。

B. 对于初次系统的试验，需要进行约 20 次进近，检查每个形态及其组合。

C. 试验中至少应包括 3 个Ⅱ型波束。

D. 应在选定状态下进行试验，以表明在极限重量、重心、风速、航向信标捕获角等参数范围内性能满足要求。

(6)飞行操纵的人工恢复。

恢复人工操纵的验证方法是，在经过合理的时间延迟之后，利用超控或快速断开(应急)装置，驾驶员应能在完全人工操纵的情况下，使飞机回到正常飞行姿态，在改出中不应出现超过规定的载荷或速度限制，并且不应出现危险的机动。

如果驾驶盘上没有安装应急快速断开按钮，则应演示在各种飞机形态和姿态(包括请求批准的最大速度)下，能够克服伺服机构力加上总的空气动力载荷，而且在驾驶杆和驾驶盘上测得的瞬时操纵力不应超过第 25.143 条(d)要求的驾驶员力量。

试验中，用于伺服机构的最大力不应超过结构限制值。记录这些试验中的最大高度损失。

(7)故障试验。

A. 爬开、巡航和下降。

a. 将下列中较为临界的信号引入自动驾驶仪中，如果安装了自动油门机构，则应接通如下信号。

(a)与绕任一轴的单一故障(包括自动配平装置的故障)累积效应相等效的信号。

(b)如果某个元件的故障会引起多轴失效的话，则引入受影响各轴的组合信号。

b. 在飞行员察觉到发生了故障之后，必须等待 3s 才开始纠正动作，测量飞机的载荷、高度、速度和姿态。不应产生超过结构限制或大于 2g 的载荷包线，或产生超过 V_{FC}/M_{FC} 的速度，或导致危险的姿态与飞行航迹的危险偏离。同时记录高度损失。

B. 机动飞行。

将 A 中所述的故障引入自动驾驶仪系统，在向飞行员发出故障警报并等待 1s 后才采取纠正动作，总的合成载荷和速度不得超过 A 中所述的数值。机动飞行试验中的这些故障，应在建立了系统正常工作的最大倾斜角和在使用自动驾驶仪时可能遇到的临界飞机形态或飞行阶段时才引入。同时记录高度损失。

C. 振荡试验。

振荡试验可采用两种方法。

a. 首先进行分析，再以足够的飞行数据来验证分析的结果。

b. 主要通过试飞，然后对飞行数据进行分析研究，确定对飞机部件施加的载荷值，并求出相对于限制载荷的最高百分比值。

无论是分析研究，还是飞行试验，首先应确定振荡信号的幅值，此振幅应足以能使驾驶仪伺服放大器达到饱和程度。分析的频率范围应包括使操纵面产生明显运动的最高频率至飞机的弹性体和刚体的最低响应频率，但是低于 0.2Hz 的频率可不予考虑。分析还应包括飞机的正常速度和各种形态。

如果飞行试验时，信号频率在某一频率上作连续扫描，则频率的变化速度应足够缓慢，以便能确定该频段内任何临界频率上各个部件的响应幅值。

7.3.2　试验项目示例

(1) 自动飞行系统(警告)；
(2) 飞行指引(巡航状态)；
(3) 飞行指引(起飞状态)；
(4) 飞行指引(着陆状态，使用 I 类 ILS 进场)；
(5) 飞行指引(着陆航向信标＋垂直速度，使用 I 类 ILS 进场)；
(6) 飞行指引(飞行轨迹矢量，使用 I 类 ILS 进场)；
(7) 飞行指引(目视进场)；
(8) 飞行指引(着陆状态)；
(9) 飞行指引(自动着陆和进场性能)；
(10) 飞行指引(速度偏差时自动进场和着陆)；
(11) 飞行指引(当缝/襟翼处于位置 3 时自动进场和着陆)；
(12) 飞行指引(一发不工作时 II 类仪表着陆系统进场性能)；
(13) 飞行指引(使用旋标式着陆指示仪，飞行增稳计算机系统不工作时III类着陆和着陆滑跑性能)；
(14) 飞行指引(着陆滑跑性能)；
(15) 飞行指引(复飞模式)；
(16) 飞行指引(与其他系统相互作用)；
(17) 飞行指引(振荡试验)；
(18) 飞行指引(失效模式)；
(19) 自动推力功能；
(20) 自动推力失效；
(21) 飞行增稳计算机功能；
(22) 飞行增稳计算机干扰；
(23) 飞行管理(制导和导航的使用)；

(24)飞行管理(VOR/DME进场中导航性能);

(25)飞行管理(在全位置定位模式时导航性能)。

7.4 通　信

7.4.1 驾驶舱录音机

1. 适航要求

1)CCAR-25-R4在第25.1457条“驾驶舱录音机”中规定

(a)中国民用航空规章营运规则所要求的每台驾驶舱录音机必须经过批准，并且其安装必须能够记录下列信息：

(1)通过无线电在飞机上发出或收到的通话；

(2)驾驶舱内飞行机组成员的对话；

(3)驾驶舱内飞行机组成员使用飞机内话系统时的通话；

(4)进入耳机或扬声器中的导航或进场设备的通话或音频识别信号；

(5)飞行机组成员使用旅客广播系统时的通话(如果装有旅客广播系统，并根据本条(c)(4)(ii)的要求有第四通道可用)；

(6)如果安装了数据链通信设备，那么所有数据链通信，应使用经批准的数据信息集；数据链信息必须作为通信设备的输出信号被记录，该通信设备可将信号转换为可用数据。

(b)必须在驾驶舱内安装一只区域话筒来满足本条(a)(2)的记录要求。话筒要安装在最佳位置，能够记录正、副驾驶员工作位置上进行的对话，以及记录驾驶舱内其他机组成员面向正、副驾驶员工作位置时的对话，话筒的定位必须使得在飞行中驾驶舱噪声条件下所记录和重放的录音通信的可懂度尽可能高，如有必要，应对录音机的前置放大器和滤波器进行调整或补偿。评价可懂度时可以把记录反复重放，用听觉或目视来判断。

(c)每台驾驶舱录音机的安装必须将本条(a)规定的通话或音频信号根据不同声源分别录在下列通道上：

(1)第一通道，来自正驾驶员工作位置上的每个吊杆式、氧气面罩式或手持式话筒、耳机或扬声器；

(2)第二通道，来自副驾驶员工作位置上的每个吊杆式、氧气面罩式或手持式话筒、耳机或扬声器；

(3)第三通道，来自安装在驾驶舱内的区域话筒；

(4)第四通道：

(i)来自第三和第四名机组成员工作位置上的每个吊杆式、氧气面罩式或手持式话筒、耳机或扬声器；

(ii)来自驾驶舱内与旅客广播系统一起使用的每个话筒，如果此信号未被别的通道所拾取(条件是不要求配置本条(c)(4)(i)中规定的工作位置，或该工作位置的信号由另一通道所拾取)；

(5)不论机内通话话筒按键开关处于何种位置，必须将本条(c)(1)、(2)和(4)所述的话筒接收到的所有声音尽可能不间断地记录下来。该设计必须保证只有在使用机内通话机、乘客广播系统或无线电发送机时才会对飞行机组产生侧音。

(d) 每台驾驶舱录音机的安装必须符合下列规定：

(1) (i) 其供电应来自对驾驶舱录音机的工作最为可靠的汇流条，而不危及对重要负载或应急负载的供电；

(ii) 驾驶舱录音机必须尽可能长时间地保持电力，又不危及飞机的应急操作。

(2) 应备有自动装置，在撞损冲击后 10 分钟内，能使录音机停止工作并停止各抹音装置的功能；

(3) 应备有音响或目视装置，能在飞行前检查录音机工作是否正常；

(4) 任何记录器以外的单一电气故障，不能使驾驶舱录音机和飞行记录器停止工作；

(5) 具有符合以下要求的独立的电源：

(i) 提供 10±1 分钟的电源支持驾驶舱录音机和安装在驾驶舱的区域话筒；

(ii) 安装位置尽可能靠近驾驶舱录音机；和

(iii) 如果发生了驾驶舱录音机的所有其他电源由于正常关闭或任何其他电气汇流条的电源丢失引起的中断，驾驶舱录音机和座舱安装的区域话筒能够自动开启；和

2) TSO-C123b “Cockpit Voice Recorder Equipment”

2. 验证技术

1) 相关咨询通告

AC25.1457-1A “Cockpit Voice Recorder Installations”。

2) 地面试验

用地面试验表明驾驶舱录音机的供电控制电路和记录功能符合本条要求。

3) 飞行试验

通过飞行试验表明驾驶舱录音机的记录通道和功能符合本条要求。

7.4.2 试验项目示例

(1) 高频系统(ARINC-719)(地面检查)；

(2) 高频系统(ARINC-719)(一般检查)；

(3) 甚高频系统(ARINC-716)(地面检查)；

(4) 甚高频系统距离(ARINC-716)(屏蔽影响)；

(5) 无线电控制板(RMP)交互式通话；

(6) 音响控制板(ACP)故障和噪声抑制组合；

(7) 旅客播音系统(一般检查)；

(8) 旅客播音系统性能；

(9) 机内通话；

(10) 选择呼叫设备(ARINC-714)；

(11) 驾驶舱语音记录仪(ARINC-557)飞行试验。

7.5 电　源

7.5.1 电源容量和分配

1. 适航要求

CCAR-25-R4 在第 25.1310 条“电源容量和分配”中规定：

(a) 对于型号合格审定或运行规章所要求的，并需要用电的每个装置均为电源的“重要负载”。在可能的运行条件和可能的持续时间内，电源和系统必须能够提供电源给下列负载：

(1) 系统正常工作时连接到系统的负载；

(2) 在任何一个主驱动器、电源转换器或储能装置失效后的重要负载；

(3) 在下列失效后的重要负载：

(i) 双发飞机的任何一台发动机，以及

(4) 在任何一个电源系统、配电系统或其他用电系统失效或失常后，需要一个备份电源的重要负载。

2. 验证技术

通过分析计算和试验，表明飞机电源在规定的条件下能满足所有重要用电设备的供电要求。参见第 25.1351 条“(电气系统和设备)总则”的验证。

7.5.2 (电气系统和设备)总则

1. 适航要求

CCAR-25-R4 在第 25.1351 条“(电气系统和设备)总则”中规定：

(a) 电气系统容量　对于所需的发电容量、电源数目和种类规定如下：

(1) 必须由电气负载分析确定；

(2) 必须满足第 25.1309 条的要求。

(b) 发电系统　发电系统包括电源、主电源汇流条、传输电缆以及有关的控制、调节和保护装置。发电系统的设计必须符合下列规定：

(1) 电源在单独工作或并联运行时功能正常；

(2) 任一电源的失效或故障均不得造成危险或损害其余的电源向重要负载供电的能力；

(3) 在任何可能的运行条件下，所有重要负载设备端的系统电压和频率(如果适用)均能保持在该设备的设计限制范围之内；

(4) 因切换、清除故障或其他原因而引起的系统瞬变不会使重要负载不工作，且不会造成冒烟或着火的危险；

(c) 外部电源　如果备有设施将外部电源接到飞机上，且该外部电源能与除用于发动机启动之外的其他设备相连接，则必须有措施确保反极性或逆相序的外部电源不能向该飞机的电气系统供电。

(d) 无正常电源时的运行　必须通过分析、试验或两者兼用来表明，当正常电源(除蓄电池之外的电源)不工作、燃油(从熄火和重新启动能力考虑)为临界状态，且飞机最初处于最大审定高度的情况下，飞机能按目视飞行规则安全飞行至少五分钟。电气系统中满足下列条件的部分才可以保持接通：

(1)包括导线束或接线盒起火在内的单个故障不会导致丧失断开部分和接通部分；

(2)接通部分在电气上和机械上与断开部分隔离。

2. 验证技术

1)分析计算

(1)第25.1337条(a)。

参照GJB 860(或MIL-E-90316)“飞机电气负载和电源容量分析”，进行飞机电气负载分析和电源容量分析。

(2)第25.1337条(b)(3)。

对重要负载设备端的电压进行分析计算，先确定发电系统调压点电压变化范围(按发电系统技术条件)，然后计算线路电压降，以此确定输入至重要负载设备端的电压范围，该范围应符合要求。

(3)第25.1337条(d)。

从电气负载分析得到应急用电设备的功率要求，再根据飞机要求应急供电的时间和应急负载的需求，计算蓄电池所需的安时数。蓄电池所选容量应满足该要求。

2)安全性评估

通过对发电系统进行失效模式与影响分析(FMEA)等，表明对本条(b)(2)的符合性。

3)试验室试验

(1)通过操作单台发电系统开关和并联开关(对并联系统而言)，验证其运行功能符合本条(b)(1)的设计要求。

(2)通过模拟电源失效模式，进行电气系统试验表明本条(b)(2)的符合性。

(3)电气系统试验室试验中，在各种试验状态下，测定重要负载设备的电压和频率，表明本条(b)(3)的符合性。

(4)在电气系统试验时，测试重要负载设备在电气系统各种瞬态工作时的电压，并表明本条(b)(4)的符合性。

(5)应在电气系统试验时，验证当正常电源失电时，通过汇流条自动转换能对应急用电设备进行供电，还能向发动机重新启动的点火电路供电，表明本条(d)的符合性。

4)地面试验

(1)应在飞机试飞前，对发电系统进行功能试验，验证飞机发电系统单独工作或并联运行(对并联系统来说)功能，表明本条(b)(1)的符合性。

(2)将外部电源通过外部电源电气连接器与机载外部电源控制电路相连，操纵飞机上的外部电源控制开关，验证其能够正常通断机上的外电源接触器(或外电源主电路断路器)；然后将外部电源的极性或相序调换，通过上述操作，验证外电源接触器不应接通，表明本条(c)的符合性。上述功能也可通过飞机发电系统(外电源)功能试验来验证。

5)飞行试验

(1)第25.1337条(a)。

通过飞行试验测量在各飞行阶段下各发电系统所承受的负载，画出电气负载图，验证发电系统和应急电源容量在各种状态下能满足用电设备的负载要求，表明本条(a)的符合性。

(2)第25.1337条(d)。

利用地面和(或)飞行的30min供电要求试验，验证主蓄电池和无时限动力源(如APU、冲压空气涡轮、气压或液压马达等)足以在仪表气象条件(IMC)运行期间向安全飞行所必需的重要负载供电至少 30min。如果由无时限动力源提供应急电源，则主蓄电池容量应至少足以供电5min。属于IMC运行期间向安全飞行所必需的重要负载包括如下三种。

A. 目视气象条件(VMC)运行期间对继续安全飞行和着陆所必需的负载。

B. 第 25.1333 条(b)专门规定的关于姿态、航向、空速和高度的一个显示器，自由大气温度指示器，全压-静压加温能力(如果适用)。

C. 对于安全飞行所需的通信、机内通话、导航能力(按 IMC 运行)、必需的驾驶舱与仪表照明，以及其他仪表显示、系统、设备或飞机部件。

7.5.3 电气设备及安装

1. 适航要求

CCAR-25-R4在第25.1353条“电气设备及安装”中规定：

(a)电气设备和控制装置的安装，必须使任何一个部件或部件系统的工作不会对同时工作的、对安全运行起主要作用的其他系统和部件产生不利影响。飞机上任何可能产生的电气干扰不得对飞机或其系统产生危险的影响。

(b)蓄电池必须按下列要求设计和安装：

(1)在任何可能的充电或放电状态下，单体蓄电池的温度和压力必须保持在安全范围之内。当蓄电池(在预先安全放电之后)在下列情况重新充电时，单体蓄电池的温度不得有不可控制的升高：

(i)以调定的最大电压或功率；

(ii)最长持续飞行期间；

(iii)服役中很可能出现的最不利的冷却条件。

(5)每个镉镍蓄电池装置必须有措施防止蓄电池或某个单体蓄电池短路时所发出的最大热量危及结构或重要系统；

(6)镉镍蓄电池必须具有下列系统之一：

(i)自动控制蓄电池充电速率的系统，以防止蓄电池过热；

(ii)蓄电池温度敏感和超温警告系统，该系统具有一旦出现超温情况即可将蓄电池与其充电电源断开的措施；

(iii)蓄电池失效敏感和警告系统，该系统具有一旦发生蓄电池失效即可将蓄电池与其充电电源断开的措施。

2. 验证技术

1)相关咨询通告

AC25.1353-1A “Electrical Equipment and Installations”。

2)分析计算

首先应对发动机启动或APU启动状态进行电气负载分析，求得蓄电池在发动机或APU启动时的放电电流，对照蓄电池采购规范或技术条件，验证其在大电流放电状态下使用是安全的，表明对本条(b)(5)与(b)(6)的符合性。

3)试验室试验

(1)第25.1353条(b)(1)。

在任何可能的状态下，进行蓄电池的充电或放电试验，验证单体蓄电池的温度和压力必须保持在安全范围之内。

(2)第25.1353条(b)(6)。

在蓄电池直接接在直流电源上充电的浮充方式下，进行超温的故障模拟试验，验证蓄电池在超温情况下提供告警，并可将充电电源断开，表明对本条(b)(6)的符合性。

4)地面试验

(1)第25.1353条(a)。

当设备在飞机安装完毕后，应进行电磁兼容性检查。在飞机上使各设备和控制装置进入工作状态(若设备在地面无法进入工作状态，则应在飞行试验时检查)，如果各设备工作正常，则认为符合条款要求。

(2)第25.1353条(b)(6)。

进行镉镍蓄电池充电状态试验，验证蓄电池在该状态下不发生过热。

7.5.4 电气系统试验

1. 适航要求

CCAR-25-R4在第25.1363条“电气系统试验”中规定：

(a)进行电气系统的试验室试验时：

(1)该试验必须使用与飞机上所用相同的发电设备在实体模型上进行；

(2)设备必须模拟配电线路和所接负载的电气特性，其模拟程度要能取得可靠的试验结果；

(3)试验室发电机传动装置，必须模拟飞机上实际的原动机对发电机加载(包括由故障引起的加载)的反应。

(b)对于在试验室内或通过飞机地面试验不能适当模拟的每种飞行状态，必须进行飞行试验。

2. 验证技术

1)试验室试验

对本条(a)验证所用试验设备(包括驱动装置)应有验收合格证明，或是已进行过同类试验的设备。被试的发电系统等飞机实体试验件应符合相应的采购规范或产品技术条件。试验线路图应符合飞机电气系统原理图。

电气系统试验项目至少应包括下列内容。

(1)第25.1351条、第25.1353条、第25.1357条验证方法中所列的试验；

(2)供电特性试验；

(3) 故障模式试验。

试验大纲进行需要经适航当局批准。

2) 飞行试验

通常发电系统必须进行飞行试验，且试飞大纲需要经适航当局批准。

典型试验项目是负加速度性能，验证飞机在第 25.333 条规定的飞行包线内，以负加速度飞行时，电源系统不出现危险故障，应按预期的最大负加速度持续时间表明符合性，该试验通常与第 25.943 条的发动机负加速度试验一起进行。

7.5.5　试验项目示例

(1) 两台主发电机工作；

(2) 电源(负过载工作)；

(3) 一台主发电机工作；

(4) 辅助动力装置的发电机工作；

(5) 电源(重构/瞬态分析)；

(6) 应急发电机工作；

(7) 电气烟雾试验。

7.6　设备/装饰

7.6.1　风挡和窗户

1.　适航要求

CCAR-25-R4 在第 25.775 条“风挡和窗户”中规定：

(b) 位于正常执行职责的驾驶员正前方的风挡玻璃及其支承结构，必须能经受住 1.8 公斤(4 磅)的飞鸟撞击而不被击穿，此时飞机的速度(沿飞机航迹相对于飞鸟)等于按第 25.335 条“设计空速”(a) 选定的海平面 V_C 值。

(c) 除非能用分析或试验表明发生风挡破碎临界情况的概率很低，否则飞机必须有措施将鸟撞引起的风挡玻璃飞散碎片伤害驾驶员的危险减至最小，必须表明驾驶舱内的下列每块透明玻璃都能满足上述要求：

(1) 位于飞机正面的；

(2) 对飞机纵轴倾斜 15 度或更大的；

(3) 其某一部分的位置会导致碎片伤害驾驶员的。

(d) 增压飞机的风挡和窗户必须根据高空飞行的特殊因素来设计，包括持续和循环增压载荷的影响、所用材料的固有特性、温度和温差的影响。在装置本身或有关系统中发生任何单个破损后，风挡和窗户玻璃必须能经受住座舱最大压差载荷与临界气动压力和温度影响的联合作用。可以假定在出现(按第 25.1523 条规定的)飞行机组易于发现的单个破损后，座舱压差从最大值按相应的使用限制下降，使飞机能以不大于 4500 米(15000 英尺)的座舱压力高度继续安全飞行。

(e) 驾驶员正面风挡玻璃必须布置成，如果丧失了其中任何一块玻璃的视界，余下的一块或几块玻璃可供一个驾驶员在其驾驶位置上继续安全飞行和着陆。

2. 验证技术

1) 相关咨询通告

AC25.775-1 “Windows and Windshields”。

2) 第 25.775 条 (b) 与 (c)

(1) 参见鸟撞损伤的地面试验。

(2) 试验结果的检查。

试验要在飞机使用温度范围内进行，可使用液氮降温，红外线加温或由电加温玻璃本身加温，试验后进行检查。

玻璃件，用目视法确定其损伤程度。

支承结构件，用目视法并配备 5 倍放大镜进行检查，以确定其损伤程度。

模拟乘员，用目视法并配合高速摄影的照片检查试件挠曲造成的影响，撞击碎片的数量、位置和尺寸以及对模拟乘员的损伤程度。

3) 第 25.775 条 (d)

增压飞机的风挡和窗户应进行的典型试验包括以下三个。

(1) 可靠性与功能试验。

通过试验验证，当玻璃遭受到加热环境温度和压力载荷的最不利组合时，框架的安装满足要求。

(2) 疲劳试验。

全尺寸增压舱疲劳试验应当包括窗户装配件及其周围结构。

(3) 强度试验。

通过试验验证，最弱玻璃板的强度在最不利的运行条件下足以保证满足此款的安全性目标，即风挡窗户及其支承结构不会产生破损及不允许的变形等损伤，保持结构的完整性。

4) 第 25.775 条 (e)

通过飞行试验，由飞行员对此款作出评估。

7.6.2 (安全设备) 总则

1. 适航要求

CCAR-25-R4 在第 25.1411 条“(安全设备) 总则”中规定：

(d) 救生筏

(1) 第 25.1415 条所述救生筏的存放设施，必须能够存放足够数量的救生筏，以容纳对于申请水上迫降合格审定的最大乘员数目；

2. 验证技术

对于本条 (d) 中救生筏装载量是否满足最大乘员数目，可以用简单的计算予以验证。

计算的内容除了极限乘员数与救生筏的名义载客总数相一致，还应按第 25.1415 条 (b) (1) 项的规定，计算当其中一只名义载客量最大的筏失效后，其余筏的剩余浮力能否分担失效筏的载客数。

每位旅客平均占用筏的浮力通常按 75 公斤 (165 磅) 计。

7.6.3 试验项目示例

(1) 驾驶舱布置(仪表，控制设备，操作程序)；
(2) 驾驶舱布置(驾驶舱密封)；
(3) 驾驶舱布置(噪声和振动水平)；
(4) 驾驶舱布置(无降雨时驾驶舱视野)；
(5) 驾驶舱布置(降雨时驾驶舱视野)；
(6) 驾驶舱布置(风挡防冰/防雨系统单个故障)；
(7) 机长位置的窗户。

7.7 防 火

7.7.1 动力装置灭火系统

1. 适航要求

CCAR-25-R4 在第 25.1195 条“灭火系统”中规定：

(a) 必须有为每个指定火区服务的灭火系统，但是对于包含输送可燃液体或气体管路或组件的涡轮发动机安装的燃烧室、涡轮及尾喷管部分，如果表明其着火是可控制的，则这些部分除外。

(b) 灭火系统、灭火剂剂量、喷射速率和喷射分布必须足以灭火。必须通过真实的或模拟的飞行试验来表明，在飞行中临界的气流条件下，本条(a)规定的每一指定火区内灭火剂的喷射，可提供能熄灭该火区内的着火并能使复燃的概率减至最小的灭火剂密集度。辅助动力装置、燃油燃烧加温器以及其他燃烧设备可以使用单独的“一次喷射”式灭火系统。对于每个其他的指定火区，必须提供两次喷射，每次喷射要有足够的灭火剂密集度。

(c) 短舱的灭火系统必须能够同时对被防护短舱的每一火区进行防护。

2. 验证技术

1) 相关咨询通告

AC20-100“General Guidelines for Measuring Fire-Extinguishing Agent Concentrations in Powerplant Compartments”。

2) 分析计算

利用灭火剂量、灭火剂密集度和保持时间的分析计算，表明符合性。

3) 地面试验

通过地面试验，演示发动机舱指定火区中所用的灭火剂密集度和持续时间是否符合本条要求。

(1) 采样点的数量与位置。

采样点的数量与布置必须经适航当局认可。采样点布置应反映出整个火区内灭火剂密集度的分布以及火区内的危险着火点的灭火剂密集度。对于较短的短舱可按三环布置，对于较长的短舱可按四环布置。布置采样点时应充分考虑下列区域：可燃液体或点火源均存在的区域、有可能聚积可燃液体的低凹区域、有高速气流存在的区域(冷却空气进口和发动机放气口附近)、由于附件或部件的存在使气流受阻力而有碍于灭火剂足够覆盖的区域、远离灭火剂喷射口的区域等。

(2) 试验程序。

灭火系统和发动机短舱装置应为生产型。应在灭火剂喷射之前 10s 接通真空泵。在喷射后 30s 真空泵应继续开着，以清洗灭火剂探头。

如果试验发动机短舱的结构是用风扇气流给核心发动机舱通风的，可采用下列典型灭火瓶喷射程序，以模拟失火警报发生后实际发动机停车情况。

A. 将转速 N_1 调为有代表性的巡航值；

B. 将油门杆推到“慢车”位置；

C. 将燃油断油开关置于“断开”位置；

D. 停留 5s；

E. 喷射灭火剂。

试验前检查灭火瓶充填量及压力是否符合技术条件要求。通常将合格的灭火瓶放入冷冻间，使灭火剂冷却到试验温度，如−55℃。

(3) 测量记录参数。

A. 环境大气压力、温度和湿度；

B. 灭火瓶的温度；

C. 灭火瓶喷射前后的重量和压力；

D. 各测量点灭火剂密集度随时间的变化曲线。

4) 飞行试验

通过飞行试验，演示发动机舱指定火区中所用的灭火剂密集度和持续时间是否符合本条要求。测量记录参数与地面试验相同。

(1) 试验条件。

典型飞行试验条件如下。

A. 最大速度平飞。

是灭火系统性能测试最常用的一种试验条件，试验时短舱内冲压冷却空气流量的影响最大，因为要求试验在高速条件下进行，发动机停车和喷射灭火剂后通常的试验状态是，尽力保持空速不变。

B. 进场和起飞。

在灭火系统鉴定中，这两种试验条件使用得没有“最大速度平飞”多，但是某些灭火系统在进场和起飞条件下的性能要比最大速度平飞时要差。鉴于飞行高度、发动机工作状态、爬升率或下降率等因素可能对灭火系统的性能有不利影响，应当考虑在进场和起飞条件下进行试验。起飞和最大空速条件一般认为有可能出现最严重的火灾，因为此时燃油流量、管路压力、温度以及空气流量都较高。

C. 低速或巡航飞行。

该试验条件不经常使用，所测得的数据点应当在空气流量为零时的数据点与最大空速条件数据点之间。曾经遇到过这样的情况，最大速度条件下由于空气流量较高实际改善了灭火剂的浓度分布。另外，低速飞行时冲压冷却空气流量较低，如果压气机放气流量的影响超过了冲压冷却空气流量的影响，那么短舱内的辅助空气流就可能和高速飞行时的完全不一样。

大多数灭火系统飞行试验的压力高度范围是600～1500m。

(2)典型试验程序。

A. 检查灭火瓶充填量及压力是否符合技术条件要求，通常将合格的灭火瓶进行冷冻，使内部灭火剂冷却到试验温度，如−55℃；

B. 将飞机调整到要求的试验状态；

C. 按规定提前启动测试仪器；

D. 将油门杆拉回到“慢车”位置；

E. 将燃油断油开关置于“断开”位置；

F. 停留5s；

G. 喷射灭火剂。

7.7.2　灭火剂

1. 适航要求

CCAR-25-R4在第25.1197条“灭火剂”中规定：

(b)如果使用任何有毒的灭火剂，必须采取措施防止有害密集度的灭火液或其蒸气(飞机正常运行中渗漏的，或者在地面或飞行中灭火瓶喷射释放的)进入任何载人舱(即使灭火系统中可能存在缺陷)。对于此要求必须用试验来表明，但机身舱内的固定式二氧化碳灭火系统除外，对于该系统则有下列要求：

(1)应能按规定的灭火程序，向机身任一隔舱喷射2.3公斤(5磅)或少于2.3公斤(5磅)的二氧化碳；或

(2)对于在驾驶舱执勤的或每个飞行机组成员，应有防护性呼吸设备。

2. 验证技术

飞行试验应按规定的灭火操作程序，用灭火器向机身舱内喷射，因为二氧化碳比空气重，故机头下沉姿态可能会使空勤组舱内达到危险的密集度，典型试验条件如下。

(1)收起襟翼和起落架，按飞机的最大使用限制速度快速下降。

(2)放下襟翼和起落架，按此形态的最大许用速度快速下降。

如果对特定的飞机，出现任何别的临界情况，也应予以考虑。

在试飞中，只要空勤组人员能容易而迅速地执行，而且又不明显地降低灭火系统的效率，允许在喷射二氧化碳之前或之后立即执行应急通风程序。

如果确定的二氧化碳浓度按体积超过3%(修正到标准海平面状态)，则应对驾驶舱内的每个空勤组人员提供防护性呼吸设备。

7.7.3　动力装置火警探测系统

1. 适航要求

CCAR-25-R4在第25.1203条“火警探测系统”中规定：

(g)火警探测系统的构造，必须使得当其处于安装形态时，不会超过根据探测器有关技术标准中规定的响应时间标准对探测器所批准的报警动作时间。

2. 验证技术

通过飞行试验，测量每个火警探测器敏感元件选定点的温度，并同时记录基本的飞机和发动机数据，从而确定出预期的最高温度与火警温度间的最小裕度。

本试验与第25.1041～25.1045条所要求动力装置冷却试验结合进行，给火警探测器的敏感元件提供了最大限度的加热。

7.7.4　试验项目示例

(1) 飞行中货舱泄漏试验；
(2) 发动机火警探测系统试验；
(3) 辅助动力装置火警探测系统试验；
(4) 货舱烟雾探测系统试验(地面和飞行)；
(5) 发动机灭火剂浓度测量；
(6) 发动机灭火瓶表面温度测量；
(7) 辅助动力装置灭火瓶表面温度测量；
(8) 货舱灭火剂浓度测量。

7.8　飞行操纵

7.8.1　(操纵系统)总则

1. 适航要求

CCAR-25-R4在第25.671条“(操纵系统)总则”中规定：

(a) 每个操纵器件和操纵系统对应其功能必须操作简便、平稳和确切。

(c) 必须用分析、试验或两者兼用来表明，在正常飞行包线内发生飞行操纵系统和操纵面(包括配平、升力、阻力和感觉系统)的下列任何一种故障或卡阻后，不要特殊的驾驶技巧或体力，飞机仍能继续安全飞行和着陆。可能出现的功能不正常必须对操纵系统的工作只产生微小的影响，而且必须是驾驶员能易于采取对策的：

(1) 除卡阻以外的任何单个故障(例如机械元件的脱开或损坏，或作动筒、操纵阀套和阀门一类液压组件的结构损坏)；

(2) 除卡阻以外未表明是极不可能的故障的任意组合(例如双重电气系统或液压系统的故障，或任何单个损坏与任一可能的液压或电气故障的组合)；

(3) 在起飞、爬升、巡航、正常转弯、下降和着陆过程中正常使用的操纵位置上的任何卡阻，除非这种卡阻被表明是极不可能的或是能够缓解的。若飞行操纵器件滑移到不利位置和随后发生卡阻不是极不可能的，则须考虑这种滑移和卡阻。

(d) 飞机必须设计成在所有发动机都失效的情况下仍可操纵。如果表明分析方法是可靠的，则可以通过分析来表明满足本要求。

2. 验证技术

1) 第25.671条(a)

(1) 地面试验。

进行操纵系统的地面功能试验，验证本款的符合情况。

(2) 飞行试验。

本款的评估是以试飞员的感觉和判断为依据的。在整个飞机合格审定过程的飞行试验评定中，验证每个操纵器件在飞行范围内和可预见的操作情况下都能符合本款要求。

2) 第 25.671 条(c)

(1) 安全性评估。

参照 AC25.1309-1B “System Design and Analysis”进行系统安全性评估，内容如下。

A. 确定系统及其接口，并判别系统要完成的功能。确定系统是否是复杂的系统、是否与其他飞机上使用的系统相似、是否是常规系统；判别和划分重大的(即不是轻微的)失效状态。这种判别和分类可通过功能危险性评估(FHA)来完成。

B. 对于复杂系统，如果失效状态的分类是重大的，则需要进行定性评定；如果失效状态的分类是灾难性或危险的，则需要进行定性评定和适当的定量评定。

C. 若该系统的有关属性与其他飞机相似，则进行相似证明和符合性说明；若该系统有关属性是常规性的，则进行定性的评定。

D. 对系统进行安全性评估，至少应涵盖如下子系统。

a. 纵向操纵系统；

b. 横向操纵系统；

c. 航向操纵系统；

d. 配平操纵系统；

e. 襟翼操纵系统；

f. 升力扰流板系统(如果适用)。

(2) 飞行试验。

通过对系统的故障分析，对系统和操纵面可能的故障进行飞行验证，但对灾难性的故障不要求飞行验证。只要可能，试验均应集中在最临界的飞行范围(大多数故障在进场和着陆时发生)内进行。对于给定的一组类似故障(例如，在多扰流板飞机上的单个扰流板故障)仅仅需要研究其中最关键的故障。

以下是某些模拟故障的验证方法，并不适用于每一飞机型号。对于特定型号的飞机，可从这些方法中进行选择和补充，形成一个明确的和适用的操纵系统试验大纲。

A. 安定面卡阻。

在中等重量和前重心进行进场和着陆时，安定面模拟卡阻在高空/高速巡航配平位置。

B. 安定面滑移。

飞机配平于稳定水平飞行，在每个方向指令配平 3s。通过操纵手柄操纵配平或者推或拉驾驶杆以停止安定面移动。要研究的两个飞行区间是高空/高速和低空/低速。

C. 液压系统故障。

需要完成几种类型的液压系统故障试验。在稳定水平巡航飞行和在着陆形态下配平的飞机，将每一液压系统(和组合系统)卸压。记录在空速、高度或飞机姿态方面的任何变化。

此外，利用仍处于卸压的系统(和组合系统)，在操纵面或系统受模拟故障影响的情况下，检验下述机动能力。

a. 全偏方向舵侧滑；

b. 最大速率滚转；

c. 典型机动；

d. 发动机停车配平；

e. 临近失速的改出。

D. 恢复手控着陆。

使用人工控制操纵面、备用液压系统和电动操纵系统完成手控着陆。

E. 飞行扰流板故障(伸出)。

在模拟一侧机翼上的一个或多个飞行扰流板卡死在伸出位置的条件下，进行起飞、着陆和倾斜转弯。对所有的襟翼形态，均需要确定为保持机翼水平所需要的副翼操纵量。

F. 飞行扰流板故障(收回)。

在一侧的机翼上的扰流板于收回位置故障时，使减速板伸出并在所有襟翼位置下评估倾斜转弯与滚转倾向。

G. 后缘襟翼非对称。

在选定的着陆襟翼位置以及在由非对称监视器允许的极限襟翼非对称情况下，进行进场和着陆。为模拟一侧襟翼卡阻所选择的襟翼位置是指当着陆襟翼被选定且存在非对称时，预计需要最大横向配平的位置。在可达到的非对称襟翼位置的整个范围内，确定巡航时为配平所需要的操纵量。为检查非对称监视器的正确功能，需要进行飞行前的地面试验。

H. 前缘襟翼非对称。

有两种形态要评价：a. 襟翼收上，起落架收上，在一侧机翼上的全部前缘襟翼段伸出；b. 襟翼在着陆位置，起落架放下，在相反机翼上的全部前缘襟翼段伸出。

对于零度襟翼形态，在典型的等待速度/高度上，记录配平所需的操纵量，并且在爬升、下降和转弯中评价飞机的机动性。

对于着陆襟翼形态，完成失速改出，整个机动过程中保持两边机翼水平，并进行进场、着陆和连续起飞。起飞用最大非对称前缘襟翼完成。

I. 升降舵感觉系统故障。

需要试验高速/高空巡航和进场着陆 2 个飞行范围。在巡航状态，配平飞机并断开升降舵感觉系统。仅使用驾驶杆输入进行盘旋下降直到 1.5g。

对于进场，将飞机配平于初始进场状态，断开升降舵感觉系统，完成标准进场飞行直到接地。

3) 第 25.671 条(d)

(1) 分析计算。

对于具有带动力的操纵系统且没有手动转换的飞机，计算备用动力源的能力，说明飞机全发停车时，能满足本款的要求。

(2) 试验室试验。

在全机模拟试验台上，模拟全部发动机停车情况，做手工超控或备用动力源操纵演示进行验证。如果表明分析是可靠的，则可不做。

7.8.2　增稳系统及自动和带动力的操纵系统

1. 适航要求

CCAR-25-R4 在第 25.672 条“增稳系统及自动和带动力的操纵系统”中规定：

如果增稳系统或其他自动或带动力的操纵系统的功能对于表明满足本部的飞行特性要求是必要的，则这些系统必须符合第 25.671 条“(操纵系统)总则”和下列规定：

(a) 在增稳系统或任何其他自动或带动力的操纵系统中，对于如驾驶员未察觉会导致不安全结果的任何故障，必须设置警告系统，该系统应在预期的飞行条件下无需驾驶员注意即可向驾驶员发出清晰可辨的警告。警告系统不得直接驱动操纵系统；

(b) 增稳系统或任何其他自动或带动力的操纵系统的设计，必须使驾驶员对第 25.671 (c) 条中规定的各种故障可以采取初步对策而无需特殊的驾驶技巧或体力，采取的对策可以是切断该系统或出故障的一部分系统，也可以是以正常方式移动飞行操纵器件来超越故障；

(c) 必须表明，在增稳系统或任何其他自动或带动力的操纵系统发生任何单个故障后，符合下列规定：

(1) 当故障或功能不正常发生在批准的使用限制内且对于该故障类型是临界的任何速度或高度上时，飞机仍能安全操纵；

(2) 在飞机飞行手册中规定的实际使用的飞行包线(例如速度、高度、法向加速度和飞机形态)内，仍能满足本部所规定的操纵性和机动性要求；

(3) 飞机的配平、稳定性以及失速特性不会降低到继续安全飞行和着陆所必需的水平以下。

2. 验证技术

1) 第 25.672 条(a)

(1) 安全性评估。

对警告系统进行安全性评估，并采取经验判断或与相似的、以前批准的系统相比较，表明符合性。

(2) 地面试验。

模拟故障，检查警告系统工作情况。

2) 第 25.672 条(b)

(1) 安全性评估。

对相关系统进行安全性评估，并对故障进行分析，分析中要考虑第 25.671 条(c)的要求、飞行员的反应及应对故障影响的能力。

(2) 试验室试验。

通过“铁鸟”试验，验证在系统出现单个故障或故障组合情况下，飞机仍是可操纵的。采取的措施可以是切断系统或出现故障的一部分系统，也可以是以正常方式移动飞行操纵器件来超控故障。

(3) 飞行试验。

验证增稳系统及自动和带动力的操纵系统发生单个故障或故障组合时，演示操纵的恢复，应通过下述方法：在经过合理的时间延迟后，利用超控或人工操纵应急快速切断装置，飞行员应能够在完全人工操纵的情况下，使飞机回到正常飞行状态，在改出中没有出现超过 CCAR-25-R4 规定的载荷或速度限制，也没有出现任何危险的机动。

(4) 模拟试验。

在条件许可时，为了保证飞行安全，飞行试验前，首先通过模拟器试验演示。

3) 第 25.672 条 (c)

(1) 安全性评估。

对每个相关的系统，应进行安全性评估，并对出现的故障进行分析。

(2) 试验室试验。

通过“铁鸟”试验，验证当故障或功能不正常发生于使用限制内时，在该型故障属于临界状态的任何速度或高度上，飞机仍能安全操纵。

(3) 飞行试验。

通过飞行试验，验证飞机在出现任何单个故障后，具有所要求的操纵性和机动性。

(4) 模拟试验。

在条件许可时，通过模拟器模拟各种临界故障情况，评价驾驶员应对故障的能力，以确保飞行安全。

7.8.3 操作试验

1. 适航要求

CCAR-25-R4 在第 25.683 条“操作试验”中规定：

必须用操作试验表明，对操纵系统中受驾驶员作用力的部分施加规定的该系统限制载荷的 80%，以及对操纵系统中受动力载荷的部分施加正常运行中预期的最大载荷时，系统不出现下列情况：

(a) 卡阻；

(b) 过度摩擦；

(c) 过度变形。

2. 验证技术

以助力操纵系统为例。

1) 试验室试验

对于助力操纵系统，操作试验分为助力器前和助力器后两部分进行。助力器前的机械操纵部分在“铁鸟”或静力试验机上进行；助力器后的动力操纵部分在能代表飞机的专用试验件上进行。所施加的载荷为正常运行中预期的最大载荷，验证系统中无卡阻、无过度摩擦和无过度变形。

2) 地面试验

对于助力操纵系统，推荐按下述方法进行助力操纵系统的操作试验：用地面液压泵为助力器供压，驾驶员在操纵器件握点或脚踏板上施加第 25.397 条 (c) 规定的驾驶员最大作用力的 80%，在舵面上用地面加载系统提供支反力，全行程操作操纵器件，验证系统中无卡阻、过度摩擦和过度变形。

7.8.4 升力和阻力装置及其操纵器件

1. 适航要求

CCAR-25-R4 在第 25.697 条“升力和阻力装置及其操纵器件”中规定：

(a) 每个升力装置操纵器件的设计，必须使驾驶员能将该升力装置置于第 25.101 条“(性能)总则”(d)中规定的起飞、航路、进场或着陆的任一位置。除由自动定位装置或载荷限制装置所产生的运动外，升力和阻力装置必须保持在这些选定的位置上而无需驾驶员进一步注意。

(c) 在空速、发动机功率(推力)和飞机姿态的定常或变化的条件下，各操纵面响应操纵器件动作的运动速率，以及自动定位装置或载荷限制装置的特性，必须使飞机具有满意的飞行特性和性能。

(d) 升力装置操纵机构必须设计成，在低于 $V_F + 9.0$ 节的任一速度下以发动机最大连续功率(推力)作定常飞行时，能将操纵面从全展位置收起。

2. 验证技术

1) 第 25.697 条(a)

(1) 安全性评估。

参考第 25.671 条“(操纵系统)总则”(c)及 AC25.1309-1B 开展安全性评估。

(2) 飞行试验。

演示增升装置能令人满意地工作，包括与其他系统无相互干扰，并模拟故障情况。

正常的系统性能演示包括下列功能。

A. 增升装置——正常操纵机构。

在试验正常进行过程中，利用于襟翼操纵手柄演示增升装置的正常操纵方式能令人满意地工作。

B. 增升装置——备用操纵机构。

与“操纵系统故障试验”共同演示增升装置的备用操纵方式能令人满意地工作。

C. 模拟故障情况。

根据第 25.671 条“(操纵系统)总则”(c)的要求开展试验。

2) 第 25.697 条(c)

(1) 分析计算。

计算各操纵面响应操纵器件动作的运动速率，以及自动定位装置或载荷限制装置的特性，表明其使飞机具有满意的飞行特性和性能。

(2) 飞行试验。

与第 25.697 条(a)中的飞行试验一起进行，验证符合本款要求。

3) 第 25.697 条(d)

(1) 分析计算。

通过计算，表明襟翼的驱动符合本款要求。

(2) 飞行试验。

与第 25.697 条(a)中的飞行试验一起进行，验证符合本款要求。

7.8.5 试验项目示例

(1)飞行操纵系统的正常功能；
(2)飞行控制系统的故障状态；
(3)在襟翼展态速度的襟翼/缝翼功能；
(4)各种工作条件下的襟翼/缝翼的性能；
(5)高于襟翼展态速度 9kn 时收起襟翼/缝翼；
(6)仅有冲压空气涡轮工作时的襟翼/缝翼操作；
(7)襟翼/缝翼控制计算机故障；
(8)襟翼/缝翼卡阻；
(9)过载时的襟翼/缝翼功能。

7.9 燃 油

7.9.1 (燃油系统)总则

1. 适航要求

CCAR-25-R4 在第 25.951 条“(燃油系统)总则”中规定：

(a)燃油系统的构造和布置，在每种很可能出现的运行情况下，包括申请审定的飞行中允许发动机或辅助动力装置工作的任何机动飞行，必须保证以发动机和辅助动力装置正常工作所需的流量和压力向其供油。

(b)燃油系统的布置，必须使进入系统的空气不会造成下列情况：

(2)涡轮发动机出现熄火。

(c)用于涡轮发动机的燃油系统在使用下述状态的燃油时，必须能在其整个流量和压力范围内持续工作：燃油先在 27℃(80℉)时用水饱和，并且每 10 升燃油含有所添加的 2 毫升游离水(每 1 美加仑含 0.75 毫升)，然后冷却到在运行中很可能遇到的最临界结冰条件。

2. 验证技术

1)第 25.951 条(a)

(1)分析计算。

利用供输油能力、通气性能和压力加油性能等计算，说明燃油系统符合性。

(2)试验室试验。

参考第 25.951 条(c)进行试验室试验，验证高含水量结冰条件下的系统供油能力。

(3)飞行试验。

A. 参考第 25.952 条“燃油系统分析和试验”进行飞行试验，验证下述能力。

a. 在起飞和爬升时，油箱向发动机供油；

b. 在巡航和爬升时，交叉输供油；

c. 在起飞和爬升时，超控供油；

d. 在爬升和平飞时，发动机吸力供油。

B. 参考第 25.961 条“燃油系统在热气候条件下的工作”验证热气候条件下的系统供

油能力。

C. 参考第25.943条“负加速度”验证飞机负过载时的系统供油能力。

D. 参考辅助动力装置一节进行飞行试验，验证辅助动力装置的地面与空中供油能力。

2) 第25.951条(b)

(1) 模拟试验。

参考第25.952条“燃油系统分析和试验”进行试验，表明符合性。

(2) 飞行试验。

A. 参考第25.961条“燃油系统在热气候条件下的工作”验证热气候条件下的系统供油能力。

B. 参考第25.943条“负加速度”验证飞机负过载时的系统供油能力。

3) 第25.951条(c)

参考SAE ARP1401B “Aircraft Fuel System and Component Icing Test”，通过试验室试验，验证“系统连续工作”时，其出口燃油量和压力是否满足发动机要求；“系统应急工作”时，是否满足发动机保持最小的飞行功率所需的燃油流量，泵和系统的其他附件工作性能是否正常。

(1) “系统连续工作”试验。

A. 将27～27.5℃、含水量不低于0.1%的燃油注入飞机燃油系统；

B. 按照受试飞机燃油系统的燃油冷却速度对燃油进行冷却；

C. 当燃油温度冷却到–2℃±1℃时，进行试验，每次试验时间30min，共两次；

D. 当燃油温度冷却到–10℃±1℃时，进行试验，每次试验时间60min，共两次；

E. 应在每一种试验温度下，使燃油流量从持续低流量增大到高流量，此时流量和压力应满足发动机要求，若产生压降，应记录下来进行分析；

F. 试验结束时，燃油中含水量不应低于0.1%。

(2) “系统应急工作”试验。

A. 将7℃、含水量不低于0.2ml / L的燃油注入飞机燃油系统；

B. 按照受试飞机燃油系统的燃油冷却速度对燃油进行冷却；

C. 当燃油温度冷却到–18℃时，进行试验，每次试验时间30min，共两次；

D. 试验时，使燃油流量从持续低流量增大到高流量，在这期间，燃油流量应能满足发动机保持最小的飞行功率所需的流量；

E. 试验结束时，燃油中含水量不应低0.16ml /L。

7.9.2　燃油系统分析和试验

1. 适航要求

CCAR-25-R4在第25.952条“燃油系统分析和试验”中规定：

(a) 必须用分析和适航当局认为必要的试验表明燃油系统在各种可能的运行条件下功能正常。如果需要进行试验，则试验时必须使用飞机燃油系统或能复现燃油系统被试部分工作特性的试验件。

(b) 对于以燃油作为工作液的任何热交换器，其很可能发生的失效不得造成危险情况。

2. 验证技术

1) 第 25.952 条(a)

(1) 分析计算。

通过供输油能力、通气性能和压力加油性能等计算，说明燃油系统符合性。

(2) 试验室试验。

高含水量结冰条件下的系统供油试验，参见第 25.951 条(c)。

(3) 地面模拟试验。

通过地面模拟试验验证燃油系统工作的性能与可靠性。例如，向发动机和辅助动力装置供油的燃油流量和压力是否满足要求；输油箱向供油箱转输的输油流量能否满足供油流量要求；飞行过程中油箱压力是否产生过压和负压；压力加油时间是否满足要求，波动压力是否小于系统所能承受的极限载荷的 1/2；实际油量和机上油量表指示油量之间的关系，尤其是机内燃油量对姿态变化的敏感性等。模拟试验通常包括如下五个方面。

A. 油量校准试验。

a. 设置模拟台于飞机停机姿态(和最大飞行姿态，如果油箱沿飞机轴向长而且浅，则至少做 4 种姿态)。

b. 将经过称重的燃油，以重力加油方式注入油箱。从“0”油量到飞机满油量。

c. 测量燃油密度、温度，记录加油量、油量显示读数。

d. 计算误差。

$$误差_{全机(或分组)}=(油量显示读数 - 机内真实油量)/全机满油刻度(或分组满油刻度)$$

B. 发动机和辅助动力装置各种可能状态下的供油试验。

a. 发动机供油试验程序。

通常应在地面起飞(含单发起飞)、爬升(含单发爬升)、巡航、着陆复飞、应急供油、吸力供油等状态完成试验验证，程序如下。

(a) 将模拟台设置于相应的试验状态；

(b) 加油至试验所需油量；

(c) 在与所试验状态相符合的环境条件下(温度除外)，开始试验；

(d) 试验过程中，测量燃油流量、燃油压力、油箱压力等所需参数。

b. 辅助动力装置供油试验程序。

试验程序和发动机供油试验程序类似，但试验状态视辅助动力装置功能而定。

C. 输油箱到主油箱的转输燃油试验。

通常应在地面起飞(含单发起飞)、爬升(含单发爬升)、巡航等状态完成试验验证，程序如下。

a. 将模拟台设置于相应的试验状态；

b. 加油至试验所需油量；

c. 在与所试验状态相符合的环境条件下(温度除外)，开始试验；

d. 试验过程中，测量转输油量及所需参数。

D. 爬升与下降状态的通气系统试验。

a. 将模拟台设置于相应的试验状态；

b. 加油至试验所需油量；

c. 在与所试验状态相符合的环境条件下(温度除外)，开始试验；

d. 试验过程中，测量各油箱的压力。

E. 压力加油试验。

a. 模拟台设置于飞机停机状态；

b. 飞机油箱通大气；

c. 将加油操纵板上的加油开关置于所需的加油油量位置；

d. 打开地面压力加油管路的加油阀，将加油接头处的压力调至所需的加油压力，加油至所需油量；

e. 试验过程中，进行波动压力试验，将各组油箱的加油控制阀同时关闭和分组关闭，检测加油控制阀处的波动压力；

f. 记录正常满油的加油时间，检查满油工作信号灯工作情况，记录加油压力和波动压力等参数。

(4) 飞行试验。

通常包括下述试验。

A. 油箱向发动机供油。

验证在起飞和爬升时，用一台或两台主油箱增压泵工作时的供油性能。典型试验状态如下。

a. 起飞。

(a) 交输供油开关　　　　　　　“关闭”；

(b) 中央翼油箱超控泵组　　　　“断开”；

(c) 左主油箱泵组　　　　　　　“接通”；

(d) 右主油箱泵组　　　　　　　前泵“断开”、后泵“接通”；

(e) 辅助动力装置　　　　　　　“接通”(最大负荷)。

b. 最大连续推力爬升(从8300m到最大高度)。

(a) 交输供油开关　　　　　　　“关闭”；

(b) 中央翼油箱超控泵组　　　　“断开”；

(c) 主油箱泵组　　　　　　　　“接通”；

(d) 辅助动力装置　　　　　　　“接通”(最大负荷)。

在最大高度上使发动机稳定在最大连续推力状态，然后断开每个主油箱的一台增压泵。

B. 交输供油试验。

验证交输供油时，一台主泵供油是否满足两台发动机的入口压力和流量要求。典型试验程序如下。

a. 关闭左机翼或右机翼主油箱供油泵，打开交输供油开关，此时1台主供油泵向两台发动机供油。

b. 在海平面到1700m之间开始爬升，以最大连续推力爬升到最大高度，保持5min。

c. 在最大高度，两台发动机都从最大推力状态减至慢车状态，然后立即推至最大连续推力状态。

C. 超控供油。

验证中央翼油箱超控燃油增压泵能足以使主油箱增压泵单向活门动作而直接向发动机供油，从而防止使用主油箱的燃油。典型试验状态如下。

a. 起飞，验证单个超控泵给一台发动机供油的性能。

(a) 所有增压泵　　　　　　“接通”；

(b) 交输供油开关　　　　　“关闭”；

(c) 辅助动力装置　　　　　“接通”(最大负荷)。

b. 以最大连续推力爬升到最大高度，验证单个超控泵给两台发动机供油的性能。

(a) 主油箱增压泵　　　　　“接通”；

(b) 一台超控泵　　　　　　“接通”；

(c) 辅助动力装置　　　　　“接通”(最大负荷)。

c. 最大高度，验证两台发动机缓慢地(30s)从最大连续推力减至慢车推力，并缓慢地返回到最大连续推力过程中的供油性能。

(a) 所有增压泵　　　　　　“接通”；

(b) 交输供油开关　　　　　“关闭”；

(c) 辅助动力装置　　　　　“接通”(最大负荷)。

d. 最大高度，重复验证两台发动机缓慢地(30s)从最大连续推力减至慢车推力，并缓慢地返回到最大连续推力过程中的供油性能。

(a) 主油箱增压泵　　　　　“接通”；

(b) 一台超控泵　　　　　　“接通”；

(c) 交输供油开关　　　　　“接通”；

(d) 辅助动力装置　　　　　“接通”(最大负荷)。

D. 吸力供油。

验证在主油箱油泵不工作时，靠发动机吸力供油，飞机能爬升的最大高度，以确定飞机在该情况下的最大飞行高度。典型试验程序如下。

a. 右(或左)机翼试验发动机的增压泵不工作，右(或左)机翼试验油箱加油量为完成该项试验所需的最小油量，交输供油开关关闭情况下完成正常起飞。

b. 以最大连续推力爬升到试验发动机性能参数(转速、功率或扭矩)出现降低的高度。

c. 接通右(或左)机翼试验发动机的增压泵，并继续爬升到最大高度。

d. 在最大高度上关闭试验发动机的增压泵，观察试验发动机功率是否下降。如果没有降低，便缓慢地增加发动机功率直至最大连续推力。如果功率下降，则降低高度直至试验发动机能以最大连续功率工作的高度。

e. 其余发动机重复上述试验。

E. 参考第25.961条“燃油系统在热气候条件下的工作”进行飞行试验，验证热气候条件下的系统供油能力。

F. 参考第25.943条“负加速度”进行飞行试验，验证飞机负过载时的系统供油能力。

G. 参考辅助动力装置一节进行飞行试验，验证辅助动力装置的地面与空中供油能力。

2) 第25.952条(b)

(1) 分析计算。计算飞机在可能运行的条件下，热交换器所受的外载，进行强度校核。

⑵安全性评估。评估热交换器的失效模式及其影响。

⑶试验室试验。进行热交换器强度试验，施加可能遇到的临界载荷，验证其强度是否满足要求。

7.9.3 燃油流量

1. 适航要求

CCAR-25-R4在第25.955条“燃油流量”中规定：

(a)在每种预定的运行条件和机动飞行中，燃油系统必须至少提供100%所需的燃油流量，必须按如下规定来表明符合性：

⑴向发动机供油时，燃油压力必须在发动机型号合格证规定的限制范围以内；

⑵油箱内的燃油量不得超过第25.959条制定的该油箱不可用油量与验证本条符合性所需的油量之和；

⑶按每种运行条件和姿态验证本条符合性时所需的每一主燃油泵，必须投入使用。此外，还必须验证相应的应急泵代替投入使用的主燃油泵的工作情况；

⑷如果装有燃油流量计，必须使其停止工作，燃油必须流经该流量计或其旁路。

(b)如果一台发动机可以由一个以上的油箱供油，则应满足下列要求：

⑵对于涡轮发动机，燃油系统除了应具备合适的手动转换供油能力外，还必须设计成，在正常运行过程中，当向发动机供油的任一油箱内可用燃油耗尽，但通常只向该发动机供油的其他油箱内还有可用燃油时，能防止该发动机供油中断，而无需飞行机组予以关注。

2. 验证技术

1)第25.955条(a)

⑴分析计算。进行流量计故障分析，表明燃油通过停止工作的流量计或其旁路时，供油流量仍能满足发动机工作要求。

⑵试验室试验。通过试验室试验，表明燃油通过停止工作的流量计或其旁路时，供油流量仍能满足发动机工作要求。

⑶模拟试验。参考第25.952条“燃油系统分析和试验”进行试验，表明符合性。

⑷飞行试验。参考第25.952条“燃油系统分析和试验”进行试验，表明符合性。

2)第25.955条(b)

⑴模拟试验。参考第25.952条“燃油系统分析和试验”进行试验，表明符合性。

⑵飞行试验。参考第25.952条“燃油系统分析和试验”进行试验，表明符合性。

7.9.4 连通油箱之间的燃油流动

1. 适航要求

CCAR-25-R4在第25.957条“连通油箱之间的燃油流动”中规定：

如果飞行中可将燃油从一个油箱泵送到另一个油箱，则油箱通气系统和燃油转输系统的设计，必须使油箱结构不致因输油过量而损坏。

2. 验证技术

1) 分析计算

根据转输油量的大小，校核通气管的流通面积，评价其排气能力是否符合要求。

2) 模拟试验

通过地面模拟试验，在输油泵工作时，检查油箱压力变化以及输油控制活门是否满足设计要求，验证条例的符合性。

7.9.5 不可用燃油量

1. 适航要求

CCAR-25-R4 在第 25.959 条“不可用燃油量”中规定：

每个燃油箱及其燃油系统附件的不可用燃油量必须制定为不小于下述油量：对于需由该油箱供油的所有预定运行和机动飞行，在最不利供油条件下，发动机工作开始出现不正常时该油箱内的油量。不必考虑燃油系统部件的失效。

2. 验证技术

1) 地面模拟试验

(1) 供油箱不可用燃油量。

将模拟台设置于相应的试验状态(最佳爬升角爬升及下滑着陆)，主油泵工作，直至出口压力和流量开始下降点，测量供油箱的不可用燃油量。

(2) 输油箱不可用燃油量。

将模拟台设置于巡航状态，输油泵工作，直至输油泵不输油，测量输油箱不可用燃油量。

2) 飞行试验

进行如下状态的飞行试验，确定试验发动机出现燃油缺乏迹象时的油量。

(1) 稳定平飞；

(2) 以最佳爬升率进行爬升，高度增加不少于 6100m(20000ft)；

(3) 在发动机慢车状态、$1.3V_{SRO}$、着陆构型下，进行预期的稳定侧滑，高度增加不少于 610m(2000ft)；

(4) 起落架和襟翼放下、以速度 V_{FE} 持续直线下降，直至出现发动机工作不正常的第一个迹象；

(5) 对具有高滚转速率的飞机，急剧的机动飞行必须予以考虑。

7.9.6 燃油系统在热气候条件下的工作

1. 适航要求

CCAR-25-R4 在第 25.961 条“燃油系统在热气候条件下的工作”中规定：

(a) 飞机在热气候条件下运行时，燃油系统必须工作良好。为验证满足此要求，必须表明在预定的所有运行条件下，燃油系统从油箱出口起到每台发动机止的部分，都经增压而能防止形成油气。否则，必须用爬升来验证，即从申请人选定机场高度爬升到按第 25.1527 条制定为使用限制的最大高度。如果选用爬升试验，则按下列条件进行爬升试验时，不得有气塞或其他不正常规象：

(2)对于涡轮发动机飞机，发动机必须以起飞功率(推力)工作，持续时间按验证起飞飞行航迹时所选定的值，其余爬升时间，以最大连续功率(推力)工作；

(3)飞机的重量必须是油箱满油、带有最小机组以及配重(保持重心在允许范围内所需)时的重量；

(4)爬升空速符合下列规定：

(ii)对于涡轮发动机飞机，不得超过从起飞到最大使用高度所规定的最大爬升空速。

(5)燃油温度必须至少为 43℃(110℉)；

(b)本条(a)规定的试验可以在飞行中进行，也可模拟各种飞行条件在地面进行。如果进行飞行试验时的气候冷到足以影响试验正确实施，则受冷空气影响的燃油箱表面、燃油管路以及燃油系统的其他零部件，必须绝热，以尽可能模拟热气候条件下的飞行。

2. 验证技术

1)飞行试验

(1)飞机状态。

重量是油箱满油、带有最小机组以及配重(保持重心在允许范围内所需)时的重量，燃油温度至少为 43℃(110℉)。

(2)试验程序。

对于涡轮发动机飞机，发动机必须以起飞功率(推力)工作，持续时间按验证起飞飞行航迹时所选定的值；其余爬升时间，以最大连续功率(推力)继续爬升到申请人为合格审定所选定的最大使用高度；爬升空速不得超过从起飞到最大使用高度所规定的最大爬升空速。

爬升过程中应急燃油泵不工作，但当发动机燃油压力下降时，必须将应急燃油泵接通。

(3)试验内容。

通过记录试验开始时和爬升过程中的燃油压力、发动机转速或功率的变化，对发动机的工作作出评价，以验证燃油系统在热气候条件下工作是否正常。

2)地面模拟试验

通过热气候条件的模拟和各种飞行条件的模拟，验证其符合性。

7.9.7　燃油箱试验

1. 适航要求

CCAR-25-R4 在第 25.965 条“燃油箱试验”中规定：

(a)必须用试验表明，装机后的油箱能承受本条(a)(1)或(2)所规定的压力(取大者)，而不损坏或漏油。此外，必须用分析或试验表明，受到本条(a)(3)或(4)所规定的压力(取大者)作用的油箱表面，能承受下述压力：

(1) 24.2 千帕(0.25 公斤/厘米^2；3.5 磅/英寸^2)的内部压力；

(2)在油箱内产生的最大冲压空气压力的 125%；

(3)油箱满油的飞机在最大限制加速度及相应变形时所产生的油液压力；

(4)飞机滚转和燃油载荷最不利组合时所产生的油液压力。

(b)每个具有大的无支承(或无加强)平面的金属油箱，如果其损坏或变形可能引起漏油，则必须能承受下列试验或等效试验，而无漏油或油箱壁过度变形：

(1)必须用完整的油箱连同其支承件作振动试验，试验时的固定方式应模拟实际安装情况；

(2)除了本条(b)(4)的规定外，油箱必须装有2/3油箱容量的水或其他合适试验液，以不小于0.8毫米(1/32英寸)的振幅(除非证实可采用其他振幅值)振动25小时；

(3)振动试验频率必须按如下规定：

(i)如果在发动机正常运转转速范围内，由转速引起的振动频率中没有临界频率，则振动试验频率必须为每分钟2000周；

(ii)如果在发动机正常运转转速范围内，由转速引起的振动频率中只有一个临界频率，则必须以此频率作为试验频率；

(iii)如果在发动机正常运转转速范围内，由转速引起的振动频率中有多个临界频率，则必须以其中最严重的作为试验频率。

(4)在本条(b)(3)(ii)和(iii)的情况下，必须调整试验时间，使达到的振动循环数与按本条(b)(3)(i)规定频率在25小时内所完成的振动循环数相同；

(5)试验时，必须以每分钟16～20个整循环的速率绕最临界的轴摇晃油箱，摇晃角度为水平面上下各15°（共30°），历时25小时。如果分别绕不同轴的运动都是临界的，则油箱必须绕每根临界轴摇晃12.5小时。

(c)除非表明安装条件极其可能的相似的同类油箱已有满意的使用经验，否则非金属油箱必须经受本条(b)(5)规定的试验，所用燃油温度为43℃(110℉)。试验时，必须将有代表性的油箱试件安装在模拟装机情况的支承结构上。

(d)对于增压燃油箱，必须用分析或试验来表明，油箱能承受地面或飞行中很可能出现的最大压力。

2. 验证技术

1)第25.965条(a)

(1)分析计算。

计算燃油箱的气压载荷和油压载荷，确定其大者；两者叠加后，再计算燃油箱强度是否满足要求，而不会引起损坏或泄漏。

(2)试验室试验。

强度试验程序如下。

A. 燃油箱加满油，把油箱放置成第25.965条(a)(3)和(4)情况下产生最大油压载荷的位置；

B. 充以第25.965条(a)(1)和(2)中大者的气压；

C. 检查油箱是否破坏、变形和燃油泄漏。

2)第25.965条(b)

进行如下试验室试验，表明符合性。

(1)气密性试验。

试验压力为第25.965条(a)(1)和(2)中的大者，检查油箱是否泄漏。

(2)大平面无支承金属油箱晃振试验。

A. 油箱充入带颜色的水，加水量为2/3油箱有效容积，并充以第25.965条(a)(1)和(2)

中大者的气压；

B. 确定临界频率(经扫描测量确定)；

C. 确定振幅，按 25.965 条(b)(2)或按临界频率时的振幅；

D. 确定晃动时的临界轴；

E. 按第 25.965 条(b)规定进行晃振试验，并在试验时测量油箱的晃振应力；

F. 试验后检查油箱有无漏油或油箱过度变形，验证其符合性。

3)第 25.965 条(c)

进行如下试验室试验，表明符合性。

(1)气密性试验。

试验压力为第 25.965 条(a)(1)和(2)中的大者，检查油箱是否泄漏。

(2)非金属油箱晃振试验。

A. 将有代表性的油箱试件安装在模拟装机情况的支承结构上。

B. 油箱加燃油，加油量为2/3 油箱有效容积，燃油温度为43℃(110℉)，并充以第 25 965 条(a)(1)和(2)中大者的气压；

C. 确定晃动时的临界轴；

D. 按第 25.965 条(b)(5)规定进行晃振试验；

E. 试验后检查油箱有无漏油或油箱过度变形，验证其符合性。

4)第 25.965 条(d)

(1)分析计算。

计算不同飞行状态下的油箱气压和油压载荷，以及地面压力加油控制附件故障时的油箱压力，比较后取其大者，进行强度校核计算。

(2)试验室试验。

按分析计算确定的试验压力，对油箱进行加压试验，看其是否有过度的变形和泄漏。

7.9.8　燃油箱的膨胀空间

1. 适航要求

CCAR-25-R4 在第 25.969 条“燃油箱的膨胀空间”中规定：

每个燃油箱都必须具有不小于 2%油箱容积的膨胀空间，必须使飞机处于正常地面姿态时，不可能由于疏忽而使所加燃油占用膨胀空间。对于压力加油系统，表明满足本条要求时，可以利用符合第 25.979 条“压力加油系统”(b)的装置。

2. 验证技术

在地面试验时，利用重力加油口加油至加油口油液面，然后利用油箱通气管(或其他方法)加油至油箱充满油，此时所加的油的容积则为燃油箱膨胀空间，检查其是否符合要求。

7.9.9　燃油箱的通气

1. 适航要求

CCAR-25-R4 在第 25.975 条“燃油箱的通气和汽化器蒸气的排放”中规定：

(a)燃油箱的通气　每个燃油箱必须从膨胀空间的顶部通气，以便在任何正常飞行情况下都能有效地通气。此外，应满足下列要求：

(1) 每个通气口的位置必须能避免被污物或结冰堵塞；

(2) 每个通气口的位置必须能防止正常运行时产生燃油虹吸；

(3) 在下列情况下，通气量和通气压力必须使燃油箱内外压差保持在可接受的范围内：

(i) 正常飞行；

(ii) 最大升、降速率；

(iii) 压力加油和抽油(如果适用)。

(4) 对于出口互相连通的油箱，其膨胀空间必须相互连通；

(5) 飞机处于地面姿态或水平飞行姿态时，任何通气管路中都不得有会积水的部位，如果具有放液设施则除外；

(6) 通气或放液设施的终端不得位于下列各处：

(i) 从通气管出口排出的燃油会引起着火危险之处；

(ii) 油气可能进入载人舱之处。

2. 验证技术

1) 分析计算

根据通气系统的安装图和工作原理，说明通气口的位置符合第 25.975 条要求，通过理论计算，说明通气量足够，不会产生油箱超压或负压。

2) 模拟试验

参照第 25.952 条进行试验。

3) 飞行试验

利用飞行试验，验证通气系统在爬升、巡航和下降中能否提供足够的通气能力，以符合第 25.975 条(a)(3)的要求。典型试验内容如下。

(1) 加入完成本试验最小的油量，一般情况是中央翼油箱不加油，主油箱加 1/2～1/3 的油量。

(2) 试验状态包括最大爬升率爬升，应急下降，以及不同高度、速度和襟翼位置时水平飞行。

4) 地面试验

进行通气口溢油试验，试验后测量通气集油箱油量，观察滑行机动与飞行时燃油通气口的表面情况以及机翼表面在试验前后的彩色照片，验证通气系统是否有溢油和虹吸现象。典型内容如下。

(1) 燃油通气出口附近的机翼蒙皮表面处涂上一层对燃油较敏感的材料。有通气集油箱的飞机，集油箱必须放掉全部燃油，然后各油箱加油到自动切断的油平面，将作为试剂的染料加入燃油箱。

(2) 完成加油后，突然松开刹车，飞机向前滑行。

(3) 以最大实际滑行速度完成“8”字形机动。

(4) “8”字形机动完成后突然停车。

(5) 飞机滑至起飞跑道过程中，以最大实际滑行速度完成 2 个 90° 转弯(左和右)。

(6) 发动机功率快速地增大(3～4s)到起飞功率，并开始起飞滑跑。

(7)进行快速提前轮起飞。

7.9.10　应急放油系统

1. 适航要求

CCAR-25-R4在第25.1001条“应急放油系统”中规定：

(a)飞机必须设置应急放油系统，除非证明该飞机在下述条件下能满足第25.119条和第25.121条(d)的爬升要求：飞机重量为最大起飞重量减去15分钟飞行(包括在出航机场起飞、复飞和着陆)所需燃油的实际重量或计算重量，而飞机形态、速度和功率(推力)满足本部有关的起飞、进场和着陆爬升性能要求。

(b)如果要求设置应急放油系统，则该系统必须能从本条(a)给定的重量开始，在15分钟内放出足够量的燃油，使飞机能满足第25.119条和第25.121条(d)的爬升要求，假定应急放油在本条(c)所述飞行试验的最不利条件(重量条件除外)下进行。

(c)必须从最大起飞重量开始，在襟翼和起落架收起形态以及下列飞行条件下演示应急放油：

(1)以$1.3V_{SR1}$速度无动力下滑；

(2)临界发动机停车，其余发动机为最大连续功率(推力)，以单发停车最佳爬升率的速度爬升；

(3)以$1.3V_{SR1}$速度平飞，如果本条(c)(1)和(2)规定条件下的试验结果表明该情况可能是临界的。

(d)在本条(c)所述飞行试验中，必须表明下列各点：

(1)应急放油系统及其使用无着火危险；

(2)放出的燃油应避开飞机的各个部分；

(3)燃油和油气不会进入飞机的任何部位；

(4)应急放油对飞行操纵性没有不利影响。

(g)应急放油阀的设计，必须允许飞行人员在应急放油过程中的任何时刻都能关闭放油阀。

(i)应急放油系统的设计，必须使系统中任何有合理可能的单个故障，不会由于不对称放油或不能放油而造成危险。

2. 验证技术

1)第25.1001条(a)～(d)

通过飞行试验，确定在合理预期的飞行条件下，规定的燃油量能在规定的时间内安全地应急排放，而无着火、爆炸或对飞行品质有不利影响的危险情况发生。典型试验程序如下。

(1)发动机启动前应精确地测定所有油箱的油量。

(2)发动机启动，以最大起飞重量，正常起飞至第25.1001条(c)规定的飞机形态及飞行状态。

(3)启动应急放油装置开始放油。

(4)记录发动机的燃油总消耗量、燃油总油量。

应急放油平均速度=(燃油减少量–发动机耗油量)/放油持续时间

通过飞行试验，记录放油时间、放油量，看该系统是否能在15min内放出足够的燃油，使飞机能满足第25.119条和第25.121条(d)的爬升要求。

2)第25.1001条(g)(i)

(1)地面和飞行试验。

通过地面和飞行试验，验证应急放油阀及其控制系统工作是否可靠，单一故障时能否完成放油。

(2)安全性分析。

根据系统的工作原理、地面和飞行试验结果，分析其安全性是否符合本条要求。

7.9.11　试验项目示例

(1)负过载情况下系统性能试验(中央翼油箱)；
(2)负过载情况下系统性能试验(机翼油箱)；
(3)正常飞行包线内系统性能试验；
(4)一台燃油泵失效时的系统性能试验(中央翼油箱)；
(5)一台燃油泵失效时系统性能试验(左机翼油箱)；
(6)单台燃油泵(供两台发动机)时系统性能试验；
(7)不可用燃油量试验(中央翼油箱)；
(8)不可用燃油量试验(左机翼油箱)；
(9)不可用燃油量试验(通气油箱)；
(10)热气候试验(中央翼油箱)；
(11)热气候试验(左机翼油箱)；
(12)油箱压力试验；
(13)设备功能试验；
(14)重力供油试验(水平飞行，热燃油)；
(15)重力供油试验(起飞到升限，冷燃油)；
(16)重力供油试验(起飞到升限，热燃油)；
(17)油流循环试验(中央翼油箱油泵供油顺序)；
(18)油流循环试验(启动/切断逻辑)；
(19)油流循环试验(流量逻辑)。

7.10　液　　压

7.10.1　液压系统

1. 适航要求

CCAR-25-R4在第25.1435条“液压系统”中规定：

(a)元件设计。液压系统的每个元件，必须设计成：

(1)能承受测试压力而不产生妨碍其预定功能的永久变形，而且能承受极限压力而不断裂。测试压力和极限压力由设计使用压力(DOP)作如下定义：

元件	测试(×DOP)	极限(×DOP)
1. 管道和接头	1.5	3.0
2. 盛装气体的压力容器：		
高压(如蓄压器)，	3.0	4.0
低压(如储压器)	1.5	3.0
3. 软管	2.0	4.0
4. 所有其他元件	1.5	2.0

(2)能承受设计使用压力和作用于其上的结构限制载荷而不产生妨碍其预定功能的变形。

(3)能无损坏地承受1.5倍的设计工作压力与合理地可能同时产生的结构极限载荷的组合载荷。

(4)能承担包括瞬态的和相关外部诱导载荷的所有循环压力的疲劳效应，同时需考虑元件失效的后果。

(5)能够在飞机预定的所有环境条件下工作。

(c)试验。必须进行液压系统和(或)子系统及元件的试验，除非进行可靠和适当的分析能够替代或完善试验。所有内部和外部因素都应被考虑并评估其影响，确保可靠的系统和元件的功能和完整性。元件或系统的失效或不可接受的缺陷都必须纠正，必要时要进行充分的重新试验。

(1)系统、子系统或元件必须满足代表地面和飞行使用中的性能、疲劳和耐久性的试验。

(2)完整系统必须进行包括在相关失效条件下模拟在内的试验以确定其合适的性能和与其他系统的关系，并证明或验证元件的设计。

(3)完整液压系统必须在飞机正常的所有相关用户系统运行的操作状态下进行功能试验。试验必须在系统释压状态下或在系统压力释放装置不是系统一部分的情况下在1.25DOP状态下实施。液压系统和其他系统或结构元件之间的间隙必须充分且对系统或元件没有不利影响。

2. 验证技术

1)相关咨询通告

AC25.1435-1 “Hydraulic System Certification Tests and Analysis”。

2)分析计算

利用计算和分析的方法，验证液压系统对本条(a)的符合性。

3)试验

利用试验室试验、地面试验及飞行试验等，验证液压系统对本条(c)的符合性。典型试验如下。

(1)静压试验。

用完整的液压系统进行1.5倍的设计工作压力试验，以检验各附件相互间的连接情况，此时产生的变形不得妨碍执行其预定功能，不得出现有害的永久变形。静压试验可以用来验证本条(a)的内容。

(2) 功能试验。

验证液压系统是否满足第 25.1309 条的要求。经液压系统安全性评估确定的重要失效状态，应在功能试验中进行模拟。为了保证飞行安全，必须完成功能试验及故障状态下的相应试验，验证系统包括各分系统的工作是否满足设计要求，如工作时间、运动速度、撞击、工作的平稳性等；还要检查系统中各种装置工作时有无异常情况，如异常的反压力、瞬时压力、温度、振动等。应按正常工作状态和应急工作状态分别进行试验。

(3) 耐久试验。

模拟预期在服役中重复出现的完整飞行过程。整个系统必须模拟启动、飞行操纵检查、关舱门、刹车、前轮转弯、收襟翼、收起落架以及在起飞、巡航、进场着陆和滑行时的动力飞行操纵。还必须对液压系统及其元件有关部分的工作条件和环境条件进行模拟，以评价环境的影响。

7.10.2 试验项目示例

(1) 正常功能试验；
(2) 负过载时的功能试验；
(3) 冲压空气涡轮试验；
(4) 绿系统故障试验；
(5) 黄系统故障试验；
(6) 蓝系统故障试验；
(7) 绿和黄系统故障试验；
(8) 绿和蓝系统故障试验；
(9) 黄和蓝系统故障试验。

7.11 防冰和防雨

7.11.1 发动机进气系统的防冰

1. 适航要求

CCAR-25-R4 在第 25.1093 条“进气系统的防冰”中规定：

(b) 涡轮发动机

(1) 每台涡轮发动机必须能在下列条件下在其整个飞行功率（推力）范围（包括慢车）工作，而发动机、进气系统部件或飞机机体部件上没有不利于发动机运转或引起功率或推力严重损失的冰积聚：

(i) 附录 C 规定的结冰条件；

(ii) 为飞机作该类营运所制定的使用限制内的降雪和扬雪情况。

(2) 每台涡轮发动机必须在温度–9～–1℃（15～30°F）、液态水含量不小于 0.3 克/米^3、水呈水滴状态（其平均有效直径不小于 20 微米）的大气条件下，进行地面慢车运转 30 分钟，此时可供发动机防冰用的引气处于其临界状态，而无不利影响，随后发动机以起飞功率（推力）作短暂运转。在上述 30 分钟慢车运转期间，发动机可以按适航当局可接受的方式间歇地加大转速到中等功率(推力)。

2. 验证技术

1) 相关咨询通告

AC20-147A“Turbojet, Turboprop, Turboshaft, and Turbofan Engine Induction System Icing and Ice Ingestion”。

2) 分析计算

对进气整流罩和有关部位进行防冰分析。

3) 试验

(1) 在确定对第 25.1093 条(b)符合性时，应当参照第 25.1419 条“防冰”进行。

(2) 进气道可以连同发动机一起进行试验，试验程序根据结冰条件和对应于所安装发动机状态的分析结果制定。

(3) 单独评估进气道时，应当证明进气道结冰的影响不会使任何的发动机合格审定试验失效。在上述评定中要考虑下述的因素。

A. 气流畸变和进气道部分堵塞；

B. 落入发动机进气道的冰块尺寸大于发动机已知能够承受的尺寸；

C. 任何发动机的传感装置、其他辅助进气口或进气道内所装设备的结冰；

D. 保护系统完全运转所需要的时间。

(4) 当试验在非高空条件下进行时，系统的能源和外部的气动力条件及大气条件应当加以修改，使之尽可能接近高空条件，应当模拟相应的进气道迎角或最临界的迎角。

(5) 进行第 25.1419 条要求的分析后，应当选取足够的设计点进行试验。

(6) 应当演示表明，若防冰系统的接通有典型的滞后，例如，在无意中进入结冰条件的期间可能出现的滞后，则冰的堆积是可接受的。在缺少其他证据的情况下，连续最大结冰条件下一般应当达到 2min 的滞后(到接通防冰系统为止)，应当反映出系统的预热时间。

(7) 如果每次试验结束时有过度的冰堆积，应当同时改变热流量和气流量，以模拟发动机加速，进而验证冰脱落的形式对发动机是可接受的。

(8) 如果提供足够的防护所需要的最小发动机动力大于飞机下降所要求的发动机动力，则应当在分析中考虑这种情况，并且可能要提供试验依据以验证可接受性。结冰条件和结冰的垂直范围如 CCAR-25-R4 附录 C 图 1 所示。任何能从进气道落入发动机的冰对发动机应当是可接受的。

(9) 如果进气道装有可能受冻雾影响的器件或装置，则应当对这些器件或装置进行持续 30min 的单独试验，试验在−2℃的大气温度和液态水含量 0.3g/m^3 的条件下进行，被试验部分的供热应当是发动机处于批准在结冰时使用的最小地面慢车状态下可以提供的供热。试验时的平均有效滴水直径应当是 20μm。试验结束时，被试验部分上的冰积聚不应妨碍它的正常功能。并且如果冰脱落的话，其大小不应达到会有害于发动机的程度。

(10) 降雪和扬雪情况指的是在外场造成 0.2km(1/8mile)能见度所需要的雪量。

(11) 应按第 25.1093 条(b)(2)要求，进行 30min 慢车试验。

(12) 通过飞行试验，验证自然结冰情况下防冰试验的有效性。

7.11.2 APU 进气系统的防冰

1. 适航要求

第 25.1093 条“进气系统的防冰”(b)，参见 7.11.1 节。

2. 验证技术

1) 地面试验

根据结冰条件及其对 APU 状态影响的分析，制定试验要求，并选取足够多的状态进行试验。

2) 进气道的结冰试验

(1) 进气道可以与 APU 一起，进行结冰条件下工作试验，具体可参考 TSO-C77b“Gas Turbine Auxiliary Power Units”。

(2) 单独评定进气道时，应当证明进气道的结冰影响不会使辅助动力装置本体的结冰试验失效，在评定中应考虑下面的因素。

A. 气流畸变和进气道的部分堵塞；

B. 进气道脱落的冰块大于 APU 预期的承受尺寸；

C. APU 传感装置、辅助进气口或进气道内所装设备的结冰；

D. 防护系统启动所需时间。

试验内容参见“发动机进气系统的防冰”。

7.11.3 防冰

1. 适航要求

CCAR-25-R4 在第 25.1419 条“防冰”中规定：

如果申请结冰条件下的飞行验证，飞机必须能在附录 C 确定的连续和间断的最大结冰状态下安全运行。为确认这一点，采用下列验证方法：

(a) 必须通过分析确认，飞机在各种运行形态下其各种部件的防冰是足够的。

(b) 为了验证防冰分析结果，检验各种结冰异常情况，演示防冰系统及其部件的有效性，必须对飞机或其部件在各种运行形态和经测定的自然大气结冰条件下进行飞行试验，而且在必要时，还应采用下列一种或几种方法进行验证：

(1) 对部件或部件的模型进行实验室干燥空气试验或模拟结冰试验，或两者的组合；

(2) 对整个防冰系统或单独对系统部件在干燥空气中进行飞行试验；

(3) 对飞机或飞机部件在测定的模拟结冰条件下进行飞行试验。

2. 验证技术

1) 相关咨询通告

AC20-73A “Aircraft Ice Protection”；

AC25-28 “Compliance of Transport Category Airplanes with Certification Requirements for Flight in Icing Conditions”；

AC25.1419-1A “Certification of Transport Category Airplanes for Flight in Icing Conditions”；

AC25.1419-2 “Compliance with the Ice Protection Requirements of §25.1419(e), (f), (g), and (h)”。

2) 分析计算

(1) 冰型分析计算。

利用经验方法或成熟理论进行机翼前缘的冰型计算，并进行气动分析，作为对试验的补充。

(2) 热力分析计算。

通过热力分析，考虑一系列的供气、流阻和翼面温度等因素，计算发动机各种状况下的供气量，确保防冰系统正常工作。

(3) 相似对比分析。

当飞机的翼型、使用高度、飞行特性、发动机特性以及所选用防冰系统形式和功能等诸方面与已取得型号合格证的飞机相似时，可以用对比分析的方法进行验证，并作为试验验证的参考依据。

3) 试验室试验

防冰系统的试验室试验主要指冰风洞试验，冰风洞试验是进行飞机结冰研究及防冰系统性能验证的一种既经济、又有效的方法。其优点是通过控制各种数值范围的气象参数，能够模拟各种工作条件，并对试验参数进行精确测量，但应进行高度效应、紊流、侧壁效应、尺寸和换算系统方面的修正。

冰风洞试验的参数选择，可参考 CCAR-25-R4 附录 C。

4) 飞行试验

(1) 自然结冰飞行试验。

A. 应当演示表明，防冰系统可以保证飞机暴露于 CCAR-25-R4 附录 C 规定的自然结冰状态下，能够安全地工作。

B. 由于实际飞行试验中的气象条件难以同附录 C 的结冰条件相一致，因此判断飞机所做自然结冰状态下飞行试验的可接受性的方法，是将飞机飞行所经历过的结冰状态与附录 C 的结冰状态包线加以对比分析。

C. 无防护部位上的临界冰积聚，通常发生在飞机保持在近 4500m(15000ft) 高度、约 −10℃温度(0℃总温)期间。

D. 如果存在冰积聚，则应当演示表明，结冰的效应不至于对飞机安全(如飞行、结构和颤振)产生严重的影响。应当考虑可收放安全装置的随后操作，如果冰脱落可能干扰发动机或重要设施继续安全工作，且发动机或重要设施无防护措施，则应当演示表明，上述冰的抛射轨迹不会产生危险。

(2) 干燥空气中的飞行试验。

A. 干燥空气中的飞行试验可以作为自然结冰条件下飞行试验的预试，用以检验所有防冰系统部件的功能、性能和系统的相容性。验证为制定推力调定值曲线所计算的发动机放气质量流量、温度；将预计的冰形模型安装在非防护表面上，评定飞机的升力、阻力和操纵性等因素的变化；同时还可以根据该试验所收集的数据完成各种工作条件下热需求和可用性的分析。

B. 根据使用经验，最关键的是防护主翼面上的冰聚积量，在一个沿飞行方向的翼剖面上的冰峰高度通常不应超过 75mm(3in)，可以用分析来确定与上述最大冰峰高度相关的最大冰积聚。当缺乏这种可接受的分析时，应当统一取 75mm(3in)的冰峰高度，来评价飞行性能。对于冰的形状和密度，除非已有适当的证据，否则应当进行结冰试验以确定这些特性的临界值。

5) 试验方法的组合

建议尽可能以设计点气象数值和工作条件下的自然结冰飞行试验作为验证符合性的试验方法。经验表明，方法的组合也是必要的，推荐设计点的冰风洞试验以及实际飞行条件下真实系统的干燥空气与自然结冰试验的组合。

7.11.4 试验项目示例

(1) 无防护翼面的防冰试验；
(2) 热天地面干空气机翼防冰试验；
(3) 热天干空气平飞中的机翼防冰试验；
(4) 干空气飞行中的机翼防冰试验；
(5) 自然结冰时的机翼防冰试验；
(6) 自然结冰的发动机进气道防冰试验；
(7) 空调/辅助动力装置/通风等进气口的地面防冰试验；
(8) 自然结冰时传感器的防冰试验；
(9) 降雨且窗户打开时的防雨试验；
(10) 自然结冰时的风挡防冰试验；
(11) 热天/冷天风挡的除雾试验；
(12) 风挡雨刷的防雨试验；
(13) 风挡除雨剂的防雨试验；
(14) 自然结冰时冲压空气涡轮的防冰试验；
(15) 冷天漏油总管的防冰试验；
(16) 自然结冰时漏油总管的防冰试验。

7.12 指示/记录

7.12.1 布局和可见度

1. 适航要求

CCAR-25-R4 在第 25.1321 条“布局和可见度”中规定：

(a) 必须使任一驾驶员在其工作位置沿飞行航迹向前观察时，尽可能少偏移正常姿势和视线，即可看清供他使用的每个飞行、导航和动力装置仪表。

(b) 第 25.1303 条所要求的飞行仪表必须在仪表板上构成组列，并尽可能集中在驾驶员向前视线所在的垂直平面附近。此外，必须符合下列规定：

(1) 最有效地指示姿态的仪表必须装在仪表板上部中心位置；

(2) 最有效地指示空速的仪表必须直接装在本条(b)(1)所述仪表的左边；

(3)最有效地指示高度的仪表必须直接装在本条(b)(1)所述仪表的右边；

(4)最有效地指示航向的仪表必须直接装在本条(b)(1)所述仪表的下边。

(c)所要求的动力装置仪表，必须在仪表板上紧凑地构成组列。此外，必须符合下列规定：

(1)各发动机使用同样的动力装置仪表时，其位置的安排必须避免混淆每个仪表所对应的发动机；

(2)对飞机安全运行极端重要的动力装置仪表，必须能被有关机组成员看清。

(d)仪表板的振动不得破坏或降低任何仪表的精度。

2. 验证技术

1)试验室试验

为验证符合本条(d)款的要求，可进行仪表板的试验室振动试验。

2)地面试验

应通过地面试验，由飞行机组对驾驶舱仪表板布局和仪表排列作出工程评价来验证仪表布局和排列是否符合本条(a)、(b)和(c)的要求。

3)飞行试验

仪表布局和排列是否符合本条(a)、(b)和(c)的要求，还可由飞行机组通过飞行试验作工程评价来验证。

仪表板振动特性的验证也可通过试飞，由飞行机组作工程评估来证实仪表板的振动水平是可以接受的。

7.12.2 仪表系统

1. 适航要求

CCAR-25-R4在第25.1333条“仪表系统”中规定：

第25.1303条(b)要求的，各驾驶员工作位置处的仪表，其工作系统应符合下列规定：

(a)必须有措施，能使正驾驶员工作位置处的仪表与独立的工作系统相连接(独立于其他飞行机组工作位置处的工作系统或其他设备)；

(b)设备、系统和安装必须设计成，当发生任何单个故障或故障组合后(如未表明其概率极不可能)，无需增加机组成员的动作，仍能保留一组可供驾驶员使用的、由仪表提供的、对飞行安全必不可少的信息显示(包括姿态、航向、空速和高度)；

(c)附加的仪表、系统和设备不得连接到所要求的仪表工作的系统上，除非有措施保证，附加的仪表、系统或设备发生任一失灵后(如未表明其概率极不可能)，所要求的仪表仍能继续正常工作。

2. 验证技术

1)地面试验

通过地面试验评定，所需仪表符合本条要求。

2)飞行试验

通过飞行试验由试飞员评价以下内容。

(1)确定失效情况的可检测性。

(2)确定随后所要求的驾驶员的动作。

(3)确定是否能够以适时的方式满意地完成必要动作，而不需要特殊的驾驶技巧或力气。

7.12.3 试验项目示例

(1)仪表和控制板；
(2)集中式故障显示系统；
(3)数字式飞行数据记录仪(ARINC 717)；
(4)重量和平衡系统的功能试验(互不干扰)；
(5)EIS-ECAM(起飞形态警告)；
(6)EIS-ECAM(超速警告)；
(7)EIS-ECAM(起落架警告)；
(8)EIS-ECAM(按预定的警告显示，FCT 正常工作)；
(9)EIS-ECAM(在故障模式下工作)；
(10)EIS-EFIS(传感器故障情况)；
(11)EIS-EFIS(在故障模式下工作)；
(12)EIS-EFIS(电源供电)。

7.13 起 落 架

7.13.1 (起落架)总则

1. 适航要求

CCAR-25-R4 在第 25.721 条“(起落架)总则”中规定：

(a)主起落架系统必须设计成，如果在起飞和着陆过程中起落架因超载而损坏(假定超载向上向后作用)，其损坏状态很不可能导致下列后果：

(2)客座量(不包括驾驶员座椅)等于或大于 10 座的飞机，燃油系统任何部分溢出足够量的燃油构成起火危险。

(b)客座量(不包括驾驶员座椅)等于或大于 10 座的飞机必须设计成，当有任何一个或几个起落架未放下时，飞机在受操纵情况下在有铺面的跑道上着陆，其结构部件的损坏很不可能导致溢出足够量的燃油构成起火危险。

(c)可用分析或试验，或兼用两者来表明符合本条规定。

2. 验证技术

受模拟手段和经费等因素的限制，且试验也很危险，很少采用试验法。若采用分析法，至少需要说明和论证下列内容。

(1)燃油系统是否避开了主起落架受损零件残骸可能击中的区域。如果不能完全避开，在结构和燃油系统的设计上采取了哪些有效的防护措施。

(2)对一个或几个起落架放不下来，特别是对全部起落架都放不下来的情况下着陆，机身将擦地等故障状态，进行失效模式与影响分析(FMEA)，对这些非正常着陆时的飞机姿态，操纵动作有哪些限制和规定。

(3) 必须考虑起落架可能出现的断裂部位，对残骸碎片飞出的轨迹以及是否能击中燃油系统进行必要的说明和分析。

7.13.2 减震试验

1. 适航要求

CCAR-25-R4 在第 25.723 条“减震试验”中规定：

(a) 用于确定着陆载荷的起落架动态特性分析模型必须由能量吸收试验验证。必须采用一系列的试验以确保对于第 25.473 条“着陆载荷情况和假定”规定的设计条件，该分析模型是有效的。

(1) 在限制设计条件下的能量吸收试验的条件设置必须至少包含设计着陆重量或考设计起飞重量中产生较大着陆冲击能量的任何一个。

(2) 起落架系统的试验姿态和试验中合适的阻力载荷必须模拟与合理的或者保守的限制载荷一致的飞机着陆条件。

(b) 起落架在演示其储备能量吸收能力的试验中不得损坏，此试验模拟在设计着陆重量时下沉速度为 3.66 米/秒 (12 英尺/秒) 并假定在着陆撞击时飞机的升力不大于飞机重量。

2. 验证技术

1) 相关咨询通告

AC25.723-1“Shock Absorption Tests”。

2) 第 25.723 条 (a)

新研制的机型必须用能量吸收试验验证，不会超过第 25.473 条“着陆载荷情况和假定”所选定的飞机重心处的限制垂直惯性载荷系数 n。如果超过，则说明起落架缓冲系统的设计没有达到要求，可通过调整缓冲器的充填参数或更改内部有关结构的尺寸（如更改油针、油孔的尺寸）使其满足要求。

能量吸收试验以飞机设计着陆重量、3.05m/s 的下沉速度，用完整的起落架，并模拟其在飞机上的安装情况和着陆姿态，在落震试验台上进行试验。

3) 第 25.723 条 (b)

储备能量吸收落震试验以设计着陆重量、3.66m/s 的下沉速度，用完整的起落架，并模拟其在飞机上的安装情况和着陆姿态，在落震试验台上进行试验。试验后检查起落架是否有损坏。下沉速度的模拟通过投放高度实施控制。

进行该项试验的起落架缓冲系统的状态，如充填参数、油孔或油针的尺寸、轮胎充气压力等应与限制落震试验最后确定的状态完全一致。

7.13.3 收放机构

1. 适航要求

CCAR-25-R4 在第 25.729 条“收放机构”中规定：

(a) 总则 对于装有可收放起落架的飞机，采用下列规定：

(1) 起落架收放机构、轮舱门和支承结构必须按下列载荷设计：

(i) 起落架在收上位置时的飞行情况下出现的载荷；

(ii) 在直到 $1.6V_{S1}$(襟翼在设计着陆重量下的进场位置)的任何空速下，起落架收放过程中出现的摩擦载荷、惯性载荷、刹车扭矩载荷、空气载荷和陀螺载荷的组合；陀螺载荷为机轮旋转所致，机轮边缘的线速度为 $1.3V_S$(襟翼在设计起飞重量下的起飞位置)；

(iii) 襟翼放下情况的任何载荷系数，直到第 25.345 条“增升装置”(a) 中的相应规定。

(2) 起落架、收放机构和飞机结构(包括轮舱门)必须设计成能承受直到 $0.67V_C$ 的任何速度下起落架在放下位置时出现的飞行载荷，除非在此速度下另有措施使飞机在空中减速。

(3) 除了考虑本条 (a) (1) 和 (2) 规定的空速和载荷系数的情况外，起落架舱门、其操纵机构和支承结构还必须根据对飞机规定的偏航机动来设计。

(b) 起落架锁 必须有可靠的措施能在空中和地面将起落架保持在放下位置。

(c) 应急操作 必须有应急措施可在下列情况下放下起落架：

(1) 正常收放系统中任何合理可能的失效；或

(2) 任何单个液压源、电源或等效能源的失效。

(d) 操作试验 必须通过操作试验来表明收放机构功能正常。

(e) 位置指示器和警告装置 如果采用可收放起落架，必须有起落架位置指示器(以及驱动指示器工作所需的开关)或其他手段来通知驾驶员，起落架已锁定在放下(或收上)位置，该指示和警告手段的设计必须满足下列要求：

(1) 如果使用开关，则开关的安置及其与起落架机械系统的结合方式必须能防止在起落架未完全放下时误示“放下和锁住”，或在起落架未完全收上时误示“收上和锁住”。开关可安置在受实际的起落架锁闩或其等效装置驱动的部位；

(2) 当准备着陆时如果起落架未在下位锁锁住，必须向飞行机组发出持续的或定期重复的音响警告。

(3) 发出警告的时间必须足以来得及将起落架在下位锁锁住或进行复飞。

(4) 本条 (e) (2) 所要求的警告不得有容易被飞行机组操作的手动关断装置，以免其可能因本能、无意或习惯性反应动作而关断。

(5) 用于发生音响警告的系统设计必须避免虚假警告或不当警告。

(6) 用于抑制起落架音响警告的系统，其阻止警告系统工作的失效概率必须是不可能的。

(f) 轮舱内设备的保护 位于轮舱内且对于飞机安全运行必不可少的设备必须加以保护，使之不会因下列情况而损伤：

(1) 轮胎爆破(除非表明轮胎不会因过热而爆破)；

(2) 轮胎胎面松弛(除非表明由此不会引起损伤)。

2. 验证技术

1) 第 25.729 条 (a)

(1) 分析计算。

针对起落架收放机构、轮舱门和支承结构等构件，计算其强度设计所需载荷，表明符合性。

(2) 试验室试验。

A. 起落架放下和收起的能力应在至少为 $1.6V_{S1}$ 的速度下加以验证。

B. 如果没有其他满意的措施能使飞机空中减速(如采用高阻力装置)，则应按下列条件验证起落架、收放机构和飞机结构(包括轮舱门)承受飞行载荷的能力。

a. 水平飞行需要的功率(推力)；

b. 空速至少为 $0.67V_C$；

c. 起落架放下。

C. 起落架舱门、操纵机构和支承结构还必须对飞机规定的偏航机动所引起的不对称载荷情况加以验证。

通常在地面台架上根据上述指定的条件进行试验验证。

2) 第 25.729 条(b)

对起落架锁进行相应的强度试验，以及开锁、上锁的收放功能试验，表明符合性。

3) 第 25.729 条(c)

(1) 试验室试验。

结合液压(冷气)系统的地面试验进行一定次数的应急放起落架试验。试验次数应与适航当局协商确定。

(2) 安全性评估。

依赖动力源的应急系统需要作故障分析。

4) 第 25.729 条(d)

(1) 试验室试验。

在规定的条件下，进行起落架收放试验，验证收放时间及其他功能是否满足设计要求。

(2) 飞行试验。

应通过飞行试验确定发动机不工作时，起落架的收上时间。方法如下。

令一台发动机处于慢车功率(或推力)，将工作发动机调至合格审定申请的最小推重比推力状态；液压系统处于与实际发动机故障状态相对应的临界状态。开始收起落架之前，应使飞机稳定地按固定航向飞行，所获得的起落架收上时间用于制定第 25.111 条“起飞航迹”要求的飞行手册中的起飞航迹性能信息。

起落架收上时间是指，收放手柄移到“收上(UP)”位置直至起落架(含舱门)最后处于收上形态所需时间，应计及位置指示系统滞后所导致的容差。

5) 第 25.729 条(e)

利用飞行试验、地面试验及分析的组合方法，表明实际位置与指示位置一致性以及音响警告系统的功能。

6) 第 25.729 条(f)

针对轮胎失效情况，开展安全性评估。

7.13.4　刹车

1. 适航要求

1) CCAR-25-R4 在第 25.735 条“刹车”中规定

(b) 刹车系统能力　刹车系统及其相关系统必须设计和构造成：

(1) 如果任何电气、气动、液压或机械连接元件或传动元件损坏，或者任何单个液压源或其他刹车能源失效，能使飞机停下且滑行距离不超过第25.125条“着陆”规定的滑行距离的两倍。

(2) 无论在飞行中或在地面上，刹车或其附近元件失效后从刹车液压系统泄漏的液体都不足以引起或助长有危害的火情。

(c) 刹车控制 刹车控制必须设计和构造成：

(1) 操作时，不需要额外的控制力。

(2) 如果安装了自动刹车系统，必须有措施：

(i) 预位和解除预位该系统，

(ii) 允许驾驶员使用手动刹车超控该系统。

(d) 停留刹车 飞机必须具有停留刹车装置，当一台发动机为最大推力，同时其他任何或全部发动机为直到最大慢车推力的最不利组合时，打开停留刹车装置后，无须进一步关注就可以防止飞机在干燥的带铺面的水平跑道上滚动。该装置必须放在适当的位置或充分保证避免误操作。当停留刹车没有完全释放时，驾驶舱中必须有提示。

(e) 防滑系统 如果安装了防滑系统：

(1) 无须外部调整就可以在预期的任何跑道情况下进行满意操作。

(2) 在所有情况下必须优先于自动刹车系统(如果安装)。

(f) 动能容量

(1) 设计着陆停止 设计着陆停止是在最大着陆重量下可操作的着陆停止。必须确定每一个机轮、刹车和轮胎组件的设计着陆停止刹车动能吸收要求。必须通过测功器测试验证，在整个定义的刹车磨损范围之内机轮、刹车和轮胎组件能够吸收不少于该水平的动能。必须达到飞机制造商刹车要求的能量吸收率。平均减速率必须不小于10fps^2。

(2) 最大动能加速停止 最大动能加速停止是在最临界的飞机起飞重量和速度组合状态下的中断起飞状态。必须确定每一个机轮、刹车和轮胎组件的加速停止刹车动能吸收要求。必须通过测功器测试验证，在整个定义的刹车磨损范围之内机轮、刹车和轮胎组件能够吸收不少于该水平的动能。必须达到飞机制造商刹车要求的能量吸收率。平均减速率必须不小于6fps^2。

(3) 最严酷的着陆停止 最严酷的着陆停止是在最临界的飞机着陆重量和速度组合状态下的停止。必须确定每一个机轮、刹车和轮胎组件最严酷的停止刹车动能吸收要求。必须通过测功器测试验证，在刹车热库达到完全磨损极限情况下，机轮、刹车和轮胎组件能够吸收不少于该水平的动能。对于极不可能的失效情况或当最大动能加速停止能量更严酷时，不必考虑最严酷的着陆停止。

2) TSO-C135a “Transport Airplane Wheels and Wheel and Brake Assemblies”

2. 验证技术

1) 相关咨询通告

AC25.735-1 “Brakes and Braking Systems Certification Tests and Analysis”；

AC25-22 “Certification of Transport Airplane Mechanical Systems”。

2) 第25.735条(b)

对刹车系统进行故障树分析(FTA)和失效模式与影响分析(FMEA)，完成安全性评估，表明符合性。

3) 第 25.735 条(c)

通过飞行试验测量操纵力，并由试飞员给出使用评估意见。

4) 第 25.735 条(d)

通过飞行试验，由试飞员给出使用评估意见。

5) 第 25.735 条(e)

依据设计资料、产品数据、计算结果、使用经验等信息进行安全性评估(包括 FMEA 或 FTA)。

6) 第 25.735 条(f)

(1) 分析计算。

依据飞机重量与速度，计算刹车动能吸收要求，并与刹车的设计值进行比较。计算时应考虑轮胎和跑道间的刹车摩擦系数、气动阻力、动力装置向前的推力等。

(2) 试验室试验。

通过测功器测试验证，在整个定义的刹车磨损范围之内机轮、刹车和轮胎组件能够吸收不少于该水平的动能；并达到飞机制造商刹车要求的能量吸收率。

7.13.5 试验项目示例

(1) 起落架正常操纵验证；
(2) 起落架限制操纵；
(3) 起落架应急放下；
(4) 发动机故障时的起落架操纵；
(5) 在起落架伸态速度时的飞行；
(6) 正常刹车；
(7) 备用刹车；
(8) 停放刹车；
(9) 自动刹车；
(10) 前轮控制功能试验。

7.14 灯 光

7.14.1 应急照明

1. 适航要求

CCAR-25-R4 在第 25.812 条“应急照明”中规定：

(e) 当高于座舱通道地板 1.2 米(4 英尺)以上的所有照明光源完全被遮蔽时，地板附近应急撤离通道标记必须能引导乘客应急撤离。在黑夜里，地板附近应急撤离通道标记必须保证每一乘客：

(1) 在离开座椅后，能目视辨认出沿座舱通道地板通向最近出口或座椅前后两个出口的应急撤离通道；和

(2) 仅参照不高于座舱地板 1.2 米(4 英尺)的标记和目视特征能很快辨认出应急撤离通道的每一出口。

(i) 每个应急照明装置的能源在应急着陆后的临界环境条件下，必须能按照度要求提供至少 10 分钟的照明。

(j) 如果用蓄电池作为应急照明系统的能源，它们可以由飞机主电源系统充电，其条件是：充电电路的设计能防止蓄电池无意中向充电电路放电的故障。

(k) 应急照明系统的部件，包括电池、线路继电器、灯和开关，在经受第 25.561 条“(应急着陆情况)总则”(b)所规定的惯性力作用后，必须能正常工作。

2. 验证技术

1) 相关咨询通告

AC20-38A “Measurement of Cabin Interior Emergency Illumination in Transport Airplanes”。

2) 第 25.812 条(e)

地面试验时应注意以下几个问题。

(1) 试验一般在黑夜进行，若在白天要有措施防止每个窗户、舱门、应急出口和其他开口处光线射入。但每个内部的舱门和活动小门应处于起飞状态，试验时只允许在地板附近的应急撤离通道的标志系统点亮。

(2) 在高于客舱通道地板 1.2m(4ft)以上的所有照明光源完全被浓密的烟雾遮蔽时，试验与地板齐平标志的效能。在实际着火情况下，从地板上来的照明被限制在烟雾覆盖的正下方的范围内，通常不能照亮或反射到整个客舱。在试验时，若客舱没有烟雾覆盖，则地板上的照明光可以反射到客舱上部，这对客舱和逃生通道产生不真实的照明。所以在试验时应考虑到不真实的反射光和照明，考虑的办法或者是通过合理分析确定上述不真实的反射光和照明不会改变试验结果的有效性，或者必要时，可通过使用遮光板和屏蔽板以尽可能减小或消除它们的影响。

(3) 在实际着火时，烟雾的遮蔽层可能沿客舱的长度在 1.2m(4ft)上下变化，这个数字对本条款来说是名义设计高度。认为在 1.2m(4ft)以下的空气是常规的，不影响透光度。

(4) 试验时应考虑客舱内每个旅客能在不需要机组人员关照、旅客排成长队、没有声音或其他信号帮助下找到应急出口的通路。

(5) 试验时应考虑在客舱通道或应急出口的附近放置一定限量的东西和贮藏在座椅底下的手提行李，因为这些东西均能够阻碍地板附近的光源通过性。

(6) 试验应考虑应急撤离时旅客拥挤在出口处或机上服务员帮助撤离时可能会挡住靠近出口的光源。

3) 第 25.812 条(i)

进行供电计算，表明符合性。

4) 第 25.812 条(j)

开展安全性评估，表明符合性。

5) 第 25.812 条(k)

对于照明系统的各元部件和连接以及其固定装置，要分析计算在第 25.561 条(b)规定的惯性力作用下，各元部件不会失效、脱离，整个系统能正常工作。

7.14.2 仪表灯

1. 适航要求

CCAR-25-R4 在第 25.1381 条“仪表灯”中规定：

(a) 仪表灯必须满足下列要求：

(1) 提供足够的照明，使安全运行所必需的每个仪表、开关或其他装置易于判读，除非有其他光源提供的充足照明。

(2) 灯的安装应做到：

(i) 遮蔽直射驾驶员眼睛的光线；

(ii) 使驾驶员看不到有害的反光。

2. 验证技术

1) 地面试验

由飞行员在地面对驾驶舱仪表灯的照明效果进行整体评估，给出适航符合性意见。

2) 飞行试验

通过飞行试验，由飞行员对驾驶舱仪表灯的符合性进行评定。

飞行试验中应考虑下列情况。

(1) 夜航时，着重验证仪表灯在低照度条件下各种信息的易读性。

(2) 在日出或黄昏飞行时(或模拟飞机在遇到雷暴雨状态时)，着重验证仪表灯在高亮度条件下的各种信息的可读性。

(3) 在各种飞行条件下，注意验证是否有直射驾驶员眼睛的光线，是否有漏泄光，以及是否能感觉到有害的眩光。

(4) 在各种外部光照状态下，检查仪表灯的亮度是否可调，调节范围是否满足飞行员既能观察仪表又能观察窗外景物的照明需要。

7.14.3 着陆灯

1. 适航要求

CCAR-25-R4 在第 25.1383 条“着陆灯”中规定：

(a) 每个着陆灯必须经过批准，其安装必须做到：

(1) 使驾驶员看不到有害的眩光；

(2) 使驾驶员不受晕影的不利影响；

(3) 为夜间着陆提供足够的光线。

2. 验证技术

1) 地面试验

由飞行员在地面对着陆灯系统的照明效果进行整体评估，给出适航符合性意见。

2) 飞行试验

通过飞行试验，由飞行员在以各种重心、襟翼位置和空速着陆进近时，在不同俯仰姿态下，对着陆灯系统的适航符合性进行评定。

7.14.4 试验项目示例

(1) 正常情况下的照明；
(2) 应急情况下的照明；
(3) 着陆照明；
(4) 防撞照明；
(5) 机翼展向照明。

7.15 导　　航

7.15.1 空速指示系统

1. 适航要求

CCAR-25-R4 在第 25.1323 条“空速指示系统”中规定：

下列要求适用于每个空速指示系统：

(b) 空速指示系统必须加以校准，以确定飞行时和地面起飞加速滑跑过程中的系统误差（即指示空速和校准空速的关系）。进行地面滑跑校准时，必须按照下列条件：

(1) 对于批准的高度和重量范围，速度从 $0.8V_1$ 最小值至 V_2 的最大值；

(2) 襟翼位置和发动机功率（推力）的调定按第 25.111 条制定起飞航迹时所确定的值，但假设临界发动机在 V_1 最小值时失效。

2. 验证技术

1) 地面试验

为了验证本条(b)的要求，空速指示系统必须进行地面滑跑校准试验。

地面滑跑空速校准的系统误差一般全都归结为静压误差。通常利用基准静压源、静压编码器和屏蔽式总压管等仪器，首先测出滑跑之前的静压，即松刹车点的静压 P_S；再测出飞机加速至某一稳定速度时的全压 P_T 和跑道某一点的静压 P_{Si}（对跑道坡度进行修正）。经计算可得到两种不同静压时的动压：

$$Q_C = P_T - P_S \ (\text{Pa})$$

$$Q_{Ci} = P_T - P_{Si} \ (\text{Pa})$$

利用下列公式可得到校正空速 V_C 和指示空速 V_i：

$$V_C = 1497.1027\,[(1+Q_C/101322.73)^{0.1922543}-1]\,(\text{kn})$$

$$V_i = 1497.1027\,[(1+Q_{Ci}/101322.73)^{0.1922543}-1]\,(\text{kn})$$

在地面起飞滑跑加速过程中空速指示系统的系统误差为

$$\Delta V_P = V_C - V_i$$

为了满足适航标准的要求，应谨慎地使飞机加速至最大 V_2 值，襟翼应处于标准起飞形态。地面空速校正曲线通常以 ΔV_P-V_i 曲线给出。

2) 飞行试验

(1) 低速区的空速校正。

低速区是指速度在从 V_{MO} 至 $1.23V_{SR1}$（襟翼在收上位置）和从 $1.23V_{SRO}$ 至 V_{FE}（襟翼在着

陆位置)之间，空速小于 $1.7V_{SR1}$ 的范围。

为了得到低速区空速的校正数据，需要一个具有已知位置误差的基准静压源。通常可用拖曳弹、拖曳锥、经校正的标准机及飞越一个在标准温度下已知高度的测量站等方法确定基准静压。

试验中记录下列参数。

A. 试验系统的静压；

B. 试验系统的全压；

C. 飞机总重；

D. 侧滑压差；

E. 基准系统的静压；

F. 基准系统的全压；

G. 系统之间的压差。

试验时，一般采用稳定平飞的方法来收集数据。数据处理时，除了失速试验，可假定全部误差都是由静压位置误差引起的。首先计算出基准系统的静压和动压，再计算出试验系统的静压和动压，从而可计算出两者的速度差值，即空速误差的校正值。低速区的空速校正曲线通常以 $\Delta V_P/V_i$-V_{iW} 曲线给出，V_{iW} 为飞机某一总重下的指示空速。

空速校正还包括失速产生的空速管恢复误差和侧滑引起的空速误差校正。

(2) 高速区的空速校正。

高速区是指 $1.7V_{SR1}$ 至设计俯冲马赫数 M_D 之间的速度区，包括如颤振之类的高速试验的速度。

高速区空速校正的测试方法与低速区的相同。但是不用拖曳弹，因为其使用速度受到限制。数据处理时，需要从获取的静压和动压数据中计算出马赫数数据，从而求得试验系统与标准系统的马赫数之差值 ΔM_P。

在飞行手册中，在高速区除了给出 $\Delta V_P/V_i$-V_{iW} 校正曲线，还应给出 ΔM_P-M 的校正曲线。在大气数据计算机内，通常采用 $\Delta V_P/P_S$ 形式的静压源误差修正量。

7.15.2 静压系统

1. 适航要求

CCAR-25-R4 在第 25.1325 条“静压系统”中规定：

(b) 静压孔的设计和位置必须使静压系统的性能受气流变化或者受湿气或其他外来物的影响最小，而且当飞机遇到本部附录 C 所规定的连续或间断最大结冰状态时，静压系统内的空气压力和真实的外界大气静压之间的相互关系不变。

(c) 静压系统的设计和安装必须符合下列规定：

(2) 除通大气的孔外静压系统都要气密。必须以下列方法进行验证试验，以演示静压系统的完整性：

(ii) 增压飞机 对静压系统抽气到压差等于飞机型号合格审定时批准的最大座舱压差，停止抽气一分钟后，指示高度的减小值必须不大于最大座舱压差当量高度的 2%或 30 米(100 英尺)，两者中取大值。

(e) 每个静压系统的设计和安装必须使在海平面标准大气下所指示的气压高度的误差(不包括仪表校准误差)，在 $1.23V_{SRO}$(襟翼展态)至 $1.7V_{SR1}$(襟翼收态)速度范围内对应的飞机形态下，每 100 节不超过±10 米(30 英尺)，速度小于 100 节时，气压高度误差允许为±10 米(30 英尺)。

2. 验证技术

1) 试验室试验

为了验证本条(b)关于静压孔结冰的要求，在具备冰风洞试验的条件下，可利用风洞试验来进行验证。

2) 地面试验

为了验证本条(c)(2)对于静压系统的气密性要求，可进行地面验证试验。试验时可取下某一排水器，接上一个三通接头，把抽真空设备连接到静压系统中，再把静压口堵塞住。

启动抽真空设备，使高度表读数指示在标准规定的数值，然后停止抽气 1min，观察高度表指示的变化，根据适航标准规定判断是否合格。非增压飞机和增压飞机静压系统气密性试验的原理完全一样。

试验中，抽真空的速度应平稳，不能突变，否则会损坏升降速度表或其他仪表。

仪表校正误差的验证可采用对比法，利用一个校正误差合格的标准高度表和被校高度表进行对比求得被校仪表的校正误差。也可以在试验室内接上国际标准大气规定的相应静压，来求得被校高度表的校正误差。一个标准大气压规定为 760mm 水银柱高，海平面标准大气的气温为 15℃。

3) 飞行试验

针对本条(e)静压系统安装位置误差的飞行验证有多种方法，其中常用的如下。

(1) 拖曳弹或拖曳锥法；

(2) 标准机法；

(3) 飞越法；

(4) 光学经纬仪测距法；

(5) 雷达测距法。

(1)～(3)方法的基本原理是采用一个标准静压系统与试验系统相比较，求得其静压之差，再经计算求得静压系统的位置误差，其验证方法和测试仪器与空速指示系统是相同的。(4)和(5)方法是直接测出试验机的几何高度(绝对高度)，再与被试高度表的指示进行比较来求得安装位置误差。

试验时，必须随时记录地面的大气温度和场压，并必须对被测数据加以修正。

为了验证本条(b)关于静压孔结冰的要求，在不具备冰风洞试验的情况下，应进行飞行试验。如果因静压孔结冰而不能正确测量外界大气静压，则应采取加温措施。

7.15.3 试验项目示例

(1) 空速和高度系统的校准；

(2) 超速警告；

(3) 空速和高度系统的功能试验；

(4)大气数据/惯性参考系统(ARINC 738)一般检查；
(5)大气数据/惯性参考系统(ARINC 738)方位补偿精度；
(6)航向信息的相关性(ARINC 738)；
(7)大气数据/惯性参考系统(ARINC 738)姿态模式；
(8)姿态信息精度(ARINC 738)；
(9)备用罗盘(ARINC 738)；
(10)备用罗盘(ARINC 738)的补偿；
(11)仪表着陆航向信标(ARINC 710)的操作；
(12)仪表着陆航向信标(ARINC 710)灵敏度/范围；
(13)仪表着陆航向信标(ARINC 710)屏蔽影响；
(14)仪表着陆下滑信标(ARINC 710)工作；
(15)仪表着陆下滑信标(ARINC 710)灵敏度/范围；
(16)仪表着陆下滑信标(ARINC 710)屏蔽影响；
(17)气象雷达(ARINC 708)；
(18)无线电高度表(ARINC 707)一般检查；
(19)无线电高度表(ARINC 707)校准；
(20)无线电高度表(ARINC 707)灵敏度/范围；
(21)近地报警系统(ARINC 723)在五种模式下的包络线；
(22)近地报警系统(ARINC 723)禁止；
(23)近地报警系统(ARINC 723)与其他系统的相互干扰；
(24)测距装置(ARINC 709)工作；
(25)测距装置(ARINC 709)工作范围/灵敏度/屏蔽影响；
(26)空中交通管制(ARINC 718)工作范围；
(27)空中交通管制(ARINC 718)一般检查；
(28)空中交通管制(ARINC 718)高度；
(29)自动测向装置(ARINC 712)工作范围/灵敏度；
(30)自动测向装置(ARINC 712)变化范围；
(31)自动测向装置(ARINC 712)偏差；
(32)甚高频全向信标(ARINC 711)工作；
(33)甚高频全向信标(ARINC 711)工作范围/灵敏度/屏蔽影响；
(34)甚高频全向信标(ARINC 711)工作不确定性。

7.16 氧　气

7.16.1 最小补氧流量

1. 适航要求

CCAR-25-R4 在第 25.1443 条“最小补氧流量”中规定：

(a)如果装有飞行机组成员使用的连续供氧设备，则每分钟呼吸 15 升(BTPS，即本内温度 37℃，周围压力及饱和水气)，且(保持固定呼吸时间间隔的)最大潮气量为 700 毫升时，每一机组成员所需的最小补氧流量，不得小于保持吸气平均气管氧分压为 19865 帕(149 毫米汞柱)所需的氧流量。

(b)如果装有飞行机组成员使用的肺式供氧设备，则每分钟呼吸 20 升(BTPS)时，每一机组成员所需的最小补氧流量，座舱压力高度低于和等于 10500 米(35000 英尺)时，不得小于保持吸气平均气管氧分压为 16265 帕(122 毫米汞柱)所需的氧流量；座舱压力高度在 10500 米至 12000 米(35000 至 40000 英尺)之间时，不得小于保持含氧百分比为 95 所需的氧流量。此外，必须具有可供机组成员选用纯氧的手段。

(c)对于旅客和客舱服务员，在不同的座舱压力高度上每人所需的最小补氧流量，不得小于在使用氧气设备(包括面罩)时保持下述吸气平均气管氧分压所需的氧流量：

(1)座舱压力高度超过 3000 米(10000 英尺)直到 5600 米(18500 英尺)，每分钟呼吸 15 升(BTPS)，且(保持固定呼吸时间间隔的)潮气量为 700 毫升时，平均气管氧分压为 13332 帕(100 毫米汞柱)；

(2)座舱压力高度超过 5600 米(18500 英尺)直至 12000 米(40000 英尺)，每分钟呼吸 30 升(BTPS)，且(保持固定呼吸时间间隔的)潮气量为 1100 毫升时，平均气管氧分压为 11172 帕(83.8 毫米汞柱)。

2. 验证技术

1)分析计算

提供分析计算表明本条的符合性，典型方法如下。

(1)对于肺式供氧设备，可根据各高度上设备供氧的含氧百分比，利用下式计算各高度上的气管氧分压值：

$$P_I = F\,(P_H - 6266)$$

式中，P_I为吸入气氧分压值(Pa)；F为吸入气的含氧百分比(%)；P_H为H高度上的大气压力(Pa)；6266 为体温 37℃时吸入气饱和水蒸气压力(Pa)。

(2)如果采用连续式供氧设备，则可以根据该设备在各高度上提供的每分钟供氧量，用下式推算出各高度上的气管氧分压值：

$$P_I = Q_H / (1.18 \times 10^{-5} \times Q_{UP}) + 0.21\,(P_H - 6266)$$

式中，P_I为吸入气氧分压值(Pa)；Q_H为设备每分钟供氧量(L/min)；Q_{UP}为每分钟呼吸量(L/min)；P_H为H高度上的大气压力(Pa)；6266 为体温 37℃时吸入气饱和水蒸气压力(Pa)。

2)飞行试验

通过飞行试验，测量旅客和客舱服务员的供氧，以证实符合本条(c)的要求。

7.16.2 分氧装置设置的规定

1. 适航要求

CCAR-25-R4 在第 25.1447 条“分氧装置设置的规定”中规定：

(c)如果申请运行高度超过 7600 米(25000 英尺)的合格审定，则必须有符合下列规定的分氧设备：

(1)必须有接在供氧接头上可供每个乘员就座时立即使用的分氧装置，并且在每个厕所至少要有两个接在供氧接头上的分氧装置。分氧装置和供氧口的总数必须比座位数至少多10%，多余的分氧装置必须尽可能均匀地分布在整个座舱内。如果申请运行高度超过9000米(30000英尺)的合格审定，则提供所需氧流量的分氧装置必须在座舱压力高度超过4500米(15000 英尺)之前自动送达乘员处，并且必须为机组设置手动装置，在自动系统失效时能使分氧装置立即可供使用；

(2)在驾驶舱内值勤的每一飞行机组成员，必须拥有连接至供氧接头的速戴型分氧装置，且必须当机组成员坐在自己工作位置上时可以立即取用，该分氧装置的设计与安装应满足下列要求：

(i)能用单手在5秒钟内把分氧装置从其待用位置上取下戴到脸上，正确地固定好，密封妥当并按需要供氧，而不碰掉眼镜或延误执行应急任务；

2. 验证技术

(1)旅客氧气系统分氧装置的自动落下应通过机上地面试验予以验证。试验的方法是，在高度膜盒开关的座舱通气孔处抽真空到4500m压力高度，观察分氧装置是否下落。检验手动打开分氧装置是否有效。

(2)飞行机组成员的分氧装置戴到脸上的时间(5s内)应通过演示实测加以验证。应在宣布开始试验时计时，当面罩在飞行员脸上正确密封且护目镜就位时结束试验。开始试验的方法及确定面罩以密封，由参试者评定。计时可用秒表或其他具有合理精度的措施。对于每次佩戴面罩试验：

A. 至少80%的面罩佩戴应在5s或更短的时间内完成；

B. 每次佩戴面罩试验的平均时间不超过5s。

7.16.3 防止氧气设备破裂的规定

1. 适航要求

CCAR-25-R4在第25.1453条“防止氧气设备破裂的规定”中规定：

加压氧气瓶和氧气瓶与切断阀之间的管路必须满足下列要求：

(a)对不安全的温度应有防护措施；

(b)其位置应使撞损着陆时破裂的概率和危险减至最小。

2. 验证技术

1)试验室试验

(1)静压试验。

高压部分的管路和附件要在如表7-1所示的验证系数乘以最大工作压力(考虑到最高工作温度的影响)的压力情况下进行试验，试验后部件不应当有永久性变形且能正常工作。

(2)爆破压力试验。

高压部分的管路和附件要在如表7-1所示的极限系数乘以最大工作压力(考虑到最高工作温度的影响)的压力下进行爆破压力试验。试验以后部件或系统不允许有过度泄漏，但允许永久变形，对功能是否正常亦无特别的要求。试验后，试验件不允许再装机。

表 7-1　验证系数和极限系数

系统部分	验证系数	极限系数
容器	1.5	2.0
软管	2.0	4.0
管子和接头	1.5	3.0
其他组件	1.5	2.0

2) 安全性分析

应进行安全性分析，以评估本条规定的不安全温度和破损着陆时破裂造成的危险性。

7.16.4　试验项目示例

(1) 驾驶舱氧气系统；

(2) 客舱氧气系统。

7.17　引　　气

7.17.1　气动系统

1. 适航要求

CCAR-25-R4 在第 25.1438 条“增压系统和气动系统”中规定：

(b) 气动系统元件必须分别进行压力值为最大正常工作压力 3 倍的破坏压力试验和 1.5 倍的验证压力试验。

(c) 可以用分析或分析和试验相结合的方法，来代替本条 (a) 或 (b) 要求的各项试验，条件是适航当局认为该方法与所要求的试验等效。

2. 验证技术

1) 试验室试验

(1) 静力试验。

增压系统和气源系统中的每个元件应按本条 (b) 的规定进行静力试验，以表明元件能够承受的最严峻状态。

验证压力试验时的压力源必须采用空气压力源，而破坏压力试验时建议采用水压或油压压力源。

当元件经受验证压力试验后恢复正常工作状态时，元件应当工作正常，且没有有害的永久变形。同时，元件应当能经受本条 (b) 规定的破坏压力试验，而不爆裂或过度渗漏，但允许元件有永久变形，不要求元件在恢复正常工作状态时功能正常。

(2) 耐久试验。

当元件失效会导致危险状态时，元件和 (或) 分系统应当在模拟完整飞行的典型运行条件下进行疲劳试验，以确定它们的寿命。

2) 地面试验

通过地面试验，表明系统工作正常。

3) 飞行试验

在典型飞行状态下，验证系统及其元件的工作性能。

7.17.2 试验项目示例

引气产生试验。

7.18 水/废水

7.18.1 易冻液体的排放

1. 适航要求

CCAR-25-R4 在第 25.1455 条“易冻液体的排放”中规定：

如果在飞行中或地面运行时可以将易冻液体排出机外，则排放嘴的设计和位置必须防止由于排液而在飞机上结成危险量的冰。

2. 验证技术

参考 AC25.1455-1 “Waste Water/Potable Water Drain System Certification Testing” 用飞行试验的方法验证符合性。主要内容如下。

(1) 在预计排放的水可能溅到的飞机各部位上(包括排放口本身)都用可干的水溶性白色涂料涂敷。

(2) 用水溶性无毒染料作为试验溶液，各种飞行状态和不同的排放口用不同颜色的溶液。

(3) 飞机以两种飞行状态飞行，一种是待降，另一种是巡航。这两种状态都应在排放液体溅到机身前不大可能发生冻结的高度上飞行，并记录空速、高度和外界大气温度。如果预计在进行厨房清扫工作时可能要倾倒大量的废弃液(咖啡、饮料等)，则还应补做初始进场(下降)状态下的试验。

(4) 在每种飞行状态下，对每个机外排放口灌注一种颜色的有色溶液 2～3gal，并以排放系统能适应的最快速度从各排放口排出机外，可以利用盥洗室的洗脸盆进行这项试验，如果洗脸盆做试验不便或尚未安装，也可直接利用排放系统排放。如果有必要，在每种飞行状态下，对每一排放口单独进行一次飞行，以免因多个排放口排出的各种有色溶液撞击到白色涂料上后混杂在一起而难以判别。因为云层或雨水也都可能使撞击图像模糊不清，试验应在干燥空气中进行。

(5) 相应的试验状态结束、飞机返回地面后，观察从各排放口排出的各种颜色的溶液在飞机机身涂有涂料的部位上留下的痕迹，并对这些部位进行照相，以证实该排放系统是否会积聚危险量的冰。飞机某些部位出现被溅上的排放液是允许的，如在没有外形突变的那些部位允许有轻微的雾湿状，因为这些部位不容易结成危险量的冰。试验时，适航审定工程师应在试验现场，并对其结果作出评估，单凭照片往往难以得出确切的结论。

同时，在 AC25.1455-1 中还强调应考虑故障状态下排放系统的符合性。因为排放系统可能出现破裂、堵塞、冻结或溢流等各种故障，防止冻结的加温系统也可能出现故障，对这些故障和可能出现的二次效应还应根据第 25.1301 条和第 25.1309 条等进行验证。

7.18.2 试验项目示例

废水排放试验。

7.19 辅助动力装置

7.19.1 发动机

1. 适航要求

1) CCAR-25-R4 在第 25.903 条“发动机”中规定：

(f) 辅助动力装置 每台辅助动力装置必须经批准，或满足其预定使用的类型要求。

2) TSO-C77b“GAS TURBINE AUXILIARY POWER UNITS”

2. 验证技术

1) 风车转动试验

适航标准规定，必须提供一种装置防止 APU 在地面或飞行中危险的转动。如果在飞行中 APU 停车后没有阻止其继续转动的措施，则必须验证其风车状态对飞机安全的继续飞行是没有危险的。如果可能引发振动、起火或阻力过大等，发动机的旋转应视为危险的。

若为了防止出现风车状态，在 APU 安装中采取了必要的措施，如进气风门和排气风门等，或者 APU 本身的防转措施，则可只验证这些装置的有效性。

如果没有必要限制转动，而且 APU 本身允许风车转动，则可进行飞行中风车演示，试验可参考下列程序。

(1) 使 APU 在额定功率状态下运转；

(2) 模拟滑油供应故障，如回油泵向大气排油；

(3) 模拟具有代表性的飞行仪表指示故障之后，在最大工作高度和飞行速度下，使其停车；

(4) 持续模拟故障之后和飞机着陆之间的最长可能时间。

故障分析应考虑下列因素。

(1) 与避免风车状态的能力有关的不平衡；

(2) 轴承故障；

(3) 无滑油时的风车状态；

(4) 引起严重摩擦的其他故障形式(如可能助长着火危险的故障)。

2) 空中再启动试验

在 APU 空中启动包线上进行足够数量的飞行试验，确定可靠的 APU 再启动的高度和空速包线，此时应考虑 APU 生产厂对同型号 APU 在高空试验台或飞行试验台上完成的再启动试验结果(若适用)，以及同型号 APU 装机的服役经验；也应考虑到在服役中 APU 性能下降的影响。

(1) 飞行剖面。

应对所有可能影响再启动的飞行剖面(包括应急下降)，从海平面到声明的最大再启动高度进行试验。

(2) 空速。

在直到 APU 最大再启动高度的所有高度上，从声明的最小空速到最大空速进行试验。再启动包线的空速范围至少应当包括 55.5km/h (30kn)。

(3) 滞后试验。

在以上试验中，应当包括 APU 停车后到再启动之间的滞后周期对再启动性能的影响。因为飞行中的低温可把 APU 冷透，使滑油黏度变大，将显著地降低 APU 高度启动能力。

(4) 试验程序。

在空中启动高度和空速包线的最大边界高度上，从最小空速到最大空速验证 APU 的再启动能力。APU 的启动在电负荷为零，引气负载为零和飞机燃油增压泵接通的条件下进行。

每一种飞行速度和高度组合，将 APU 的总开关置于“接通”位置，打开进气门或排气门，然后接通启动电机，在启动过程中 APU 自动进行点火和喷油。

点不着火，排气温度与启动温度极限急剧增加，转子转速增加很慢或者不加速(转速悬挂)等均视为启动失败，此时 APU 应能自动中止启动。

(5) 试验记录数据。

A. 飞行高度；

B. 飞行速度；

C. 大气总温；

D. APU 燃油压力及滑油压力；

E. APU 排气温度；

F. APU 转速；

G. APU 燃油及滑油温度；

H. APU 启动机端电压；

I. AFU 进气门(排气门)角度；

J. AFU 压气机出口压力。

7.19.2　涡轮发动机工作特性

1. 适航要求

第 25.939 条“涡轮发动机工作特性”(a)(c)，参见 7.20.6 节。

2. 验证技术

1) 地面试验

(1) 典型试验项目(表 7-2)。

表 7-2　典型试验项目

试验状态	APU 电气负载	APU 引气负载	备注
APU 启动	无	无	使 APU 稳定
APU 的发电机加载	最大	无	使 APU 稳定
启动主发动机	最大	按要求	启动每台发动机
引气	无	最大	使 APU 稳定
APU 满载	最大	最大	使 APU 稳定

是否需要进行热气候条件下的附加试验，应当考虑APU生产厂为确定其性能和功能所完成的试验，以及其他飞机同型号APU的使用经验。

(2)试验记录数据。

A. APU的电气负载；

B. APU的气动负载；

C. APU的进气系统总压；

D. 环境大气压力；

E. 环境大气温度；

F. 风向和风速(飞机停机方向)；

G. APU的转速；

H. 排气温度。

2)飞行试验

APU在飞行中的工作特性可和APU与进气道匹配试验一同进行。APU不应有任何危险的不良工作特性。应在辅助动力装置工作包线范围内检查它的工作特性，同时在功率提取和相应于该飞行状态的引气量的最临界模式下工作。

APU 通常是一个恒速装置，试验实质上是验证在不超过其使用限制的情况下(如排气温度)，辅助动力装置在各种飞行状态下的承载能力。

APU 的进气性能，如总压恢复和压力分布，与辅助动力装置的性能和工作特性密切相关，所以试验时应同时进行进气道匹配试验，在进气道中安装测试仪器，记录压力分布数据。

飞行试验通常测取下列数据。

(1)飞行高度；

(2)飞行速度；

(3)大气总温；

(4)APU排气温度；

(5)APU转速；

(6)引气负载和电气负载；

(7)机动飞行；

(8)进气道总压、总温及压力分布；

(9)APU机匣的振动；

(10)机动飞行及其他任何不正常结果。

7.19.3　负加速度

1. 适航要求

第25.943条“负加速度”，参见7.20.8节。

2. 验证技术

1)试验目的

运输类飞机正常和应急飞行过程中很可能出现负加速度，为了演示负加速度下燃油系统的工作特性不会引起熄火、喘振、失速或供油不足等不良现象，必须进行飞行演示试验。

APU 及滑油系统，在其本身的型号合格审定中就要求完成负加速度下试验，并在其型号技术条件中必须规定出在负加速度下能工作且没有危险故障的最大持续时间。其持续时间不得小于 5s。因此，APU 选择用于飞行中使用时，必须考虑其所允许的负加速度下的持续时间，以便与运输类飞机可能出现的这一时间相匹配，经必要的分析并通过飞行演示证明。

2) 典型试验程序

飞机先进入小角度俯冲，紧接着拉起，然后推杆产生负加速度。具体程序由飞行员决定。目标是，在规定的飞机包线范围内的临界负加速度下至少飞行 5s，必要时重复试验。以便使 APU 在负加速度下工作的总时间达到 20s。

试验中，燃油箱油量最多为满油量的 1/2。低油位保证在负加速度下燃油有飘浮的空间并使燃油输油泵进油管及吸力供油管入口露出油面。并采用最不利的批准使用的燃油品级。

APU 在最大负载(根据具体使用情况)下工作，试验前应核查 APU 及组合式发电机的滑油加油量是否正常，试验飞行前后，从燃油箱提取燃油试验试样，到试验室测定其蒸汽压和密度。

3) 试验测取数据

(1) 飞机数据。

A. 飞行速度；

B. 飞行高度；

C. 大气温度；

D. 机动情况(入俯仰角、滚转角、侧滑角)；

E. 法向加速度。

(2) APU 数据。

A. 负载(电负载、引气负载、压力、温度、流量)；

B. 燃油流量、压力、温度；

C. 滑油流量、压力、温度(含发电机)。

在恢复正的法向加速度飞行之后，立即记录驾驶舱中指示数据，并记录为恢复发动机、燃油供油系统、电源等正常工作所需要的动作。

7.19.4 (滑油系统)总则

1. 适航要求

CCAR-25-R4 在第 25.1011 条“(滑油系统)总则”(a)(b)，参见 7.20.9 节。

2. 验证技术

1) APU 舱和附件冷却试验

通过地面和飞行试验验证 APU 各部件、所用液体、邻近结构的工作温度均保持在规定的温度限制内。

在地面静态试验中，使 APU 在额定的电气负载和引气负载下工作至温度稳定。当 APU 的负载达到最大值时，关断 APU，并记录各种温度直至到达峰值。滑油温度必须保持在规定的限制内。

在各种高度和速度下，使 APU 在额定的电气负载和气动负载下工作，滑油温度及部件温度保持在规定的限制内。

2) APU 滑油箱校准

本试验的目的是，校准驾驶舱 APU 滑油量的指示系统，确定滑油箱可用油量和滑油箱的膨胀空间。典型试验程序如下。

(1) 开始试验之前，按功能试验测量飞机驾驶舱滑油箱容量指示系统的“零”和“满量程”读数，验证驾驶舱滑油指示精度，此时飞机处于地面水平姿态。

(2) 在 APU 滑油油量传感器处于“不工作”模式时，使滑油箱排油。在滑油箱玻璃测量计和驾驶舱显示上每达到一个增量值时，记录一次读数，直至滑油箱排空。

(3) 在滑油油量传感器处于“工作”模式时，给滑油箱注油，每注入一定量的滑油，记录一次驾驶舱显示器上发生变化的读数。

滑油油量必须满足 APU 技术规范规定的油量，可用油量不得小于飞机的临界运行条件下的续航时间与同样条件下批准的 APU 最大允许滑油耗量的乘积。

3) 负加速度试验

按 APU 滑油系统的要求，应试验验证，当滑油系统遇到 5s 时间间隔的负加速度状态时，确保在工作期间有足够流量。

7.19.5 冷却

1. 适航要求

CCAR-25-R4 对动力装置冷却的要求如下。

1) 第 25.1041 条“总则”

参见 7.20.13 节。

2) 第 25.1043 条“冷却试验”

参见 7.20.13 节。

3) 第 25.1045 条“冷却试验程序”

参见 7.20.13 节。

2. 验证技术

1) 地面试验

APU 的冷却一般在地面最恶劣的工作状态进行演示。APU 在额定的电气负载和引气负载下运行直到温度稳定。在最大负载下运行后，关闭 APU。一直监测到温度峰值出现之后。

在 APU 的电气负载和气动负载下，还需要进行发动机启动试验。有些还规定在 APU 最大排气温度下，运行一定时间。

2) 飞行试验

在 APU 的飞行包线内，在不同的高度和速度下，APU 以额定负载运行直至温度稳定。根据 APU 的电气负载和引气负载，可在起飞、爬升、巡航、下滑和着陆等飞行阶段，进行冷却试验。

采集如下试验数据。

(1) APU 转速；
(2) APU 排气温度；
(3) 燃油和滑油的温度；
(4) 飞机高度；
(5) 飞行速度；
(6) 大气总温；
(7) APU 舱和有关部件的温度。

7.19.6 进气

1. 适航要求

第 25.1091 条“进气”(a)(d)，参见 7.20.14 节。

2. 验证技术

1) 进气流量试验

应完成地面试验和飞行试验，试验内容参见“涡轮发动机工作特性”。

2) APU 短舱和吊架排液试验

通过试验，确定经过放液嘴、通气口或其他部件有否漏出或溢出危险量燃油进入 APU 进气系统，试验内容参见第 25.1187 条“火区的排液和通风”。

3) 吸水试验

通常与发动机的吸雨试验共同进行，试验内容可参考 AC 20-124“Water Ingestion Testing for Turbine Powered Airplanes”。

试验应表明没有危险量的水液吸入，并且：

(1) 在穿越选定的积水深度区域中，不会出现熄火、性能下降、失效等安全性危险；

(2) 如果出现指示发动机失效的声响，如爆裂声、砰响等，或者驾驶舱仪表指示发动机失速造成喘振等，但从量上不足以导致放弃预定的飞行计划。

若试验用积水深度小于要求的标准，则试验用的积水深度应作为飞机使用限制。

7.19.7 进气系统管道和空气导管系统

1. 适航要求

CCAR-25-R4 在第 25.1103 条“进气系统管道和空气导管系统”中规定：

(b) 进气系统管道应满足下列要求：

(1) 必须具有足够的强度，能防止进气系统由于正常回火情况而损坏；

(2) 进气管道如果位于需要装置灭火系统的任何火区内，必须是耐火的，但辅助动力装置的进气管道在辅助动力装置火区内必须是防火的。

(d) 对于涡轮发动机和辅助动力装置的引气导管系统，如果在空气导管的引气口与飞机的用气装置之间的任一部位上出现导管破损，不得造成危害。

2. 验证技术

1) 分析计算

通过对 APU 进气系统管道的强度计算和分析来表明符合性。进行强度计算时，应考虑以下几方面。

(1)气动载荷;

(2)结构受力;

(3)APU及其附件的振动;

(4)喘振回流;

(5)APU热胀冷缩引起的位移等影响。

2)APU进气道耐火试验

对于APU进气道应进行地面耐火试验，采用装机进气道的样件和材料，在台架上模拟辅助动力装置喘振回流时状态，测取其温度分布。应通过试验表明，所设计的进气道能够承受回流时产生的最热状态。

3)安全性评估

通过安全性评估，清楚地表明进气系统管路损坏等失效，均不能威胁飞机的安全。

7.19.8 试验项目示例

(1)环境控制系统地面性能;

(2)环境控制系统飞行性能;

(3)对主发动机启动的地面性能;

(4)振动;

(5)APU和排气消声器舱的冷却;

(6)泄油系统;

(7)进气系统;

(8)自然结冰试验;

(9)引气污染。

7.20 动力装置

7.20.1 安装

1. 适航要求

CCAR-25-R4在第25.901条“安装”中规定:

(b)对于动力装置，必须满足下列要求:

(2)安装的各部件其构造、布置和安装必须保证在正常检查或翻修的间隔期内能继续保持安全运转;

(c)对于动力装置和辅助动力装置的安装，必须确认任何单个失效或故障或可能的失效组合都不会危及飞机的安全运行，但如果结构元件的破损概率极小，则这种破损不必考虑。

2. 验证技术

1)第25.901条(b)(2)

(1)分析计算。

动力装置各部件在保证一定刚度和强度的前提下，应重量最轻。通过强度计算、重量计算以及系统性能计算，表明其工作满足要求。

(2) 地面试验。

由系统性能的地面试验表明，动力装置及其安装能保持安全运转。

(3) 飞行试验。

用飞行试验表明，动力装置及其安装能保持安全运转。

2) 第 25.901 条(c)

对于动力装置的安装进行安全性评估，表明符合性。

7.20.2　发动机

1. 适航要求

CCAR-25-R4 在第 25.903 条“发动机”中规定：

(b) 发动机的隔离　各动力装置的布置和相互隔离，必须至少能在一种运行形态下，使任一发动机或任一能影响此发动机的系统失效或故障时，不致发生下列情况：

(1) 妨碍其余发动机继续安全运转；

(2) 需要任何机组成员立即采取动作以保证继续安全运行。

(d) 涡轮发动机的安装　对于涡轮发动机的安装有下列规定：

(1) 必须采取设计预防措施，能在一旦发动机转子损坏或发动机内起火烧穿发动机机匣时，对飞机的危害减至最小；

(2) 与发动机各控制装置、系统、仪表有关的各动力装置系统的设计必须能合理保证，在服役中不会超过对涡轮转子结构完整性有不利影响的发动机使用限制。

(e) 再启动能力

(2) 必须制定飞行中再启动发动机的高度和空速包线，并且每台发动机必须具有在此包线内再启动的能力。

(3) 对于涡轮发动机飞机，如果在飞行中所有发动机停车后，发动机的最小风车转速不足以提供发动机点火所需的电功率，则必须有一个不依赖于发动机驱动的发电系统的电源，以便能在飞行中对发动机点火进行再启动。

2. 验证技术

1) 第 25.903 条(b)

针对影响发动机运行和控制的自动控制功能，可能需要进行飞行试验来演示各种预期故障(包括发动机喘振和单发失效)的影响，通过对系统(如自动油门、数字式飞行导引计算机、FADEC 等)失效进行模拟，确保一个发动机的喘振或某个失效，不会严重影响其余发动机系统的控制与运行。这些失效可以包括，所选定部件的供电中断以及模拟的发动机失效(猛收油门到慢车)。

因为不能完全预计失效模拟的后果，应在仔细考虑确定的安全高度和空速下进行试验，只要不影响试验结果，应尽可能在地面利用已装机的发动机完成试验。

2) 第 25.903 条(d)(1)

针对“非包容性发动机转子的损坏”，进行安全性评估表明符合性。

3)第25.903条(d)(2)

为了保证飞机在飞行包线内的各种机动载荷条件下，发动机的变形和位移量在预期范围，应进行飞行试验表明实际飞行中发动机控制工作正常，不出现卡滞和失灵。

4)第25.903条(e)(2)

(1)飞行试验总则。

A. 第25.903条(e)(2)要求的再启动包线通常可由两个区段组成。

a. 一个区段是借助风车旋转以最小转速或超过最小转速来转动发动机，达到令人满意的再启动；

b. 另一个区段是借助启动机以最小转速来转动发动机，达到令人满意的再启动。

B. 可接受的最小再启动包线定义见(2)“高度和空速包线”。

(2)高度和空速包线。

A. 应在空速、高度和形态组合的条件范围内进行足够的飞行试验，以确定可靠的发动机再启动的高度和空速包线，要考虑由发动机公司对相同型号发动机在高空试验台或飞行试验台上完成再启动试验的结果(如果有的话，以及装用相同发动机的其他飞机所积累的经验)。还应当考虑发动机在服役中性能下降的影响。

B. 高度和形态，在所有很可能影响再启动的相应形态(包括紧急下降)下，从海平面到宣布的最大再启动高度。

C. 空速，在直到宣布的发动机最大启动高度的所有高度上，从宣布的最小空速到最大空速。宣布的再启动包线的空速范围应至少包括15m/s(30kn)。

D. 滞后试验，高度和形态的试验应当包括从发动机关车到再启动之间的滞后周期对发动机再启动性能的影响。

5)第25.903条(e)(3)

一般在进行启动系统飞行试验时，其中有几次应是由蓄电瓶给点火器供电进行空中启动，以验证是否满足要求。

7.20.3 起飞推力自动控制系统(ATTCS)

1. 适航要求

CCAR-25-R4在第25.904条“起飞推力自动控制系统(ATTCS)”中规定：

请求批准安装发动机功率控制系统(该系统在起飞过程中当任一发动机失效时自动地重新调定工作发动机的功率或推力)的申请人必须满足附录I的要求。

2. 验证技术

根据CCAR-25-R4附录I“起飞推力自动控制系统(ATTCS)的安装”开展下述工作。

1)安全性评估

进行安全性评估，表明系统的可靠性满足要求。

2)飞行试验

通过飞行试验检查系统的某些性能或功能特性，例如，

(1)临界发动机失效后ATTCS的工作效果；

(2)ATTCS工作期间，以及工作发动机处于ATTCS工作后所达到的稳态最大功率或推

力水平时，演示发动机的工作特性；

(3) 验证 ATTCS 的手动超控功能；

(4) ATTCS 工作时，飞机无不利的操纵特性。

7.20.4　反推力系统

1. 适航要求

CCAR-25-R4 在第 25.933 条“反推力系统”中规定：

(a) 涡轮喷气发动机反推力系统

(1) 仅预定在地面使用的发动机反推力系统必须设计成，在飞行中处于任何反推力位置时，发动机不会产生大于飞行慢车状态的推力。此外，必须通过分析或试验，或两者兼用来表明满足下列要求：

(i) 反推力装置能收回到推力位置；

(ii) 反推力装置处于任何可能的位置时，飞机能继续安全飞行和着陆。

(2) 预定在飞行中使用的涡轮喷气发动机反推力系统必须设计成，在任何预期的飞机运行(包括地面运行)条件下，当反推力系统正常工作或发生任一失效(或有合理可能的失效组合)时，均不会造成不安全情况。如果结构元件的破损率极小，则这种破损不必考虑。

(3) 涡轮喷气发动机反推力系统，必须有措施防止在反推力系统有故障时发动机产生大于慢车状态的推力。但是，在运行中预期的最临界反推力情况下，只要表明仅采取气动力措施能保证飞机的航向操纵，则发动机可以产生更大的正推力。

2. 验证技术

1) 相关咨询通告

AC20-18A “Qualification Testing of Turbo-jet Engine Thrust Reversers”。

2) 第 25.933 条 (a) (1)

进行如下飞行试验。

(1) 反推力系统功能试验。

A. 反推力装置控制系统，油门联锁和指示系统的功能；

B. 反推力系统及其指示系统的功能。

(2) 在反推力装置正常工作期间，或一台发动机的反推力装置不工作期间，对飞机的每一种使用形态进行试验以验证没有不利的飞机操纵特性，试验程序如下。

A. 验证一台反推力装置打开时的着陆情况，采用正常方式操纵，使用发动机和方向舵操纵，使飞机从不对称推力造成的测滑中满意地恢复过来，在这种情况下，不使用前轮操纵。

B. 对每一种襟翼位置配置的着陆形态，按飞行手册建议的程序进行正常着陆。

3) 第 25.933 条 (a) (2) (3)

进行反推力装置故障-安全特性飞行试验，验证装有故障锁紧机械的反推力装置将不会因误动作打开。

(1) 一台反推力装置锁紧装置打开，刹车突然松开，开始起飞加速。在试验期间，反推力装置保持在收回位置。

(2) 一台反推力装置锁紧装置打开，飞机进行典型的机动飞行，试图把反推力装置从收回位置松开。试验期间，反推力装置保持在收回位置。

(3)被试验发动机在慢车状态，以最小安全飞行速度飞行，试图打开反推力装置。试验期间反推力装置保持在收回位置。

(4)在飞行中因疏忽而致使反推力装置打开，即低速低空、一台反推力打开时飞机的可操纵性和继续安全飞行与着陆的能力。

A. 飞行中，慢车反推力功率时，反推力装置打开，然后关掉受影响的发动机，飞机进行典型的机动飞行，以验证其操纵特性；

B. 一台反推力打开，然后关掉这台发动机，验证着陆情况。

7.20.5 涡轮喷气发动机反推力装置系统试验

1. 适航要求

CCAR-25-R4 在第 25.934 条“涡轮喷气发动机反推力装置系统试验”中规定：

装在涡轮喷气发动机上的反推力装置必须满足中国民用航空规章第 33.97 条的有关要求。

2. 验证技术

(1)按第 33.87 条“持久试验”和第 33.97 条“反推力装置”的规定，实施试验台架的耐久性试验，并且进行地面和飞行试验验证。

(2)在非标准大气试验条件下，为了符合第 33.87 条和第 33.97 条，对反推力装置而言，下列基准是可以接受的。

A. 如果发动机装有反推力装置，则本章规定的持久、校准、工作和振动试验必须在安装了反推力装置的情况下进行。根据本条规定，功率操纵杆必须在不超过 1s 的时间内从一个极端位置移到另一个极端位置，除非操纵方式需要功率操纵杆从一个极端位置移到另一个极端位置，有计划地进行，才允许有稍长的时间，但不能超过 3s。

B. 必须进行从飞行慢车的向前推力到最大反推力的试验 175 次，以及必须从额定起飞推力到最大反推力进行 2.5 次反推力试验。在每次反推力后，反推力装置必须在全反推力下工作 1min，除非反推力装置仅预备作为地面制动装置，则该反推力装置只需在全反推力下工作 30s。

C. 试验台架的持久运转，可以由应力和负荷分析，或者由进行可接受的飞机飞行试验加以补充，该飞行试验要满足前述循环工作试验的试验苛刻程度限制，并且至少有一个反推力装置运行过相当于具有循环试验的 150h 的持久试验的试验。

D. 为了有可接受的可靠性，反推力装置在要求的试验以后应处于可使用的状态。

E. 在这些试验过程中，应根据满意的发动机和反推力装置的性能，而且对发动机无有害影响来确定反推力装置与发动机的相容性。

7.20.6 涡轮发动机工作特性

1. 适航要求

CCAR-25-R4 在第 25.939 条“涡轮发动机工作特性”中规定：

(a)必须在飞行中检查涡轮发动机的工作特性，以确认在飞机和发动机使用限制范围内的正常和应急使用期间，不会出现达到危险程度的不利特性(如失速、喘振或熄火)。

(c)在正常运行期间，涡轮发动机进气系统不得由于气流畸变的影响而引起有害于发动机的振动。

2. 验证技术

1)相关咨询通告

AC25.939-1 “Evaluating Turbine Engine Operating Characteristics”。

2)第25.939条(a)

(1)发动机工作特性的飞行试验评价。

A. 用以演示第25.939条(a)符合性的试验状态，应根据对影响发动机工作特性的所有因素做出的评估结果而定。应考虑发动机(含发动机安装和工作手册所确定的操纵系统)的设计细节以及发动机安装对飞机的影响。发动机与进气道在飞机上的安装位置可能会使发动机在某些飞行状态下更容易出现工作不稳定性。对于利用经验和推理确定的、某些飞行状态时，发动机工作会出现问题的可能性要加以确认，因为根据工程知识和评估识别的、导致发动机工作不稳定的特定飞行状态和环境条件并非总是准确的。

B. 工作特性试验应使用发动机的所有控制系统，包括申请进行合格审定的发动机控制器和自动油门的电子监测系统。发动机工作特性评估还应考虑发动机附件和设备，如空调组件、防冰系统及发电机负载等瞬态和稳态工作时的情况以及它们对发动机工作特性的影响。

C. 发动机工作特性的飞行试验评价应考虑飞机的所有形态，但飞机飞行手册限制或程序中未包括者除外，飞机的某些形态可能作为高度和(或)空速的函数而受限制。但不认为飞机本身的最小空速限制是排除发动机工作特性作低速飞行评价的恰当警告手段。若用抖杆器作为飞机的失速警告，则它的工作点应重新调在较高的空速，以便对发动机的不良工作特性即将来临时发出报警信号。

(2)试验程序。

为了达到第25.939条所要求的安全水平，通常将下述试验及其准则作为验证发动机工作特性可接受的方法。如果对于某些发动机装置，认为其他一些飞行条件是关键的话，可能需要在这些条件下增加试验。通常，这些试验是定性的，不需要专门的试验仪器。试验判据参见表7-3推荐的试验准则。

表7-3 推荐的试验准则

发动机工作特性试验	允许的发动机不良工作特性			
	无	轻度	中度	重度
起飞和着陆操作				
● 滑行(平静大气)	√			
侧风或顺风	√	√		
● 起飞(平静大气)	√			
侧风或顺风	√	√		
● 进场和着陆(平静大气)	√			
侧风或顺风	√	√		
速度低于反推力				
停车速度	√	√	*	
● 反推力(功率)侧滑行	√	√	*	

续表

发动机工作特性试验	允许的发动机不良工作特性			
	无	轻度	中度	重度
瞬态功率状态				
● 带故障加速/减速	√			
● 间歇减速	√			
● 飞机失速改出(慢车到最大功率)	√	√		
对上述瞬态试验：				
飞机和发动机非正常形态	√	√		
● 散热下降和改出	×			
发动机气流畸变试验				
● 侧滑、收紧半径转弯，或对称拉起，接近有动力失速				
1. V_{max} 到失速警告速度	√			
在离起飞和着陆面足够高的高度	√	√		
2. 速度低于失速警告速度	√	√		
在离起飞和着陆面足够高的高度	√	√	*	
● 在超出正常使用包线条件外(若要求飞机失速或侧滑)	√	√	*	

注：√——允许；*——可能允许(适航当局与发动机公司必须一致同意)

A. 滑行、起飞、着陆过程中的发动机工作特性。

除了下面提到的，在滑行、起飞和着陆阶段中发动机不得有不良的工作特性。应在最大演示侧风分量及150%的限制顺风分量均大于5m/s(10kn)的情况下确定符合性。

a. 滑行。

在滑行期间，除了在侧风和顺风工作时可接受轻度的不良工作特性，发动机不应有不良的工作特性(轻度、中度或重度)。

b. 起飞。

起飞程序中功率调定阶段(通常在111～148km/h)(60～80kn)完成之后，直至达到航路形态和爬升至离机场标高 457m(1500ft)高度的整个过程中发动机不应有不良的工作特性(轻度、中度或重度)。在侧风和顺风情况下，起飞滑跑功率调定阶段有轻度不良特性是可接受的。可采用申请方推荐的功率调定程序来完成这些试验，只要这些程序从操作的角度是可接受的，并且在制订飞机飞行手册的起飞性能时予以考虑。

应在所有的起飞性能试验中演示满意的发动机工作特性。为确定在整个批准起飞的高度范围内起飞时是否有发动机工作问题，也应进行这些试验。

c. 进场和着陆。

在从离机场标高457m(1500ft)以上进场到着陆的过程中，如果适用的话，还应包括在达到推荐“停车”速度之前的任何速度，使用反推力在内，发动机都不应有不良的工作特性(轻度、中度或重度)。当速度小于推荐“停车”速度，采用申请人推荐的程序(包括移动功率杆)进行地面反推力操作时，有轻度或中度的不良工作特性是可接受的，只要适航当局与发动机公司一致认为不存在危险状态即可。在侧风与顺风情况，着陆滑跑过程中有轻度的不良工作特性是可接受的。

应在所有着陆性能试验中，在发动机正常工作范围内演示满意的发动机工作特性。为确定在整个批准的着陆高度范围内进场与着陆是否有发动机工作问题，亦应完成这些试验。

d. 反推力（功率）倒滑行。

若申请人希望批准反推力倒滑行，则必须演示可接受的发动机工作特性。利用申请人推荐的程序（包括功率杆移动量），反推力倒滑行时轻度或中度的不良工作特性是可接受的，只要适航当局和发动机公司一致认为不存在危险状态即可。

B. 瞬态功率工作特性。

对于飞机与发动机的正常形态，在飞机的正常使用包线范围内，发动机瞬态功率状态中不应有任何种类的不良工作特性（表 7-4），除非已确认它们不会导致危险状态、不要求驾驶员采取改正行动、不会损坏发动机。对于飞机飞行手册程序中所规定的飞机和发动机非正常形态，在飞机正常使用包线范围内，发动机不应有中度和重度的不良工作特性。一台发动机停车后，其余发动机认为是在正常工作状态，包括要求发动机引气和附件功率提取的变化。在非正常飞行状态（如空速低于抖振开始速度），可允许有轻度的发动机不良工作特性。当采用上述准则时，下面是推荐在发动机加速/减速和发动机工作试验时，用以演示满意瞬态工作特性的程序。应采用批准为快速调定的发动机操纵系统的最临界形态来完成这些试验。

表 7-4　发动机不良工作特性定义

序号	发动机不良工作特性	轻度	中度	重度
1	可听见的喘振	是	是	是
2	工作不稳定	较轻	是	是
3	发动机转子加速	正常	缓慢	无
4	有无超出发动机极限	无	初步	显著
5	有无功率减小/转速下降	无	暂时	显著
6	有无发动机振动	无	较轻	要求停车
7	是否要求飞行员改出动作	否	否	是
8	是否发动机停车	否	否	是
9	是否发动机损坏	否	否	是
10	座舱压力是否有危险的降低	否	否	是

a. 发动机加速-减速（带故障加速），通过将功率杆迅速从稳定慢车推至指定的推力调定值（1s 或小于 1s），使发动机稳定，然后迅速将功率杆拉回至慢车。

b. 发动机间歇减速试验，迅速减速（功率杆拉至慢车止动位置），然后发动机转子转速通过规定的调头转速时迅速加速到功率杆原来的位置。除非发动机制造商已判明临界转速（最小喘振裕度），否则要求指定若干个不同的调头转速，其中包括慢车。

注：上述 a 与 b 所述试验应利用试验高度上批准的最大推力（功率），在下述的速度/高度点和任何已确认的其他临界点下进行。

(a) 尽可能接近于最大使用限制速度（V_{MO}/M_{MO}）和大于抖振开始速度 5m/s（10kn）的速度，并从批准的最大使用高度上开始；

(b) 在比批准的最大起飞高度高 457m（1500ft）的高度以上，襟翼展态速度（V_{FE}）和大于抖振开始速度 5m/s（10kn）的速度。

这些试验规定迅速移动功率杆，以评价发动机操纵系统对要求迅速改变推力(功率)的响应。在大多数情况下，发动机加速和减速试验时，功率杆迅速移动已经提供了最低限度的失速边界裕度。但是，已发现某些发动机对功率杆缓慢移动却更为敏感。这是因为操纵系统的特性与发动机加速或减速的速率有关。其中一个例子是，正常调节引气活门，在迅速改变推力(功率)时移向全开位置。此时，应对发动机操纵系统加以分析，并采用最临界的功率杆调节速率来进行相应的加速-减速试验。

c. 发动机的加速试验是当飞机失速并着手正常改出时[见第 25.201 条(d)失速定义]，将功率杆从慢车迅速推到最大推力(功率)。应在批准着陆的高度范围内，足以证明发动机可接受的工作特性的高度上，以临界襟翼形态进行这些试验(对这些试验来说，轻度的发动机不良工作特性是可接受的)。

d. 慢车推力(功率)是，下降率应在批准最大起飞使用高度 914.4m(3000ft)范围内到3048m(10000ft)高度之间进行。在下降的最低点，发动机应正常加速到最大连续推力(功率)。

C. 发动机和进气道匹配试验。

本试验的目的是研究发动机进气口气流畸变的影响，这种气流畸变可能是由于在飞机正常和应急操作范围内飞机的异常姿态引起的，进口气流畸变可能引起发动机不良工作特性。可采用如侧滑、收紧半径转弯、对称拉起、接近有动力失速等定性飞行试验来演示大推力(功率)调定值和大迎角时发动机满意的工作特性。

a. 建议采用下列推力(功率)调定值。

(a)在比批准的最大起飞高度高 457m(1500ft)的高度以下，推力(功率)调定值直至批准的最大推力(功率)极限；

(b)从上述的最大高度至批准的最大使用高度，发动机应在推力(功率)调定值为最大连续推力(功率)极限下工作来进行试验。

b. 发动机工作特性允许的不良程度与所考察的飞机速度范围。

(a)在飞机正常工作包线，从 V_{MO}/M_{MO} 至用以表明第 25.207 条符合性的自然或人工(如抖杆器)失速警告信号出现时的范围内，发动机不得出现不良工作特性。但在比批准的最大起飞和着陆高度高 914.4m(3000ft)的高度以上，若确认不会构成危险情况的话，则可允许有轻度和中度的不良工作特性。

(b)在比批准的最大起飞高度高 914.4m(3000ft)的高度以下，在失速警告迎角至比该迎角大某个值的迎角之间，发动机不得有中度或重度的不良工作特性。上述比失速迎角大的某个迎角值是从动态越过失速警告中改出时可能出现的值。但是，在比批准的最大起飞和着陆高度高 914.4m(3000ft)的高度以上，若确认不会构成危险情况的话，则可允许有轻度和中度的不良工作特性。

注：在比失速警告迎角大约大 10%的迎角下机动飞行，必须满足上述要求。如果申请人提出与特定设计有关的其他建议，在收紧半径转弯和接近失速的过程中，飞机的迎角应增大到着手改出时所允许的程度，除非下述各点之一先达到。

ⓐ 适航当局批准的结构限制；

ⓑ 操纵性限制；

ⓒ 抖振或人为界限(失速预防装置)的抑制水平。

c. 如果机体结构批准需要进行失速特性和(或)航向与横向静稳定性试验，则在正常使用包线外进行这些试验时，不得有重度的不良工作特性。应采用相应于所进行试验的推力(功率)调定值。

D. 以上整套试验程序适用于飞机发动机装置的初始批准。对于随后发动机装置的更改，如发动机推力(功率)额定值改变、进气道修改、发动机系统修改等应该完成必要的部分试验。在进行上述试验时，表面上危险的孤立发动机不良工作特性事件，在满足第 25.939 条(a)的要求时可能并不一定构成故障。附加有效的试验和(或)工程分析可能证实所怀疑的发动机不良工作特性并非普遍出现，且不构成不安全状态。为安全起见，上述“瞬态功率”和“发动机和进气道匹配”试验中的大部分或全部，应限制在每次只检查一台发动机或只检查因其在飞机上安装位置而成为最临界的那一台发动机。

3) 第 25.939 条(c)

(1) 飞行试验内容应包括要求进行合格审定的飞行速度、姿态、高度和发动机工作状态(包括反推力)的整个范围，以及在地面与飞行中的定常及瞬时状态(包括侧风、旋转、偏航和失速)的整个范围。无需考虑的非临界工作状态应当得到适航当局的同意。

(2) 如果发动机进气口处的气流状态受相邻发动机的工作状态影响，则试验内容应当包括研究相邻发动机在整个发动机工作状态(包括反推力)范围内以相同和不同工作状态运转的影响。还应当研究相邻发动机工作不正常的影响。

(3) 发动机进气道气流畸变在上述定义范围内的变化在对特定型号确定的限度以内。

(4) 通过在第 33.83 条“振动试验”(不必超过最大起飞转速)指出的方法和范围，在下述两种装置之一上研究叶片的振动特性。

A. 有代表性的地面装置，使用可模拟飞机实际工作状态的试验设备；

B. 对应于所研究的情况，在地面和飞行中使用有代表性的飞机。

在合格审定之前，有代表性装置完成足够的飞行，证明振动水平是令人满意的。

7.20.7 进气系统、发动机和排气系统的匹配性

1. 适航要求

CCAR-25-R4 在第 25.941 条“进气系统、发动机和排气系统的匹配性”中规定：

对于装用几何形状可变的进气系统或排气系统或两者兼用的飞机应符合下列规定：

(a) 必须表明，由进气部分、发动机(包括推力增大系统，如果装有)和排气部分组成的系统，在申请批准的所有运行条件(包括发动机所有的转速和功率或推力调定值以及各种进气和排气形态)下，工作正常；

(b) 上述各部分的工作(计及可能的故障)对飞机气动操纵的动态影响，不得要求驾驶员为避免超过飞机的使用限制或结构限制而付出特殊的技巧、机敏或体力；

(c) 表明符合本条(b)的规定时，在第 25.143 条“(操纵性和机动性)总则”(e)和(f)规定的条件下，要求驾驶员付出的体力不得超过第 25.143 条(d)规定的限制。

2. 验证技术

1) 安全性评估

对发动机进气道、发动机及排气系统(加力、反推力装置、消声器及可调喷管等)的操

纵系统进行安全性评估。

2）飞行试验

(1) 试验内容。

试验应提供下列情况下的资料。

A. 进气道和发动机（包括加力系统和排气系统）功能的匹配；

B. 可能的失灵或故障引起蜂鸣或喘振之后紧接着要恢复良好进气状态时的滞后；

C. 相邻发动机进气道之间的（若适用）气动力干扰；

D. 由于靠近机翼或飞机其他部分（若适用）对进气道气流状态的影响；

E. 发动机进气道零件在使用中的磨损和腐蚀对进气道和发动机功能的影响；

F. 证明要求进行安全性评估的发动机进气道、作动机构及调节系统的失效和故障条件；

G. 跑道上水、雪和半融雪等被吸入发动机进气道（若适用）产生的影响；

H. 除冰和防冰措施；

I. 进气道和发动机调节系统的工作对飞机操纵性的影响；

J. 进气道及其零件的静强度和动强度；

K. 使用正常的和应急的发动机进气道调节系统时，空勤人员所要完成的工作。

(2) 试验条件。

A. 积水条件。

a. 除非明确表明跑道上的积水（雪）不会在起飞期间进入任何发动机进气道，否则应该进行试验来确定所需要的限制。

b. 试验可以是在规定的积水（雪）条件下的完整起飞试验，或者是在适航当局同意的积水（雪）长度的区域里进行的系列验证试验，该长度要足以获得足够稳定的飞溅图形并确定对推进装置的状态和特性的影响。

c. 考虑因跑道不平度而可能遇到最大积水（雪）深度，试验期间，积水（雪）的额定深度应超过经同意的深度。

d. 在沿起飞方向要有 1.90cm（0.75in）深 91.44m（300ft）长的积水，在此条件下要求飞机以名义上（实际不存在）干净的跑道的条件下起飞。

B. 干扰。

对于两台或两台以上推进装置之间相互干扰的可能性研究应包括下列影响因素。

a. 气动力干扰；

b. 某一推进装置故障之后的飞机状态；

c. 弹性挠曲；

d. 机械影响（如吸进相邻发动机飞出的压气机工作叶片）；

e. 影响各个独立的调节系统的共同环境。

(3) 试验状态。

A. 在飞行速度、高度范围内，操纵进气道调节，在起飞、爬升、转弯、盘旋、巡航、下滑、着陆各种飞行段进行平飞、加速、减速飞行试验，记录发动机参数。

B. 按外界温度不同进行飞行试验，典型温度区间如下：

a. <0℃；

b. 0～28℃；

c. 29～38℃；

d. >39℃。

7.20.8　负加速度

1. 适航要求

CCAR-25-R4 在第 25.943 条“负加速度”中规定：

当飞机在第 25.333 条规定的飞行包线内作负加速度时，发动机、经批准在飞行中使用的辅助动力装置，或者与动力装置或辅助动力装置有关的任何部件或系统不得出现危险的故障。必须按预计的负加速度最长持续时间表明满足上述要求。

2. 验证技术

(1) 负加速度的临界点，可通过试验或分析来确定。要考虑发电机附件配置以及达到燃油临界液面的可能性。

(2) 通常，以最大连续功率或推力工作的发动机、APU 带正常负载工作(如果适用)，在规定的飞机包线范围内的临界负加速度下飞行。负加速度为 0～−1.0g 时，每一试验状态至少持续 7s，负加速度运行累计飞行时间为 20s。

(3) 在所有情况下，要尽可能接近飞机重心测量加速度。

(4) 如果在分析或试验过程中，负加速度对滑油或其他油液液面的影响，大于对燃油或发动机附件危险故障的影响，就必须对该问题予以研究。

(5) 飞行试验中，将飞机爬升到规定高度，以规定的速度配平飞行、襟翼零度，发动机功率按需要设定，然后用拉杆和推杆的方法使飞机获得负加速度飞行，至少持续 7s。观察发动机工作情况，记录发动机各种参数。

7.20.9　(滑油系统)总则

1. 适航要求

CCAR-25-R4 在第 25.1011 条“(滑油系统)总则”中规定：

(a) 每台发动机必须有独立的滑油系统，在不超过安全连续运转温度值的情况下，能向发动机供给适量的滑油。

(b) 可用滑油量不得小于飞机在临界运行条件下的续航时间与同样条件下批准的发动机最大允许滑油消耗量的乘积，加上保证系统循环的适当余量。

2. 验证技术

1) 分析计算

利用滑油系统热平衡计算和滑油散热器冷却空气(或介质)流量计算，表明符合本条要求。

2) 地面试验和飞行试验

(1) 发动机滑油冷却试验。

通过试验表明，在地面工作、起飞、爬升、巡航和下滑等飞行状态下滑油冷却能力满足要求。

A. 试验内容。

通过试验确定地面静止试车、起飞、爬升、下滑和巡航状态下的滑油温度。在进行前述任何一种试验之前，应关闭每个滑油散热器上的温度调节阀，避免滑油旁路流动，以便数据分析和模拟滑油散热器的热天工作状态。

对于所有的试验状态，所有部件都要加载至其最大功率。例如，给试验发动机施加最大的发电机负载，给一台空调组件提取空气，以便向滑油提供最大的加热量。

在所有试验中，规定每分钟温度变化1℃视为温度稳定。

地面静止试车前，发动机必须是冷态的，并且侧风不得超过5m/s(10kn)。试验发动机在慢车状态工作，直到滑油温度稳定，然后在起飞功率状态工作到发动机公司规定的限制时间。接下去在慢车状态工作5min，然后停车。此外，通常还在慢车与起飞功率状态之间的几个功率状态(燃油流量)下获取数据，供以后分析使用。

起飞和爬升飞行试验与动力装置冷却试验相同。起飞前，试验发动机先在慢车状态工作到滑油温度稳定。在为起飞而调整推力之前，试验发动机的慢车状态不得改变。进行模拟热天、最大飞机总重量以及一台发动机不工作的起飞和爬升，试验中发动机保持起飞功率状态，一直到发动机公司规定的起飞状态最长允许时间，然后将发动机状态减小到最大连续状态。当爬升率减小到约 61m/min(200ft/min)时，进行模拟最大飞机总重量、热天及所有发动机都工作的爬升飞行，直到爬升率再减小到 61m/min(200ft/min)。然后，所有发动机都以最大连续状态工作，以最佳爬升率继续从此高度爬升到最大高度。

在试验发动机保持在慢车与起飞功率之间几种不同功率状态的条件下，进行不同高度和速度的水平飞行，直到各功率状态下滑油温度达到稳定。可以得到燃油加温器接通和断开情况下的性能的比较。

在最大连续状态下当滑油温度稳定之后，立即将试验发动机以慢车状态工作，进行从最大高度到最小安全高度的下滑飞行。

B. 测量参数。

a. 协调时间；

b. 发动机功率状态；

c. 发动机燃油流量；

d. 发动机滑油流量；

e. 发动机排气温度；

f. 高度；

g. 速度；

h. 大气总温；

i. 散热器前、后选定位置的燃油温度；

j. 散热器前、后的滑油温度；

k. 散热器前、后的空气温度(如果是空气滑油散热器的话)；

l. 燃油压力；

m. 滑油压力；

n. 滑油消耗量。

试验时，如果环境大气温度低于发动机规定的最高环境大气温度，则应按第 25.1043

条规定进行温度修正。

C. 附加说明。

a. 燃油冷却式滑油系统的临界状态出现在大功率状态工作之后收油门到慢车时(故热量大而燃油流量小)。空气冷却式滑油系统的临界状态是在地面静止条件下以大功率状态工作，这时输送给滑油的加热量大，而冷却空气流量却相对少。

b. 滑油冷却能力试验一般在新型号发动机上进行，或者当滑油系统、燃油系统或热交换系统进行了可能减小滑油冷却能力的改变时进行。

(2)可用滑油量试验。

参照第 25.1013 条“滑油箱”进行。

7.20.10 滑油箱

1. 适航要求

CCAR-25-R4 在第 25.1013 条“滑油箱”中规定：

(a)安装 滑油箱的安装必须满足第 25.967 条“燃油箱安装”的要求。

(b)膨胀空间 必须按下列要求保证滑油箱的膨胀空间：

(1)用于涡轮发动机的每个滑油箱，必须具有不小于 10%油箱容积的膨胀空间；

(2)不与发动机直接相连的每个备用滑油箱，可以具有不小于 2%滑油箱容积的膨胀空间；

(3)必须使飞机处于正常地面姿态时，不可能由于疏忽而使所加滑油占用膨胀空间。

(d)通气 滑油箱必须按下列要求通气：

(1)滑油箱必须从膨胀空间的顶部通气，以便在任何正常飞行条件下都能有效地通气；

(2)滑油箱通气口的布置，必须使可能冻结和堵塞管路的冷凝水蒸气不会聚积在任何一处。

2. 验证技术

1)分析计算

根据图纸，利用分析计算，分别从滑油箱的安装、膨胀空间、加油接头、通气和出油口等方面，说明滑油箱符合本条要求。

2)地面试验

该试验的目的是校准驾驶舱滑油量指示系统，确定滑油箱的可用油量和膨胀空间。

(1)试验状态。

飞机处于正常的地面水平姿态。

对于多发动机的飞机，每台发动机滑油箱的构造和外形尺寸一般都是相同的，但由于安装时各油箱的位置不同，可用油量和膨胀空间会产生差异。例如，双发飞机必须对左右发动机的滑油箱进行测量，因为左、右发动机滑油箱的倾斜角(由机翼上反角造成的)是相反的。

在测量滑油箱油量时，是否放掉机翼油箱的燃油，要视其造成的机翼弯曲变形对滑油箱倾斜角的影响而定，应在最大倾斜角的条件下进行测量。中央翼油箱的燃油不影响机翼的变形，可以不考虑。

滑油箱油量测量时发动机应为冷态，因为黏度大的冷滑油将使测量过程中从滑油箱到发动机的任何可能的渗漏最少。

(2) 试验程序。

开始试验之前，先记录试验飞机驾驶舱滑油箱油量指示系统的“零”和“满量程”读数。

给发动机滑油箱加油，直到滑油溢出放油口。使滑油静止约 20min 之后，再将滑油箱加满滑油，直到再一次出现溢流。这一加满滑油的步骤一直重复到发动机不再发生渗漏。记录驾驶舱滑油油量指示器的读数。

以 0.5L 的放油量放滑油，一直到驾驶舱仪表读数正好为零，以完成发动机滑油箱和油量指示器的校准(确定滑油箱中的可用油量)。接着以相同的放油增量将滑油箱中的滑油完全放出，以确定滑油箱的不可用油量。当每次从滑油箱中放出滑油增量时，记录一次驾驶舱指示器的读数、带刻度的观测口或量油尺的读数。

(3) 试验结果。

提供指示滑油量与实际滑油量的关系曲线，并列出滑油箱总容量、不可用滑油量、可用滑油量和膨胀空间。

膨胀空间用从油箱的总容积中减去油箱实际加油的方法确定。不可用滑油量是当驾驶舱仪表读数为零时仍留在滑油箱中的滑油(该数值是在油箱完全放空时确定的)。可用滑油量是在从溢流一直放到驾驶舱仪表读数为零的情况下确定的。

3) 飞行试验

按照 25.1011 条“(滑油系统)总则”的试验状态及程序，在检查滑油温度和压力时，检查滑油油量以及是否从油箱中溢出，通气系统工作是否正常，在负过载飞行中供油是否满足要求等。

7.20.11 滑油箱试验

1. 适航要求

CCAR-25-R4 在第 25.1015 条“滑油箱试验”中规定：

滑油箱必须按下列要求设计和安装：

(a) 能承受运行中可能遇到的各种振动、惯性和液体载荷而不损坏；

(b) 除试验压力和试验液按下列规定外，应满足第 25.965 条“燃油箱试验”的要求：

(1) 试验压力

(i) 对于涡轮发动机的增压油箱，用不小于 34.5 千帕(0.35 公斤/厘米^2；5 磅/英寸^2)的压力加上油箱的最大工作压力来代替第 25.965(a)条中规定的试验压力；

(ii) 对于所有其他的油箱，用不小于 34.5 千帕(0.35 公斤/厘米^2；5 磅/英寸^2)的压力来代替第 25.965(a)条中规定的试验压力。

(2) 试验液必须用温度为 120℃(250℉)的滑油来代替第 25.965 条(c)中规定的液体。

2. 验证技术

1) 试验室试验

(1) 按本条规定的压力和油温进行滑油箱的耐压试验。

(2) 按第 25.965 条“燃油箱试验”的要求进行滑油箱晃振试验。

2) 飞行试验

在飞机和发动机的工作范围内进行飞行试验，表明符合本条要求。

7.20.12 滑油散热器

1. 适航要求

CCAR-25-R4 在第 25.1023 条“滑油散热器”中规定：

(a) 滑油散热器必须能承受在运行中可能遇到的振动、惯性以及滑油压力载荷而不损坏。

(b) 滑油散热器空气管的设置，必须使得在着火时，从发动机短舱正常开口冒出的火焰不会直接冲到散热器上。

2. 验证技术

1) 分析计算

通过散热器及其安装的强度计算，表明符合性。

2) 试验室试验

通过试验检查滑油散热器的性能。

以空气滑油散热器为例，典型试验包括耐压试验、换热量试验、压力循环试验、破坏压力试验、气密试验、振动试验、增压试验及防火试验。

7.20.13 冷却

1. 适航要求

1) 第 25.1041 条“总则”

在地面、水面和空中运行条件下以及在发动机或辅助动力装置或两者正常停车后，动力装置和辅助动力装置的冷却设施，必须能使动力装置部件、发动机所用的液体以及辅助动力装置部件和所用的液体温度，均保持在对这些部件和液体所制定的温度限制以内。

2) 第 25.1043 条“冷却试验”

(a) 总则　必须在地面、水面和空中的临界运行条件下进行试验，以表明满足第 25.1041 条的要求，对于这些试验，采用下列规定：

(1) 如果在偏离最高外界大气温度的条件下进行试验，则必须按本条 (c) 和 (d) 修正所记录的动力装置温度；

(2) 根据本条 (a) (1) 所确定的修正温度，不超过制定的限制；

(b) 最高外界大气温度　相应于海平面条件的最高外界大气温度必须至少规定为 37.8℃ (100℉)，在海平面以上，假设温度递减率为：高度每增加 1000 米，温度下降 6.5℃ (1000 英尺，温度下降 3.6℉)，一直降到−56.5℃ (−69.7℉) 为止，在此高度以上认为温度是恒定的−56.5℃ (−69.7℉)。然而对于冬季使用的装置，申请人可以选用低于 37.8℃ (100℉) 的相应于海平面条件的最高外界大气温度。

(c) 修正系数 (气缸筒不适用)　对于规定了温度限制的发动机所用的液体和动力装置部件 (气缸筒除外) 温度必须进行修正，修正方法为：此温度加上最高外界大气温度与外界空气温度 (冷却试验中所记录的部件或液体最高温度首次出现时的外界空气温度) 的差值，如果采用更合理的修正方法则除外。

3) 第 25.1045 条“冷却试验程序”

(a) 必须按相应于有关性能要求的起飞、爬升、航路和着陆飞行阶段来表明符合第

25.1041 条的规定。进行冷却试验时，飞机的形态和运行条件均必须取每一飞行阶段中对于冷却是临界的情况。对于冷却试验，当温度变化率小于每分钟 1.1℃(2℉)时，则认为温度已达到“稳定”。

(b)在拟试验的每一飞行阶段前的进入状态下，温度必须达到稳定，除非动力装置部件和发动机所用的液体温度在进入状态下通常不能达到稳定(对此情况，在拟试验的飞行阶段前，必须通过整个进入状态下的运转，使得在进入时温度达到其自然水平)。在起飞的冷却试验之前，发动机必须在地面慢车状态下运转一段时间，使动力装置部件和发动机所用的液体温度达到稳定。

(c)每一飞行阶段的冷却试验必须连续进行，直到下列任一种状态为止：

(1)部件和发动机所用的液体温度达到稳定；

(2)飞行阶段结束；

(3)达到使用限制值。

2. 验证技术

1)飞行试验

(1)湿度。试验应在无可见水蒸气的空气条件下进行。

(2)重量和重心。最大总重的前重心通常是最临界条件，因为其导致最低空速和(或)垂直速度。但是，为了达到最大高度，较轻初始总重或临界阶段爬升剖面可能是必需的。在任何情况下，申请人必须制定最临界的爬升剖面，并取得局方的同意。

(3)试验条件。应对临界飞行剖面进行试验。可能有必要进行不同飞行剖面的多次飞行，以确保待试的所有部件都经受其最临界的预期试验状态顺序。下述试验状态通常足以涵盖大多数部件的临界情况。

A. 发动机启动后，一旦临界温度稳定，即开始飞行试验。

B. 使用试验发动机执行 1min 单发滑行。

C. 在 5m/s(10kn)或更大的侧风下，保持慢车功率或推力，历时 20min 或直至温度稳定(使用地面试验关于稳定的定义)。

D. 在最大起飞总重或前重心起飞过程中，试验发动机以额定起飞功率或推力运行不少于最大批准的时段(通常为 5min 或 10min)。

E. 执行模拟单发停车和全发工作爬升，使试验发动机在最大连续功率或推力下运行，直至发动机温度稳定或飞机达到最大使用高度[或直至按非常低的爬升率(如 200ft/min)判断飞机基本无能力进一步爬升]。

F. 飞机在最大使用高度上巡航(但空速不大于 V_{MO}/M_{MO})，试验发动机以最大连续功率或推力运行，直至温度稳定。

G. 以 V_{MO}/M_{MO} 正常下降至典型等待航线高度，并维持等待航线直至温度稳定。

H. 进行正常进近并着陆，但不低于距地面 200ft 高度。

a. 模拟发动机失效复飞；

b. 爬升至等待航线高度；

c. 进行正常进近和着陆。

I. 滑行返回停机坪，使发动机停车。

J. 使试验发动机热浸透至峰值。

(4) 滑油量。应测试临界状态。

(5) 温度测试。利用经校准的精确测温装置(如热电偶或温度传感器)，测量所有临界部件(如电子元器件、作动器、有温度限制的结构等)的温度。

(6) 发电机。对于发动机和(或)附件的冷却试验，应使其负荷达到额度容量。

(7) 最高环境大气温度。参见第 25.1043 条(b)。

(8) 温度稳定。对于冷却飞行试验，当观察到温度时，通常认为达到温度稳定。如果某个部件或油液温度仍在上升且接近该部件或油液的极限温度，报告升温速率如何，必须采集足够多的试验数据来表明，这种稳定的运行状态不会超过极限温度。可利用试验数据和分析确定某个部件或油液的预期最高温度，而不是长时间持续某一试验状态至温度变化率小于 2℉/min。

(9) 机场高度。应以实际最低的机场高度进行冷却试验，通常在平均海拔 3000ft 以下，以提供接近海平面的试验数据。

2) 地面试验

(1) 湿度、滑油量、温度测试、发电机与机场高度的规定同飞行试验。

(2) 地面试验时，应使发动机以慢车功率或推力运行，直至所有临界温度均稳定，然后以额度起飞功率或推力运行 5min，再以慢车功率或推力运行至所有临界温度均稳定。

(3) 符合性验证的地面工作阶段，为飞行试验所定的温度稳定定义(变化率小于 2℉/min)不得用于确定部件最高温度，除非能表明发动机的地面运行仅限于所试验的条件。因为某些特定状态的地面持续运行(如慢车功率或推力下，从发动机引气)可能导致温度逐渐超过所定义的极限。为此，某些制造商按不同时间段限制发动机运行。例如，环境温度高于 110℉(43℃)时，发动机起飞功率或推力运行时间限制为 2min，慢车功率或推力运行时间限制为 2h。

3) 数据采集

按规定时间间隔记录如下典型数据。

(1) 外界大气温度；

(2) 高度；

(3) 空速；

(4) 发动机转速；

(5) 发动机扭矩；

(6) 试验发动机滑油温度；

(7) 其余发动机温度；

(8) 短舱和部件温度。

7.20.14 进气

1. 适航要求

第 25.1091 条“进气”中规定：

(a) 发动机和辅助动力装置的进气系统，应满足下列要求：

(1) 在申请合格审定的每种运行条件下，必须能够供给该发动机和辅助动力装置所需的空气量；

(2) 当进气系统阀处于任一位置时，必须能够供给正常燃油调节和混合比分配所需的空气量。

(d) 涡轮发动机飞机和装有辅助动力装置的飞机，应满足下列要求：

(1) 必须有措施防止由可燃液体系统的放液嘴、通气口或其他部件漏出或溢出的危险量燃油进入发动机或辅助动力装置进气系统；

(2) 飞机必须设计成能防止跑道、滑行道或机场其他工作场地上危险量的水或雪水直接进入发动机或辅助动力装置的进气道，并且进气道的位置或防护必须使其在起飞、着陆和滑行过程中吸入外来物的程度减至最小。

2. 验证技术

1) 相关咨询通告

AC20-124 “Water Ingestion Testing for Turbine Powered Airplanes”。

2) 第 25.1091 条(a)

(1) 分析计算。

必须通过计算表明进气系统的设计满足所要求的设计目标。确定进气道提供空气量的主要参数是进气道的喉道面积。喉道面积是自由流马赫数和空气流量的函数。对于巡航状态最佳化的飞机，通常的经验是按设计的巡航状态以选定的马赫数来确定喉道尺寸的大小。在设计喉道面积时，一般应根据下面的通用关系式来确定：

$$\frac{W_A\sqrt{T_T}}{A_T P_T}=0.0404q(M_T)$$

式中，W_A为进气空气流量(kg/s)，包括发动机工作所要求的流量、冷却用空气流量(冷却发动机舱和滑油散热器等)和旁通道流量(如果适用)；T_T为总温(K)；A_T为进气道喉道面积(m^2)；P_T为喉道总压(N/m^2)；$q(M_T)$为喉道气流马赫数M_T的流量函数。

具体计算时，可根据特定飞机的设计要求及发动机公司对其发动机进气道的设计要求和建议来建立确定的计算式。

(2) 试验室试验。

进气道通常要做缩比模型风洞试验或全尺寸模型风洞试验。试验时要测量进气道的性能，包括进气道总压恢复、气流畸变和空气流量等；还应测量进气道的阻力(包括外阻)。测试方法应按发动机公司提出的具体要求、建议和飞机公司协商同意的方式进行。

(3) 地面试验。

必要时要进行真实的全尺寸进气道(或模拟进气道)与发动机的地面匹配试验(包括在高空模拟设备上的试验)，检查进气道与发动机的相容性。匹配试验应考虑最大侧风的影响。这些试验的细节及持续时间将根据特定状态的设计特性及安全性评定要求来确定。试验时要测量进气道的基本性能及进气道对发动机性能和工作稳定性的影响。进气道的测试方法一般应与风洞模型试验相一致，发动机的测试方法应按发动机试车大纲的有关规定进行。

(4) 飞行试验。

飞行试验的主要目的如下。

A. 验证飞机在飞行包线内可能遇到的最临界的进气迎角下飞行时，进气道不会产生不稳定或有害的特性。

B. 验证整个发动机工作包线内风扇叶片的应力水平是可以接受的。

C. 确定发动机进口总压分布在发动机公司规定的限制范围内，并确定进气系统的总压恢复系数。

典型试验内容如下。

A. 进气道稳定性验证。

通常需要进行起飞、失速及小半径转弯等状态的试飞。现已证明小半径转弯是最临界的状态，即产生最大进气道迎角的状态，应作为最主要的试验内容。

a. 起飞。

进行高抬前轮起飞，至少有一次是在离地时飞机姿态处于触尾点几度之内。发动机状态为实际环境条件下的起飞推力状态。起飞推力状态通常可以保持到 3048m(10000ft) 的高度，但如果需要在更高的推力状态下进行合格审定，则必须证实该推力状态下的进气道稳定性。对于推力值“突跃”导致进气道流量比预期大时，更需要验证进气道的稳定性。

通常是在飞行中以复飞推力模拟在较高高度上的起飞，将飞机加速到预定的 M 数(相当于抬前轮速度)，然后进行急跃升，直到飞机出现失速前的抖动。

飞机形态要模拟真实的起飞状态，即放下起落架且襟翼置于相应位置。

b. 飞机失速。

在 3048m(10000ft) 与 4572m(15000ft) 之间进行带动力失速。发动机置于复飞推力状态。因为空速、总重及襟翼位置均影响飞机升力系数，进而影响进气道迎角，故需要在能产生最临界迎角的襟翼位置、空速和总重的条件下进行本试验。

c. 小半径转弯。

进行向左或向右的绕紧转弯，以研究初始抖动状态下飞机大迎角与机身尾流的综合影响。这些机动飞行通常在大约 4267m(14000ft) 高度上进行，这个高度近似于机场的最大标高。发动机置于复飞状态，以保证最大空气流量。当达到飞机初始抖动或它的过载极限时结束试验。

B. 风扇应力测量。

通常飞机要在 90° 侧风状态下进行地面试验，然后进行一系列特技飞行以造成最严重的进气畸变。经验表明，小半径转弯是最临界状态，一般在此状态下测定风扇的应力数据。

a. 地面试验。

将发动机置于飞机飞行手册允许的最大侧风状态下，以多种功能状态进行地面静止开车，发动机推力从地面慢车推力状态改变到起飞推力状态。

侧风使流向进气道的气流在进气道前缘附近分离，从而诱发使发动机特别是风扇工作不稳定的压力畸变。

b. 飞行试验。

用来产生进气道压力畸变的机动飞行包括起飞、失速、小半径转弯及负过载。典型合格审定试验状态参见表 7-5。

表 7-5 典型合格审定试验状态

高度 /m(ft)	M 数或空速 /(km/h)(kn)	襟翼位置	推力状态	试验类型
海平面		起飞	起飞	在侧风小于 65km/h 以下，大总重下最大抬前轮
3048(10000)	初始抖动速度 IB+18.5(10)	起飞	起飞	在最大起飞重量下模拟起飞
4267(14000)	IB+18.5(10)	各种位置	起飞及最大连续	lg 水平飞行
4267(14000)	1.35V_S	15°、30°	起飞	左右绕紧转弯到初始抖动
4267(14000)	IB+18.5(10)	30°	起飞	最大左右侧滑
4267(14000)	按要求	30°	起飞	带动力失速
4267(14000)	M=0.6	0	起飞	–lg 机动飞行
10668(35000)	按要求	0	最大连续	带动力失速
10668(35000)	M=0.6	0	最大连续	左右绕紧转弯到初始抖动
10668(35000)	M=0.85	0	按要求	左右绕紧转弯到初始抖动

注：IB 为初始抖动速度；V_S 为失速速度

C. 进气道压力测量。

要求进行一次静止地面试验，然后进行飞行试验。

a. 地面试验。

地面试验时，发动机选择从慢车到起飞之间的 8～10 个推力状态；在每个状态，使发动机稳定 1min，接着再稳定 30s～1min 以测量数据。试验时不得有任何形式的积水，以免压力耙和管路进水；风速限制为 9km/h 以下的逆风或与飞机方向夹角在 30° 以内。

b. 飞行试验。

飞行试验状态根据具体型号而定，试验中状态稳定时间与地面试验相同。试验要测量进气道的基本性能和有关的发动机参数。

进气道压力测量利用装于进气道内风扇进口处(即尽可能接近风扇叶片)的总压耙。耙上的探头应尽可能按径向等面积分布。此外，在进气道壁面位于每个总压耙测量处应至少安置一个静压测量孔测量该处的静压。

3) 第 25.1091 条(d)(1)

(1) 地面试验。

发动机不运转的情况下，确定有关部位内保留的液体量。把水注入这些部位，然后测量水的漏泄总量。

(2) 飞行试验。

在需要验证的每个飞行状态下，可采用如下方法进行试验。

把着色的水注入有关的腔室内，并通过液压泵向机外排泄。在需要检查验证的表面都涂上特殊的涂料，最后可用彩照拍下试验结果，参见第 25.1087 条。

4) 第 25.1091 条(d)(2)

在有沉积物覆盖的跑道进行符合性试验时，应注意如下六点。

(1)除非利用检验或其他方法能够很明显地表明在预期运行条件下(包括使用反推力装置)，跑道上的沉积物不会进入发动机进气道，否则应当用代表批准运行使用的轮胎进行试验表明符合性。通过试验证明，飞机不仅能够在干净的跑道上起降，也能够在积有深达13mm(0.5in)的水或密实雪碴的跑道上起降。这些试验应当在最小深度13mm(0.5in)和平均深度19mm(0.75in)的条件进行，而最小深度不应小于起飞需经允许的沉积物深度。

(2)应当表明，在从零直至腾空速度的所有速度和可能使用的各种姿态下，发动机工作良好，没有不可接受的动力损失。为了确保符合性要求所必需的任何特殊的飞机操纵技术，应与在确定飞机预定性能时所采取的操纵技术相一致。

(3)可以在水、雪碴或根据需要通过的沉积物条件下完成各种起飞和着陆，或是在面积大到足以形成稳定的喷溅形式以及确定发动机行为与相应的沉积物区域进行一系列演示。经验表明，在使用水槽的情况时，70～90m(230～295ft)长通常是令人满意的。如果获得的是勉强合格的结果，则应当检查水和雪碴之间的不同影响。

(4)应当核查侧风效应，在必要的情况下还应当确定侧风的限制并列入飞行手册，以便沉积物覆盖的跑道上起降时使用。

(5)根据高密度沉积物试验推导出低密度沉积物(干雪)的影响是困难的，在运行状态允许飞机在深达13mm(0.5in)的密实沉积物条件下起降，通常也就允许飞机在深达10cm(4in)的低密度沉积物条件下起降。如果要求允许在大于 10cm(4in)深度的低密度沉积物条件下起降，则需要做附加试验(试验应该在希望批准的低密度沉积物深度的条件下进行)。

(6)当装有辅助装置来防止发动机吸入喷溅物时，为了允许在沉积物深度大于25mm(1in)条件下起降，必须在低密度的沉积物条件下做附加试验。

试验内容可参考 AC20-124“Water Ingestion Testing for Turbine Powered Airplanes”。

7.20.15 (排气系统)总则

1. 适航要求

CCAR-25-R4 在第 25.1121 条“(排气系统)总则”中规定：

对于动力装置和辅助动力装置安装，采用下列规定：

(a)排气系统必须确保安全地排出废气，没有着火危险，在任何载人舱内也没有一氧化碳污染，为了进行测试，可使用任何可接受的一氧化碳检测方法，来表明不存在一氧化碳；

(b)表面温度足以点燃可燃液体或蒸气的每个排气系统零件，其安置或屏蔽必须使得任何输送可燃液体或蒸气系统的泄漏，不会由于液体或蒸气接触到排气系统(包括排气系统的屏蔽件)的任何零件引起着火；

(c)凡可能受到热废气冲击或受到排气系统零件高温影响的每个部件，均必须是防火的，必须用防火的屏蔽件将所有排气系统部件与邻近的飞机部分(位于发动机和辅助动力装置舱之外的)相隔开；

(e)废气不得排到所引起的闪光会在夜间严重影响驾驶员视觉的地方；

(g)各排气管罩必须通风或绝热，以免在正常运行中温度高到足以点燃排气管罩外的任何可燃液体或蒸气。

2. 验证技术

1) 相关咨询通告

AC20-32B“Carbon Monoxide (CO) Contamination in Aircraft Detection and Prevention”。

2) 第25.1121条(a)

为验证本款的符合性，必须在地面和典型的飞行情况下，进行座舱一氧化碳含量的测量试验。在座舱加温“打开”和“关闭”的时候都应该进行试验。试验还应包括顺风和反推力状态下发动机的启动情况。具体方法参见AC20-32B“Carbon Monoxide (CO) Contamination in Aircraft Detection and Prevention”。

3) 第25.1121条(b)

利用发动机短舱结构温度分析、短舱防火设计分析来表明符合性。

4) 第25.1121条(c)

通过反推力装置的排气冲击试验，评估发动机在反推力状态工作时排气冲击对飞机结构的作用和影响程度，表明对第25.1121条(c)的符合性。

为了确定反推力装置工作时排气冲击对飞机表面的影响，要进行几次高速滑跑或着陆试验。在各种襟翼位置及扰流板收上与放下的条件下进行试验。将飞机加速到185～370km/h，操纵扰流板，然后使所有发动机都以最大反推力状态工作。最小的速度和最大的反推力状态是最危险的，因此要求在最大功率和最小的速度上，保持最大允许反推力状态，直到飞机完全停止。为了有最长的冲击时间，要避免使用机轮刹车直到实际允许的最大限度。可以使用几种测试仪器来监视冲击燃气的温度，并将测量出的蒙皮温度数据与结构设计部门规定的最大允许值进行比较。

5) 第25.1121条(e)

通过飞行试验，评价夜间飞行排气闪光对驾驶员视觉的影响。

6) 第25.1121条(g)

对通风冷却进行计算及分析，表明符合性。

7.20.16 动力装置的操纵器件：总则

1. 适航要求

CCAR-25-R4在第25.1141条“动力装置的操纵器件：总则”中规定：

动力装置操纵器件的位置、排列和设计，必须符合第25.777至第25.781条的规定，并按第25.1555条的要求作标记。此外，还必须满足下列要求：

(a) 操纵器件的位置必须保证不会由于人员进出驾驶舱或在驾驶舱内正常活动而使其误动；

(c) 操纵器件必须具有足够的强度和刚度，能承受工作载荷而不失效和没有过度的变形；

(d) 操纵器件必须能保持在任何给定的位置而不需飞行机组成员经常注意，并且不会由于操纵载荷或振动而滑移；

(f) 位于驾驶舱内的动力装置阀门操纵器件必须具有下列措施：

(1) 飞行机组可以选择阀门的每个预定位置或者功能；和

(2) 向飞行机组指示下列情况：

(i) 阀门的所选位置或功能；和

(ii) 阀门没有处于预定选择的位置或功能。

2. 验证技术

1) 第 25.1141 条 (a)

通过飞行试验，由飞行员对每一动力装置操纵器件的止动可靠性给予定性的评定。

2) 第 25.1141 条 (c)

(1) 分析计算。

通过强度与刚度计算，表明符合性。

(2) 安全性评估。

对整个操纵系统的设计进行安全性评估，表明符合性。

(3) 飞行试验。

该试验不需要特殊的要求和方法，仅需要飞行员对操纵器件的性能给予评定。

3) 第 25.1141 条 (d)

(1) 地面试验。

将操纵杆移动到任何给定位置，再向前推制动手柄 (或拧紧锁紧螺母)，然后检查操纵杆是否被限定在所给定的位置，同时检查动力装置的状态是否符合所需要的工作状态。

(2) 飞行试验。

除了在地面调试系统，还要在飞行中检验操纵系统的这一功能。操纵程序与地面试验相同，结束后需要飞行员对制动装置给予定性的评定。

4) 第 25.1141 条 (f)

在飞行试验中，由飞行员对动力装置阀门的操纵给予定性的评定。

7.20.17　发动机的操纵器件

1. 适航要求

CCAR-25-R4 在第 25.1143 条“发动机的操纵器件”中规定：

(c) 每个功率 (推力) 操纵器件必须能对其操纵的发动机进行确实和及时反应的操纵。

2. 验证技术

1) 地面试验

为确保发动机操纵系统与其所操纵的发动机工作状态的一致性，在总装调整后，还进行发动机操纵系统的地面功能试验，检查功率 (推力) 杆的位移是否与发动机的状态位置相一致；检查功率杆的操纵跟随性 (发动机功率指示仪应有准确而灵敏的反应)。

2) 飞行试验

在发动机稳定于最大连续功率情况下，迅速把功率 (推力) 杆收到空中慢车位置。在发动机达到慢车功率或转速之前，迅速把功率 (推力) 杆推到最大连续功率；重复这一程序，但要从发动机稳定在空中慢车情况下开始，评价操纵性能。

迅速移动功率 (推力) 杆通常定义为在不大于 1s 的时间内使功率 (推力) 从最大连续功率移动到空中慢车。反之亦然。

7.20.18 反推力

1. 适航要求

CCAR-25-R4 在第 25.1155 条“反推力和低于飞行状态的桨距调定”中规定：

用于反推力和低于飞行状态的桨距调定的每一操纵器件，均必须有防止被误动的措施。该措施在飞行慢车位置必须有确实的锁或止动器，而且必须要求机组采取另外明显动作，才能将操纵器件从飞行状态(对于涡轮喷气发动机飞机为正推力状态)的位置移开。

2. 验证技术

1) 地面试验

典型试验程序如下。

(1) 在发动机停车的情况下，迅速向上和向后移动反推力操纵杆。联锁装置应防止反推力操纵杆向上移动到反推力位置。

(2) 将反推力装置向后转动。在达到一定的行程时，联锁应解除，并允许反推力操纵杆继续向上和向后移动，“反推力装置转换”和“反推力装置已打开”灯应瞬时闪亮。

(3) 将操纵杆返回到收起位置，反推力装置关闭。

(4) 在发动机工作以及供给液压或气压打开和关闭反推力装置的情况下，重复以上试验程序。

2) 飞行试验

通过飞行试验，由飞行员对反推力装置的操纵以及与正推力联锁装置和显示系统给予功能性评定。

7.20.19 动力装置仪表

1. 适航要求

CCAR-25-R4 在第 25.1337 条“动力装置仪表”中规定：

(a) 仪表和仪表管路

(1) 动力装置和辅助动力装置仪表的每根管路必须满足第 25.993 条“燃油系统导管和接头”和第 25.1183 条“输送可燃液体的组件”的要求。

(2) 每根装有充压可燃液体的管路必须符合下列规定：

(i) 在压力源处有限流孔或其他安全装置，以防管路破损时逸出过多的液体；

(ii) 管路的安装和布置要使液体的逸出不会造成危险。

(3) 使用可燃液体的每个动力装置和辅助动力装置仪表，其安装和布置必须使液体的逸出不会造成危险。

(b) 燃油油量表 必须装有指示装置向飞行机组成员指示飞行中每个油箱内可用燃油油量，单位为升(美加仑)，或者当量单位。此外，还必须符合下列规定：

(1) 每个燃油油量表必须经过校准，使得在平飞过程中当油箱内剩余燃油量等于按第 25.959 条确定的不可用燃油量时，其读数为“零”；

2. 验证技术

1) 地面试验

(1) 第25.1337条(a)。

在每根管路安装并完成密封与调整后，应进行地面试验证明符合本款要求。

(2) 第25.1337条(b)。

A. 燃油油量表校准试验。

试验前应对整个燃油系统进行漏泄检查和功能试验，对油量指示系统必须按功能试验资料进行调整。通过校准试验以确定：

a. 该指示系统在飞行中的精度；

b. 飞机姿态对系统精度的影响；

c. 电源特性对系统精度的影响。

参见第25.952条(a)。

B. 不可用油量确定试验。

通过试验确定飞行期间各个油箱中不可用油量的数量。一般当飞机在地面水平姿态下油箱燃油耗尽试验结束后，从油箱收油池排泄出的油量应视为不可用油量。

2) 飞行试验

通过飞行试验，由飞行员评估各指示器是否符合本条要求。

7.20.20　试验项目示例

(1) 发动机进气道畸变；

(2) 发动机静态推力；

(3) 起飞瞬态(递减率)；

(4) 八秒钟后的有效推力；

(5) 对噪声数据基础的发动机减速时间；

(6) 正常及边界飞行包线；

(7) 负过载时动力装置特性；

(8) 发动机地面启动，风车及空中启动；

(9) 发动机瞬态性能；

(10) 全权限数字发动机控制(FADEC)的批准；

(11) 吊架，短舱及发动机漏油；

(12) 发动机/设备的振动；

(13) 动力装置防冰系统在干空气中的功能；

(14) 短舱通风，设备、IDG及发动机滑油冷却；

(15) 发动机吸入跑道上的水/泥雪；

(16) 自然结冰条件下动力装置系统的性能；

(17) 反推力装置工作包线；

(18) 飞行中误使用反推力装置；

(19) 发动机排气温度对飞机表面的影响。

思 考 题

7-1 共性要求涉及哪些条款？分别需要什么验证技术？

7-2 空调系统涉及哪些条款？分别需要什么验证技术？

7-3 飞行导引系统的适航要求与验证技术是什么？

7-4 驾驶舱录音机的适航要求与验证技术是什么？

7-5 电源系统涉及哪些条款？分别需要什么验证技术？

7-6 设备/装饰涉及哪些条款？分别需要什么验证技术？

7-7 防火系统涉及哪些条款？分别需要什么验证技术？

7-8 飞行操纵系统涉及哪些条款？分别需要什么验证技术？

7-9 燃油系统涉及哪些条款？分别需要什么验证技术？

7-10 液压系统的适航要求与验证技术是什么？

7-11 防冰和防雨系统涉及哪些条款？分别需要什么验证技术？

7-12 指示/记录系统涉及哪些条款？分别需要什么验证技术？

7-13 起落架系统涉及哪些条款？分别需要什么验证技术？

7-14 灯光系统涉及哪些条款？分别需要什么验证技术？

7-15 导航系统涉及哪些条款？分别需要什么验证技术？

7-16 氧气系统涉及哪些条款？分别需要什么验证技术？

7-17 引气系统的适航要求与验证技术是什么？

7-18 水/废水系统的适航要求与验证技术是什么？

7-19 辅助动力装置涉及哪些条款？分别需要什么验证技术？

7-20 动力装置涉及哪些条款？分别需要什么验证技术？

第 8 章　安全性评估技术

8.1　概　　述

安全性是指，在规定的条件下和规定的时间内，系统以可接受的风险执行规定功能的能力。飞机系统承担了飞行控制、电源、导航、通信、液压等诸多关键功能，对保障飞行安全至关重要。为了控制飞机系统失效导致的风险，CCAR-25-R4 在第 1309 条明确规定：

(a) 凡航空器适航标准对其功能有要求的设备、系统及安装，其设计必须保证在各种可预期的运行条件下能完成预定功能。

(b) 飞机系统与有关部件的设计，在单独考虑以及与其他系统一同考虑的情况下，必须符合下列规定：

(1) 发生任何妨碍飞机继续安全飞行与着陆的失效状态的概率为极不可能；

(2) 发生任何降低飞机能力或机组处理不利运行条件能力的其他失效状态的概率为不可能。

(c) 必须提供警告信息，向机组指出系统的不安全工作情况并能使机组采取适当的纠正动作。系统、控制器件和有关的监控与警告装置的设计必须尽量减少可能增加危险的机组失误。

(d) 必须通过分析，必要时通过适当的地面、飞行或模拟器试验，来表明符合本条(b)的规定。这种分析必须考虑下列情况：

(1) 可能的失效模式，包括外界原因造成的故障和损坏；

(2) 多重失效和失效未被检测出的概率；

(3) 在各个飞行阶段和各种运行条件下，对飞机和乘员造成的后果；

(4) 对机组的警告信号，所需的纠正动作，以及对故障的检测能力。

根据 AC25.1309-1B，飞机系统发生灾难性失效的概率为 1×10^{-9}/飞行小时，如此低的概率在工程上不可能采用试验的方式进行验证，只能通过分析来表明符合性。因此，安全性评估是重要的适航验证技术之一。

目前，国内外适航当局均通过咨询通告认可了 SAE ARP4761“Guidelines and Methods for Conducting the Safety Assessment Process on Civil Airborne Systems and Equipment”作为安全性评估的指导性标准。本章对 SAE ARP4761 中的评估流程及分析技术两块主要内容进行简介。

8.2　安全性评估流程

安全性评估流程包括，支持飞机研制活动的要求产生与验证。该流程提供了方法，用于评估飞机功能以及执行这些功能的系统设计，以确定已恰当地处理了相关危险。安全性评估流程可以是定性的，也可以定量。

图 8-1 从顶层对安全性评估流程以及如何将安全性评估方法与该流程相关进行了说明。研制过程在本质上是迭代的；安全性评估流程是该过程的固有部分。安全性评估流程始于概念设计阶段并导出其安全性要求。随设计的推进，进行更改，并重新评估改变的设计。该重新评估可能产生新的衍生设计要求，这些新要求可能需要进一步的设计更改。安全性评估流程止于设计满足安全性要求的验证。图中顶部给出了一条典型研制周期的时间轴，以表明安全性流程与研制过程之间的时序关系。为了突出这种关系，用方框对相关安全性流程进行了分组。

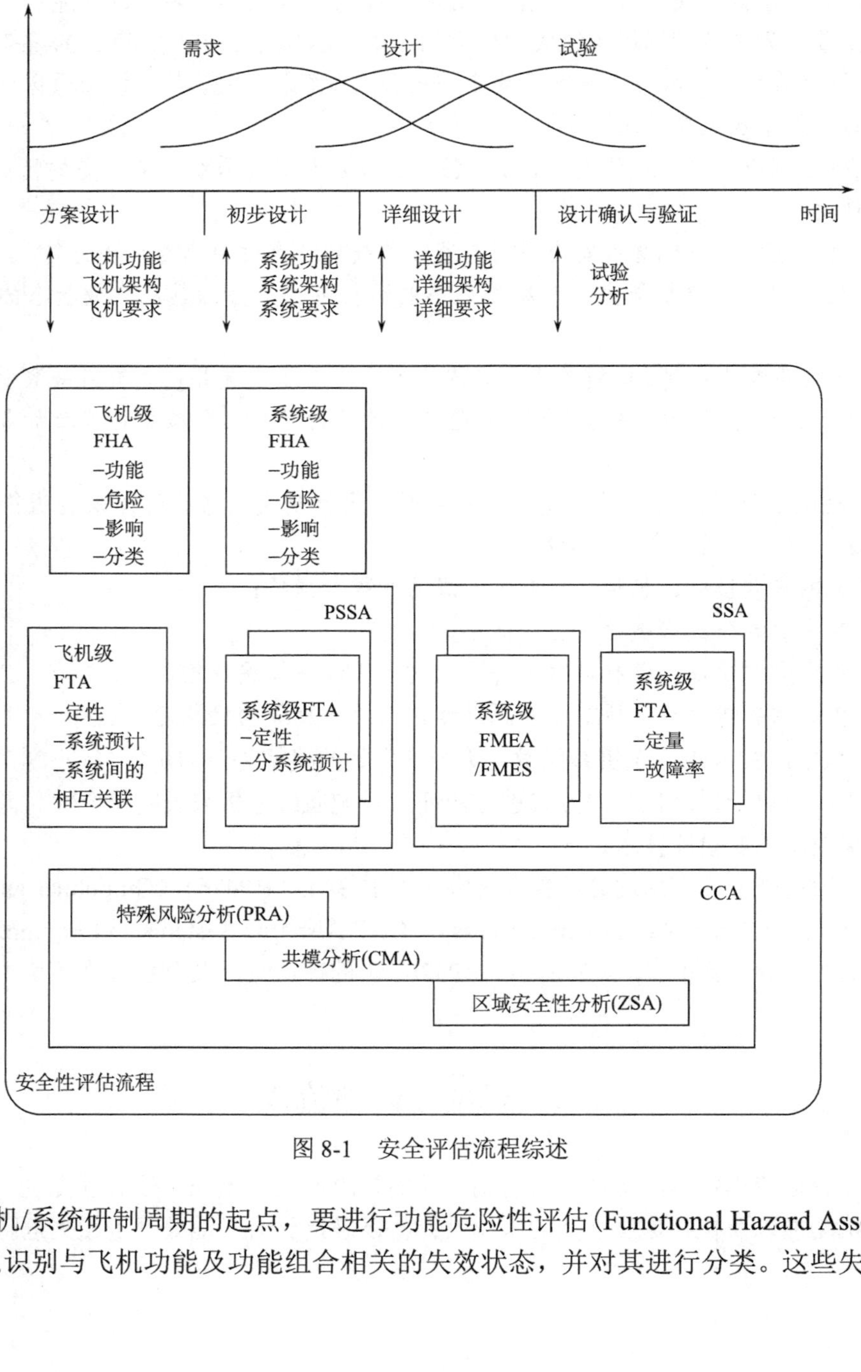

图 8-1 安全评估流程综述

在飞机/系统研制周期的起点，要进行功能危险性评估(Functional Hazard Assessment, FHA)，以识别与飞机功能及功能组合相关的失效状态，并对其进行分类。这些失效状态的分类将确立安全性目标，这些目标列于表 8-1。

表 8-1　与概率目标和保证等级相关的失效状态严重性

<table>
<tr><td rowspan="2">概率(定量)</td><td colspan="7">每飞行小时</td></tr>
<tr><td colspan="2">1.0</td><td colspan="2">1.0×10^{-3}</td><td>1.0×10^{-5}</td><td>1.0×10^{-7}</td><td>1.0×10^{-9}</td></tr>
<tr><td rowspan="2">概率(描述)</td><td>FAA</td><td colspan="3">可能</td><td colspan="2">不可能</td><td>极不可能</td></tr>
<tr><td>JAA</td><td colspan="2">经常</td><td>相当可能</td><td>很少</td><td>极少</td><td>极不可能</td></tr>
<tr><td rowspan="2">失效状态
严重性分类</td><td>FAA</td><td colspan="3">较小的</td><td>较大的</td><td>非常严重</td><td>灾难性</td></tr>
<tr><td>JAA</td><td colspan="3">较小的</td><td>较大的</td><td>危险的</td><td>灾难性</td></tr>
<tr><td>失效状态
影响</td><td>FAA
&JAA</td><td colspan="3">轻微降低安全裕度；
轻微增加飞行机组工作负荷；
乘客感到某些不便</td><td>显著降低安全裕度或功能能力；
显著增加飞行机组工作负荷或影响机组效率；
乘客有些不适</td><td>极大降低安全裕度或功能能力；
更大的工作负荷或身体痛苦，使飞行机组不能准确或完整地执行任务；
对乘客产生不利影响</td><td>妨碍继续安全飞行或着陆的所有失效状态</td></tr>
<tr><td>研制保证
等级</td><td>ARP
4754</td><td colspan="3">D 级</td><td>C 级</td><td>B 级</td><td>A 级</td></tr>
</table>

注：针对“无安全性影响”的研制保证等级 E，适用于任何概率范围

实施 FHA 的目的是，明确地识别每种失效状态及其分类的理由。在设计过程将飞机功能分配给系统之后，应利用 FHA 流程再次检查集成了多重功能的系统。考虑分配给系统的单个飞机功能或功能组合的失效，对 FHA 进行更新。FHA 的输出将作为进行初步系统安全性评估(Preliminary System Safety Assessment，PSSA)的起点。

PSSA 对建议的系统架构进行系统的检查，以确定失效如何引起 FHA 所识别的功能危险。PSSA 的目标是，建立系统的安全性要求，明确由预期建议的架构能够满足 FHA 提出的安全性目标。

PSSA 也是一个与设计定义相关的交互流程。在系统、产品、硬件/软件设计定义的多个系统研制阶段都要进行 PSSA。在最低层次，PSSA 将确定硬件和软件的安全性相关设计要求，还应包括共因分析(Common Cause Analysis，CCA)。

系统安全性评估(System Safety Assessment，SSA)是，对所评估系统的系统、综合的评估，以表明满足来自 FHA 的安全性目标以及来自 PSSA 的衍生安全性要求。SSA 通常基于 PSSA 中的 FTA，并利用源自失效模式与影响总结(Failure Modes and Effects Summary，FMES)的定量数据。SSA 应验证，FMES 所识别的全部重要影响均已视为 FTA 中的基本事件。FMES 是对 FMEA 所识别的失效的总结，并基于它们的失效影响进行了分组。SSA 还必须包含适用的共因分析结果。

每种系统架构确定了已执行的具体系统设计的结构及边界。通过评估完整系统架构对共因事件的敏感性，共因分析将支持特定系统架构及相关系统的研制。通过实施特殊风险分析(Particular Risks Analysis，PRA)、区域安全性分析(Zonal Safety Analysis，ZSA)和共

模分析(Common Mode Analysis，CMA)，对这些共因事件进行评估。应将飞机级共因分析结果输入各系统的PSSA和SSA。

当在PSSA和SSA流程进行FTA时，分配给维修任务的故障检测方法和分析所用的相关暴露时间均必须与飞机维修大纲的维修任务和间隔一致。在很多情况下，故障检测方法由驾驶舱操作来提供，或是系统固有的(如通过自检、通电检测等提供)。

安全性评估流程不仅是定量的，也包括对研制保证等级、HIRF和雷击等定性问题的考虑，其中大多数包含于共因分析之中。

当对照系统级和飞机级的FHA验证了SSA的结果时，安全性评估流程即告结束。

8.3 安全性分析技术

8.3.1 故障树/相关图/马尔可夫分析

故障树分析(Fault Tree Analysis，FTA)是一种自上而下的系统评估程序，针对某一特定的不希望事件，建立定性模型，然后进行评估。从一个不希望的顶层危险事件开始，在低一级的下一个层次上，系统地确定系统功能模块中可能导致该事件发生的、全部可信的单一故障及其组合。分析向下展开，相继通过更细化的设计层次，直到揭示出初级事件或已满足该顶层危险事件的要求。

相关图(Dependence Diagram，DD)可作为FTA中表达数据的一种替代方法。FTA与DD之间的原理差别在于，DD没有附加的逻辑符号。DD是通过方框的串联和并联布局来表示逻辑；同时，在FTA中作为逻辑符号输出说明而出现的中间事件，DD中不予表达。DD在分析上与FTA是相同的，且DD在安全性评估中的作用与FTA也是相同的。

与FTA相比，马尔可夫分析(Markov Analysis，MA)是一种适用范围更加广泛的安全性分析方法。它不存在故障树的一些局限性，如很难考虑到各种类型的失效模式和依赖性，或很难建立某些可修复系统的故障树。MA 可以很自然地包含顺序相关事件，或包含相关的使用运行环境。系统的MA包含两个部分：第一是观察系统行为并列出描述系统状态与转移的方程，第二是运用标准方法来解这些方程。通过马尔可夫链可以建立任意系统的状态方程，通过求解状态方程可以得到系统或设备的失效率。

FHA识别失效状态之后，可将FTA/DD/MA作为PSSA的一部分，以确定可能引起每个失效状态的存在于较低层次的单个失效或失效组合。进行FMEA/FMES时，应完成相关比较，以保证所识别的全部重要影响均已成为 FTA/DD/MA 中的基本事件。FTA/DD/MA的基本事件从FMEA和/或FMES中获取它们的失效率。

8.3.2 故障模式与影响分析

故障模式与影响分析(Failure Mode and Effects Analysis，FMEA)是一种系统地、自下而上地识别系统、产品或功能的故障模式，并确定其对更高层次影响的方法。可在系统的任一层次上进行(如零部件、功能、黑箱等)。利用功能FMEA也可定性分析软件。通常FMEA用来考虑单一失效造成的失效影响。

有关FMEA的要求，通常来源于PSSA的工作(如FTA)。FMEA通过提供失效率，以量化FTA的基本事件，用于支持安全性评估流程。

8.3.3 共因分析

可能要求功能、系统或产品之间的独立性满足安全性要求。因此，有必要保证这种独立性的存在或相关风险是可以接受的。CCA 提供了验证这种独立性或识别具体相关性的工具。

特别是，CCA 将识别导致灾难性或危险/重大的失效状态的单一失效模式或外部事件。必须消除导致灾难性失效状态的共因事件；对于导致危险/重大的失效状态的共因事件，必须在分配的概率范围内。

CCA 细分为 3 种类型的分析：ZSA、PRA、CMA。

ZSA 的目标是，保证设备安装满足基本安装、系统间的干扰及维修差错的安全性要求。

PRA 的目的是，确保消除任何与安全性有关的风险(如火灾、液体泄漏、鸟撞、轮胎爆裂、雷电、高强度辐射场等)或者证明该风险是可接受的。

CMA 的目的是，分析相同故障模式引起的多个部件的失效，以消除共模影响或使其减至最小。

8.4 飞机系统安全性评估流程示例

8.4.1 概述

本示例针对一个假想的飞机设计，简述其飞机系统安全性评估的一个完整流程。所分析的飞机功能是“使飞机在地面减速(停在跑道上)”，涉及飞机的刹车系统，主要包括评估流程的步骤及其分析结论。

(1) 飞机级功能危险性评估；

(2) 系统级功能危险性评估；

(3) 初步系统安全性评估；

(4) 系统安全性评估；

(5) 共因分析。

8.4.2 S18 飞机的飞机级 FHA

S18 飞机是供本示例使用的一个假想的飞机，为 4 台发动机旅客机，预定携带 300～350 位旅客，在 0.86 马赫数下航程达 5000n mile (1n mile=1.852km)。平均飞行时间为 5h。

1. 功能定义

飞机功能树如图 8-2 简单分层联系的格式所示，本示例将对“飞机地面控制”功能进行分解。按照该分解，“飞机地面减速”功能在飞机 FHA 例子中继续考虑，参见如表 8-2 所示的 FHA 格式样例的第 1 栏。

2. 识别失效状态

以“飞机地面减速”功能为例，确定如下失效状态以及对于评估所作的假设。

1) 功能失效状态

(1) 减速功能丧失；

(2) 减速功能部分丧失；

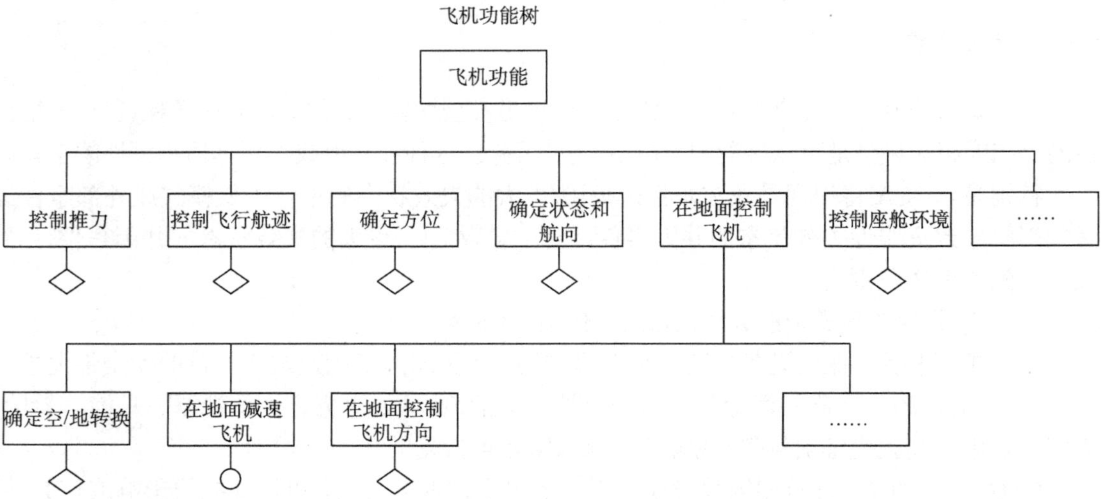

图 8-2 飞机功能

(3) 无指令减速；
(4) 自动刹车功能丧失；
(5) 非对称减速。
2) 环境以及应急构型和条件
(1) 跑道条件(潮湿、结冰等)；
(2) 跑道的长度；
(3) 顺风/侧风；
(4) 发动机停车；
(5) 液压系统失效；
(6) 电气系统失效。
3) 适用的飞行阶段
(1) 地面滑行；
(2) 起飞滑跑；
(3) 着陆滑跑；
(4) 中断起飞(Rejected Takeoff，RTO)。
4) 接口功能
(1) 空中/地面决策；
(2) 向机组发出警报(向机组发出警告、警报、信息)。

表 8-2 的第 1、2 栏表明 FHA 框架中包含针对给定功能，明确说明其失效状态的部分。

3. 失效状态对飞机、机组和人员的影响

对于每个失效状态，其对飞机和人员的影响如表 8-2 的第 4 栏所示。

4. 确定影响等级

对于每个失效状态，影响等级的确定如表 8-2 第 5、6 栏所示。

表 8-2 飞机 FHA（部分——仅限“飞机地面减速”功能）

1. 功能	2. 失效状态（危险性说明）	3. 飞行阶段	4. 失效对飞机/机组的影响	5. 影响等级	6. 相关参考材料	7. 分析验证
飞机地面减速	丧失减速功能	着陆/中断起飞/滑行				
	a. 未通告减速功能丧失	着陆/中断起飞	机组人员无法刹停飞机，造成飞机高速冲出跑道	灾难性的		S18 飞机 FTA
	b. 通告减速功能丧失	着陆	机组人员选择更合适的机场，通知地面紧急支援且做好高速冲出跑道着陆准备	危险的	当自动刹车功能丧失时，采取紧急着陆程序	S18 飞机 FTA
	c. 未通告减速功能丧失	滑行	机组人员不能将飞机停止在滑行道出入口；可能造成飞机冲出跑道与其他飞机、车辆相撞	较大的		
	d. 通告减速功能丧失	滑行	机组人员操纵飞机避开任何障碍物，并请求提供便携梯子	无安全影响		
	V_1 后的无指令减速	起飞	在高推力的同时使用刹车，机组无法起飞，造成高速冲出跑道	灾难性的		S18 飞机 FTA
	减速功能部分丧失	着陆/中断起飞				
	a. 未通告减速功能部分丧失	着陆/中断起飞	机组人员无法在规定跑道内刹停飞机，飞机可能冲出跑道	危险的		S18 飞机 FTA
	b. 通告减速功能部分丧失	着陆	机组人员选择更合适的机场，通知地面紧急支援，并做好飞机冲出跑道着陆准备	较大的	当自动刹车功能丧失时，采取紧急着陆程序	S18 飞机 FTA
	c. 未通告减速功能部分丧失	滑行	机组人员不能在障碍物前刹停飞机，导致低速碰撞	较小的		
	d. 通告减速功能部分丧失	滑行	机组人员操纵飞机避开任何障碍物，并请求提供便携梯子	无安全影响		
	自动刹车功能丧失	着陆/中断起飞				
	a. 未通告自动刹车功能丧失	着陆/中断起飞	在着陆/中断起飞时，机组人员采取自动刹车；着陆/起飞之外，自动刹车功能无效，需要飞行员手动刹车，由于需要反应时间，可能造成飞机冲出跑道	较大的		
	b. 通告自动刹车功能丧失	着陆	机组人员选择更合适的机场，通知地面做好飞机冲出跑道紧急着陆的支持和准备工作	无安全影响		
	非对称减速	着陆/中断起飞				
	a. 未通告非对称减速	着陆/中断起飞	机组人员未做好不对称减速准备且不能及时控制方向，造成飞机偏离跑道	较大的		
	b. 通告非对称减速	着陆	机组人员需要做好不对称减速准备且适当反向调整方向舵和前轮	较小的		
	c. 非对称减速	滑行	飞机出现轻微的偏离	无安全影响		

5. 安全性目标的验证计划

对于每个失效状态，安全性目标的验证计划规定如表 8-2 第 7 栏所示。该栏列出了相关的要求、故障树、分析和/或验证的参考资料。

6. 飞机级 FHA 的输出

基于 FHA 的安全性目标，在原理方案设计阶段中进行构架决策。这些构架决策是初步飞机故障树的基础，如图 8-3 所示。

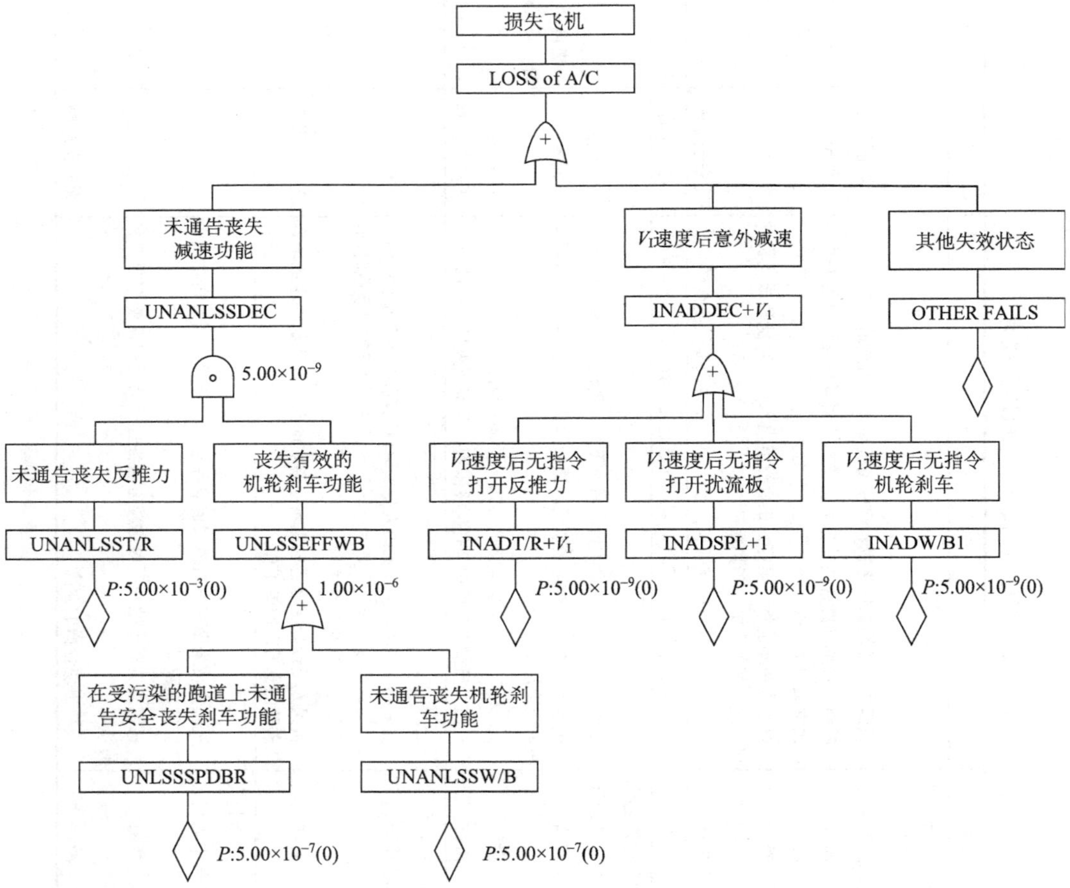

图 8-3 初步飞机级故障树

针对“未通告减速能力丧失”，由灾难性的失效状态分类得出每飞行小时 1×10^{-9} 的失效概率要求。因为平均飞行时间为 5h，故此要求与每次飞行 5×10^{-9} 要求相当。

针对“在污染的跑道上未通告丧失所有减速功能”以及“未通告丧失所有机轮刹车”，由这些危险的失效状态分类得出每次飞行 5×10^{-7} 的失效概率要求(这种分类与每飞行小时 1×10^{-7} 相当)。上述分类基于对系统这些失效状态的认识和经验。这些要求导致在随后“未通告丧失有效机轮刹车”层次上要求每次飞行 1×10^{-6} 的概率(即每飞行小时 2×10^{-7})。

如图 8-3 所示，上述分配的要求考虑到对“未通告丧失反推力”假设每次飞行 5×10^{-3} 的失效概率的预测，这是由 5×10^{-9} 除以 1×10^{-6} 得出的结果。

图 8-3 还表明与在 V_1 后意外减速有关的故障树分支。3 个飞机系统能出现引起 V_1 后意外减速的失效状态，每个失效状态分类为灾难性的，必须满足每飞行小时 1×10^{-9} 或每次飞行 5×10^{-9} 的失效概率。

由于这些失效状态在特定的飞行阶段运行中为灾难性的，它们的“每小时”要求应乘一个系数。该系数为处于风险的时间除以平均飞行时间 5h 的结果(从 V_1 到抬前轮保守估计的时间为 15s)。因此，每个系统每小时失效率要求为(1×10^{-9}/飞行小时)×(5 飞行小时/次飞行)×(1 次飞行)/(0.25min×1h/60min)=1.2×10^{-6} /h。

将概率要求转换为失效率要求后的数据如下。

(1) V_1 后意外反推　　　　　1.2×10^{-6}/h；

(2) V_1 后意外打开扰流板　　　1.2×10^{-6} /h；

(3) V_1 后意外机轮刹车　　　　1.2×10^{-6} /h。

8.4.3　机轮刹车系统级 FHA

1. 功能定义

机轮刹车系统执行下列功能。

1) 在地面机轮减速

(1) 手动；

(2) 自动；

(3) 防滑。

2) 在起落架收上时减速机轮

3) 差动刹车进行方向控制

4) 停机时防止飞机运动

2. 识别失效状态

1) 功能失效状态

(1) 丧失全部机轮刹车；

(2) 对称丧失部分机轮刹车；

(3) 非对称丧失机轮刹车；

(4) 无指令机轮刹车。

2) 环境以及应急构型和条件

(1) 跑道条件(潮湿、结冰等)；

(2) 跑道的长度；

(3) 顺风/侧风；

(4) 发动机停车；

(5) 液压系统失效；

(6) 电气系统失效。

3) 飞行阶段(地面阶段)

(1) 滑行；

(2) 起飞抬前轮；

表 8-3　机轮刹车系统 FHA(部分——仅限“地面机轮减速”)

1. 功能	2. 失效状态(危险性说明)	3. 飞行阶段	4. 失效对飞机/机组的影响	5. 影响等级	6. 相关参考材料	7. 分析验证
机轮刹车飞机减速	完全丧失机轮刹车功能	着陆/中断起飞				
	a. 未通告丧失机轮刹车	着陆/中断起飞	机组人员在刹车时发现故障，使用扰流板和最大反推力减速，可能造成飞机冲出跑道	危险的		S18 飞机 FTA
	b. 通告丧失机轮刹车	着陆	机组人员选择更合适的机场，通知地面紧急支援且做好冲出跑道着陆准备，机组人员使用扰流板和最大反推力减速	危险的		S18 飞机 FTA
	对称部分丧失机轮刹车功能	着陆/中断起飞				
	a. 未通告部分丧失机轮刹车	着陆/中断起飞	使用刹车时机组人员发现失效，机组人员使用正常的刹车，并使用扰流板和最大反推力减速。负载机轮温度升高，且可能造成多次刹车后机轮/轮胎失效。飞机可能冲出跑道	较大到危险的	影响等级判断需要进一步讨论	待定
	b. 通告部分丧失机轮刹车	着陆	在着陆前，机组人员意识到存在丧失部分刹车功能，刹车时使用扰流板和最大反推力减速。负载机轮温度升高，且可能造成多次刹车后机轮/轮胎失效。可能冲出跑道	较大的		
	非对称部分丧失机轮刹车功能	着陆/中断起飞				
	a. 非对称部分丧失机轮刹车功能	着陆/中断起飞	刹车性能降低；容易冲出跑道，对于刹车性能和刹车温度的影响与上述部分丧失刹车功能的相同。机组人员高速时使用方向舵和低速时使用前轮控制来使飞机保持在跑道内	待定	影响等级判断需要进一步讨论	
	b. 非对称部分丧失机轮刹车功能且丧失方向舵或者前轮功能	着陆	刹车性能降低；容易冲出跑道。对于刹车性能和刹车温度的影响与上述部分丧失刹车功能的相同。机组人员不能对准跑道中心而造成偏离	灾难性的		S18 飞机 FTA

续表

1. 功能	2. 失效状态(危险性说明)	3. 飞行阶段	4. 失效对飞机/机组的影响	5. 影响等级	6. 相关参考材料	7. 分析验证
机轮刹车 飞机减速	无指令机轮刹车					
	a. 机轮未锁定情况，无指令机轮刹车	V_1前起飞	飞行员需要将飞机停在跑道	较小的		
	b. 所有机轮锁定情况下，无指令机轮刹车	V_1前起飞	轮胎可能爆裂且丧失有效刹车	危险的		S18 飞机 FTA
	c. 无指令机轮刹车	V_1后起飞	机组人员不能安全地起飞或者中断起飞，造成高速冲出跑道	灾难性的		S18 飞机 FTA
	d. 未探测到的一个未锁定机轮无指令刹车	起飞	机组人员不能发现由于较小非对称性造成的失效，刹车温度可能很高。机组人员收起起落架，可能造成机轮火灾或者轮胎失效	灾难性的		S18 飞机 FTA
	e. 未锁定机轮无指令刹车，并伴随探测到的刹车温度高	起飞	机组人员不能发现由于较小非对称性造成的失效，刹车温度可能很高。机组人员发现刹车温度高，并放下起落架来降温	较小的	发现刹车温度高，放下起落架的机组操作程序	
……	……					

(3)着陆滑跑；

(4)中断起飞(RTO)。

4)接口功能

(1)向机组报警(给机组警告、报警和信号)；

(2)为进行方向控制的方向舵/前轮转弯提供操纵。

表 8-3 的第 1～2 栏展示 FHA 样式的一部分，它包含对给出的功能失效状态的明确说明。

3. 失效状态对飞机、机组和乘员的影响

对于每个失效状态，其对飞机、机组和乘员的影响见表 8-3 的第 4 栏。

4. 失效状态对飞机、机组和乘员影响等级的分类

对于每个失效状态，其失效状态等级分类见表 8-3 的第 5～6 栏。

5. 安全性目标的验证计划

对于每个失效状态，其安全性目标的验证计划见表 8-3 的第 7 栏。

6. 机轮刹车系统 FHA 总结

下面是从机轮刹车系统 FHA 中得出的一组值得注意的安全性要求，它们将作为机轮刹车系统 PSSA 的输入。

(1)在每次飞行着陆或 RTO 期间丧失所有机轮刹车的概率应小于 5×10^{-7}；

(2)在每次飞行着陆或 RTO 期间非对称丧失机轮刹车且同时丧失方向舵或前轮转弯操纵的概率应小于 5×10^{-7}；

(3)在每次飞行起飞滑跑期间的 V_1 前，所有锁定机轮无指令刹车的概率应小于 5×10^{-7}；

(4)在起飞滑跑期间的 V_1 后，所有机轮无指令刹车的概率应小于 5×10^{-9}；

(5)每次飞行起飞期间，未探测到的一个未锁定机轮无指令刹车的概率应小于 5×10^{-9}。

8.4.4 机轮刹车系统 PSSA

PSSA 是在机轮刹车系统的方案设计和初步设计阶段中执行的概要性评估和分析，其目的是制定安全性要求的清单，确定所提出的设计能合理满足这些要求，并衍生出更下层组件和安装中应考虑的安全性要求。

1. 系统说明

机轮刹车系统安装于两个主起落架上。两个主起落架上的机轮刹车在滑行和着陆阶段以及在中断起飞的情况下，起到飞机安全减速的作用。机轮刹车系统如图 8-4 所示。机轮刹车也用来防止飞机在停机时的意外运动以及提供差动刹车协助飞机转向。机轮刹车系统的辅助功能是，在起落架收上时终止主起落架机轮转动。

在地面制动飞机时，或者通过刹车脚蹬进行人工控制，或者不需要使用脚蹬实施自动控制(自动刹车)。自动刹车功能允许驾驶员在起飞或着陆前预置减速率。自动刹车仅适用于正常刹车系统。

8 个主起落架机轮带有多盘式碳刹车。根据丧失所有机轮刹车的概率小于每次飞行 5×10^{-7} 的要求，所采取的设计决策是针对每个机轮有一个由两套独立液压作动器驱动的刹车组件。一套由绿液压源驱动，用于正常刹车模式。替代模式是备用的，当正常系统失效时，自动启用，它使用蓝液压源，独立作用且用来驱动实现停机刹车的蓄压器。该蓄压器

是提供应急刹车模式下的备用系统，当丧失蓝液压源时，正常模式是不适用的。各种不同失效状态下的转换是自动的，或人工选择。当绿液压源本身功能丧失或者出现故障导致刹车系统控制装置(BSCU)分离而使绿系统压力降低到低于门槛值时，自动选择装置将蓝液压源连接到备用刹车系统。防滑刹车装置在正常和备用模式下都是适用的，且在大于 2m/s 的所有速度下工作。

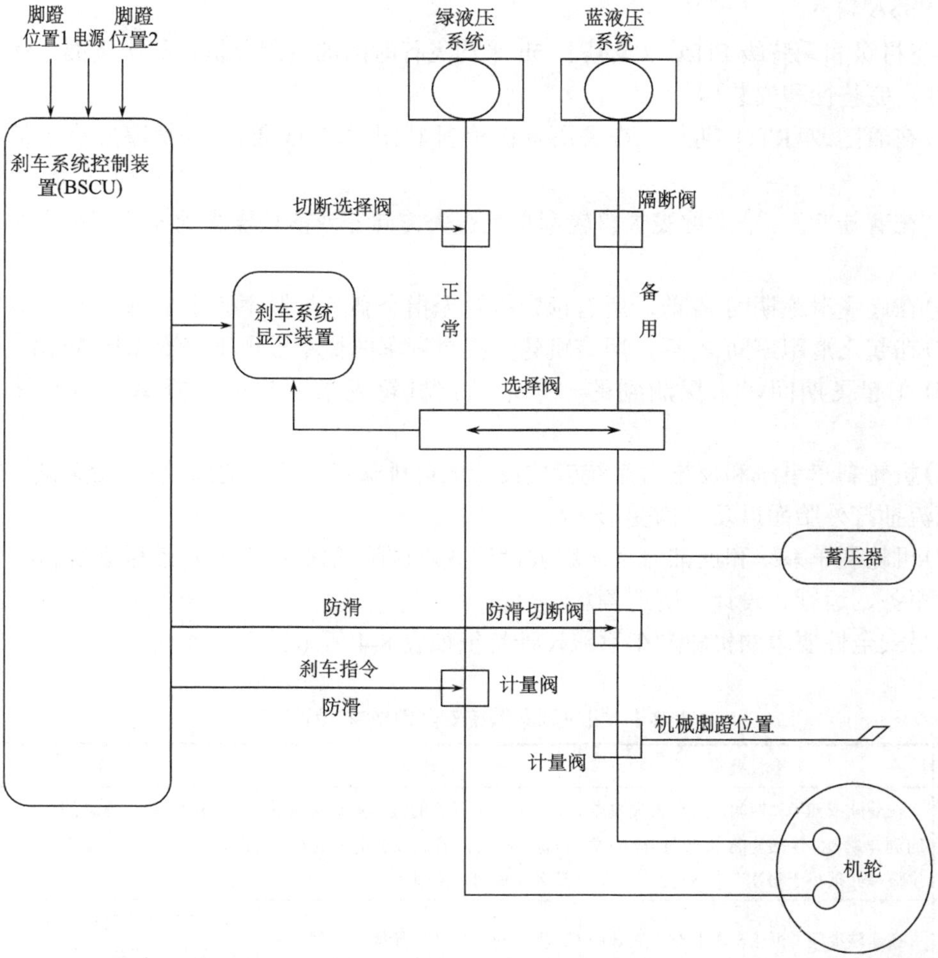

图 8-4　机轮刹车系统原理图

在正常刹车模式下，所有 8 个机轮都根据各自的伺服阀进行单独刹车，它们也起到施加防滑的作用。在备用刹车模式下，双计量阀通过 4 个伺服阀提供低的液压刹车输入，该输入为 4 对机轮提供防滑功能。当正常系统在使用时，备用系统是不工作的。

在正常刹车模式下，刹车脚蹬的位置通过电信号输入刹车计算机，并依次产生相应的控制信号传输到刹车系统。此外，该计算机监控表明飞机和系统某些关键状态的各种不同信号，以提供正确的刹车功能和改善系统故障容限以及对其他系统产生警告、指示和维修信息。

该计算机命名为刹车系统控制装置(BSCU)。它具备如下功能。

(1) 人工制动(刹车脚蹬)或自动控制(在 3b 类全天候着陆期间接收自动刹车，自动驾驶仪的命令)；

(2)控制与飞机其他系统的接口，包括液压系统、刹车温度监控系统等；

(3)刹车调节，以避免主机轮滑动；

(4)将信息(指示、信号灯、警告等)传输到飞行控制台以及需要BSCU状态的各种不同计算机。

2. 机轮刹车系统安全性要求

1)PSSA输入

从飞机级和系统级FHA以及基于5h平均飞行时间的共因分析，导出下面一组安全性(可用性、完整性和安装)要求。

(1)在着陆或RTO期间，丧失所有机轮刹车(未通告或通告)的概率应小于每次飞行5×10^{-7}；

(2)在着陆期间，非对称丧失机轮刹车且丧失方向舵或前轮操纵的概率应小于每次飞行5×10^{-7}；

(3)在起飞滑跑期间V_1前，所有锁定机轮无指令刹车的概率应小于每次飞行5×10^{-7}；

(4)在起飞滑跑期间V_1后，所有机轮无指令刹车的概率应小于每次飞行5×10^{-9}；

(5)在起飞期间，未探测到的一个未锁定机轮无指令刹车的概率应小于每次飞行5×10^{-9}；

(6)机轮刹车系统和反推力系统应被设计成可排除任何共同的风险(轮胎爆破、轮胎撕裂、气流抽打外胎面以及结构变形等)；

(7)机轮刹车系统和反推力系统应被设计成可排除任何共模失效(液压系统、电气系统、维修、服务、运行、设计、制造等)。

满足安全性要求的机轮刹车系统设计特征如表8-4所示。

表8-4 机轮刹车系统安全性要求/设计决策

序号	安全性要求	设计决策	备注
1	在着陆或RTO期间，完全丧失机轮的刹车功能(包括通告与未通告)的发生概率必须小于每次飞行5×10^{-7}	要求一个以上的液压系统达到此目标(服役经验)。双通道BSCU以及多模式刹车控制	机轮刹车系统总的可用性能够合理满足此要求。参见下面的PSSA FTA
2	在着陆期间，机轮刹车非对称失效同时丧失前轮与方向舵控制功能的发生概率必须小于每次飞行5×10^{-7}	将方向舵以及前轮操纵系统与机轮刹车系统分离，平衡每侧机轮刹车系统的液压源	应表明机轮刹车系统与方向舵和前轮操纵系统充分独立。系统之间的隔离参见区域安全性分析以及特殊危险分析
3	在起飞滑跑期间V_1前，所有锁定机轮意外刹车的概率必须小于每次飞行5×10^{-7}	无	要求4更加严格，因而满足该要求
4	在起飞滑跑期间V_1后，所有锁定机轮刹车无指令刹车的概率必须小于每次飞行5×10^{-9}	单一故障不应导致出现此状态	无
5	在起飞期间，未探测到的任何未锁定机轮无指令刹车的概率应小于每次飞行5×10^{-9}	单一故障不应导致出现此状态	无

2)衍生的安全性要求

表 8-4 的设计决策引出实现机轮刹车功能的正常和备用系统。由于这些设计决策，衍生出下面一组安全性(可用性、完整性和安装)要求。

(1)正常和备用系统应设计成可排除任何共同的风险(例如，轮胎爆破、轮胎撕裂、气流抽打胎面、结构变形等)；

(2)主正常和备用系统应设计成可排除任何共模失效(液压系统、电气系统、维修、使用运行、设计、制造等)。

3. 失效状态评定

针对飞机级和系统级 FHA 确认的失效状态，进行初步评估和预测如下。

(1)在着陆或 RTO 期间，丧失所有机轮刹车(未通告或通告)的概率应小于每次飞行 5×10^{-7}；

(2)在着陆期间，非对称丧失机轮刹车且丧失方向舵或前轮操纵的概率应小于每次飞行 5×10^{-7}；

(3)在起飞滑跑期间 V_1 前，所有锁定机轮无指令刹车的概率应小于每次飞行 5×10^{-7}；

(4)在起飞滑跑期间 V_1 后，所有机轮无指令刹车的概率应小于每次飞行 5×10^{-9}；

(5)在起飞期间，未探测到的一个未锁定机轮无指令刹车的概率应小于每次飞行 5×10^{-9}。

PSSA 可以采用故障树分析对失效状态进行评定，机轮刹车系统的 PSSA 通常应包含所有重大失效情况的故障树，本节仅以“未通告丧失所有机轮刹车功能”为例进行讲述。

图 8-5 所示的高层 PSSA 故障树反映了该刹车系统顶层要求，并描述 3 个刹车分系统以及相对每一个未通告丧失刹车功能的预测。

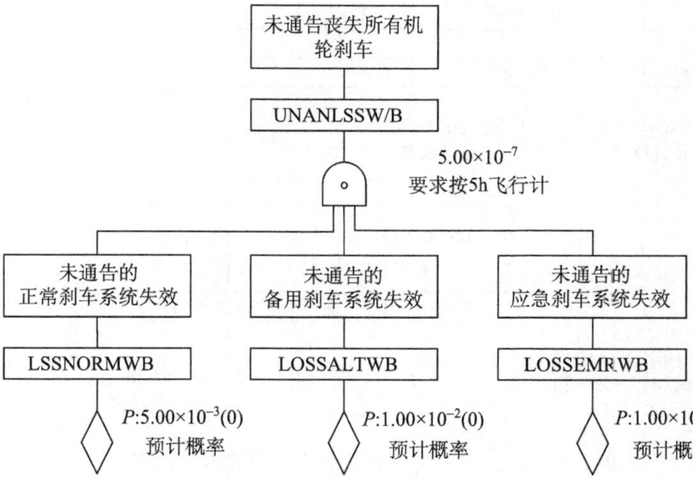

图 8-5 未通告丧失所有机轮刹车故障树(初版)

图 8-6 中的故障树描述系统下一层的展开和评估。该故障树包含对丧失所有刹车功能是危险的这一事实的鉴别以及给出设计决策以适用于与“通告”无关的所有可能失效。通过增加与在图 8-5 中表示的“丧失所有机轮刹车功能”事件进行逻辑乘的“丧失通告能

力”事件来反映这种情况。“丧失通告能力”的概率被设定为 1.0，并给出设计决策：要求“正常”和“备用”刹车系统满足可用性和完整性要求，而与“紧急备用系统”没有相关性或影响。用该系统的失效概率设定为 1.0 来表示。这导致对“正常”和“备用”刹车系统功能增加综合性预测。

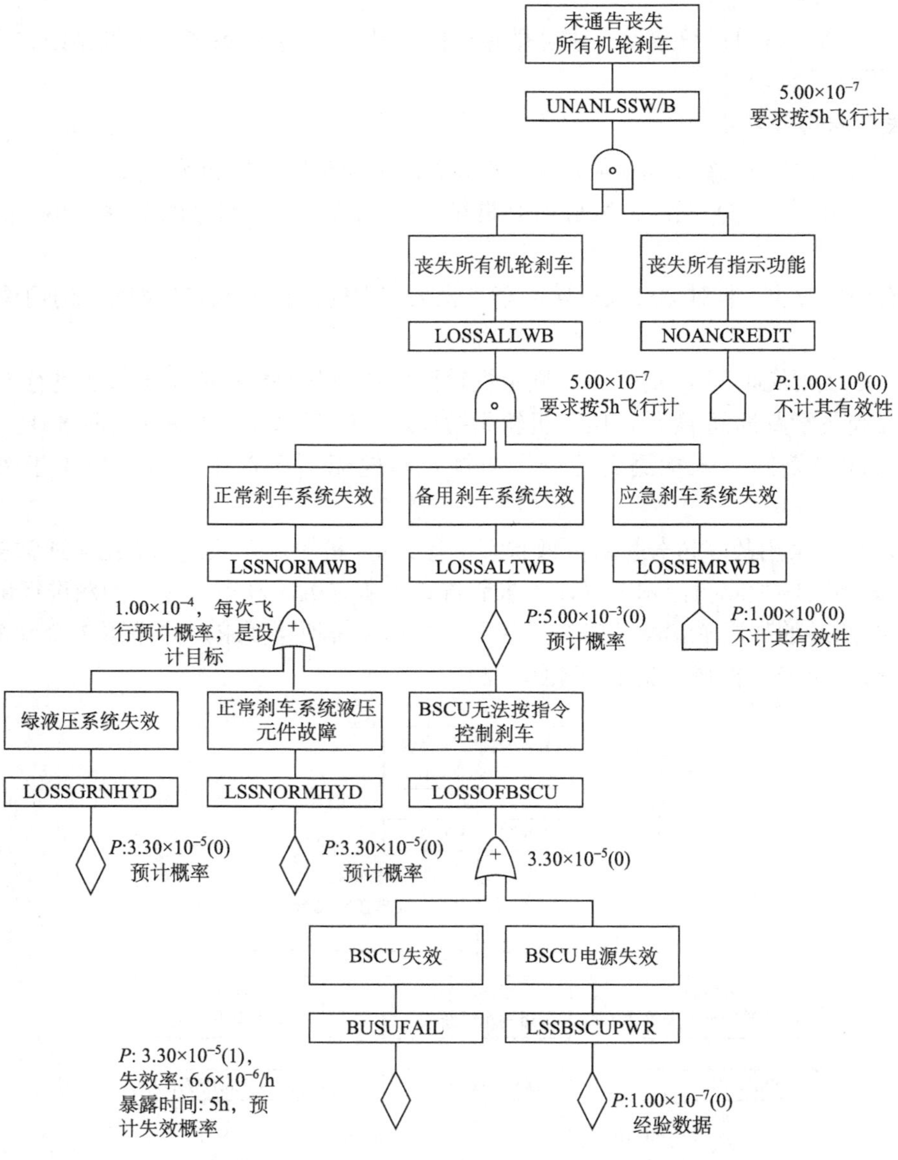

图 8-6　未通告丧失所有机轮刹车故障树(A 版)

图 8-5 和图 8-6 通过对“正常刹车系统失效”事件所识别的促成因素的失效率进行预计，来表明“正常刹车”系统设计向下的展开(丧失液压源、液压部件失效，以及丧失 BSCU 控制刹车的能力)。丧失 BSCU 控制刹车能力的事件，被进一步分解为两个主要组成部分：BSCU 失效和 BSCU 电源失效，所包含的适用飞机电源失效预计以及 BSCU 失效预计的最后要求 6.6×10^{-6}/h 被逆向计算，使其满足更高层丧失 BSCU 预计。该综合性预计作为系统

的设计要求传达给 BSCU 的供应商。

BSCU 供应商的经验表明 6.6×10^{-6}/h 失效率预计对于复杂 BSCU 功能设计是不现实的，因此，供应商推导出一个冗余 BSCU 计算要求，以满足该失效率预计。图 8-7 中的故障树描述表明冗余 BSCU 与其逻辑乘构型的设计演变以及最终每通道 1.15×10^{-3}/h 的失效率预计。

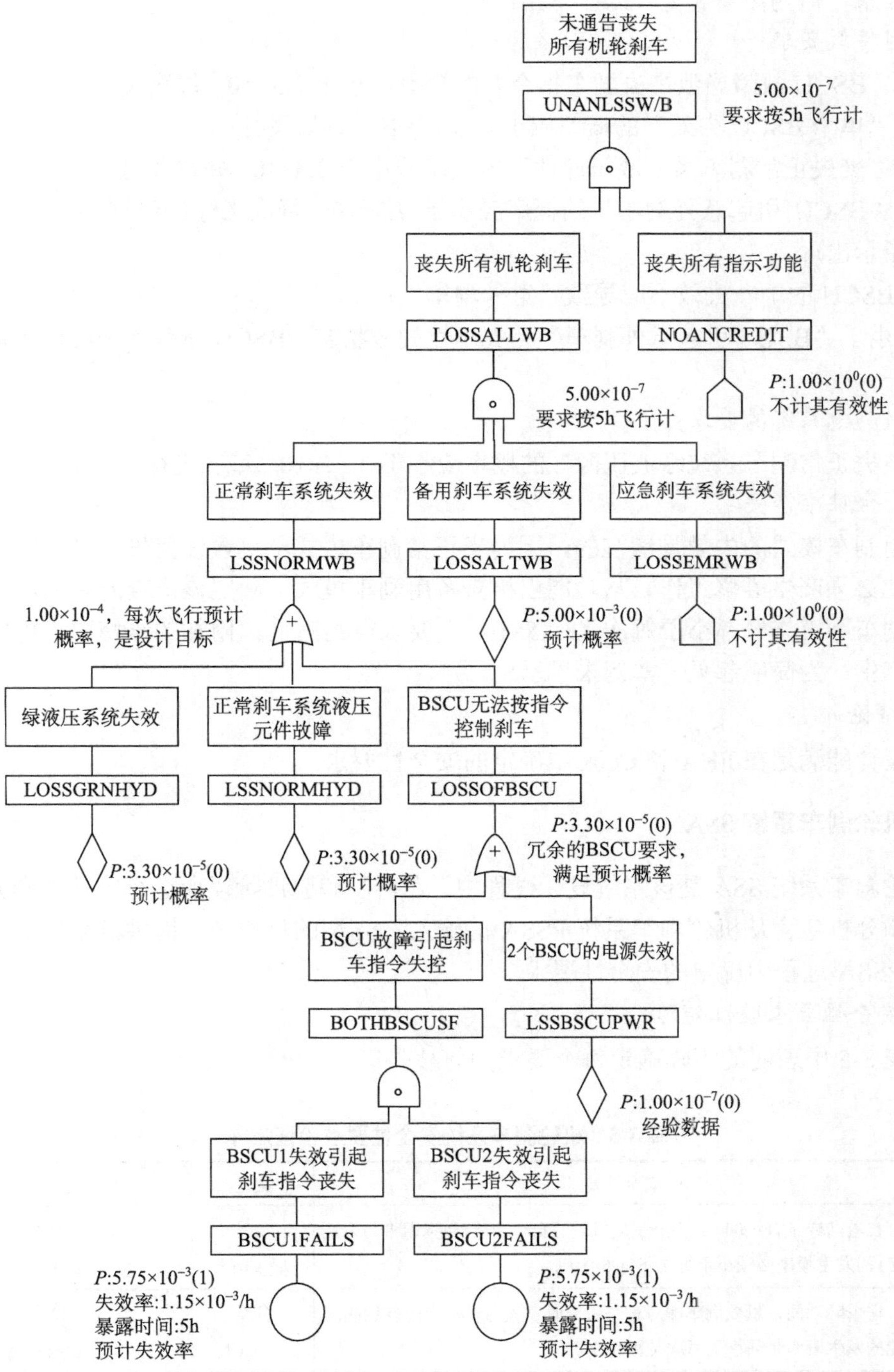

图 8-7　未通告丧失所有机轮刹车故障树(B 版)

4. 确定要求

根据“系统说明”确定并列出的要求，衍生出如下更低层次的要求。

1) 安装要求

主要和备用液压源系统应予以隔离，且应进行 ZSA 和 PRA 来验证。(由故障树产生附加安装要求，但为简明起见，未予示出。)

2) 组件级要求

(1) “BSCU 故障导致丧失刹车指令”的概率应小于 3.3×10^{-5} 每次飞行；

(2) “单个 BSCU 失效”的概率应小于 5.75×10^{-3} 每次飞行；

(3) “丧失正常刹车系统液压部件”的概率应小于 3.3×10^{-5} 每次飞行；

(4) “BSCU 引起意外刹车”的概率应小于 2.5×10^{-9} 每次飞行(该要求从故障树确定，本例未予示出)；

(5) BSCU 的单一失效不应导致“意外刹车”；

(6) 由于“BSCU 引起意外刹车”为灾难性失效状态，BSCU 研制保证等级应规定为 A 级。

3) 对其他系统的要求

“丧失正常刹车系统绿液压源”的概率应小于 3.35×10^{-5} 每次飞行。

4) 安全性维修要求

备用刹车模式的失效是潜在的，因为当正常刹车模式不包含任何失效时，它是不工作的。因此必须产生维修工作，从功能上检查备用刹车模式。确定该检查的周期，以便保证“备用刹车不工作概率小于每次飞行 5×10^{-3}”要求得到满足。(附加的维修要求可以从那些故障树产生，为简明起见，本例未予示出。)

5. 结论

该设计能满足在 FHA 和 CCA 中确定的安全性要求。

8.4.5 机轮刹车系统 SSA

机轮刹车系统 SSA 是该系统设计过程中，在研制和验证阶段所进行的评估和分析，这些评估和分析包含从机轮刹车系统 PSSA 的输入。SSA 的目的是，提供机轮刹车系统如何满足在 PSSA 过程中确定的安全性要求。

1. 安全性要求验证矩阵

在表 8-5 中表明的矩阵确定每个要求如何被验证。

表 8-5 机轮刹车系统安全性要求验证矩阵

序号	安全性要求	结论	验证方法与备注
1	在着陆或 RTO 期间，完全丧失机轮的刹车功能(包括通告与未通告)的发生概率必须小于每次飞行 5×10^{-7}	合格 3.2×10^{-8}	分析 参见 WBS SSA FTA
2	在着陆期间，机轮刹车非对称失效同时丧失前轮与方向舵控制功能的发生概率必须小于每次飞行 5×10^{-7}	合格 4×10^{-7}	分析 参见 WBS SSA FTA

续表

序号	安全性要求	结论	验证方法与备注
3	在起飞滑跑期间 V_1 前，所有锁定机轮意外刹车的概率必须小于每次飞行 5×10^{-7}	合格 3×10^{-7}	分析 参见 WBS SSA FTA
4	在起飞滑跑期间 V_1 后，所有锁定机轮无指令刹车的概率必须小于每次飞行 5×10^{-9}	合格 4×10^{-9}	分析 参见 WBS SSA FTA
5	在起飞期间，未探测到的任何未锁定机轮无指令刹车的概率应小于每次飞行 5×10^{-9}	合格 3×10^{-9}	分析 参见 WBS SSA FTA
6	正常、备用及应急系统应被应设计成可排除任何共同的风险(例如，轮胎爆破、轮胎撕裂、气流抽打胎面、结构变形等)	合格	分析 参见 Tire Burst –PRA
7	正常、备用及应急系统应被设计成可预防任何共模失效(例如，液压系统、电气系统、维修、使用、操作、设计及制造等)	合格	分析 参见 WBS CMA
8	BSCU 的单一失效不应导致无指令刹车	合格	分析 参见 BSCU CMA
9	BSCU 应按研制保证等级 A 级进行设计	合格	规程/审查 参见供应商指南

2. 失效模式和影响总结

本部分对机轮刹车系统内各种不同组件由 FMEA 所识别的故障模式提供总结。通过组合具有相同机轮刹车系统顶层失效影响的所有失效模式，来验证机轮刹车系统 FMEA。失效影响的组合故障率等于各个导致该影响的失效状态的故障率之和。表 8-6 给出了分析结果。

表 8-6 刹车失效影响的 FMES

失效模式	失效率	对刹车系统的潜在影响	可能的失效因素(失效源)	可探测性	注释
丧失单一 BSCU 的控制指令通道	8.70×10^{-5}	无	丧失通道 1 或 2 的刹车控制指令(参见 BSCU FMES)	通过机内测试设备自动探测，存在于 BSCU 中的失效	冗余通道控制刹车
丧失两个 BSCU 的控制指令通道	4.0×10^{-7}	正常刹车模式失效	BSCU 失效(参见 BSCU FMEA)；刹车踏板传感器失效(参见踏板传感器的 FMEA)；BSCU 供电失效(参见电气系统 SSA)	系统显示屏上指示“正常刹车系统失效”	启用备用刹车系统，自动刹车命令不再适用
无指令刹车	2.8×10^{-8}	刹车意外开启	BSCU 失效(参见 BSCU FMEA)；刹车踏板传感器失效(参见踏板传感器的 FMEA)	影响明显	飞机可能以高速冲出跑道
非对称刹车控制	3.6×10^{-8}	两个起落架之间非对称刹车	BSCU 失效(参见 BSCU FMEA)；刹车踏板传感器失效(参见踏板传感器的 FMEA)	影响明显	可能导致飞机无法沿跑道中心线滑行
绿色液压系统失效		正常刹车模式失效			启用备用刹车系统，自动刹车命令不再适用
蓝色液压系统失效		备用刹车模式失效			启用正常刹车系统
……					

3. 故障树分析

针对丧失刹车的事件，用图 8-8 中包含的故障树表明，机轮刹车系统满足其设计目标和失效率预计。该故障树与机轮刹车系统 PSSA 中导出的故障树是相同的。但是，在 SSA 故障树中，预计的失效率已被通过产品设计过程中进行的多种 FMEA 获得的真实失效率所替代。

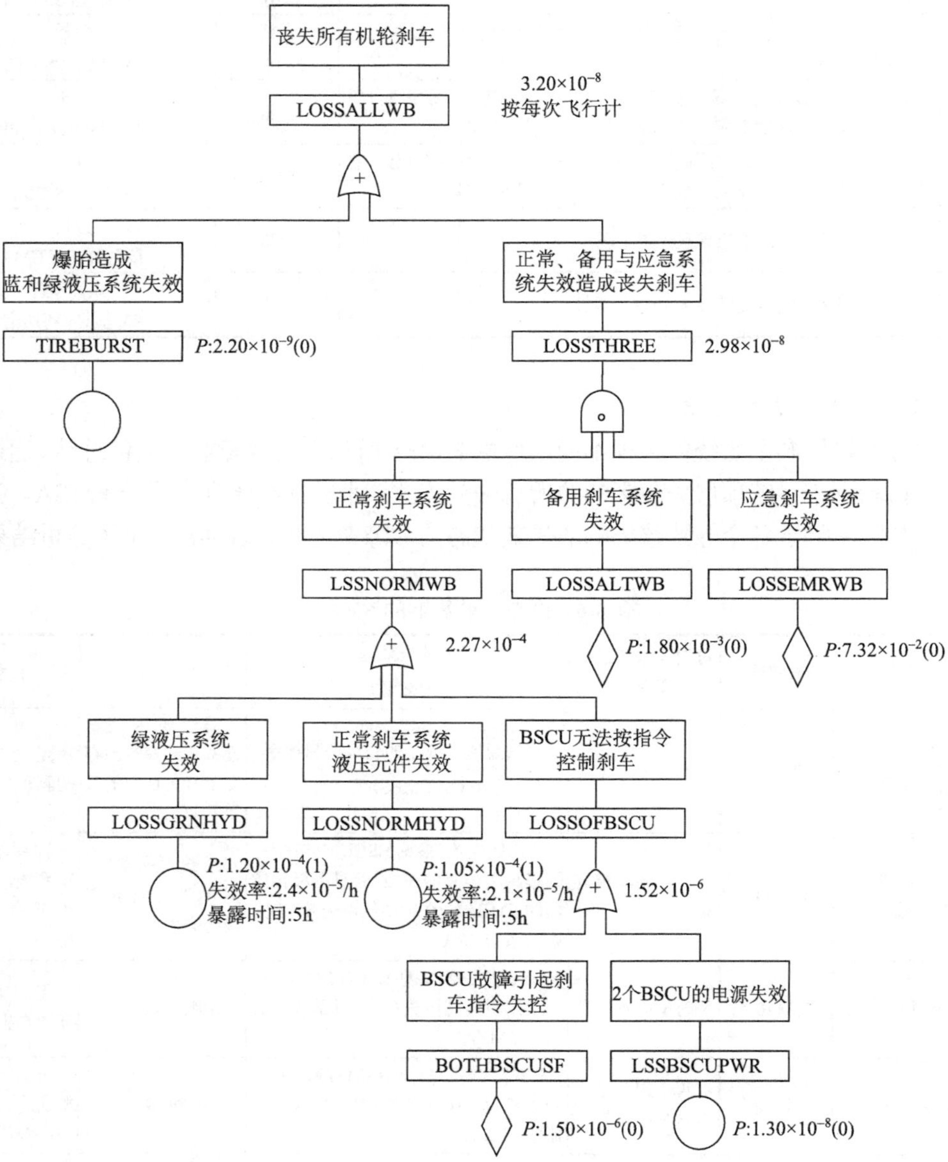

图 8-8　丧失所有机轮刹车故障树

8.4.6 共因分析结论

1. 区域安全性分析

S18 飞机区域安全性分析表明该刹车系统安装符合安装指南，并预期该安装没有不可接受的共因失效。

2. 特殊风险分析

S18 飞机针对机轮刹车系统的特殊风险，已进行下列分析。

(1) S18 飞机特殊风险分析；

(2) S18 飞机的火灾、轮胎爆破、闪电等特殊风险分析。

从特殊风险引起的最坏失效影响是，由于轮胎爆破导致的“丧失所有机轮刹车”。这种失效在 FTA 中已被考虑。

3. 共模分析

S18 飞机针对机轮刹车功能、电气系统、液压系统的共模分析表明如下。

(1) 确认没有因共模差错产生具有灾难性影响的事件；

(2) 可能导致危险影响的共模差错应可通过专门的试验、制造工艺、质量保证方法进行限制或者由于其概率低可被接受。

4. 安全性维护工作和时间间隔

确定下列安全性维修工作和时间间隔。

(1) 备用刹车系统的工作检查时间间隔：MT2；

(2) 电源监控器 A 和 B 的工作检查时间间隔：MT1。

思　考　题

8-1　CCAR-25-R4 对安全性评估的要求是什么？

8-2　安全性评估流程包括哪些内容？

8-3　常用安全性分析技术有哪些？

参考文献

曹继军. 2012. 运输类飞机气弹稳定性适航分析研究[J]. 航空制造技术, (22): 69-72

曹继军, 张越梅, 赵平安. 2008. 民用飞机适航符合性验证方法探讨[J]. 民用飞机设计与研究, (4): 37-41

杜春江. 2011. 征服颤振——新支线圆满完成颤振试验试飞[J]. 国防科技工业, (10): 64-66

飞机设计手册总编委会. 2000. 飞机设计手册第 10 册: 结构设计[M]. 北京: 航空工业出版社

飞机设计手册总编委会. 2001. 飞机设计手册第 9 册: 载荷、强度和刚度[M]. 北京: 航空工业出版社

飞机设计手册总编委会. 2002. 飞机设计手册第 6 册: 气动设计[M]. 北京: 航空工业出版社

飞机设计手册总编委会. 2005. 飞机设计手册第 5 册: 民用飞机总体设计[M]. 北京: 航空工业出版社

马健. 1997. B777 全尺寸静力和疲劳试验[J]. 民航经济与技术, (6): 33-35

彭刚. 2009. 飞机全机悬空静力试验技术[J]. 洪都科技, (4): 34-43

邱韬. 1997. 运输机鸟撞损伤的适航要求和试验[J]. 国际航空, (10): 55-56

斯而健. 2011. 民用飞机结构的全尺寸疲劳试验[J]. 民用飞机设计与研究, (1): 47-51

王兆东. 2011. 民机飞行载荷的试飞验证[J]. 民用飞机设计与研究, (2): 16-20

修忠信, 由立岩. 2013. 运输类飞机合格审定飞行试验指南[M]. 上海: 上海交通大学出版社

中国航空工业总公司民机系统工程局. 1995. 运输类飞机适航标准技术咨询手册[M]. 北京: 航空工业出版社

中国航空工业总公司民用飞机适航技术研究课题组. 1993. 适航技术资料汇编第十六集[R]. 北京: 中国航空工业总公司

中国民用航空局. 1987. 螺旋桨适航标准: CCAR-35 [S]. 北京: 中国民用航空局

中国民用航空局. 2011a. 航空发动机适航规定: CCAR-33-R2 [S]. 北京: 中国民用航空局

中国民用航空局. 2011b. 运输类飞机适航标准: CCAR-25-R4 [S]. 北京: 中国民用航空局

中国民用航空局航空器适航审定司. 2011. 航空器型号合格审定程序: AP-21-AA-2011-03-R4 [S]. 北京: 中国民用航空局

中国民用航空局航空器适航审定司, 中国民航管理干部学院. 2010. 适航法规基础知识[M]. 北京: 中国民航出版社

中国民用航空总局. 2007a. 航空器型号和适航合格审定噪声规定: CCAR-36-R1 [S]. 北京: 中国民用航空总局

中国民用航空总局. 2007b. 民用航空产品和零部件合格审定规定: CCAR-21-R3 [S]. 北京: 中国民用航空总局

中国民用航空总局. 2007c. 涡轮发动机飞机燃油排泄和排气排出物规定: CCAR-34 [S]. 北京: 中国民用航空总局

中国民用航空总局航空器适航司. 1994. 中国民用航空器适航管理[M]. 北京: 中国民航出版社

Federal Aviation Administration. 2012. Flight Test Guide For Certification Of Transport Category Airplanes: AC 25-7C [S]. US: Federal Aviation Administration

Federal Aviation Administration, European Aviation Safety Agency. 2002. System Design and Analysis: AC/AMJ 25. 1309 (Draft ARSENAL Revisied)[S]. Federal Aviation Administration and European Aviation Safety Agency

International Civil Aviation Organization. 2005. Annex 8 to the Convention on International Civil Aviation. Airworthiness of Aircraft[S]. International Civil Aviation Organization

Society of Automotive Engineers. 1996. Guidelines and Methods for Conducting the Safety Assessment Process on Civil Airborne Systems and Equipment: SAE ARP4761 [S]. US:Society of Automotive Engineers

Society of Automotive Engineers. 2010. Guidelines for Development of Civil Aircraft and Systems: SAE ARP4754A [S]. US: Society of Automotive Engineers

缩 略 语

AC	Advisory Circular	咨询通告
ACARS	Aircraft Communications Addressing and Reporting System	飞机通信寻址与报告系统
AD	Airworthiness Directive	适航指令
APU	Auxiliary Power Unit	辅助动力装置
ATTCS	Automatic Takeoff Thrust Control System	起飞推力自动控制系统
BSCU	Brake System Control Unit	刹车系统控制单元
CCA	Common Cause Analysis	共因分析
CCAR	China Civil Aviation Regulations	中国民用航空规章
CFD	Computational Fluid Dynamics	计算流体力学
CMA	Common Mode Analysis	共模分析
Conf	Configuration	构型
DD	Dependence Diagram	相关图
EASA	European Aviation Safety Agency	欧洲航空安全局
ECAM	Electronic Centralized Aircraft Monitoring	飞机电子中央监控
EFIS	Electronic Flight Instrument System	电子飞行仪表系统
EIS	Electronic Instrument System	电子仪表系统
FAA	Federal Aviation Administration	美国联邦航空局
FADEC	Full Authority Digital Engine Control	全权限数字发动机控制
FHA	Functional Hazard Assessment	功能危险性评估
FMEA	Failure Mode and Effects Analysis	失效模式与影响分析
FMES	Failure Modes and Effects Summary	失效模式与影响总结
FTA	Fault Tree Analysis	故障树分析
HIRF	High-Intensity Radiated Fields	高能辐射场
ICAO	International Civil Aviation Organization	国际民航组织
ILS	Instrument Landing System	仪表着陆系统
IMC	Instrument Meteorological Conditions	仪表气象条件
INS	Inertial Navigation System	惯性导航系统
LNAV	Lateral Navigation	横向导航
MA	Markov Analysis	马尔可夫分析
PRA	Particular Risks Analysis	特殊风险分析
PSI	Pounds per Square Inch	磅 / 英寸^2
PSSA	Preliminary System Safety Assessment	初步系统安全性评估
SAE	Society of Automotive Engineers	机动车工程师协会
SSA	System Safety Assessment	系统安全性评估
TAWS	Terrain Awareness and Warning System	地形提示与告警系统
TIA	Type Inspection Authoraty	型号检查核准书
TSO	Technical Standard Order	技术标准规定
VHF	Very High Frequency	甚高频
VMC	Visual Meteorological Conditions	目视气象条件
VOR	VHF Omnidirection Range	甚高频全向信标
ZSA	Zonal Safety Analysis	区域安全性分析

符 号 表

C_D	阻力系数
C_L	升力系数
C_T	推力系数
D	阻力
L	升力
T	推力
V_1	起飞决断速度
V_2	安全起飞速度
$V_{2\mathrm{MIN}}$	最小安全起飞速度
V_A	设计机动速度
V_{APP}	最终进场速度
V_B	对应最大突风强度的设计速度
V_C/M_C	设计巡航速度
V_D/M_D	设计俯冲速度
V_{DD}	阻力装置速度
V_{DF}/M_{DF}	演示的飞行俯冲速度
V_{EF}	临界发动机失效时的校正空速
V_F	设计襟翼速度
V_{FC}/M_{FC}	具有稳定性的最大速度
V_{FE}	襟翼展态速度
V_{FTO}	最后起飞速度
V_{LOF}	起飞离地速度
V_{MCA}	空中最小操纵速度
V_{MCG}	地面最小操纵速度
V_{MCL}	全发工作着陆进场期间的最小操纵速度
V_{MO}/M_{MO}	最大使用限制速度
V_{MU}	最小离地速度
V_{LE}	起落架伸态速度
V_R	抬前轮速度
V_{REF}	参考速度
V_S	失速速度
V_{S1g}	1g 失速速度
V_{SR}	基准失速速度
V_{SR1}	相应于襟翼在进场位置，起落架在收起位置和最大着陆重量的基准失速速度
V_{SRO}	着陆构型下的基准失速速度
V_{SW}	失速警告速度
α	迎角
θ	航迹角